高等职业教育新形态一体化教材

环境工程 CAD

王晓燕　杨　静　等编著

高等教育出版社·北京

内容提要

本书为高等职业教育新形态一体化教材。

本书以 AutoCAD 2016 为蓝本，对 AutoCAD 2016 的二维和三维功能，如绘图环境设置、基本绘图命令、图形编辑、添加文本、尺寸标注、三维图形绘制和编辑等做了详细的介绍。本书由长期从事计算机绘图教学的教师编著，按照绘图步骤编排章节，结构合理，循序渐进，实例丰富，语言浅显易懂。

本书着眼于实际应用，强调应用技巧和各命令之间的综合应用，每章均有针对常用命令的练习。在第 13 章中还安排有各种环境工程图的绘制方法和步骤，以便读者对使用 AutoCAD 2016 绘制工程图有整体的认识和了解。本书既能满足读者快速学习 AutoCAD 2016 的需要，又能帮助读者灵活运用 AutoCAD 绘制环境工程图。本书重要知识点配有演示操作视频，读者可通过扫描书中二维码浏览和学习。

本书可作为环境工程、给水排水类等专业的教材，也可供从事计算机辅助设计的环境工程技术人员参考。

图书在版编目(CIP)数据

环境工程 CAD / 王晓燕等编著. --北京：高等教育出版社，2019.8（2024.1重印）

ISBN 978-7-04-051997-6

Ⅰ. ①环… Ⅱ. ①王… Ⅲ. ①环境工程-计算机辅助设计-AutoCAD 软件-高等职业教育-教材 Ⅳ. ①X5-39

中国版本图书馆 CIP 数据核字(2019)第 097174 号

环境工程 CAD

HUANJING GONGCHENG CAD

策划编辑 董淑静　　责任编辑 董淑静　　封面设计 杨立新　　版式设计 马　云

插图绘制 于　博　　责任校对 马鑫蕊　　责任印制 赵　振

出版发行 高等教育出版社
社　　址 北京市西城区德外大街 4 号
邮政编码 100120
印　　刷 唐山嘉德印刷有限公司
开　　本 787 mm×1092 mm　1/16
印　　张 21.25
字　　数 470 千字
购书热线 010-58581118
咨询电话 400-810-0598
网　　址 http://www.hep.edu.cn
　　　　 http://www.hep.com.cn
网上订购 http://www.hepmall.com.cn
　　　　 http://www.hepmall.com
　　　　 http://www.hepmall.cn
版　　次 2019 年 8 月第 1 版
印　　次 2024 年 1 月第 4 次印刷
定　　价 44.80 元

物 料 号 51997-00

数字化资源总览

AutoCAD 基础知识(18)
图形界限、图形单位和特性匹配(38)
图层的创建与管理(40)
栅格与捕捉、正交与极轴追踪和轴测图画法(56)
对象捕捉与对象捕捉追踪(61)
动态输入、查询命令和显示控制(67)
绘制直线和圆(83)
绘制圆弧、矩形和多边形(88)
绘制多段线、样条曲线和修订云线(94)
绘制多线(100)
绘制点对象、定数等分和定距等分(104)
绘制椭圆、椭圆弧和圆环(107)
二维图形绘制的综合例题(110)
对象的选择、删除和复制(118)
对象的镜像、偏移和阵列(122)
对象的移动、旋转、缩放、拉伸、拉长、修剪和延伸(128)
对象的打断、分解、倒角、圆角、合并(136)
二维图形修改的综合例题(144)
二维图形修改的思考与练习(147)
文字的输入(152)
图案填充(165)
块、属性与外部参照(174)
尺寸标注(188)
尺寸标注的编辑(209)
模型空间打印(223)
图纸空间打印(227)
三维绘图的准备工作(242)
用户坐标系 UCS 的转换(245)
三维空间中的点坐标及线框模型(249)
平滑网格模型(252)
四种网格曲面(256)
平滑网格及曲面创建(259)
三维基本实体的创建(264)
拉伸生成实体(268)
旋转生成实体及剖切命令(269)
三维移动、三维旋转和三维镜像(272)
三维阵列(274)
布尔运算(277)
编辑面的命令(280)
三维倒角、三维圆角和三维对齐(283)
编辑边和编辑体的命令(285)
设置绘图环境、绘制墙体(294)
绘制门、窗(297)
绘制楼梯、台阶及室内设施等(299)
输入文字和尺寸标注(300)
标注定位轴线、标高及打印输出(300)

前言

AutoCAD是美国Autodesk公司开发的专业辅助绘图软件，它具有绘图精确、操作方便、易于掌握的特点。自推出以来，深受工程设计人员的青睐，目前已广泛应用于工程设计领域，它能有效地帮助技术人员提高设计水平和工作效率，还能输出清晰、规范的图纸并进行网络发布。

AutoCAD 2016较以往的版本有了较大的扩展，工作界面和操作方式发生了一些变化，深入理解这些新功能和新的操作方式，可以更好更快地绘制图形。

AutoCAD的学习一般分为对基本命令的熟悉和综合应用两个环节。本书内容基本按照学习的特点编排，对常用的绘图命令介绍详尽并对容易出现的问题用“提示”条目加以提醒；在思考与练习中安排有针对每章命令的练习题；并在最后一章编排了大量的环境工程图的实训练习。为了让读者对绘图过程有完整的认识和了解，在第13章，结合工程实例从绘图环境设置、绘图、修改到打印出图的整个过程做了详尽的介绍。

本书是高等职业教育新形态一体化教材，适用于环境工程和给水排水类等专业。本书由长期从事计算机绘图教学的教师编著，条理清晰、结构合理、循序渐进、实例丰富、语言浅显易懂。本书既能满足读者快速学习AutoCAD 2016的需要，又能使读者灵活地运用AutoCAD绘制环境工程图。

本书由江苏建筑职业技术学院王晓燕和湖北理工学院杨静等编著，江苏建筑职业技术学院张宝军教授主审。本书编著分工如下：王晓燕编著第1章第3节，第2章，第3章，第4章，第5章，第10章和第13章第1~3节；杨静编著第1章第1、2节，第11章，第12章，第13章第4~8节；江苏建筑职业技术学院岳朝松编著第6章；河北工业职业技术学院王春玉编著第7章；江苏建筑职业技术学院刘志坚编著第8章；扬州市职业大学土木工程学院马亚伟编著第9章。全书由王晓燕负责统稿。本书编著过程中参考了一些书籍，在此向有关作者表示衷心的感谢。

由于编著者水平有限，书中如有疏漏和差错之处，敬请广大读者批评指正。

编著者

2019年01月

目录

第 1 章　概述 …… 1

1.1　CAD 概述 …… 2
1.2　CAD 在环境工程中的应用概述 …… 4
1.3　环境工程专业制图标准 …… 6
思考与练习 …… 15

第 2 章　AutoCAD 基础知识 …… 17

2.1　启动 AutoCAD …… 18
2.2　AutoCAD 的工作界面 …… 19
2.3　命令的调用 …… 24
2.4　数据的输入 …… 27
2.5　文件管理 …… 29
2.6　获取帮助 …… 35
2.7　退出 AutoCAD …… 35
思考与练习 …… 36

第 3 章　绘图环境设置 …… 37

3.1　设置图形界限 …… 38
3.2　设置图形单位 …… 39
3.3　图层 …… 40
3.4　图层对象特性 …… 49
3.5　特性匹配 …… 51
思考与练习 …… 52

第 4 章　精确绘图工具、查询命令和显示控制 …… 55

4.1　栅格和捕捉 …… 56

4.2 正交 …… 59
4.3 极轴追踪 …… 59
4.4 对象捕捉 …… 61
4.5 对象捕捉追踪 …… 64
4.6 动态输入 …… 67
4.7 查询命令 …… 70
4.8 视图缩放 …… 74
4.9 平移 …… 77
4.10 重画和重生成 …… 78
4.11 滚轮鼠标的快捷功能 …… 79
思考与练习 …… 79

第5章 二维图形绘制命令 …… 81

5.1 绘制直线 …… 83
5.2 绘制圆 …… 85
5.3 绘制圆弧 …… 88
5.4 绘制矩形 …… 90
5.5 绘制正多边形 …… 93
5.6 绘制二维多段线 …… 94
5.7 绘制样条曲线 …… 97
5.8 绘制修订云线 …… 99
5.9 绘制多线 …… 100
5.10 绘制点对象、定数等分、定距等分 …… 104
5.11 绘制椭圆 …… 107
5.12 绘制椭圆弧 …… 108
5.13 绘制圆环 …… 109
5.14 综合例题 …… 110
思考与练习 …… 112

第6章 二维图形修改命令 …… 117

6.1 对象选择方式 …… 118
6.2 删除 …… 121
6.3 复制 …… 121
6.4 镜像 …… 122
6.5 偏移 …… 124
6.6 阵列 …… 125
6.7 移动 …… 128

6.8 旋转 …… 129
6.9 缩放 …… 130
6.10 拉伸 …… 131
6.11 拉长 …… 132
6.12 修剪 …… 133
6.13 延伸 …… 135
6.14 打断 …… 136
6.15 倒角 …… 136
6.16 圆角 …… 137
6.17 分解 …… 138
6.18 合并 …… 139
6.19 编辑多段线 …… 139
6.20 编辑样条曲线 …… 141
6.21 编辑多线 …… 143
6.22 综合例题 …… 144
思考与练习 …… 147

第7章 文字、表格和图案填充 …… 151

7.1 文字 …… 152
7.2 表格 …… 159
7.3 图案填充 …… 165
思考与练习 …… 171

第8章 块、属性与外部参照 …… 173

8.1 创建块 …… 174
8.2 插入块 …… 175
8.3 写块 …… 176
8.4 块属性 …… 177
8.5 修改属性 …… 180
8.6 使用外部参照 …… 182
8.7 设计中心 …… 184
思考与练习 …… 185

第9章 尺寸标注与编辑 …… 187

9.1 尺寸标注的概念 …… 188
9.2 新建与设置尺寸样式 …… 188

9.3 尺寸标注的类型 …… 198
9.4 尺寸标注的编辑与更新 …… 209
思考与练习 …… 213

第10章 模型空间、图纸空间与图纸打印 …… 217

10.1 模型空间 …… 218
10.2 图纸空间 …… 221
10.3 模型空间打印图纸 …… 223
10.4 图纸(布局)空间打印图纸 …… 227
思考与练习 …… 239

第11章 三维基础 …… 241

11.1 三维视点 …… 242
11.2 用户坐标系 …… 245
11.3 三维空间中的点坐标 …… 249
11.4 创建三维线框模型 …… 250
11.5 创建基本的三维网格模型 …… 252
11.6 创建基本的三维曲面模型 …… 259
思考与练习 …… 261

第12章 三维建模 …… 263

12.1 创建基本的三维实体模型 …… 264
12.2 由曲面生成三维实体模型 …… 268
12.3 三维操作 …… 272
12.4 三维实体的布尔运算 …… 277
12.5 实体编辑 …… 280
12.6 视觉样式 …… 286
思考与练习 …… 287

第13章 环境工程专业绘图实训 …… 293

13.1 建筑平面图 …… 294
13.2 室内给水排水工程图 …… 301
13.3 室外给水排水工程图 …… 305
13.4 水处理工艺流程图 …… 309
13.5 水处理构筑物 …… 312

13.6 除尘系统各视图 …… 315
13.7 除尘器三视图 …… 317
13.8 环保设备三维图 …… 318
思考与练习 …… 322

参考文献 …… 326

第 1 章 概 述

知识目标：

- □ 了解 CAD 的含义和 CAD 的系统组成、发展历程
- □ 了解 CAD 在环境工程中的应用情况
- □ 熟悉环境工程制图国家标准

能力目标：

- □ 能独立安装 AutoCAD 软件

1.1 CAD 概述

CAD 是英文“computer aided design”的缩写，即“计算机辅助设计”，它是利用计算机硬件、软件系统辅助设计人员进行产品和工程设计的一门技术。它已广泛深入到建筑、机械、电子、汽车、航空、造船等设计和生产领域中。CAD 也是进一步向计算机辅助制造（CAM）、计算机集成制造系统（CIMS）发展的重要基础。

1.1.1 CAD 系统组成

CAD 系统是由硬件和软件两部分组成的。

1. 硬件系统

硬件系统包括主机、图形输入设备和图形输出设备。常用图形输入设备有键盘、鼠标、扫描仪等；图形输出设备有打印机、绘图仪等（图 1-1）。

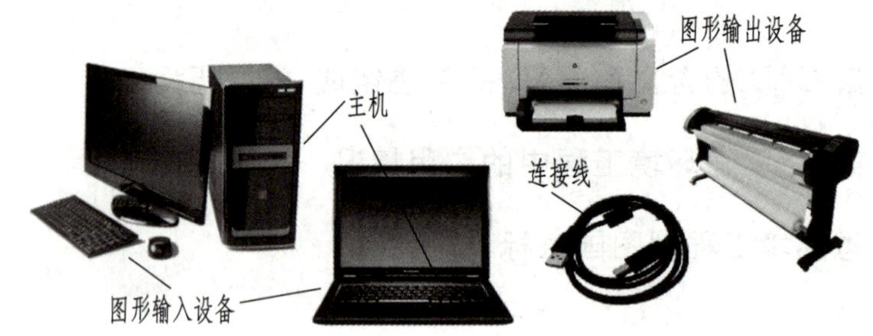

图 1-1 硬件系统

2. 软件系统

软件系统含系统软件与应用软件，应用软件又分为通用软件与专用软件（图 1-2）。

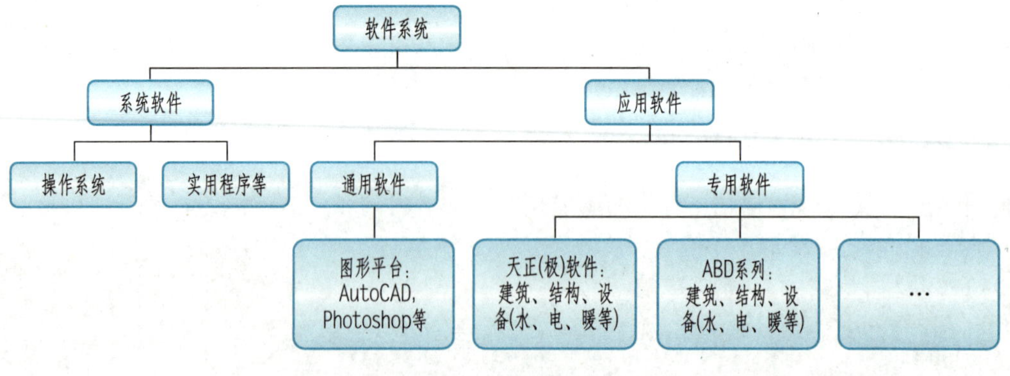

图 1-2 软件系统

1.1.2 CAD 发展历程

1. 二维 CAD 技术的发展

CAD 技术起步于 20 世纪 50 年代后期。进入 20 世纪 60 年代后,CAD 技术随着在计算机屏幕上绘图成为可能而开始迅速发展。人们希望借助此项技术来摆脱烦琐、费时和低精度的传统手工绘图。当时,CAD 技术的出发点是用传统的三视图方法来表达零件,以图纸为媒介进行技术交流,这就是二维计算机绘图技术,CAD 的含义仅仅是图板的替代品,即"computer aided drawing"的缩写。以二维绘图为主要目标的算法一直持续到 20 世纪 70 年代末期。随着技术的发展,CAD 系统介入产品设计过程的程度越来越深,系统功能越来越强,CAD 逐步发展成为真正的计算机辅助设计(computer aided design)。

2. 曲面造型技术与三维 CAD 系统的发展

20 世纪 60 年代出现的三维 CAD 系统只是极为简单的线框式系统。这种初期的线框造型系统只能表达基本的几何信息,不能有效表达几何数据间的拓扑关系。由于缺乏形体的表面信息,计算机辅助制造(CAM)及计算机辅助工程(CAE)均无法实现。20 世纪 70 年代飞机和汽车工业的蓬勃发展给三维 CAD 系统带来了良好的机遇。为了解决飞机和汽车设计制造中遇到的大量自由曲面问题,法国人提出了贝赛尔算法,使得人们用计算机处理曲线及曲面问题变得可以操作,同时也使得法国的达索飞机制造公司的开发者们能在二维绘图系统(CADAM)的基础上,提出以表面模型为特点的自由曲面建模方法,推出了三维曲面造型系统(CATIA)。CATIA 的出现标志着计算机辅助设计技术从单纯模仿工程图纸的三视图模式中解放出来,首次实现了在计算机内较完整地描述产品零件的主要信息,同时也为 CAM 技术的开发打下了基础。曲面造型系统带来了第一次 CAD 技术革命,它改变了以往只能借助油泥模型来近似表达曲面的落后的工作方式。曲面造型系统带来的技术革新,使汽车开发手段有了质的飞跃,新车型开发速度也大幅度提高,许多车型的开发周期由原来的 6 年缩短到约 3 年。汽车工业对 CAD 系统的大量采用,反过来也大大促进了 CAD 技术本身的发展。

3. 实体造型技术与三维 CAD 系统的发展

20 世纪 80 年代初,三维 CAD 系统价格依然令一般企业望而却步,这使得 CAD 技术无法拥有更广阔的市场。为使自己的产品更具特色,在有限的市场中获得更大的份额,以 CV、SDRC 和 UG 为代表的系统开始朝各自的发展方向前进。20 世纪 70 年代末到 80 年代初,CAE 和 CAM 技术也有了较大发展。表面模型使 CAM 问题基本得到解决。但由于表面模型技术只能表达形体的表面信息,难以准确表达零件的其他特性,如质量、重心和惯性矩等,对 CAE 十分不利。在当时"星球大战"计划的背景下,为降低巨大的太空实验费用,许多专用分析模块得到开发。基于对 CAD/CAE 一体化技术发展的探索,SDRC 公司于 1979 年发布了世界上第一个完全基于实体造型技术的大型 CAD/CAE 软件——I-DEAS。实体造型技术能够精确地表达零件的全部属性,有助于统一 CAD、CAE 和 CAM 的模型表达,给设计带来了方便,代表着未来 CAD 技术的发展方向。但实体造型技术在带来了算法的改进和未来发展希望的同时,也带来了数据计算量的极度膨胀。在当时的计算机硬件条件下,实体造型的计算及显示速度很慢,离实际应用还有较大的差距。另外,面对算法和系统效率的矛盾,许多赞成采用实体造型技术的公司并没有下大力气进行开发,而是转向攻克相对容易实现的表面模型技术。在以后的10年里,随着硬件性能的提高,实体造型技术又逐渐为众多CAD系统所采用。

4. 参数化技术与三维CAD系统的发展

进入20世纪80年代中期,CV公司提出了一种比无约束自由造型更加新颖的算法——参数化实体造型方法。这种方法的特点是,基于特征、全尺寸约束、全数据相关和尺寸驱动设计修改。由于在参数化技术发展初期,很多技术难点有待于攻克,又因为参数化技术的核心算法与以往的系统有本质差别,采用参数化技术,必须将全部软件重新改写,因而需要大量的开发工作量和投资。同时,由于当时CAD技术应用的重点是自由曲面需求量非常大的航空和汽车工业,参数化技术还不能提供解决自由曲面问题的有效工具,所以这项技术当时被CV公司否决。参数技术公司(Parametric Technology Corp.,PTC)就在这样的环境下应运而生。PTC推出的Pro/E是世界上第一个采用参数化技术的CAD软件,它第一次实现了尺寸驱动的零件设计。20世纪80年代末,计算机技术迅猛发展,硬件成本大幅度下降,很多中小型企业也开始有能力使用CAD技术。处于中低档的Pro/E软件获得了发展机遇,它符合众多中小型企业CAD的需求,从而获得了巨大的成功。进入20世纪90年代后,参数化技术变得越来越成熟,充分体现出其在许多通用件、零部件设计时的简便易行等方面的优势。

5. 变量化技术与三维CAD系统的发展

参数化技术在20世纪90年代前后几乎成为CAD业界的标准,许多软件厂商纷纷起步追赶。由于CATIA、CV、UG、EUCLID等都已经在原来的非参数化模型基础上开发或集成了很多其他应用,开发了许多应用模块,所以,重新开发一套完全参数化的造型系统困难很大,因为这样做意味着必须将软件全部重新改写。因此这些公司采用的参数化系统基本上都是在原有模型技术的基础上进行局部的、小规模的修补。这样,CV、CATIA和UG在推出自己的参数化技术时,均宣传其采用了复合建模技术。复合建模技术把线框模型、曲面模型及实体模型叠加在一起,难以全面应用参数化技术。由于参数化技术和非参数化技术内核本质不同,用参数化技术造型后进入非参数化系统,还要进行内部转换才能被系统接受,而大量的转换极易导致数据丢失或产生其他的不利情况。20世纪90年代初,SDRC公司的开发人员以参数化技术为蓝本,提出了"变量化技术"。1990—1993年,SDRC公司投资一亿多美元,将软件全部重新改写,推出了全新体系结构的I-DEAS Master Series。

CAD技术基础理论的每一次重大进展,无一不带动了CAD/CAM/CAE整体技术的提高及制造手段的更新。技术发展,永无止境。没有一种技术是常青树,CAD技术一直处于不断的发展与探索之中。

1.2 CAD在环境工程中的应用概述

环境工程是涉及多学科的一门交叉工程学科,从技术层面看,它是根据物理学、化学、生物学、医学等基础理论，运用卫生工程、给水排水工程、化学工程、机械工程等技术原理，解决废气、废水、固体废物、噪声污染等问题。

环境工程设计的主要研究内容除了水污染防治工程、大气污染防治工程、固体废物的处理和利用及噪声控制工程四项以外，还可以按照化工设计的单元设计模式进行划分，即可分为厂址选择及总平面布置、污染强度计算、工艺流程设计、车间布置设计、管道布置设计、环保设备的设计与选型、项目概预算、清洁生产设计等单元设计模式。同时，它也涉及该领域的技术研究与开发、工程设计、相关的设备设计与制造、施工、安装、操作管理等内容。所以环境工程设计所涉及的内容多、范围广、专业性强，具有交叉性、复杂性、多样性、创新性、社会性、经济性等特点，需要考虑的因素非常之多。

正因为如此，CAD 技术在环境工程设计中的应用相对机械、电子、建筑等专业来讲，起步较晚，还有许多应用问题需要解决。因此要想做好环境工程 CAD 技术方面的工作，对环境工程设计人员提出了较高的要求，环境工程设计人员不仅要具备环境工程设计方面的知识和环境工程设计所必需的法律、法规知识，还必须熟练地掌握工程 CAD 应用技术。

具体来说 CAD 应用于环境工程有以下几个方面：

1. 环境工程二维图形的设计方法

在环境工程设计中，遇到最多的图形处理问题还是该领域的二维图形，它通常包括工艺流程图、管道布置图、配筋图、总平面布置图等。系统研究这些常见图形的生成方法对于该专业设计人员至关重要。

2. 环境工程三维图形的设计方法

虽然三维图形制作技术在环境工程设计中运用得仍然比较少，但三维图形处理技术将越来越多地在工程行业有所应用，它也是不断推动 CAD 技术在环境工程设计领域向纵深发展的方向之一。

3. 环境工程数据处理技术

如何良好地运用计算机处理环境工程设计过程中所遇到的数据、数据文件、数据库、数表查询、线图处理工作，并将其与整个设计过程连为一体是工程设计的一个重要方面，当然它对环境工程设计也有着无比的重要性。

4. 环境工程常用图形符号库的建立与开发技术

面对所有产品或工程设计专业，相应领域的常用图形及其符号在其设计过程中起着十分重要的作用。将企业、行业常用的图形及符号制作成图形库及符号库，以备设计过程中不时之需，这将避免设计人员大量重复的绘制图形的工作，大大提高了其设计效率。

5. 环境工程常用图形二维参数化编程技术

在环境工程设计过程中，大量的拓扑形状一致、尺寸规格有所变化的专业图形和符号很多，如管道、各种接头、法兰等，这些图形最好采用编程的方法实现。如果采用交互技术绘制，不仅烦琐，而且不规范，容易出错。所以二维参数化绘图技术的研究在专业 CAD 制图中占有重要地位。

6. 环境工程三维图形参数化编程技术

三维图形参数化技术与二维图形参数化技术一样也非常重要，也需要有所研究，并不断加深。AutoCAD 所提供的 Visual LISP 不仅可以编程绘制二维图形,也可绘制三维图形,当然二者是有区别的。二维是三维参数化编程的基础,三维是二维参数的仔细搜索、延伸或发展,且目前我国正大力普及应用 CAD 的三维技术。当然也可以用 VBA、VC 等高级语言开发许多 CAD 软件,完成 CAD 图形的二维或三维参数化绘图工作。

7. 基于网络的环境工程设计 CAD 软件开发技术

CAD 的重要发展方向之一就是网络化,所有 CAD 图形很有可能需要在网上阅览、交流、传递等,可能要实现异地、同步、协同设计,因此适合网络化的要求进行专业设计工作十分重要。其中主要内容之一是在网络上建立网站,并在网站上建立专业设计中心,使得专业用户可以随时访问该设计中心,在网络上实现整个设计过程(如计算、查表、线图处理、绘图、文字说明、报表等)。其二是大部分工程类企业,有大量的、各种格式的 CAD 图形图像需要长期保存并管理起来,有时又需要及时的借阅、送还等,为适应这些情况,网络化的图形图像管理技术的研究也是重要的研究方向之一。

我国在 AutoCAD 平台上开发的环境工程 CAD 软件比较偏重于市政管网设计,如室外给水排水管网计算、给水排水管道纵断面图绘制、给水排水外部管网设计等。在环境工程的其他领域,特别是水处理领域,因开发难度大、投资回报低,软件公司往往不愿意涉足,致使环境工程 CAD 技术发展比较缓慢,在水处理系统设计优化方面尤为突出。现在虽然都使用了计算机出图,但多数用户仅停留在使用 AutoCAD 命令或市政管网软件来绘制二维图,而用 CAD 技术来辅助工程设计人员计算、绘图一体化,以提高工程设计质量与效率还远远不足。

1.3 环境工程专业制图标准

环境工程到目前为止还没有出台专门的制图标准,这是因为环境工程本身就是一门交叉学科,从 20 世纪 70 年代才刚刚起步。在建筑施工制图时,一般参考建筑制图标准和给水排水制图标准,在设备方面,参考机械制图标准更为合适。为了使图纸的表达方法和形式统一,以满足设计、施工、存档等要求,应根据国家最新发布的相关标准《房屋建筑制图统一标准》(GB/T 50001—2017)、《建筑制图标准》(GB 50104—2010)、《建筑结构制图标准》(GB/T 50105—2010)和《建筑给水排水制图标准》(GB/T 50106—2010)等,绘制环境工程专业的施工图纸。由于篇幅的限制,这里只能列出与 CAD 绘图密切相关的部分内容。

1.3.1 图纸幅面、图框线和标题栏

1. 图纸幅面和图框线

图纸幅面指图纸的大小,图框线是指图纸上绘图范围的界限。图纸幅面和图框线应符合表 1-1 的规定及图 1-3、图 1-4 和图 1-5、图 1-6 的格式。

图纸的短边一般不应加长,长边可加长,但应符合国家标准中相应的规定。

在一套工程图纸中应以一种规格图纸为主,尽量避免大小幅面掺杂使用。

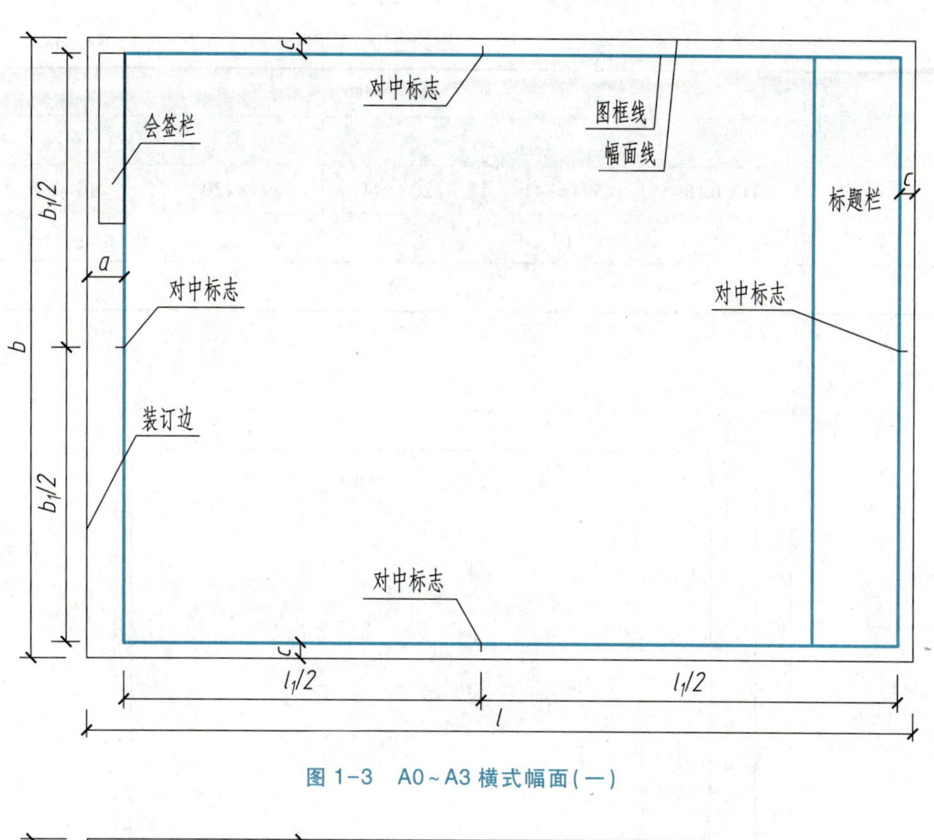

图 1-3 A0～A3 横式幅面(一)

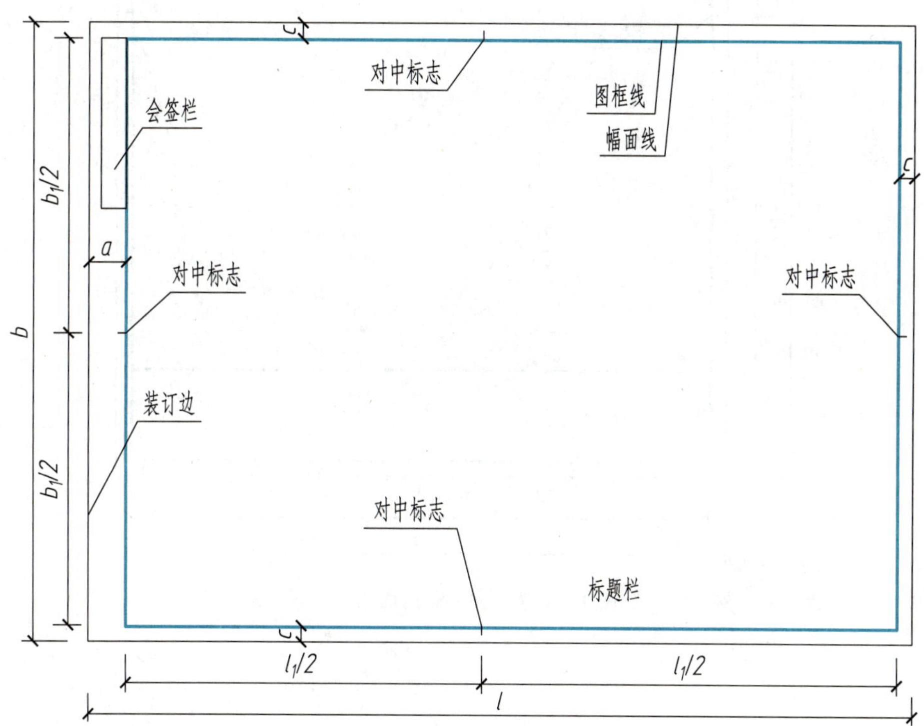

图 1-4 A0～A3 横式幅面(二)

表 1-1 图纸幅面及图框尺寸 单位：mm

尺寸代号	幅面尺寸				
	A0	A1	A2	A3	A4
$B \times L$	841×1 189	594×841	420×594	297×420	210×297
c	10			5	
a	25				

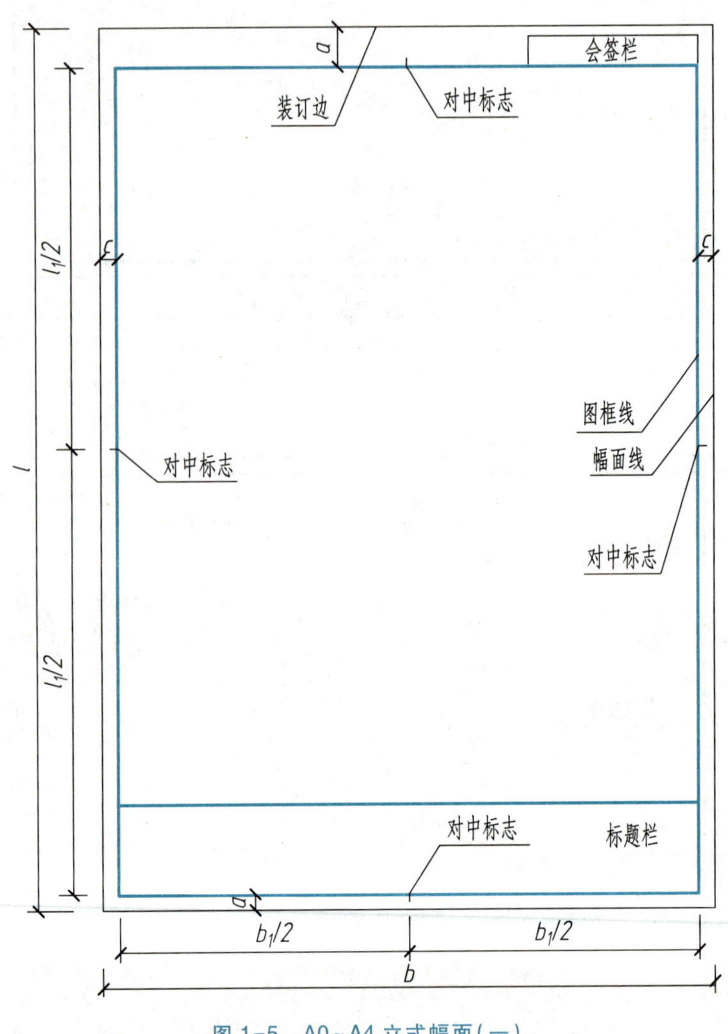

图 1-5 A0～A4 立式幅面(一)

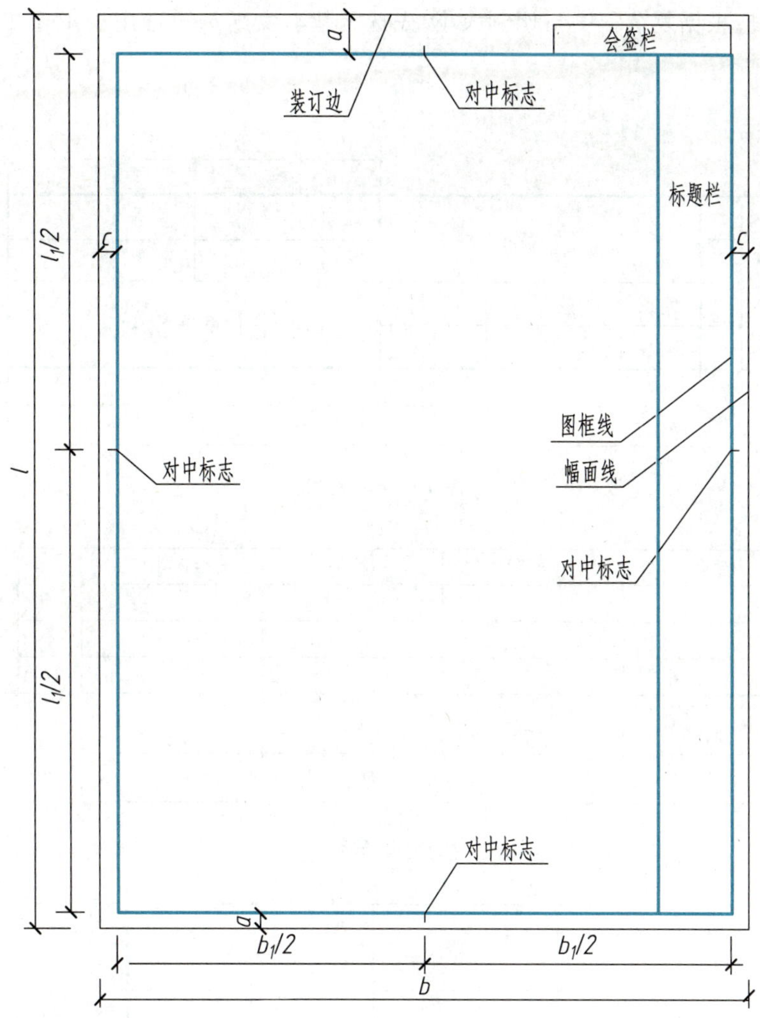

图 1-6 A0~A4 立式幅面(二)

2. 标题栏与会签栏

图纸的标题栏、会签栏及装订边的位置,可参考图 1-3 至图 1-6。

学生制图作业标题栏可以按图 1-7 所示绘制。

会签栏应按图 1-8 的格式绘制。它是为各工种负责人签字用的表格,不需要会签的图纸可不设会签栏。

3. 明细栏

工程设计施工图和装配图中一般应配置明细栏,其形式及尺寸如图 1-9 所示。栏中的项目可以根据具体情况适当调整。

1.3.2 图线

1. 图线的宽度

图线的基本线宽 b,宜从下列线宽系列中选取:1.4 mm、1.0 mm、0.7 mm、0.5 mm。

每个图样,应根据复杂程度与比例大小,先选定基本线宽 b,再选用表 1-2 中相应的线宽组。

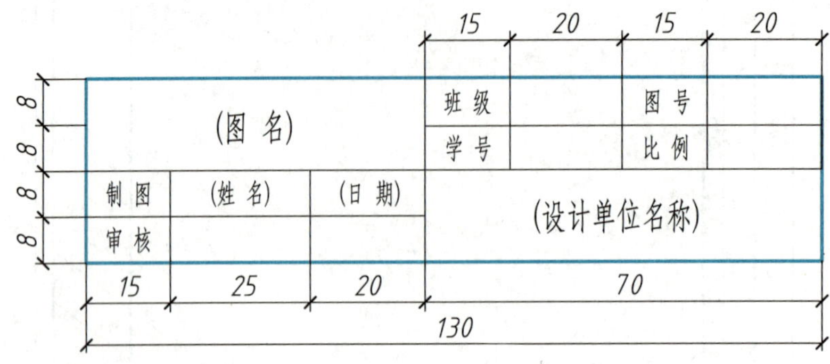

图 1-7 标题栏

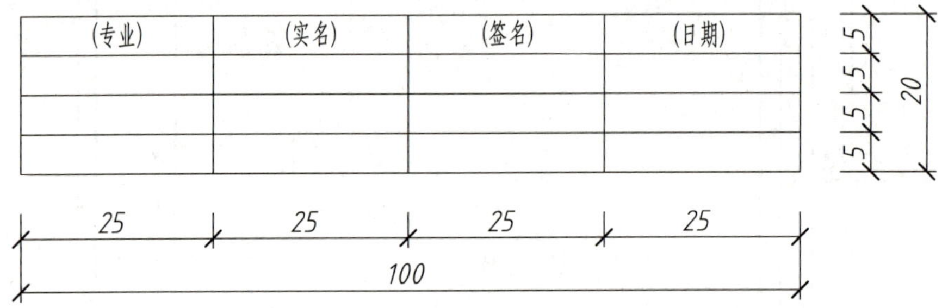

图 1-8 会签栏

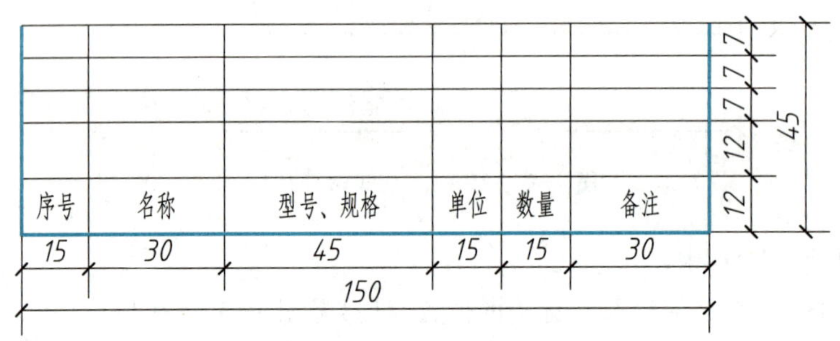

图 1-9 明细栏

表 1-2 线 宽 组 单位:mm

线宽比	线宽组			
b	1.4	1.0	0.7	0.5
0.7b	1.0	0.7	0.5	0.35
0.5b	0.7	0.5	0.35	0.25
0.25b	0.35	0.25	0.18	0.13

注:1. 需要缩微的图纸,不宜采用 0.18 mm 及更细的线宽。

2. 同一张图纸内,各不同线宽中的细线,可统一采用较细的线宽组的细线。

图框线和标题栏线，可采用表 1-3 的线宽。

表 1-3 图框线、标题栏线的宽度

幅面代号	图框线	标题栏外框线	标题栏分格线
A0、A1	b	$0.5b$	$0.25b$
A2、A3、A4	b	$0.7b$	$0.35b$

2. 图线的线型

任何工程图样都是采用不同的线型和线宽的图线绘制的。建筑工程制图中的各类图线的线型、线宽、用途见表 1-4。

表 1-4 各类图线的线型、线宽和用途

名称		线型	线宽	一般用途
实线	粗		b	主要可见轮廓线
	中粗		$0.7b$	可见轮廓线、变更云线
	中		$0.5b$	可见轮廓线、尺寸线
	细		$0.25b$	图例填充线、家具线
虚线	粗		b	见各有关专业制图标准
	中粗		$0.7b$	不可见轮廓线
	中		$0.5b$	不可见轮廓线、图例线
	细		$0.25b$	图例填充线、家具线
单点长画线	粗		b	见各有关专业制图标准
	中		$0.5b$	见各有关专业制图标准
	细		$0.25b$	中心线、对称线、轴线等
双点长画线	粗		b	见各有关专业制图标准
	中		$0.5b$	见各有关专业制图标准
	细		$0.25b$	假想轮廓线、成型前原始轮廓线
折断线	细		$0.25b$	断开界线
波浪线	细		$0.25b$	断开界线

给水排水工程图纸的图线线型，可具体参考表 1-5。

表 1-5 给水排水制图采用的线型

名称	线型	线宽	用途
粗实线		b	新设计的各种排水和其他重力流管线
粗虚线		b	新设计的各种排水和其他重力流管线的不可见轮廓线
中粗实线		$0.7b$	新设计的各种给水和其他压力流管线；原有的各种排水和其他重力流管线

续表

名称	线型	线宽	用途
中粗虚线	— — — — — — —	0.7b	新设计的各种给水和其他压力流管线;原有的各种排水和其他重力流管线的不可见轮廓线
中实线	————————	0.5b	给水排水设备、零(附)件的可见轮廓线;总图中新建的建筑物和构筑物的可见轮廓线;原有的各种给水和其他压力流管线
中虚线	— — — — — — —	0.5b	给水排水设备、零(附)件的不可见轮廓线;总图中新建的建筑物和构筑物的不可见轮廓线;原有的各种给水和其他压力流管线的不可见轮廓线
细实线	————————	0.25b	建筑的可见轮廓线;总图中原有的建筑物和构筑物的可见轮廓线;制图中的各种标注线
细虚线	— — — — — — —	0.25b	建筑的不可见轮廓线;总图中原有的建筑物和构筑物的不可见轮廓线
单点长画线	——·——·——	0.25b	中心线、定位轴线
折断线	——√——	0.25b	断开界线
波浪线	～～～	0.25b	平面图中水面线、局部构造层次范围线、保温范围示意线等

1.3.3 比例

比例是图形与实物相对应的线性尺寸之比。比例的大小,是指其比值的大小,如1:50大于1:100。比例的符号为":"。比例应以阿拉伯数字表示,如1:1、1:2、1:100等。比例宜注写在图名的右侧,字的基准线应取平。比例的字高宜比图名的字高小一号或小两号。

绘图所用的比例,应根据图样的用途与被绘制对象的复杂程度,从表1-6中选用。

表1-6 绘图常用比例

常用比例	1:1、1:2、1:5、1:10、1:20、1:30、1:50、1:100、1:150、1:200、1:500、1:1 000、1:2 000
可用比例	1:3、1:4、1:6、1:15、1:25、1:40、1:60、1:80、1:250、1:300、1:400、1:600、1:5 000、1:10 000、1:20 000、1:50 000、1:100 000、1:200 000

给水排水工程图纸的比例,可具体参考表1-7。

表 1-7 给水排水工程制图常用比例

名称	比例	备注
区域规划图 区域位置图	1 : 50 000、1 : 25 000、1 : 10 000 1 : 5 000、1 : 2 000	宜与总图专业一致
总平面图	1 : 1 000、1 : 500、1 : 300	宜与总图专业一致
管道纵断面图	纵向:1 : 200、1 : 100、1 : 50 横向:1 : 1 000、1 : 500、1 : 300	
水处理厂(站)平面图	1 : 500、1 : 200、1 : 100	
水处理构筑物、设备间、卫生间泵房平面和剖面图	1 : 100、1 : 50、1 : 40、1 : 30	
建筑给水排水平面图	1 : 200、1 : 150、1 : 100	宜与建筑专业一致
建筑给水排水轴测图	1 : 150、1 : 100、1 : 50	宜与相应图纸一致
详图	1 : 50、1 : 30、1 : 20、1 : 10、 1 : 5、1 : 2、1 : 1、2 : 1	

一般情况下,一个图样应选用一种比例。根据需要,也可选用两种。比如水处理高程图和管道纵断面图,可对纵向与横向采用不同的组合比例。水处理流程图可不按比例绘制。

1.3.4 字体

图纸上书写的文字、数字或符号等,均应笔画清晰、字体端正、排列整齐;标点符号应清楚正确。

文字的字高,应从表 1-8 中选用。字高大于 10 mm 的文字宜采用“True type”字体,如需书写更大的字,其高度应按$\sqrt{2}$的倍数递增。

表 1-8 文字的字高

字体种类	汉字矢量字体	“Turn type”字体及非汉字矢量字体
字高/mm	3.5、5、7、10、14、20	3、4、6、8、10、14、20

图样及说明中的汉字,宜优先采用“True type”字体中的宋体字型,采用矢量字体时应为长仿宋体字型。同一图纸字体种类不应超过两种。矢量字体的宽高比宜为 0.7,且应符合表 1-9 的规定,打印线宽宜为 0.25~0.35 mm;“True type”字体宽高比宜为 1。大标题、图册封面、地形图等的汉字,也可书写成其他字体,但应易于辨认,其宽高比宜为 1。

表 1-9 长仿宋体字高宽关系

字高/mm	3.5	5	7	10	14	20
字宽/mm	2.5	3.5	5	7	10	14

图样及说明中的字母、数字，宜优先采用“True type”字体中的“Roman”字型；字母及数字，当需写成斜体字时，其斜度应是从字的底线逆时针向上倾斜 75°。斜体字的高度和宽度应与相应的直体字相等。字母及数字的字高不应小于 2.5 mm。

1.3.5 尺寸标注

图样上的尺寸标注，包括尺寸界线、尺寸线、尺寸起止符号和尺寸数字（图 1-10）。

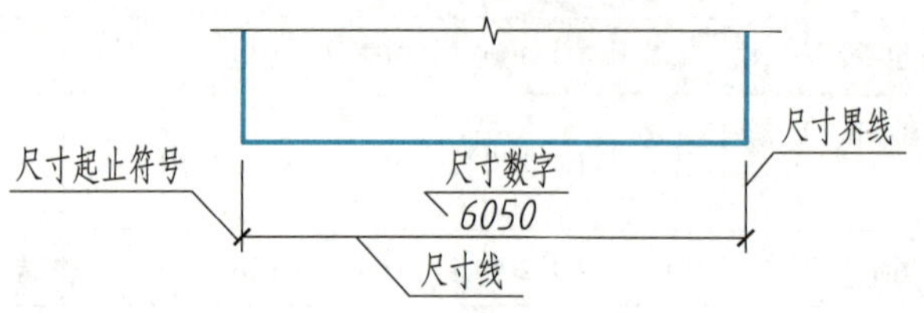

图 1-10 尺寸标注的组成

1. 尺寸界线

尺寸界线应用细实线绘制，一般应与被注长度垂直，其一端应离开图样轮廓线不小于 2 mm，另一端宜超出尺寸线 2~3 mm。图样轮廓线可用作尺寸界线（图 1-11）。

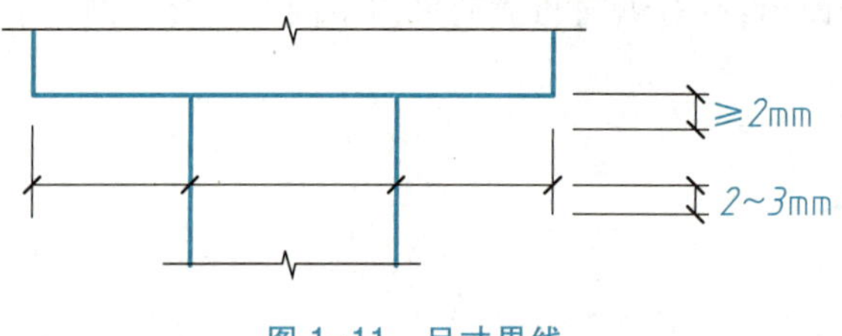

图 1-11 尺寸界线

2. 尺寸线

尺寸线应用细实线绘制，应与被注长度平行。图样本身的任何图线均不得用作尺寸线。

3. 尺寸起止符号

尺寸起止符号一般用中粗斜短线绘制，其倾斜方向应与尺寸界线成顺时针 45°角，长宜为 2~3 mm。半径、直径、角度与弧长的尺寸起止符号，宜用箭头表示（图 1-12）。

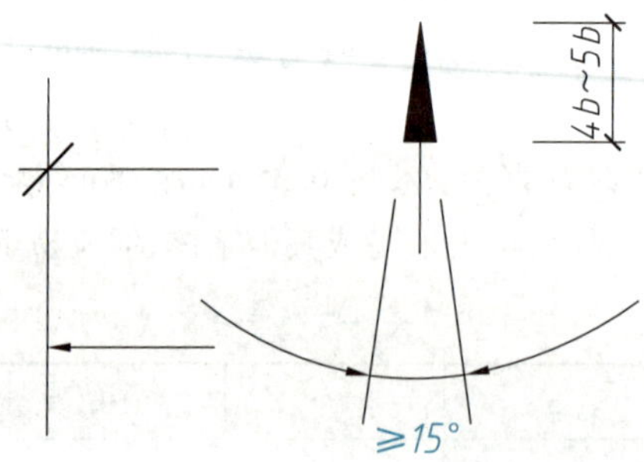

图 1-12 尺寸起止符号

4. 尺寸数字

(1) 图样上的尺寸,应以尺寸数字为准,不得从图上直接量取。

(2) 图样上的尺寸单位,除标高及总平面以 m 为单位外,其他必须以 mm 为单位。(本书中未特殊标注出的尺寸单位,均指以 mm 为单位。)

(3) 尺寸数字应离开尺寸线 1 mm 左右。

思考与练习

1-1 CAD 的中文含义是什么? 其英文如何拼写? 何谓 CAD 技术?

1-2 CAD 的主要作用是什么? CAD 主要应用于哪些领域?

1-3 CAD 技术的发展趋势是什么?

1-4 CAD 技术对运行环境有什么要求?

1-5 在计算机上练习安装和卸载 AutoCAD 2016。

1-6 在图纸上绘制 A3 图幅线、图框线和标题栏,要求尺寸标准、线型正确。

第 2 章 AutoCAD 基础知识

知识目标：

- □ 熟悉 AutoCAD 的工作界面
- □ 掌握图形文件的创建、打开与保存等操作
- □ 掌握数据的输入方法
- □ 获取帮助

能力目标：

- □ 设置符合自己要求的 AutoCAD 的工作界面
- □ 熟悉图形文件的管理与保存

2.1 启动 AutoCAD

AutoCAD
基础知识

AutoCAD 的常用启动方法有以下两种：

(1) 用鼠标直接双击桌面快捷图标：

AutoCAD 安装后会在桌面上生成一个快捷方式，双击它即可启动 AutoCAD。

(2) 单击【开始】菜单，选择所有程序→Autodesk→AutoCAD 2016 - Simplified Chinese→AutoCAD 2016。

启动 AutoCAD 2016 后，首先显示“开始”窗口，如图 2-1 所示。通过该窗口可以打开文件，打开最近使用的文档、查看通知及登录 A360 等操作，此外也可以单击“开始绘制按钮”进入绘制新图形工作界面，如图 2-2 所示。

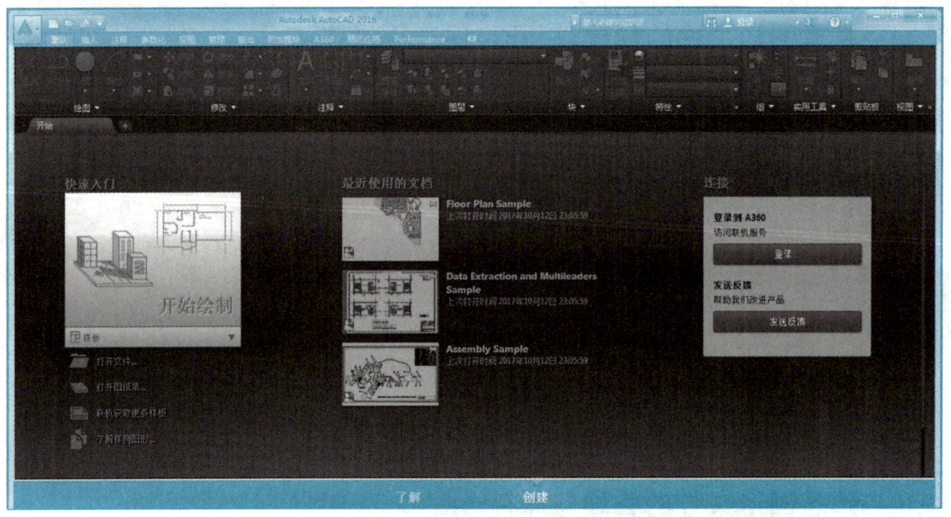

图 2-1 AutoCAD 的开始界面

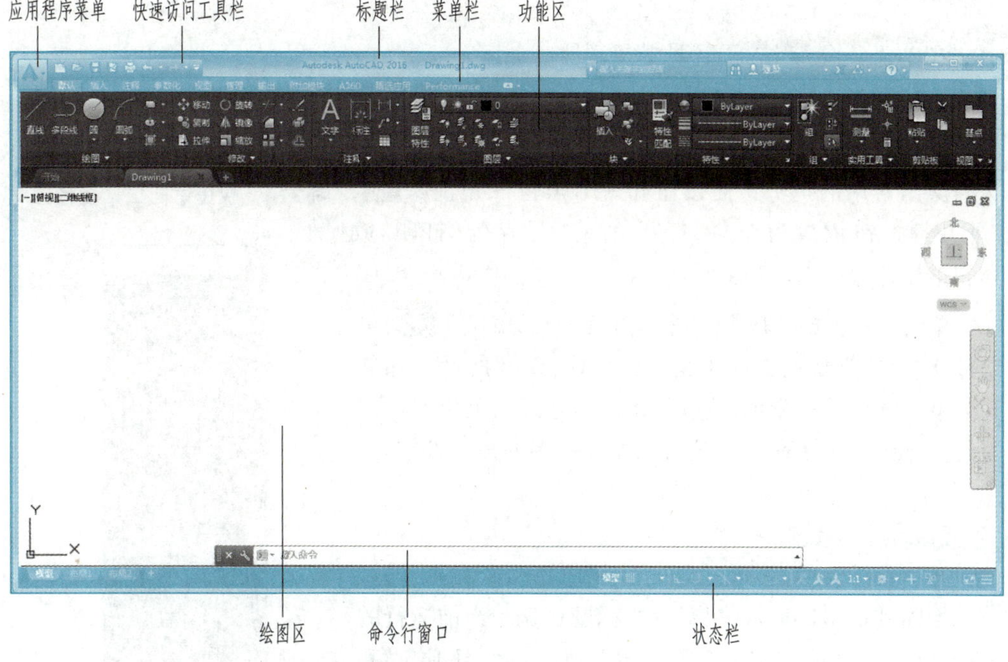

图 2-2 AutoCAD 的工作界面

2.2 AutoCAD 的工作界面

AutoCAD 的工作界面主要包括应用程序菜单、快速访问工具栏、标题栏、菜单栏与功能区、工具栏、绘图区、命令行窗口和状态栏，如图 2-2 所示。下面依次介绍其功能。

2.2.1 应用程序菜单

在应用程序菜单中可以搜索命令，访问常用工具。单击界面左上方的“应用程序”’按钮，弹出应用程序菜单，如图 2-3 所示。应用程序菜单包含新建、打开、保存、另存为、输出、打印等命令，右侧是“最近使用的文档”。将鼠标置于“最近使用的文档”中的文档名称上，可以快速预览最近打开过的 CAD 文件内容。

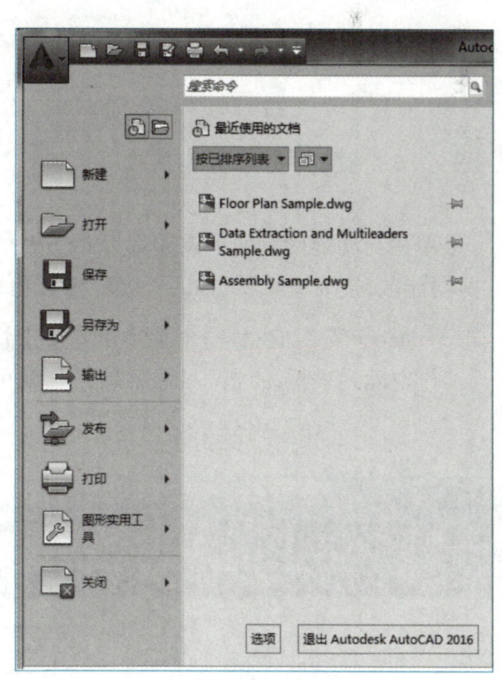

图 2-3 应用程序菜单

2.2.2 快速访问工具栏

快速访问工具栏位于工作界面的左上方，它包含了文档操作常用的 7 个快捷按钮和一个黑色三角箭头，7 个快捷按钮依次为新建、打开、保存、另存为、打印、放弃和重做命令，如图 2-4 所示。

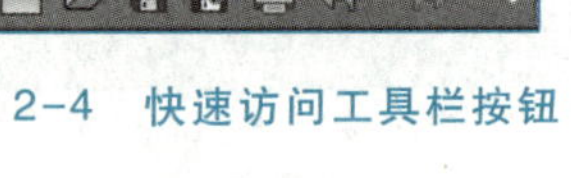

图 2-4 快速访问工具栏按钮

单击“快速访问工具栏”右侧的黑色三角箭头，可以打开“自定义快速访问工具栏”，如图 2-5 所示。在展开菜单中选择某一命令，就可以将该命令添加至快速访问工具栏，点击“更多命令”，还可以添加更多的命令按钮。

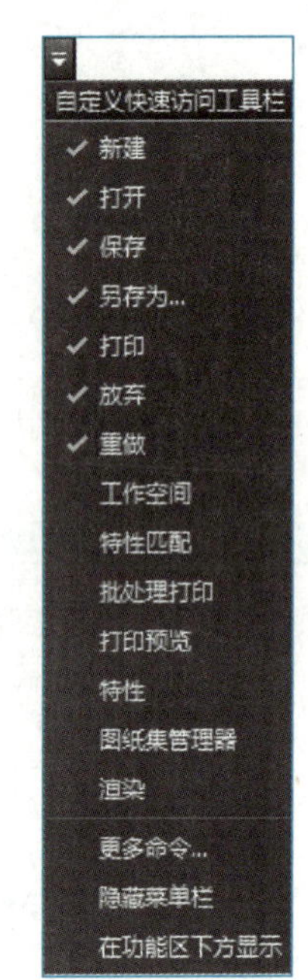

图 2-5 自定义快速访问工具栏

2.2.3 标题栏

如同其他 Windows 窗口一样，标题栏显示当前运行的 AutoCAD 的版本，右端是“最大化”“最大化（还原）”和“关闭”按钮。当图形窗口最大化时，标题栏还显示当前正在处理的图形文件的名称及完整的路径。如图 2-6 所示。

图 2-6 标题栏

2.2.4 菜单栏与功能区

菜单栏与功能区有两种调用命令的方法，一个是 AutoCAD 提供的主要操作命令菜单，即功能区，主要有默认、插入、注释、参数化、视图、管理、输出、附加模块、A360、精选应用、Performance 等组成；另一个菜单需要单击快速访问工具栏右侧的黑色三角箭头，打开工作空间列表框，点击“显示菜单栏”，就可以打开下拉菜单。如图 2-7 所示。

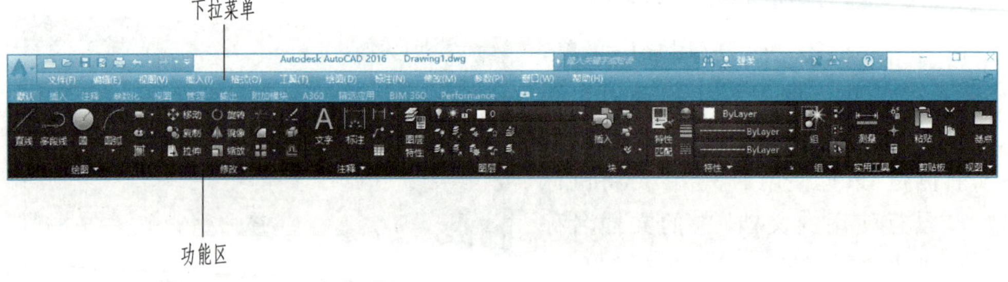

图 2-7 下拉菜单与功能区

1. 菜单栏

AutoCAD 的下拉菜单一般包括文件、编辑、视图、插入、格式、工具、绘图、标注、修改、参数、窗口和帮助等菜单。单击打开某个下拉菜单,就能选择需要的命令。例如,可以打开如图 2-8 所示的“格式”下拉菜单,方便快捷地找到各种有关格式的设置方法。

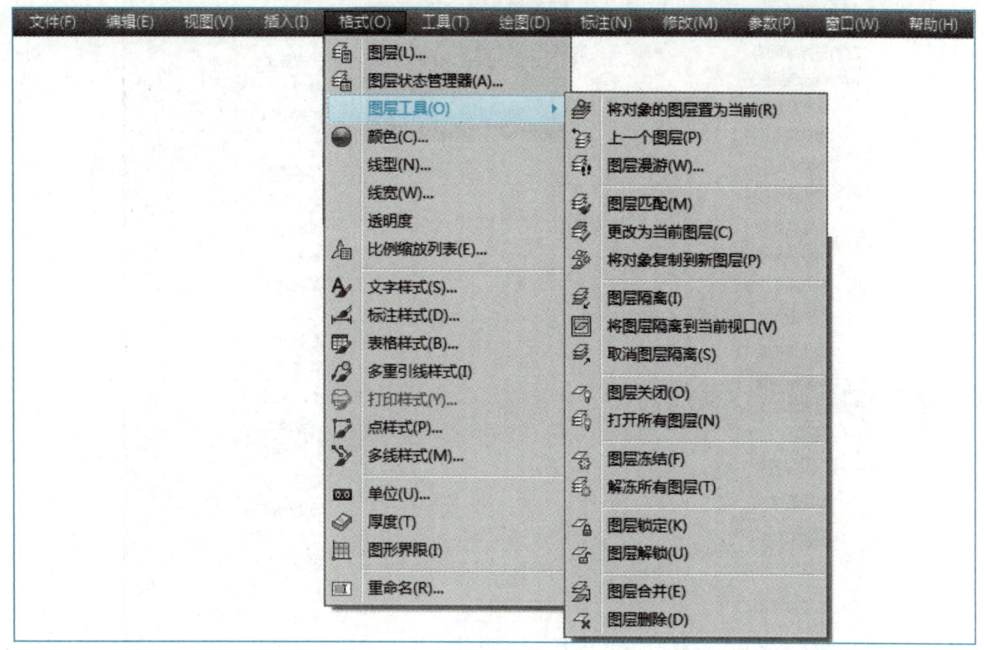

图 2-8　“格式”下拉菜单及图层工具子菜单

如果菜单项后面跟有符号“…”的,表示选中该菜单项时将会弹出一个对话框。菜单项右边有黑色三角符号“▶”的,表示该菜单项有一个子菜单。把光标放在该菜单项上,然后单击或稍停留一会儿就可引出子菜单。

每个菜单项后面还带有一个带括号的字母,称为热键字母。用户可使用热键打开下拉菜单里的命令。例如,打开“格式”菜单中的“图层工具”,其方法是先按住<Alt>键,然后输入下拉菜单名称中括号内的字母,即按<O>键,注意操作过程中要一直按住<Alt>键,就可打开“图层工具”的子菜单。

2. 功能区

功能区使工作界面无须显示多个工具栏,系统会自动显示与当前操作相应的面板,从而使窗口更加简洁,主要有默认、插入、注释、参数化、视图、管理、输出、附加模块、A360、精选应用、Performance 等。

2.2.5　工具栏

工具栏内包含各种工具按钮,它是调用命令的另一种方式。在 AutoCAD 2016 中打开下拉菜单【工具】→工具栏→AutoCAD→修改,即可打开“修改”工具栏。工具中包含有已经定义好的“CAD 标准”“图层”“绘图”“查询”“标注”“视图缩放”等 20 多个工具栏。用户还可以定义自己的工具栏，如图 2-9 所示。

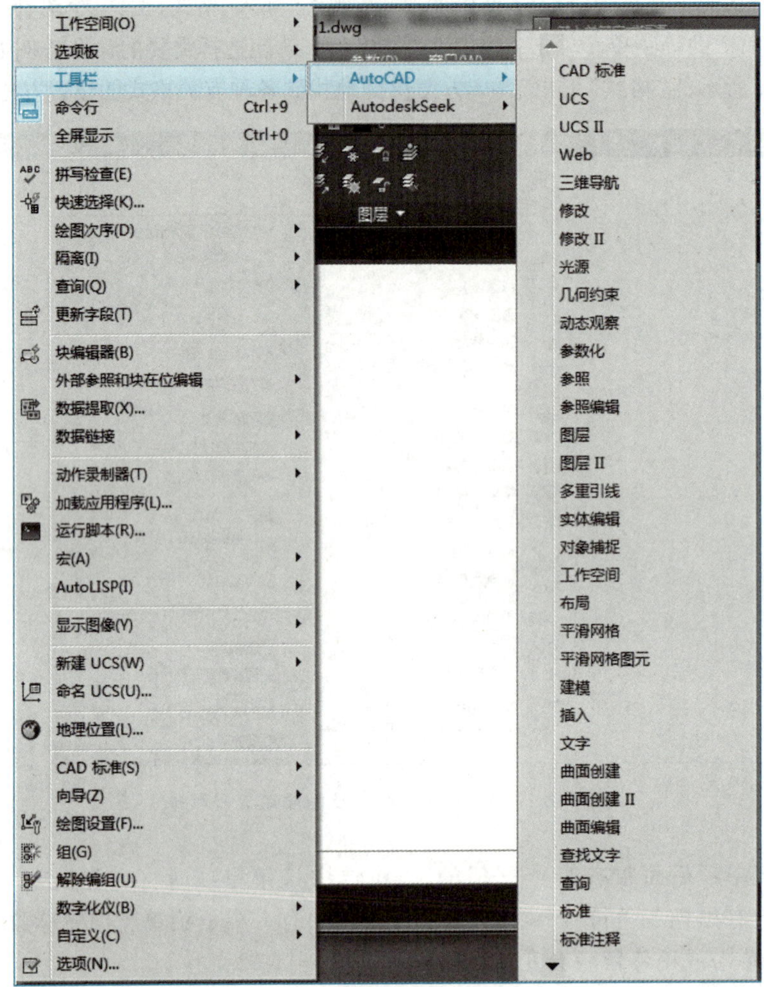

图 2-9 AutoCAD 2016 工具栏

使用工具栏只需单击相应的图标按钮即可。例如，要保存文件，只要单击“标准”工具栏中的“保存”图标。另外，对于初学者而言，一下子接触如此多的图标按钮，若不清楚其功能，则可把光标停在图标上一段时间，在光标右下角就会弹出提示框，显示该图标按钮所对应的命令。

用户还可以根据自己的需要，任意变动工具栏的位置和形状。只要把鼠标指针移动到工具栏的标题或者其端部两条突起的直线上，然后拖动到适当的位置松开鼠标左键，就可以把工具栏拖到新的位置。

如果要调整工具栏的形状，那么先将光标移到工具栏的边缘，当光标变成双向箭头时，按住鼠标左键拖动即可。

用户也可以打开一个工具栏，或者关闭不再使用工具栏，其方法有：

(1) 将光标移到一个工具栏的任意位置，点击鼠标右键，将出现快捷菜单，菜单项前面有勾号，表示该工具栏已打开，单击勾号就可以关闭这个菜单项；反之，如果在前面没有勾号的选项前单击，就可以打开相应的工具栏。

(2) 如果工具栏有完整标题，其右上角有叉号，点击叉号就可以关闭该工具栏。

有些工具栏中图标按钮的右下角带有“◢”符号，表示该工具栏下还有子工具栏。把光标放在图标上，按住鼠标左键不放，便可弹出子工具栏，按左键沿子工具栏移动可选择所需命令。

2.2.6 绘图区

绘图区也叫绘图窗口，是用户绘制和修改图形并观察的区域。

在绘图区显示用户使用的坐标系，用以标明原点及 X、Y、Z 三个方向。系统默认的是世界坐标系(WCS)，该坐标系始终在绘图区的左下角。如果用户重新设置了坐标原点或坐标轴的方向，坐标系就变成了用户坐标系(UCS)。

2.2.7 命令行窗口

命令行窗口位于绘图区的底部，是用户输入命令的地方，同时也是 AutoCAD 显示提示信息的窗口。不执行任何命令时，命令行窗口显示的是“键入命令”状态。命令执行过程中，命令行窗口会给出不同的提示，让用户执行相应的操作；如果用户要中途停止一个命令，只需按<Esc>键取消该命令，就回到“键入命令”状态，如图 2-10 所示。

图 2-10 AutoCAD 命令行窗口

命令行窗口还可以显示前面执行过的命令，单击其右边的按钮▲，以前执行过的命令就会按顺序显示出来。另外，按<F2>功能键，也可查看以前执行过的命令。

命令行窗口的高度是可以调整的，方法是把光标放到窗口边缘，当光标变成双向箭头时，按住鼠标左键拖动，就可改变窗口的大小。

2.2.8 状态栏

状态栏位于屏幕的最右下方，用来显示 AutoCAD 当前的状态，如是否使用栅格和捕捉，是否使用正交和极轴，切换工作空间等，如图 2-11 所示。

图 2-11 AutoCAD 状态栏

AutoCAD 2016 对状态栏进行了改进，单击状态栏最右侧的☰，在弹出的选项菜单上可以显示或者关闭状态栏的一些选项，如图 2-12 所示。在选项前有勾号则可以显示，没有勾号则不显示。

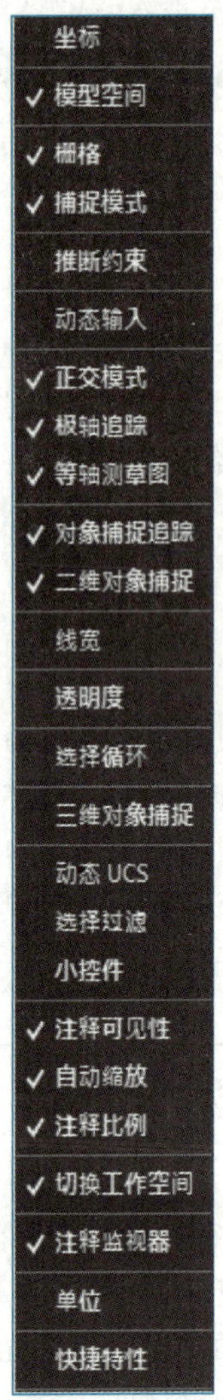

图 2-12 AutoCAD 状态栏自定义按钮

2.3 命令的调用

AutoCAD 中有几百条命令，输入方式和参数也各不相同，要使用 AutoCAD 绘图，就必须正确地理解各种命令并且正确地回答。

2.3.1 输入设备

AutoCAD 中输入命令的常用设备有键盘、鼠标。

通过键盘输入命令并回车执行,命令执行过程有些提示也要通过键盘输入给予应答。另外,一些菜单和子菜单项也可以通过一些热键启动。

鼠标一般左键为拾取键,右键为回车键。当鼠标处于菜单栏、工具栏时,显示的是一个箭头,左击菜单栏或工具栏可以实现相应的操作。当鼠标处于绘图区内时,AutoCAD 的光标为"十"字线形,鼠标在绘图区左击或拖动可以选择拾取对象、输入点等。鼠标右击也可以弹出相应的快捷菜单,然后左键点击菜单可以进行下一步操作。

"十"字光标及选择对象的拾取框都可以通过【工具】→选项→显示(或选择集)中相关的选项卡来调整其大小。

2.3.2 命令调用方法

1. 使用菜单栏

菜单栏是 AutoCAD 提供的最全命令调用方法。点击快速访问工具栏右侧的黑色三角箭头,打开工作空间列表框,点击显示菜单栏。

2. 使用功能区

功能区的命令调用直观,非常适合初学者。

3. 使用工具栏

工具栏与菜单栏一样不显示在直接打开的工作空间。例如,打开"修改"工具栏,需要打开下拉菜单【工具】→工具栏→AutoCAD→修改,显示"修改"工具栏,如图 2-13 所示。

图 2-13 "修改"工具栏

4. 由键盘输入命令

在命令提示区显示"键入命令"提示符时,由键盘输入英文命令或其简写字母,按回车键执行。执行过程中还要输入对应的选项。这要求操作者对 AutoCAD 的命令要十分熟悉。

5. 鼠标右键输入

(1) 光标在工具栏上时鼠标右击,可以弹出工具栏列表,从而实现工具栏的打开或关闭;

(2) 光标在绘图区,未选择对象前鼠标右击,会弹出包括重复上次命令、图形对象的复制、视图缩放等菜单;

(3) 光标在命令执行过程中鼠标右击,弹出包含该命令所有选项的菜单,或者是包含"确认""退出""缩放"等选项的菜单。

鼠标右键菜单如图 2-14 所示。

鼠标右键菜单弹出后,用鼠标左键单击菜单执行命令。

若按住<Shift>键的同时用鼠标单击绘图区,将弹出"对象捕捉与点过滤"的菜单,其功能和"对象捕捉"工具栏相似,但每次弹出只能使用一次,如图 2-14(d)所示。

用户可以自行定义鼠标右键单击的功能。单击【工具】下拉菜单的"选项"菜单,

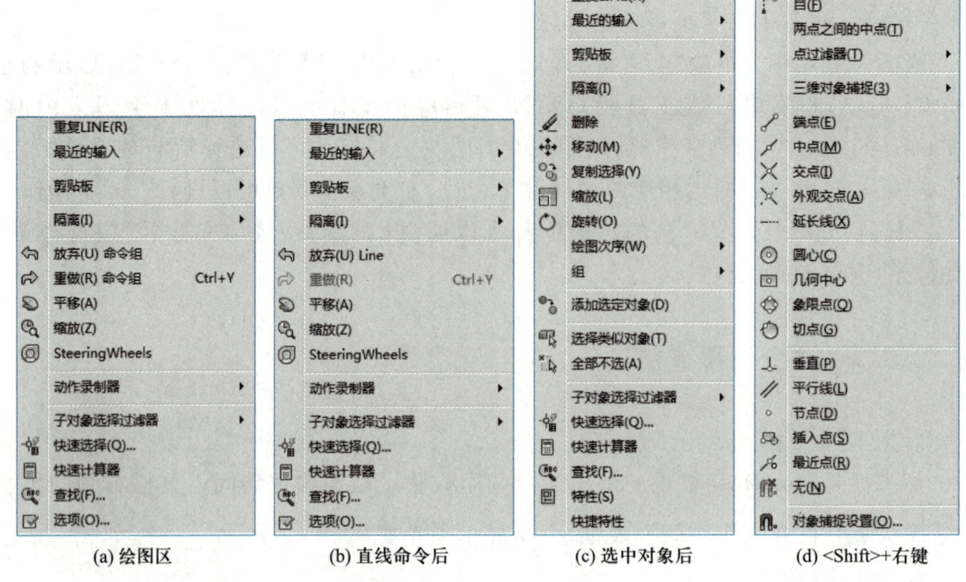

(a) 绘图区　　(b) 直线命令后　　(c) 选中对象后　　(d) <Shift>+右键

图 2-14　鼠标右键菜单

打开“选项”对话框，在其“用户系统配置”选项卡的“Windows 标准”栏，单击“自定义右键单击”按钮，打开“自定义右键单击”对话框，选中“打开计时右键单击(T)”复选框后单击“应用并关闭”按钮，再单击“选项”对话框中的“确定”按钮。此时定义的鼠标右键单击的功能是：快速单击右键相当于按回车键，慢速单击右键显示右键菜单。

2.3.3　执行方式

要执行某一命令，首先要输入命令。例如，画圆，首先输入“circle”命令，用鼠标点击图标，或者键盘输入“CIRCLE”后按回车键均可，然后按照提示键入参数或命令选项的缩写字母，输入后按回车键确认。如图 2-15 是输入“圆”命令后的步骤提示。

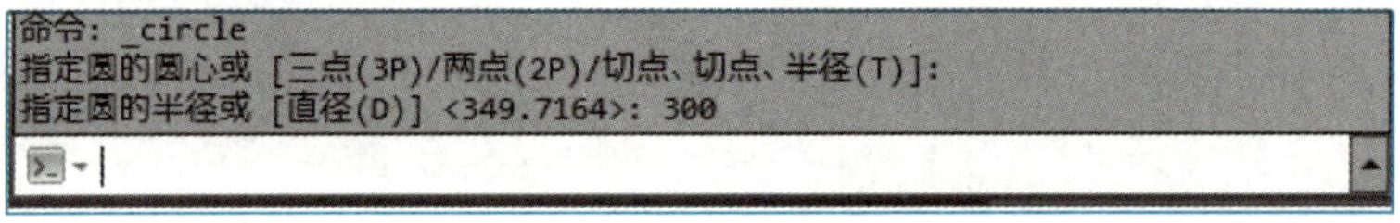

```
命令: _circle
指定圆的圆心或 [三点(3P)/两点(2P)/切点、切点、半径(T)]:
指定圆的半径或 [直径(D)] <349.7164>: 300
```

图 2-15　“圆”命令的输入和提示

提示行中各符号意义表示如下：

“[ ]”前面的内容是 AutoCAD 命令提示的首选项，即首先应该考虑回答的选项；

“[ ]”内的内容是 AutoCAD 命令提示的其他并列选项；

“/”是分隔符，分隔命令提示选项；

“( )”内的内容是 AutoCAD 命令提示选项的说明，大写字母是命令提示选项的缩写；

“< >”内为默认值或当前值，若对提示直接按回车键确认，则系统取默认值。

若要中止命令,则可按以下任一方法进行:

(1) 从菜单栏或工具栏调用另一命令,这将自动终止当前正在执行的命令。

(2) 从该命令的右键菜单中选择"确认"或"取消"选项。

(3) 按下<Esc>键,有的命令要按两次。

以上提到的回车键,除了在文字输入的情况下,其余情况下空格键与回车键具有同等的功效,这样可以方便操作。

执行完一个命令后直接按回车键,可重复执行该命令。

2.3.4 透明命令

透明命令是指在某一命令正在执行期间,可以插入执行的另一命令。透明命令一般不需要选择对象、不创建新对象,也不要重生成,执行完成后即回到原命令执行状态,且不影响原命令继续执行。一些绘图辅助命令,如捕捉、正交、栅格、对象捕捉、窗口的缩放、平移等,可以作为透明命令使用。

用户用鼠标单击透明命令按钮时,系统会自动切换到透明命令的状态。如果要从键盘输入透明命令,就必须在命令前加一个撇号"'"。

2.4 数据的输入

一些 AutoCAD 命令要求输入点、数值或角度,实际绘图时数据的输入方法有多种,下面分别介绍。

2.4.1 点的输入

在绘图时,点的输入可以用鼠标也可以用键盘。

鼠标输入是比较常用的方法。当命令提示需要输入点时,在绘图区移动鼠标、把十字光标移动到所需位置,按下鼠标的左键拾取即可。在拾取点时,用户可以使用对象捕捉、对象追踪和极轴追踪等工具来提高工作效率与工作质量。

键盘输入一般需要输入点的坐标,点的坐标输入有三种方式:

1. 绝对坐标输入法

绝对坐标是点相对于原点(0,0)在 X 轴和 Y 轴上的距离和方向,表达方法为"x,y"。如图 2-16 所示,三角形是用绝对坐标的方式绘制的,每个顶点的坐标都是相对于原点的。如果仅知道三角形一个顶点坐标和边长,那么三角形的另两个顶点坐标要经过复杂的换算才可以得到,因此绝对坐标输入法一般不用。

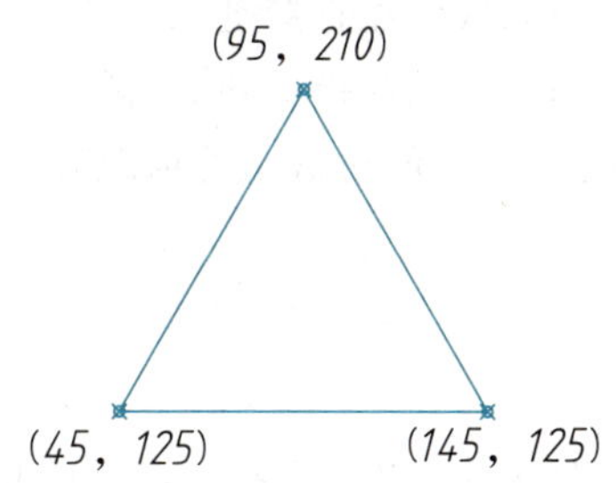

图 2-16 绝对坐标输入法绘制三角形

2. 相对直角坐标输入法

相对直角坐标是点相对于前一个点在 X 轴与 Y 轴上的距离和方向，表达方法为“@ $\Delta x, \Delta y$”。如图 2-17 所示，矩形是用相对直角坐标输入法绘制的，首先用光标在屏幕上拾取 A 点，然后用相对直角坐标输入法依次输入 B、C、D 点。

3. 相对极坐标输入法

相对极坐标是点相对于前一个点的矢量，表达方法为“@ 距离 ∠ 角度”。距离指两点之间的距离，角度指两点的连线与水平轴（X 轴正向）的夹角。例如，“@ 10∠30”表示距离前一个点为 10 个图形单位，角度为 30°方向处的点。

如图 2-18 所示，等边三角形的 B 点就是用极坐标输入的。首先用光标在屏幕上拾取 A 点，然后用相对极坐标依次输入 B、C 点。

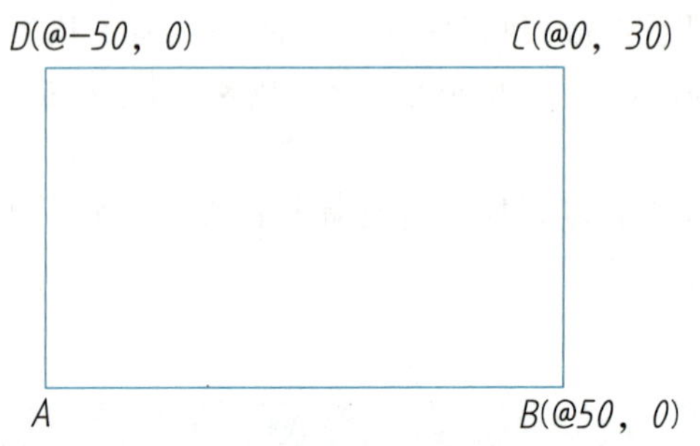

图 2-17 相对直角坐标输入法绘制矩形

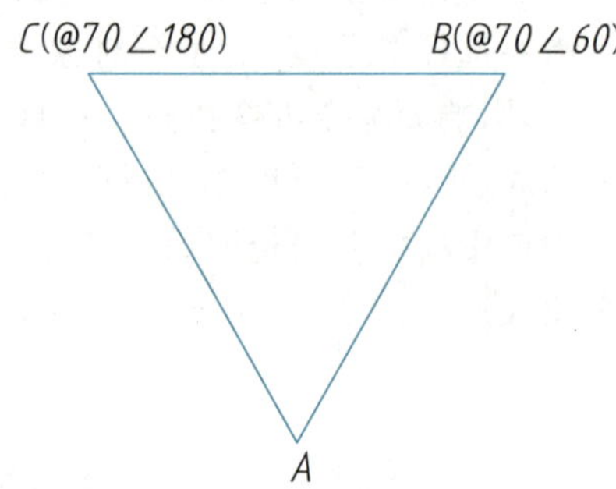

图 2-18 相对极坐标输入法绘制三角形

> 提示：AutoCAD 规定，所有相对坐标的前面添加一个“@”符号，表示相对于前一个点。在实际应用中，经常采用相对坐标方式来定位点，更加方便准确。

2.4.2 数值的输入

在 AutoCAD 中，有些命令的提示要求用数值回答，这些数值有长度、宽度、高度、距离、边长、行数或列数等。回答的方式有两种：

（1）从键盘直接键入数值。

（2）用光标指定两点，两点之间的距离作为输入的数值。这种方式不是对所有的命令都适用，但对适用的情况确实很直观。

2.4.3 角度的输入

在 AutoCAD 中，有些命令的提示要求用角度回答。角度的类型与精度由单位命令“UNITS”（图形单位）对话框设置。角度输入方式有以下几种：

（1）从键盘直接键入角度数值，逆时针方向为正，顺时针方向为负。

（2）用光标指定两点，两点的连线与 X 轴正向的夹角作为输入的角度。注意：指定两点时的顺序很重要，起点到终点的方向为连线的方向。

（3）有时可以输入一点，AutoCAD 认为该点为角的终边上的点。

2.5 文件管理

AutoCAD 中文件管理包括创建新的图形文件、打开已存在的图形文件，以及文件的存盘等操作。

2.5.1 创建新的图形文件

创建一个新的图形文件，可以有以下几种方式：

快速访问工具栏：【标准】→新建

菜单：【文件】→新建

应用程序菜单：新建→图形

命令：NEW

快捷键：<Ctrl>+<N>

命令输入后，弹出“选择样板”对话框，如图 2-19 所示。

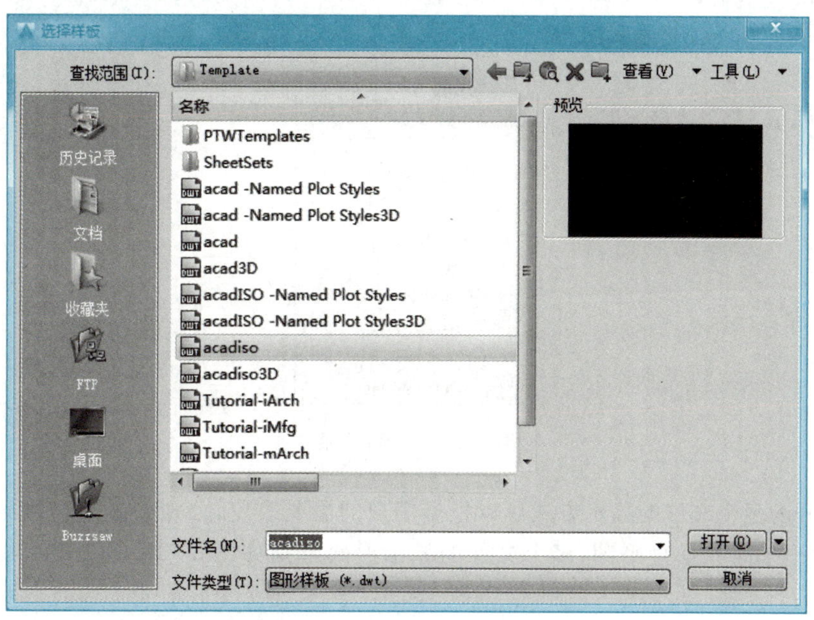

图 2-19 “选择样板”对话框

对话框的左边是“文件位置”列表，中间是“文件列表”区，列出了当前文件夹或驱动器下的文件夹和文件。

选择对应的样板文件，然后单击打开，就可以以对应的样板为模板建立新图形。样板文件的后缀为“. dwt”，一般选择“acadiso. dwt”为样板文件。

2.5.2 打开已有的图形文件

如果要打开已存盘的图形文件，使用“打开”命令。命令的输入方式如下：

快速访问工具栏：【标准】→打开

菜单：【文件】→打开

应用程序菜单：打开→图形

命令：OPEN

快捷键：<Ctrl>+<O>

命令输入后，弹出“选择文件”对话框，选定文件后单击“打开”按钮，即打开所选的图形文件。

另外，AutoCAD 可以同时打开多个文件，其操作如下：

在“选择文件”对话框一次选择多个文件，若是选择顺序排列的多个文件，可按住鼠标左键拖动选择文件；也可先按住<Shift>键，然后按向上或向下的方向键。若是选择非顺序排列的文件，可先按住<Ctrl>键，再单击要打开的文件。选择文件后，单击“打开”文件，多个文件就被依次打开。

打开的多个文件中，只有一个是当前激活的文件，其标题栏显色。另外，点击菜单栏的“窗口”菜单，弹出如图 2-20 所示菜单，可以看到打开的文件列表，文件名前有勾号的文件即为当前的激活文件。

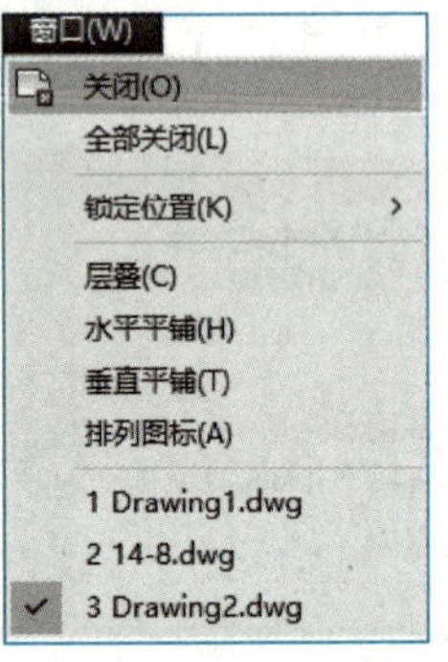

图 2-20 “窗口”菜单

打开的多个文件的显示方式可以根据用户的需要改变，分别点击“窗口”菜单里的层叠、水平平铺和垂直平铺，多个文件的显示形式分别如图 2-21、图 2-22 和图 2-23 所示。

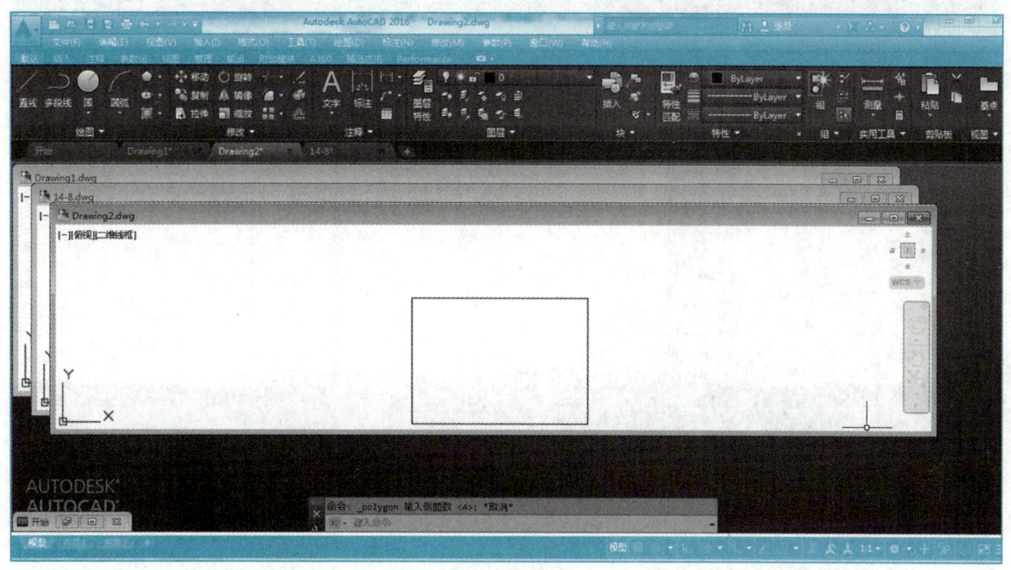

图 2-21 多个文件的层叠显示

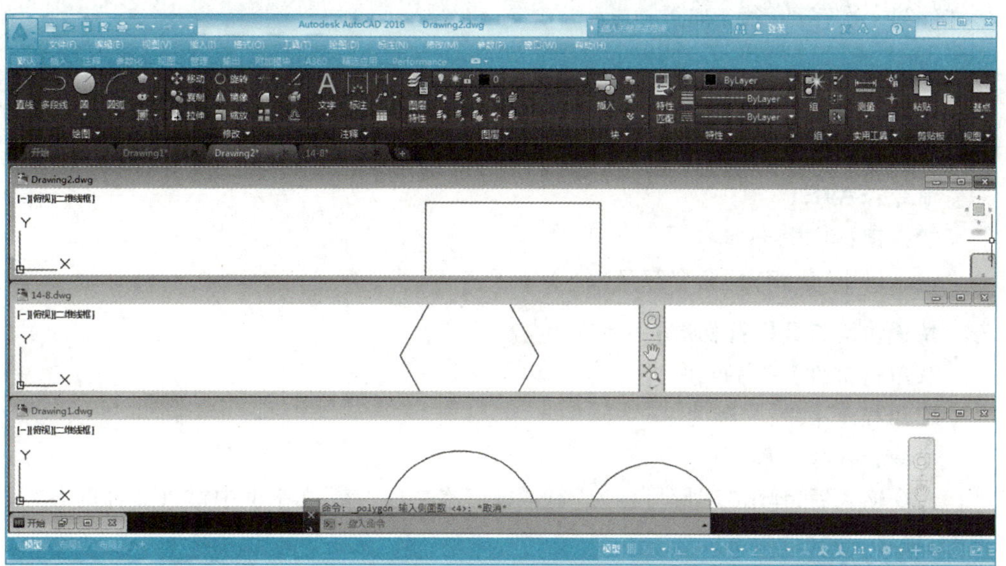

图 2-22 多个文件的水平平铺显示

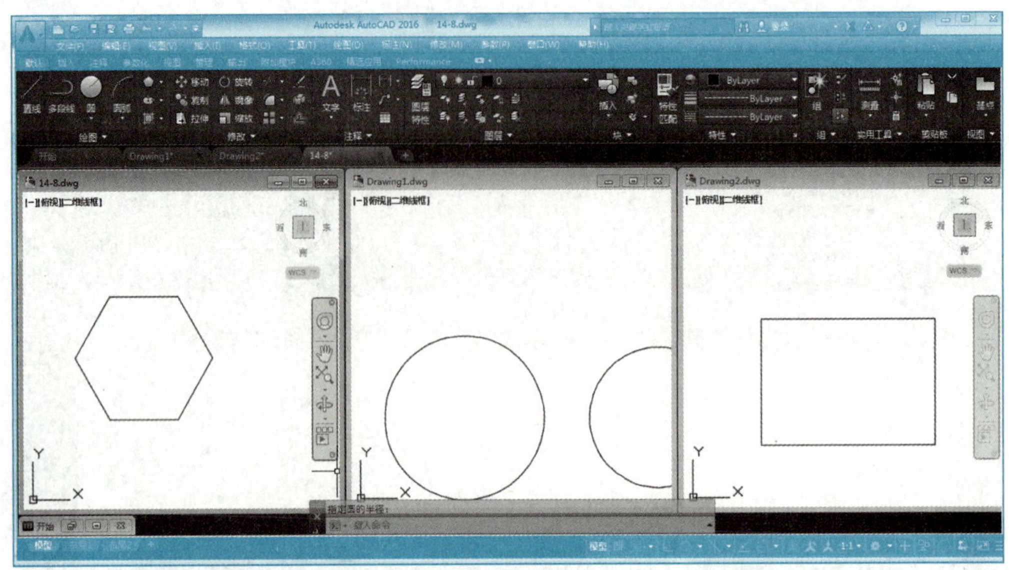

图 2-23 多个文件的垂直平铺显示

2.5.3 文件存盘

在绘图过程中,或者绘图结束后,如果要保存绘图内容,就要保存图形文件。新图形文件第一次存盘,命令如下:

快速访问工具栏:【标准】→保存

菜单:【文件】→保存

应用程序菜单:保存

命令:SAVE

快捷键:<Ctrl>+<S>

也可以用"另存为"命令存盘,命令如下:

快速访问工具栏:【标准】→另存为

菜单:【文件】→另存为

应用程序菜单:另存为

命令:SAVE AS

命令输入后,弹出"图形另存为"对话框。在"文件名"文字框中键入文件的名字,单击"保存"按钮即可。

如果要将已有的文件改名或移动到别的地址,用"另存为"命令,打开对话框,修改文件名和存储地址即可,如图 2-24 所示。

图形文件命名保存后,若继续绘图,不换名保存,则可采用快速保存,点击保存即可。

用户在绘图过程中总是过一段时间才能保存文件,如果在两次保存间隙出现意外,如突然停电,就可能导致没有存盘而丢失部分操作。为此,AutoCAD 给用户提供

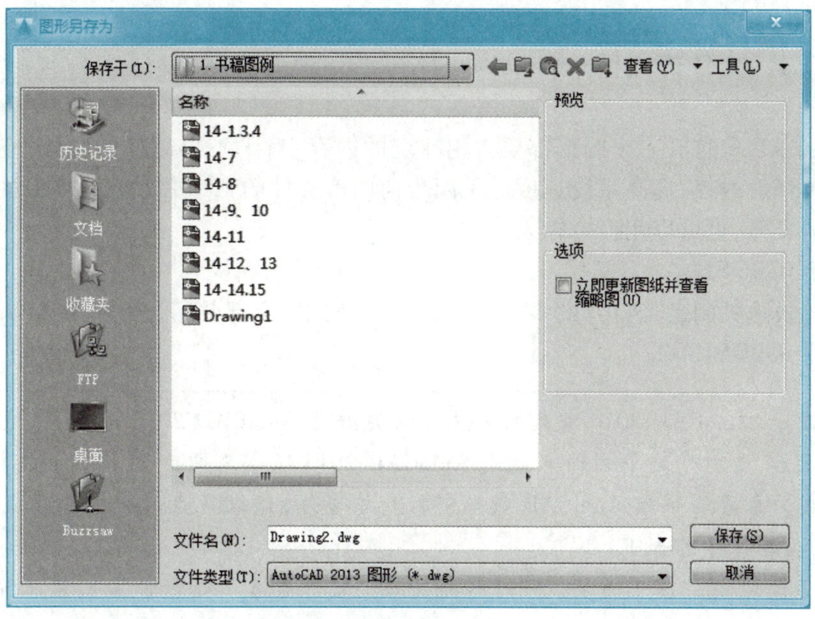

图 2-24 “另存为”对话框

了自动存盘功能。用户可以通过以下方式设定自动存盘。点击【工具】下拉菜单的“选项”对话框，选择“打开与保存”选项卡，在“文件安全措施”栏选中“自动保存”，并在“保存间隔分钟数”中输入自动存盘间隔时间即可，如图 2-25 所示。

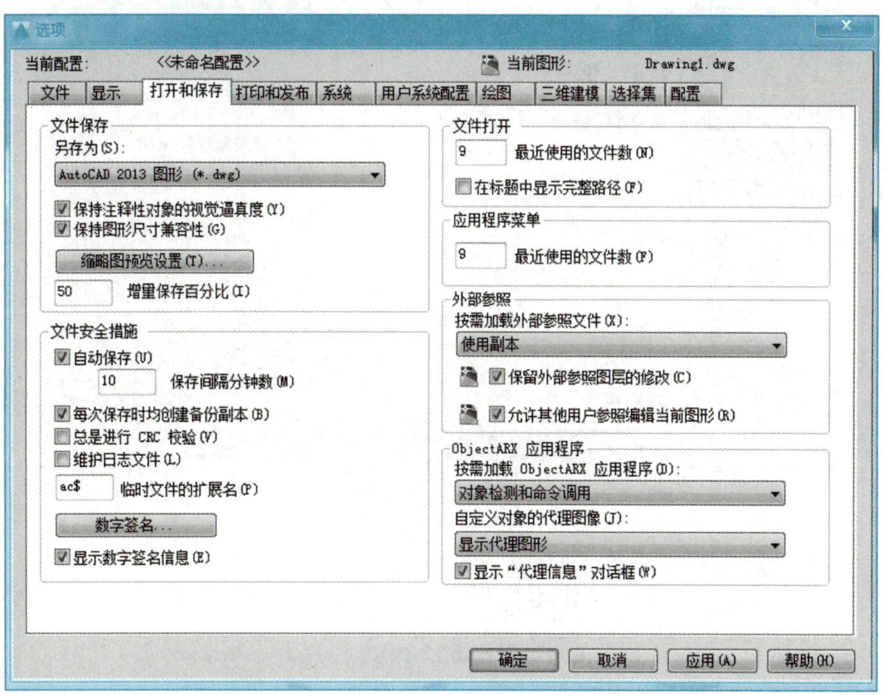

图 2-25 “选项”对话框中设置文件自动保存时间

2.5.4 文件的关闭

AutoCAD 每打开一个图形都要占用一定的内存，对于不再需要的文件，应及时将其关闭以释放内存，提高系统速度。关闭当前图形文件的常用方式就是单击文件窗口右上角的叉号，也可以用命令输入方式：

命令：CLOSE

若要快速关闭已经打开的多个文件，则可以使用"全部关闭"命令，输入方式为：

命令：CLOSEALL

提示：AutoCAD 2016 默认的文件存储类型是 AutoCAD 2013 图形，用这种格式存盘后，要打开这个文件只能用 AutoCAD 2013 版本及更新的版本才能打开。如果用户需要在早期 AutoCAD 版本中打开该文件，建议存盘时将文件存成低版本格式，具体操作如下：

存盘时，在"图形另存为"对话框中的"文件类型"处点击右侧黑三角，打开文件存储类型，选择低版本，则可以将 CAD 文件存为低版本格式，如图 2-26 所示。

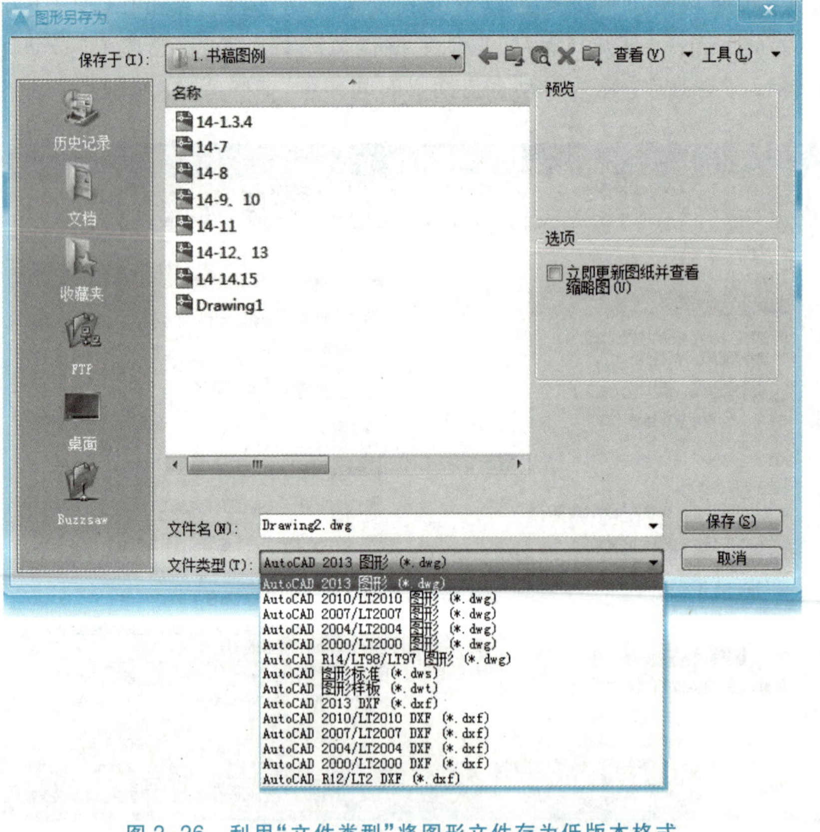

图 2-26 利用"文件类型"将图形文件存为低版本格式

2.6 获取帮助

初学者在练习过程中往往会遇到一定的问题，熟练用户有时也要更深入地了解AutoCAD 的功能及使用方法，这些都可以通过 AutoCAD 的帮助系统来获取帮助。

命令输入方式如下：

命令：HELP

菜单：【帮助】→帮助

功能键：<F1>

标题栏：搜索按钮

命令输入后，弹出"帮助"对话框，如图 2-27 所示，在对话框中有视频详细说明各种命令的具体使用方法。如果要快速找到相应的命令，可以搜索选项，在指定位置输入查找主题的关键字，按回车键后显示相应的主题。单击即可显示相应的内容。

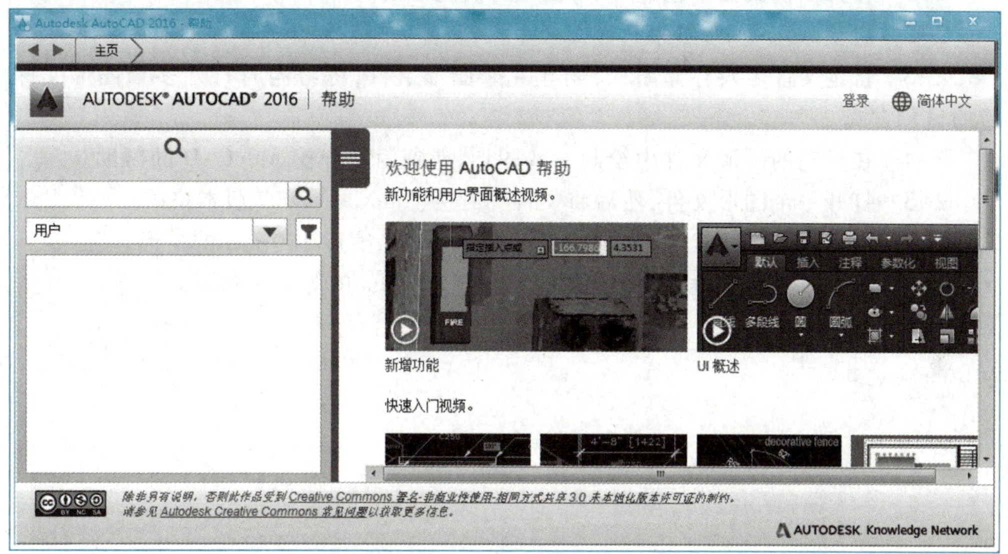

图 2-27 "帮助"对话框

2.7 退出 AutoCAD

退出 AutoCAD 可用如下方式：

命令：QUIT

菜单：【文件】→退出

或者单击 AutoCAD 标题栏右端的"关闭"按钮。

退出时，AutoCAD 将弹出警告框，如图 2-28 所示。询问是否保存对文件的修改。

若单击“是(Y)”,则表示要存盘后退出,单击“否(N)”则将不保存修改而退出 AutoCAD;若单击“取消”,则表示不退出 AutoCAD。

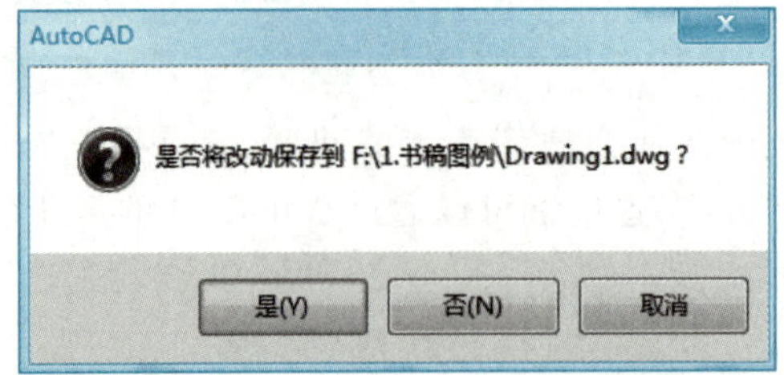

图 2-28 存盘警告框

思考与练习

2-1 在计算机桌面上创建 AutoCAD 的快捷方式。

2-2 启动 AutoCAD,熟悉其界面。

2-3 自定文件名及存储路径,创建 4 个图形文件,练习同时打开多个图形文件后的显示方式。

2-4 在新建的图形文件中绘制一些图形,遇到困难查找 AutoCAD 的帮助。

2-5 打开一个图形文件,然后将文件另存为 AutoCAD 2007 版本格式。

2-6 用相对坐标输入法,绘制一个长度 200 mm,宽度 100 mm 的矩形。

2-7 用相对极坐标输入法,绘制一个边长 150 mm 的等边三角形。

第 3 章

绘图环境设置

知识目标:

- □ 掌握图形界限的设置方法
- □ 了解图形单位的设置方法
- □ 掌握图层颜色、线型、线宽的设置与管理
- □ 掌握对象特性的使用

能力目标:

- □ 能设置图形界限
- □ 能新建图层并使用图层绘图
- □ 能熟练使用特性匹配格式刷

本章主要介绍绘图环境的设置,包括设置图形界限、设置图形单位、图层与对象特性等内容。

3.1 设置图形界限

图形界限、图形单位和特性匹配

在 AutoCAD 中,用户可以采用 1 : 1 的比例因子绘图,因此,所有的直线、圆和其他对象都可以以真实大小来绘制。例如,如果一个零件长 3 000 mm,那么用户可以按 3 000 mm 的真实大小来绘制,在需要打印出图时,再将图形按图纸大小进行缩放。图形界限就是根据绘图需要,设置用户的工作区域和图纸的边界。设置图形界限,可避免用户所绘制的图形超出边界而打印不出来。

图形界限的设置命令是"LIMITS",它可以透明使用。命令执行方式有两种:

命令:LIMITS

菜单:【格式】→图形界限

执行以后,系统提示如下:

重新设置模型空间界限:

指定左下角点或[开(ON)/关(OFF)]<0.0000,0.0000>:(输入左下角坐标后回车或键入 ON、OFF 之一后回车)

指定右上角点<420.0000,297.0000>:(输入图纸右上角坐标后回车)

然后点击【视图】→缩放→全部,图形界限设置才能生效。

选项说明:

(1) 开　打开图形界限检查功能。处于该状态时,AutoCAD 将拒绝输入任何位于图形界限外部的点,并有"* *超出图形界限"的提示,提醒用户不要将图形绘制到"图纸"外面去。

(2) 关　关闭图形界限检查,允许在界限之外绘图,这是 AutoCAD 的默认设置。

(3) 指定左下角点　给出界限左下角坐标值。再输入右上角绝对坐标值或相对坐标值即可决定当前图形界限的大小。实际绘图时,一般指定左下角为(0,0),利用"LIMITS"命令设置的图形界限(栅格区域),如图 3-1 所示。

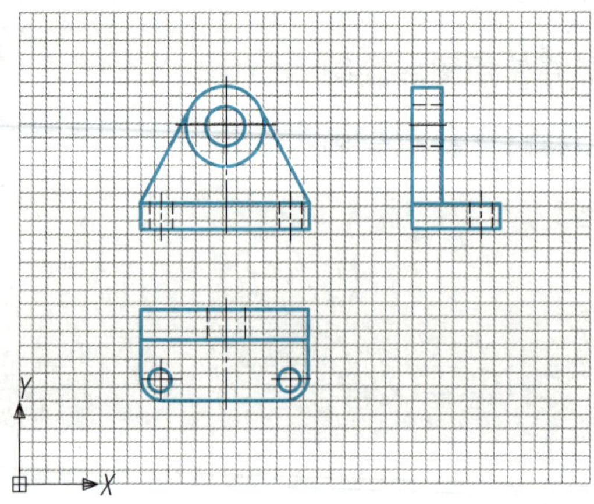

图 3-1　利用"LIMITS"命令设置的图形界限

提示：

1. 绘图时，通常图形界限处于默认的“off”状态，这样就不用担心把图形绘制到图纸外面，所以一般“LIMITS”默认即可，不用设置。

2. 特殊情况下如果需要设置“LIMITS”，设置图形界限后，应立刻执行【视图】→缩放→全部，或者双击鼠标中间的滚轴，这样图形界限的设置才会生效。

3.2 设置图形单位

AutoCAD的图形单位有毫米、厘米、英尺、英寸等十几种。在默认情况下，用十进制进行数值显示，用户也可根据需要自行定义。命令执行方式有两种：

命令：UNITS

菜单：【格式】→单位

命令执行后，弹出如图3-2所示的“图形单位”对话框。

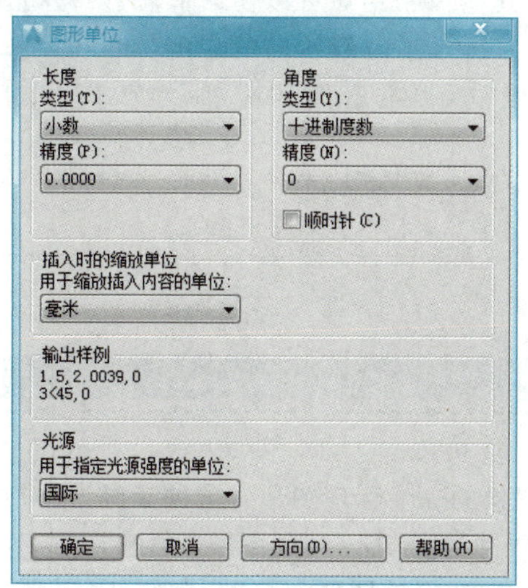

图3-2 “图形单位”对话框

“图形单位”对话框各选项的含义如下：

(1)“长度”栏 设置长度测量单位类型和测量的精度。

“类型”下拉列表框中共提供了“分数”“工程”“建筑”“科学”“小数”5个选项。

“精度”下拉列表框用于设置当前单位类型的测量单位，单击右边带三角块的按钮，会弹出一个长度测量单位的精度列表，供用户选择。

(2)“角度”栏 设置角度测量单位类型、测量的精度和测量的正方向。

“类型”下拉列表框中共提供了“百分度”“度/分/秒”“弧度”“勘测单位”“十进制度数”5种选项。

“精度”下拉列表框用于设置当前角度单位类型的测量精度。

“顺时针”复选框在默认状态下是未选中的，即逆时针方向为正。若选择了该选项，则以顺时针方向为正。

(3)“拖放比例”栏 控制从工具选项板或设计中心拖入当前图形的块的测量单位。若块或图形创建时使用的单位与该选项指定的单位不同，则在插入这些块或图形时，将对其按比例缩放。插入比例是源块或图形使用的单位与目标图形使用的单位之比。若插入块时不按指定单位缩放，则选择“无单位”。

(4)“输出样例”栏 提供当前计数制和角度制下的样例预览。

(5)“方向”按钮 单击该按钮，将打开如图 3-3 所示的“方向控制”对话框。主要用于设置基准角度即零度角方向。在 AutoCAD 2016 中，零度角方向是相对于用户坐标系的方向，它影响整个角度测量，如角度的显示格式、对象的旋转角度等。缺省时，0°方向为东，即水平指向图形右侧（X 轴正方向），并且按逆时针的转向测量角度。用户可以选择其他的方向，如“北”“西”或“南”等。单击“其他”项，用户可以在编辑框中输入“0”角度的方向与 X 轴沿逆时针转向的夹角。单击“角度”按钮，拾取角度作为基准角度。

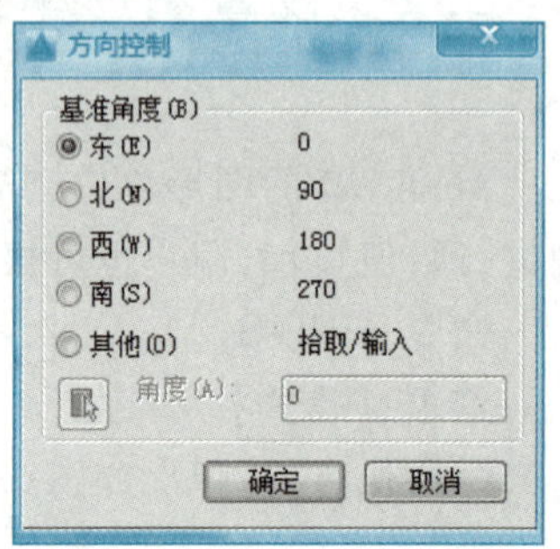

图 3-3 “方向控制”对话框

提示：图形单位默认是十进制，单位为 mm，工程图纸也是以 mm 为单位，因此，一般不用设置图形单位，这个步骤可以略过。

3.3 图层

图层的创建与管理

图层是 AutoCAD 提供的一个管理图形对象的工具，用户可以根据图层对图形几何对象、文字、标注等进行归类处理。使用图层来管理它们，不仅能使图形的各种信息清晰、有序，便于观察，而且也会给图形的编辑、修改和输出带来很大的方便。图层功能区工具栏如图 3-4 所示。

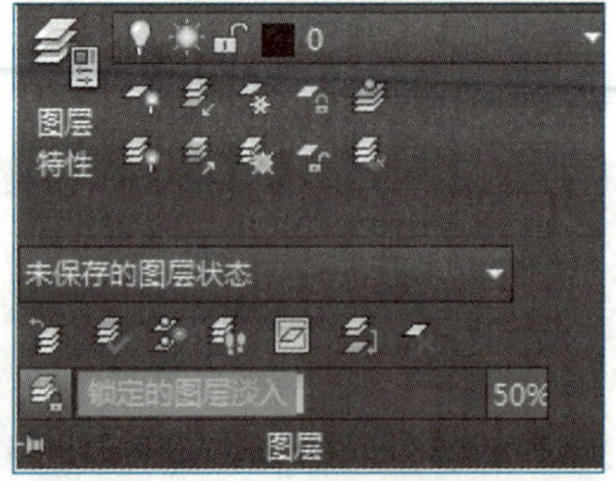

图 3-4 “图层”工具栏

3.3.1 创建图层

AutoCAD 提供了“LAYER”命令进行图层的设置和管理。“LAYER”命令可以透明执行,其启动方式如下:

命令:LAYER

菜单:【格式】→图层

功能区工具栏:【图层】→

“LAYER”命令执行后,将显示如图 3-5 所示的“图层特性管理器”对话框。

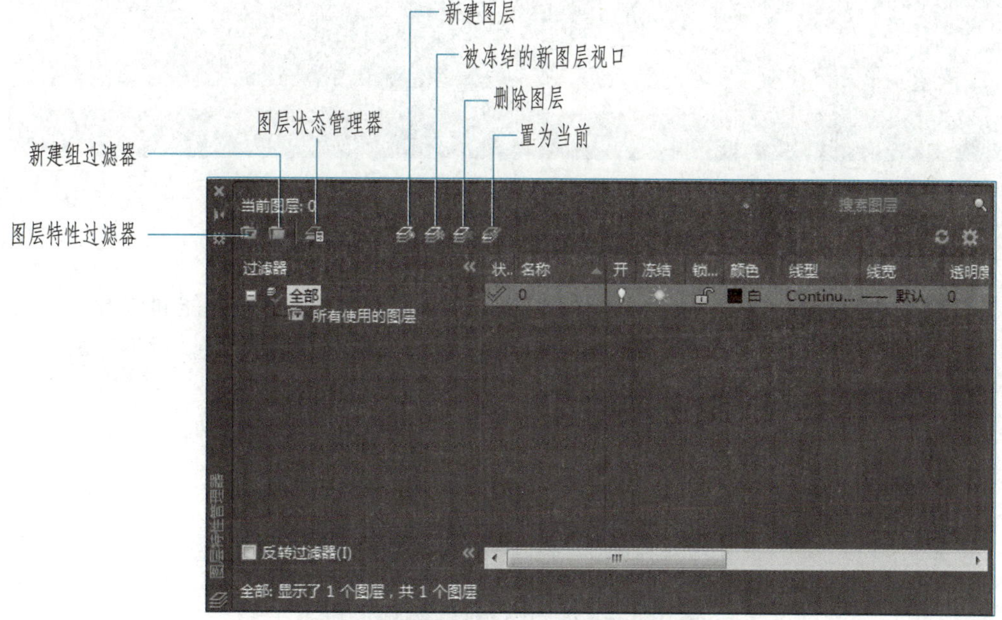

图 3-5 “图层特性管理器”对话框

“图层特性管理器”对话框中各项功能如下:

1. 新建图层

开始绘制新图形时,AutoCAD 将自动生成一个名为“0”的图层,该层就是初始层,默认情况下,图层 0 将被指定使用 7 号颜色(白色或黑色,由背景色决定,本书中将背景色设置为白色,因此,图层颜色就是黑色)、Continuous 线型、“默认”线宽及 color7 打印样式,用户不能删除或重命名 0 层。由于 0 层上的对象性质灵活,一般绘图时不在 0 层画图。如果用户要使用更多的图层来组织图形,就需要先创建新图层。

在“图层特性管理器”对话框中单击“新建图层”按钮,可以创建一个名称为“图层 1”的新图层。默认情况下,新建图层与 0 层的状态、颜色、线型、线宽等设置相同。用户可以一次创建多个图层,只要连续单击“新建图层“按钮,最后创建的图层处于被选中状态(高亮显示),表示可以对该层进行特性设置操作。

当创建了图层后，图层的名称将显示在图层列表框中，如果要更改图层名称，可点击该图层名，然后输入一个新的图层名即可。如图 3-6 所示，创建了五个新图层，并对其中四个进行了重新命名。

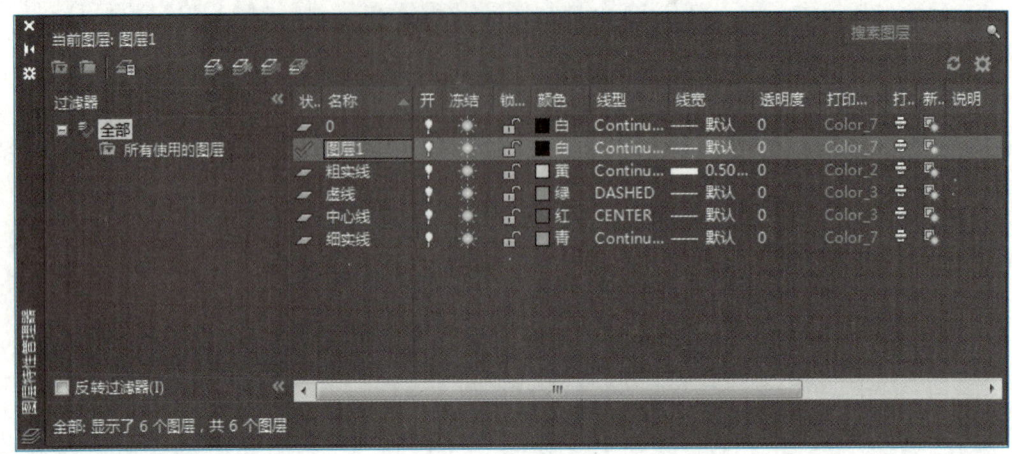

图 3-6 创建新图层

2. 设置图层颜色

颜色在图形中具有非常重要的作用，可用来表示不同的组件、功能和区域。图层的颜色实际上是图层中图形对象的颜色。每个图层都拥有自己的颜色，对不同的图层设置不同的颜色，绘制复杂图形时就可以很容易区分图形的各部分。

新建图层后，要改变图层的颜色，可在“图层特性管理器”对话框中单击图层的“颜色”列对应的图标，打开“选择颜色”对话框，如图 3-7 所示。

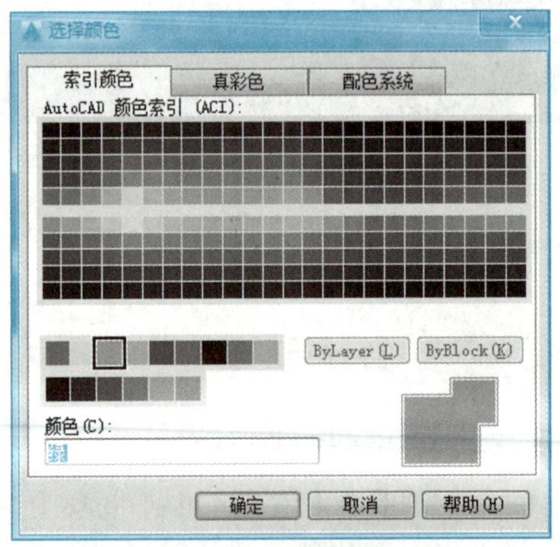

图 3-7 “选择颜色”对话框

（1）索引颜色　在索引颜色中有 255 种颜色，它们是 AutoCAD 中使用的标准颜色。

（2）真彩色　“真彩色”是使用真彩色（24 位颜色）指定颜色设置，可以使用一千六百多万种颜色。

(3) 配色系统 “配色系统”选项卡通过选择颜色的配色系统和指定颜色名给图层设定颜色。

3. 设置图层线型

线型是指图形基本元素中线条的组成和显示方式，如虚线、中心线和实线等。在AutoCAD中既有简单线型，也有由一些特殊符号组成的复杂线型，以满足不同国家或行业标准的要求。

新建图层后，要改变图层的线型，可在“图层特性管理器”对话框中单击图层的“线型”列对应的“Continuous”，打开“选择线型”对话框，如图3-8所示。

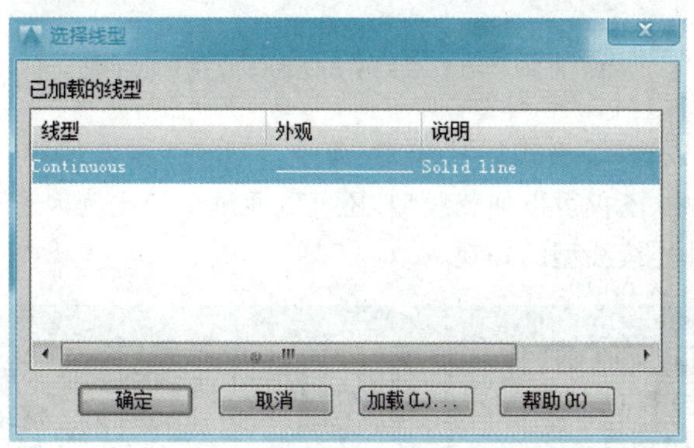

图3-8 “选择线型”对话框

默认情况下，在“选择线型”对话框的“已加载的线型”列表框中只有“Continuous”一种线型，如果要使用其他线型，必须将其添加到“已加载的线型”列表框中。可单击“加载”按钮打开如图3-9所示“加载或重载线型”对话框，从当前线型库中选择需要加载的线型，然后单击“确定”按钮。

加载或重载线型

文件(F)... acadiso.lin

可用线型

线型	说明
ACAD_ISO02W100	ISO dash
ACAD_ISO03W100	ISO dash space
ACAD_ISO04W100	ISO long-dash dot
ACAD_ISO05W100	ISO long-dash double-dot
ACAD_ISO06W100	ISO long-dash triple-dot
ACAD_ISO07W100	ISO dot

确定 取消 帮助(H)

图3-9 “加载或重载线型”对话框

加载线型后，“选择线型”对话框的“已加载的线型”列表框中就会出现加载后的各种线型，如图3-10所示。选择一种线型，然后单击“确定”按钮，这种线型就被赋予了选定的图层。

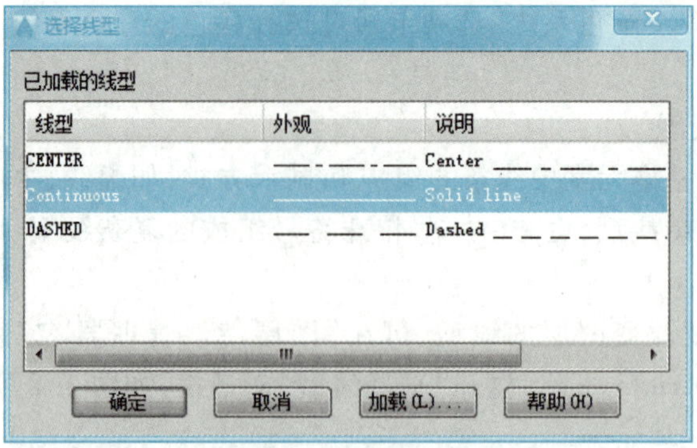

图 3-10 加载线型后的“选择线型”对话框

加载线型也可以选择【格式】→“线型”命令，打开“线型管理器”对话框，如图 3-11 所示。在此对话框中，不仅可以加载线型，还可以通过全局比例因子等设置图形中的线型比例，从而改变非连续线型的外观。

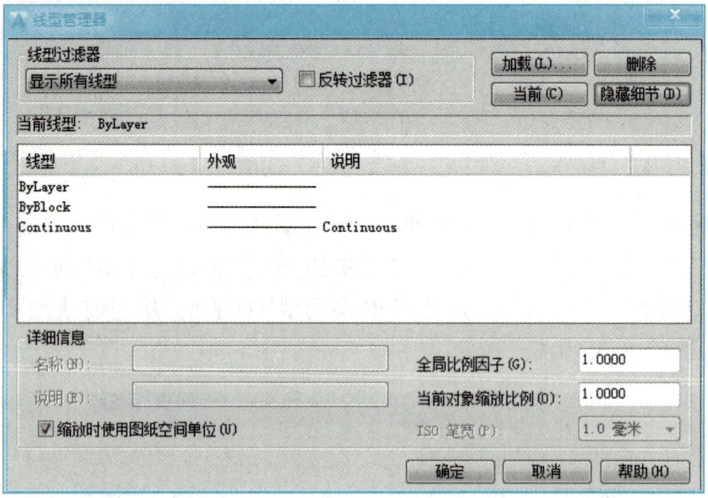

图 3-11 “线型管理器”对话框

“全局比例因子”和“当前对象缩放比例”两项分别对应系统变量“LTSCALE”和“CELTSCALE”，可以直接从命令提示行用键盘键入它们并修改其值。“LTSCALE”是各种线型的全局比例因子，可随时改变它，以便使屏幕上或输出的图纸上的虚线和点画线等有间隔的线型以希望的间隔显示或绘出。“CELTSCALE”是当前对象缩放比例因子，它的值的改变仅影响新绘制的图形，而原来已经绘制的图形不受影响。

提示：“LTSCALE”是一个常用的命令，应该记住它的快捷输入方式。用键盘输入时可以缩写为“LTS”，回车后根据提示修改其值。

4. 设置图层线宽

线宽设置就是改变线条的宽度。在 AutoCAD 中，使用不同宽度的线条表现对象的大小或类型，可以提高图形的表达能力和可读性。要设置图层的线宽，可以在“图层特性管理器”对话框的“线宽”列中单击该图层对应的线宽“——默认”，打开“线宽”对话框，如图 3-12 所示。对话框的列表框中列出了系统默认的 0.00～2.11 mm 各种粗细线宽供用户选择。也可以选择【格式】→“线宽”命令，打开“线宽设置”对话框，如图 3-13 所示，通过调整线宽比例，使图形中的线宽显示得更宽或更窄。

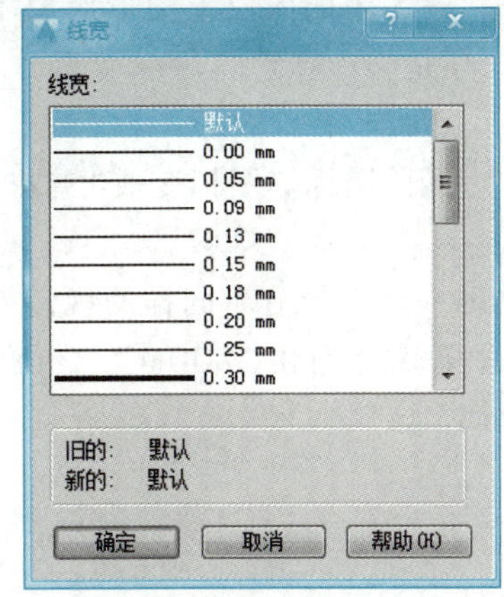

图 3-12 “线宽”对话框

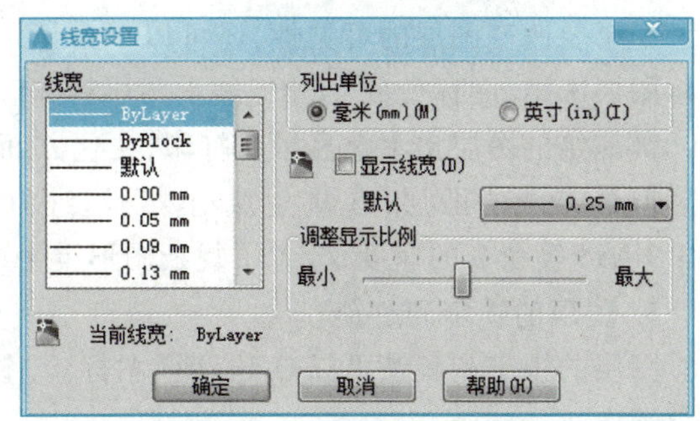

图 3-13 “线宽设置”对话框

3.3.2 图层显示

在“图层特性管理器”对话框中，有“灯泡”“太阳”“锁”的图标，图层功能区工具栏也有类似图标，如图 3-14 所示。这些图标控制图层的打开/关闭、冻结/解冻、锁定/解锁。

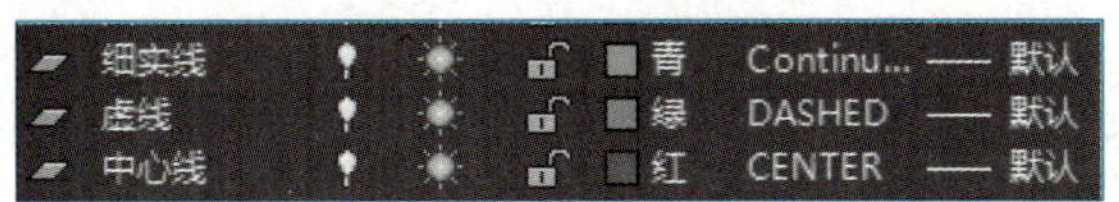

(a) “图层特性管理器”对话框中的图层控制图标

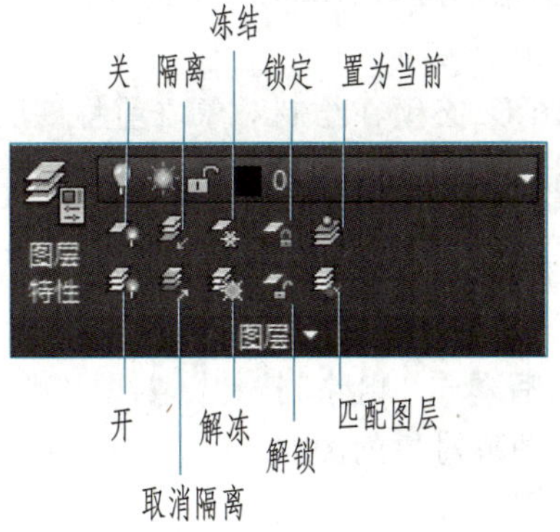

(b) “图层功能区”工具栏中的图层控制图标

图 3-14 图层显示

1. 图层的打开和关闭

如果要改变图层的可见性,可以单击该图层的"灯泡"图标。"灯泡"变灰表示图层关闭,"灯泡"变黄表示图层打开。也可以点击"图层"功能区的图标。

当图层打开时,图层上的图形对象显示而且可以打印,若关闭则不能显示和打印。如果用户关闭当前层,AutoCAD 就会弹出警告对话框。被关闭的图层上图形对象不可见,但仍存在于图形中,在刷新或执行重生成命令时,还是会计算它们。

2. 图层的冻结和解冻

如果要改变图层的可见性,还可以单击该图层的"太阳"图标。图标变成"雪花"表示图层冻结,图标变成"太阳"表示图层解冻。

被冻结的图层也不会显示和打印,在这方面,与关闭一个图层有着同样的视觉效果。但是冻结的图层,在重生成时将不会被计算,这样就会加快"ZOOM""PAN""VPOINT"等命令的速度,节省了复杂图形重生成的时间。

3. 图层的锁定和解锁

图层的锁定和解锁可以单击"锁"图标。"锁打开"表示图层解锁,反之则表示图层被锁定。

如果图形复杂,有些图层的对象不想再被修改,就可以把这样的图层锁定。锁定了一个图层,这个图层上的对象就不能被选择和修改(但锁定图层的对象可以作为"TRIM"和"EXTEND"的边界)。

如果锁定图层处于打开和解冻状态,该图层就是可见的,并且可以被打印。

4. 图层的隔离和取消

选择一个或多个对象后,根据当前设置,除选定对象所在图层之外的所有图层均将被锁定,点击"取消隔离",被隔离的图层可以全部解锁。

3.3.3 图层管理

1. 置为当前图层

用户只能在当前图层上绘制图形,AutoCAD 在图层列表框上面显示当前图层名。如图 3-15 所示,当前图层为"图层 1"。

对于含有多个图层的图形,必须在绘制对象之前将该层设置为当前图层。选中某图层,单击"当前"按钮。或者用鼠标在某一图层上单击右键显示快捷菜单,选择"置为当前"选项。

2. 删除图层

选择要删除的图层,然后单击"删除"按钮,即可将所选择的图层删除。不能删除 0 层、当前图层及包含图形对象的图层。

3. 返回上一个图层

单击"返回上一个图层"按钮,可以把上一个图层置为当前图层,可连续使用;同时也放弃在"图层特性管理器"中对图层设置所做的修改。如果设置被恢复,命令提示区就会显示"已恢复上一个图层状态"信息。

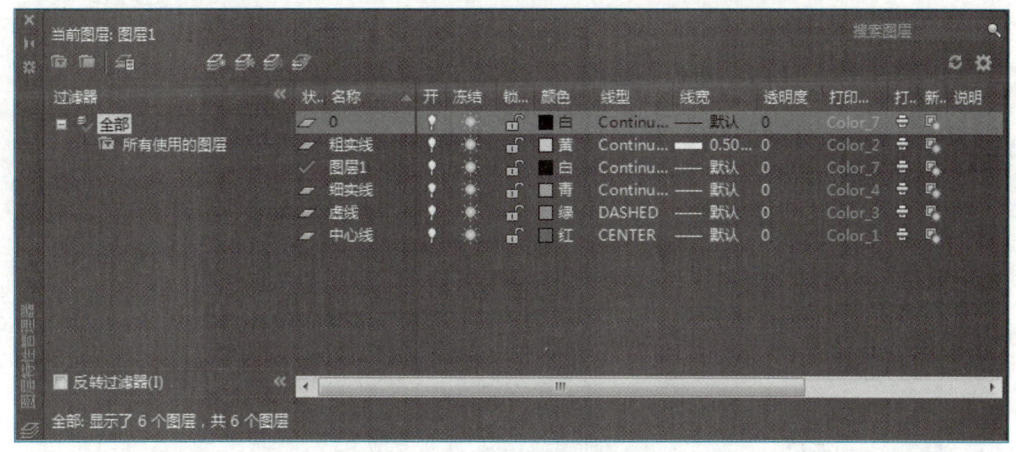

图 3-15 “图层 1”置为当前图层

4. 将对象的图层置为当前图层

“将对象的图层置为当前层”按钮的功能是使某个已绘对象的图层成为当前图层。在绘图区域选择一条图线，然后单击图标，该图线所在的图层就会被切换为当前图层。

3.3.4 图层过滤器

“图层过滤器”就是满足一定条件的图层集合，满足条件的图层被包含在过滤器中，不满足条件的图层被过滤掉。

AutoCAD 已经建立的过滤器有“全部”和“所有使用的图层”。用户还可以创建自己的过滤器。

在“图层过滤器树状图”中单击某一过滤器图标，在图层列表中即显示该过滤器中的图层。如图 3-16 所示，单击“所有使用的图层”过滤器，在图层列表中就显示了已经使用的所有图层，在对话框的左下角底部，显示了图层的数量。

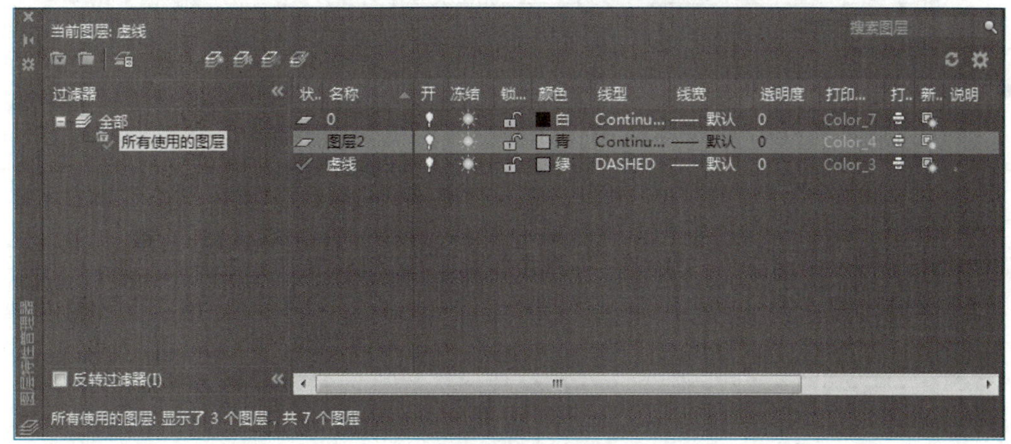

图 3-16 “所有使用的图层”过滤器

1. 新特性过滤器

单击“新特性过滤器”按钮，弹出“图层过滤器特性”对话框，如图 3-17 所示。

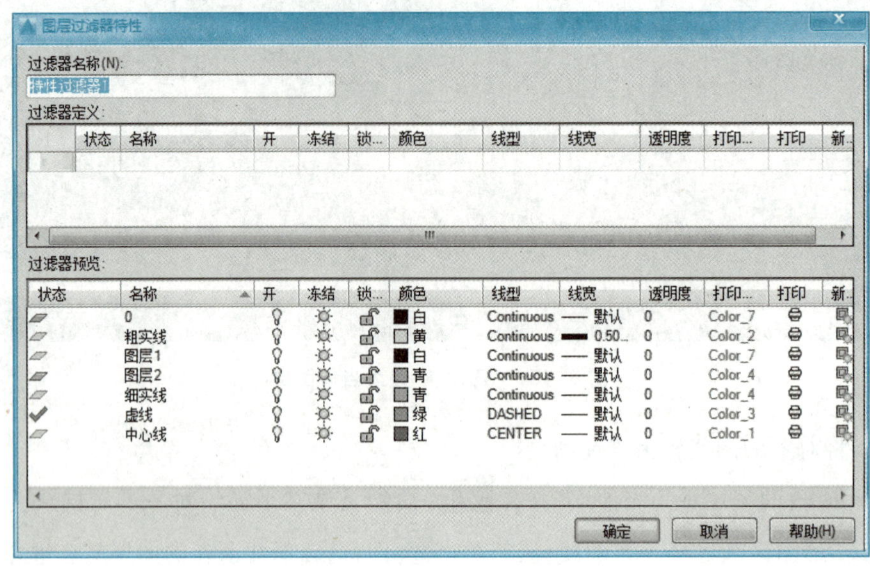

图 3-17 “图层过滤器特性”对话框

在“过滤器名称”文字框中键入过滤器的名字，在“过滤器定义”框中用一个或多个特性定义过滤器，即设置过滤器的条件，在“过滤器预览”中将显示满足过滤器条件的图层。

例如，定义图 3-18 中的过滤器名称为“实线”，单击“线型”列下的方格，出现按钮，单击该按钮，出现“选择线型”对话框，选择“Continuous”，单击“确定”按钮，“Continuous”将出现在该方格中，过滤器预览中就会看到满足条件的图层。这时单击“确定”按钮，以“实线”命名的过滤器名称就会出现在图层过滤器树状图中了，如图 3-19 所示。

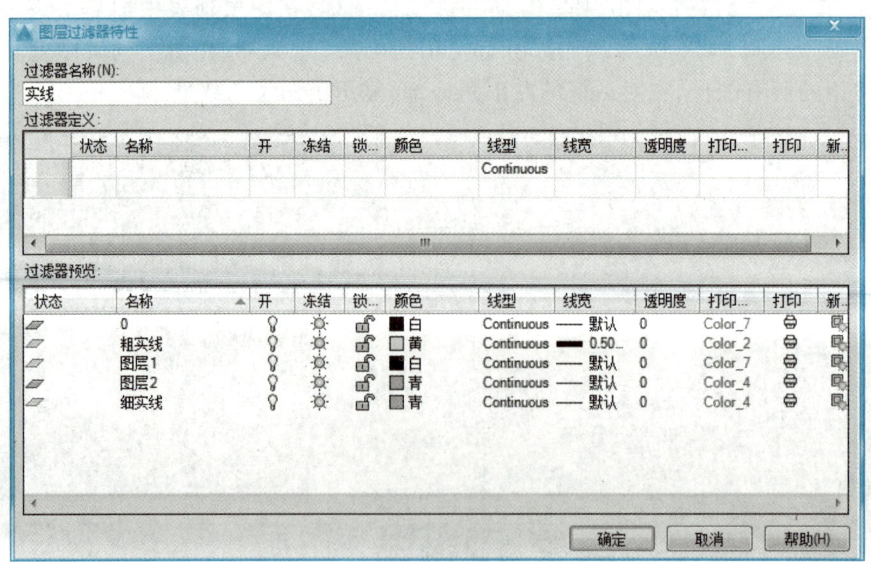

图 3-18 新建过滤器名称“实线”

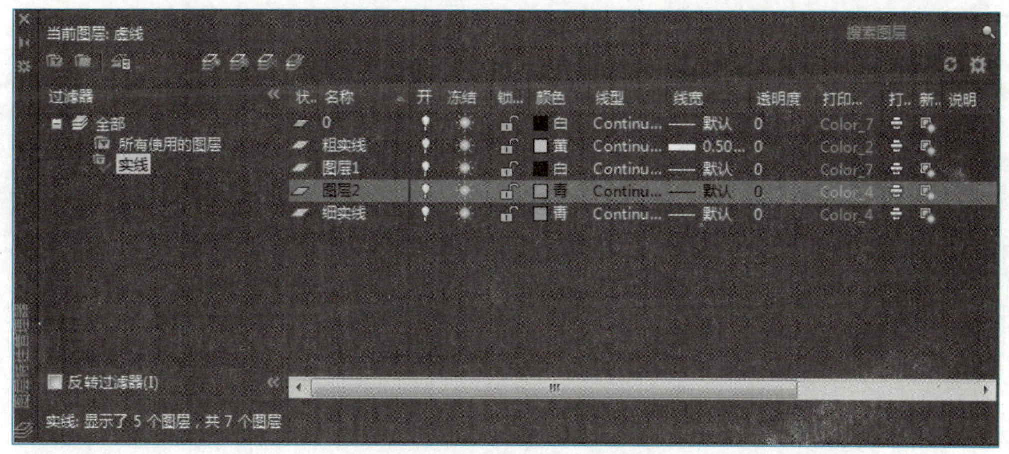

图 3-19　新特性过滤器“实线”过滤的满足条件的图层

2. 新组过滤器

单击“新组过滤器”按钮，创建一个默认名为“组过滤器 1”的新图层组过滤器，并将其添加到图层过滤器树状图中。此时可以修改默认名称，输入一个新的名称，也可以以后再改名。

向新组过滤器添加图层的方法是：在过滤器树状图中单击“所有使用的图层”节点或其他过滤器，显示对应的图层信息，然后将需要分组过滤的图层拖动到创建的“组过滤器 1”上即可。

3. 图层状态管理器

单击“图层状态管理器”按钮，弹出“图层状态管理器”对话框，该对话框用于保存、恢复和管理命名的图层状态。

4. 搜索图层

单击“搜索图层”框 搜索图层 ，框内出现一个“ * ”和待输入文字的光标，输入字符后，按图层名称快速过滤图层列表，满足条件的图层显示在图层列表中，即按图层名称生成一个临时过滤器。关闭图层特性管理器时并不保存此过滤器。

3.4 图层对象特性

功能区“特性”工具栏的主要功能是显示、查看或改变图层对象的特性，如改变对象颜色、线型、线宽、打印样式等。“特性”工具栏如图 3-20 所示。在“ByLayer”（随层）状态下，对象特性中显示的是当前图层的颜色、线型和线宽。

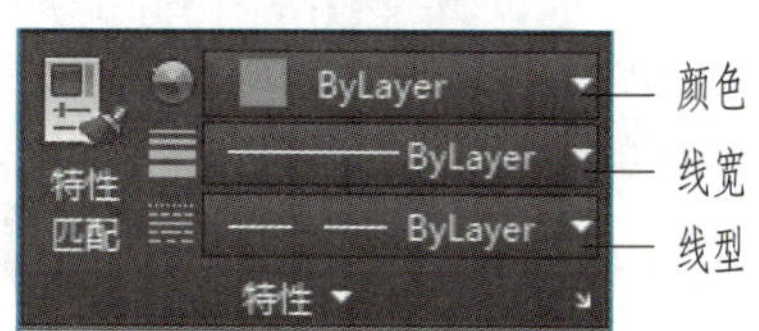

图 3-20　功能区“特性”工具栏

3.4.1 颜色

“颜色”的功能是可以查看选定对象所在图层的当前颜色，改变对象的颜色或使一种颜色成为当前颜色。

点击“颜色”下拉列表符号▼，出现如图3-21所示颜色列表，从中选择一种颜色单击，该颜色即为当前颜色，从而取代原图层颜色。但是绘图时，此处颜色不能更改，颜色一般选择默认的“ByLayer”（随层），以免造成图层的颜色混乱。

3.4.2 线宽

“线宽”的功能是可以查看选定对象所在图层的当前线宽，改变对象的线宽或使一种线宽成为当前线宽。

点击“线宽”下拉列表符号▼，出现如图3-22所示线宽列表，线宽选择方法与颜色的选择类似。但是绘图时，此处线宽不能更改，一般选择默认的“ByLayer”（随层），以免造成图层的线宽混乱。

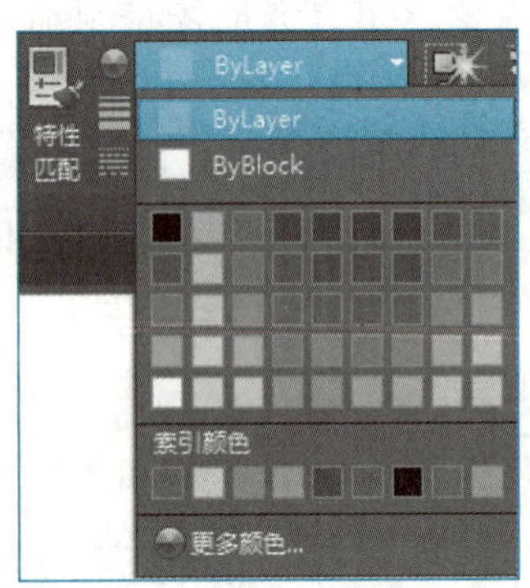

图3-21 “颜色”下拉列表

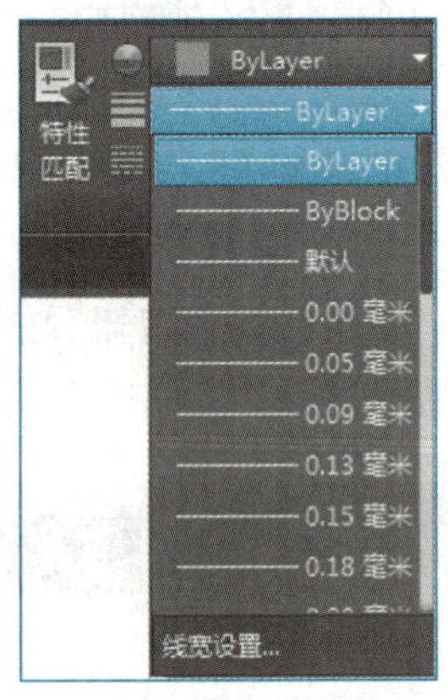

图3-22 “线宽”下拉列表

3.4.3 线型

“线型”的功能是可以查看选定对象所在图层的当前线型，改变对象的线型或使一种线型成为当前线型和访问“线型管理器”。

点击“线型”下拉列表符号▼，出现如图3-23所示线型列表，线型选择方法与颜色的选择类似。但是绘图时，此处线型不能更改，一般选择默认的“ByLayer”（随层），以免造成图层的线型混乱。

图3-23 “线型”下拉列表

提示：用 AutoCAD 绘图时，一般用颜色来区分各图层对象。为避免混乱，颜色、线型、线宽在“特性”栏都应该选择“随层”，即选择默认的“ByLayer”。否则对象颜色（线型、线宽）不是该图层的颜色（线型、线宽）时，将造成读图、设计、打印等的混乱。

3.5 特性匹配

特性匹配是将一个图形对象的特性赋予另一个图形对象。

对象特性是指对象所在的图层及对象的颜色、线型、线宽、尺寸、位置、高度等参数。在绘制图样时，经常会用到偏移、复制等命令，这些命令生成的图形与原图形对象的特性一致，要想让某一对象具有另一对象的特性，可以用特性匹配命令——格式刷，可以匹配的特性有：图层、颜色、线型、线宽、线型比例、字高等。

操作步骤如下：

(1) 用鼠标选择“源对象”（提取特性的对象称为源对象）；

(2) 点击格式刷；

(3) 用鼠标选择“目标对象”（要接受特性的对象成为“目标对象”）。

如图 3-24 所示，将圆的特性赋予五角星，操作过程如下：首先选择圆；单击格式刷；再选择五角星。这样五角星的特性就和圆的特性一样了。

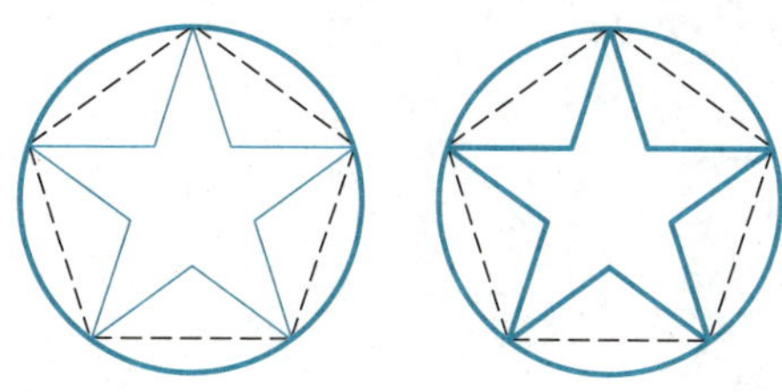

图 3-24 特性匹配

本章主要介绍了图形界限的设置、图形单位的设置、图层的设置与管理、对象特性和特性匹配等内容。图形界限可以设定绘图区域的大小；图形单位的设置可以改变测量单位（绘图时一般不设置图形界限和图形单位，采用系统默认即可）。图层的设置与管理是本章的重点内容，学习建立新图层的方法并能正确使用。对象特性中的颜色、线宽、线型一般设置为“ByLayer”，使绘制的图形清晰、易于分辨、易于管理、方便打印；特性匹配的使用使图形绘制变得快捷、易于修改，使绘图成为一项有趣的工作。

思考与练习

3-1 为何要定义图形界限？怎样定义图形界限？

3-2 使用“图层特性管理器”对话框创建图层，创建粗实线、细实线和虚线层。

3-3 新建五个图层并为每个图层设置颜色、线宽和线型。

3-4 如果绘制的图线没有放置在指定的图层上时，如何将其放置在指定图层上？

3-5 在 AutoCAD 2016 中如何使用“图层过滤器特性”对话框过滤图层？

3-6 在 AutoCAD 2016 中如何使用“特性匹配”格式刷？

3-7 绘制如习题图 3-1 所示的图形。要求：根据表 3-1 建立图层并绘图，绘图后，试分别将各图层设置成打开/关闭、冻结/解冻、锁定/解锁，观察设置效果。

表 3-1 图层设置要求

图层名称	颜色	线型	线宽
粗实线	黄色	Continuous	0.5 mm
细实线	蓝色	Continuous	默认
中心线	红色	Center	默认
虚线	绿色	Dashed	默认

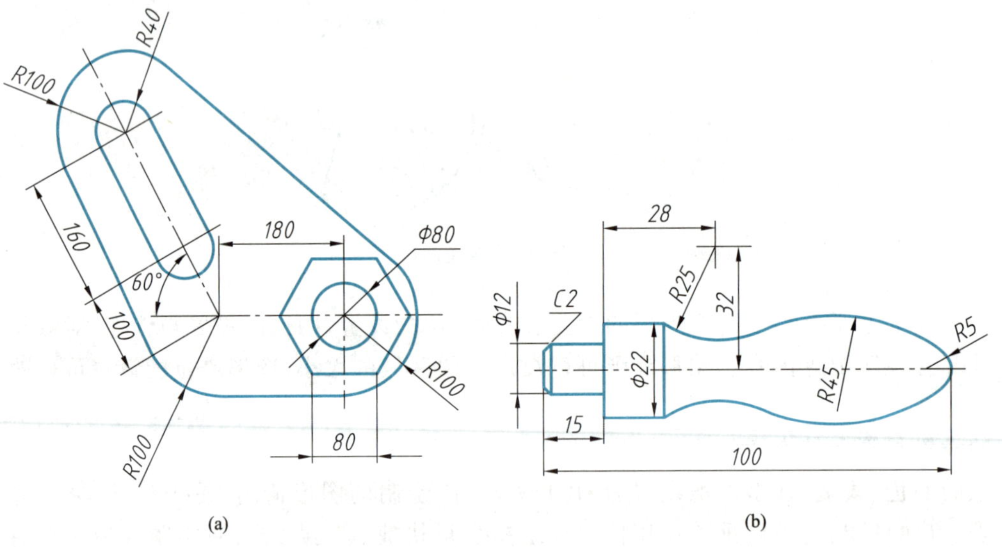

习题图 3-1

3-8 绘制如习题图 3-2 所示的图形。

说明：

(1) 创建图层：粗实线层、细实线层、虚线层、文字层、尺寸标注层等。

（2）绘图并进行尺寸标注。

（3）绘制图幅线（420 mm×297 mm 的矩形）、图框线和标题栏，具体尺寸参见第 1 章的有关内容。

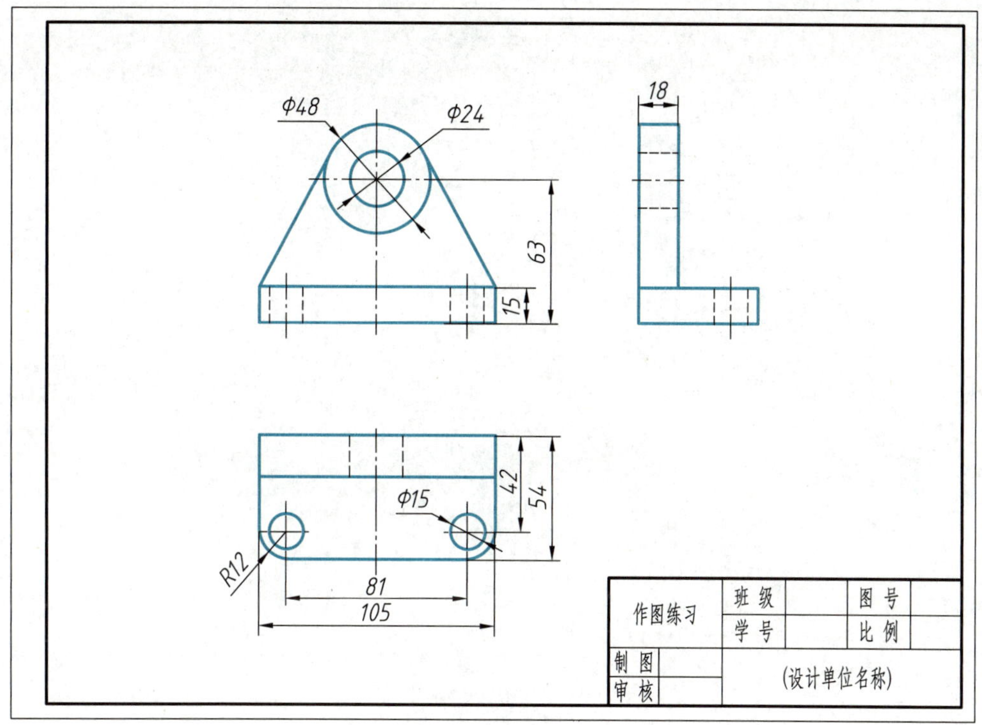

习题图 3-2

第 4 章

精确绘图工具、查询命令和显示控制

知识目标：

□ 掌握捕捉、栅格设置的方法

□ 掌握极轴和正交的功能

□ 掌握对象捕捉方法

□ 掌握对象捕捉追踪和极轴追踪功能

□ 掌握查询图形对象信息的方法

□ 了解重画和重生成图形的方法及两种命令的不同点

□ 掌握缩放和平移视图的方法

□ 掌握鼠标快捷键的使用

能力目标：

□ 能使用对象捕捉、对象捕捉追踪和极轴追踪精确绘制图形

□ 会查询图形对象信息

□ 能快速缩放和平移视图

本章主要介绍精确绘图工具的使用、查询命令和图形显示控制。

精确绘图工具包括“栅格与捕捉”“正交与极轴追踪”“对象捕捉”“对象追踪”等功能，在 AutoCAD 中设计和绘制图形时，如果对图形尺寸要求准确，除了用前面介绍的指定点的坐标法来绘制图形，还可以使用系统提供的精确绘图工具，在不输入坐标的情况下快速、精确地绘制图形。精确绘图工具条位于状态行，如图 4-1 所示。

栅格与捕捉、正交与极轴追踪和轴测图画法

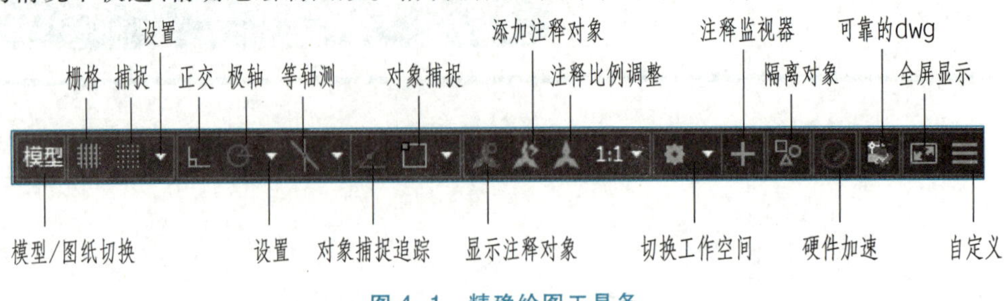

图 4-1　精确绘图工具条

通过“查询”命令可以了解图形对象的数据信息。例如，查询距离、半径、角度、面积、体积、坐标等，在工作界面的功能区有“实用工具”的图标，其作用与“查询”命令相同，如图 4-2 所示。

图形显示控制可以让用户在绘图过程中既可以查看整个图形，又能查看小的细微处。如图 4-3 所示，通过“缩放”“平移”等工具，可以灵活观察图形的整体效果或局部细节。

(a)“查询”工具栏　(b) 功能区“实用工具”工具栏

图 4-2　“查询”与“实用工具”工具栏

图 4-3　“标准”工具栏中的图形显示控制

4.1　栅格和捕捉

在绘制图形时，尽管可以通过移动光标来指定点的位置，但却很难精确指定点的某一位置。在 AutoCAD 中，使用“捕捉”和“栅格”功能，可以用来精确定位点，提高绘图效率。

“栅格”类似于坐标纸中的格子线，为作图过程提供参考。栅格的间距可以设置，栅格只是绘图辅助工具，不是图形的一部分，因此不会被打印。

“捕捉”用于设定鼠标光标移动的间距，即每次鼠标移动的最小增量。如果设置的捕捉间距和栅格的间距一样，当捕捉打开后，它会迫使光标落在最近的栅格点上，而不能停留在两点之间。

4.1.1 启用栅格和捕捉

启用/关闭栅格命令的方式如下：

命令：GRID

菜单：【工具】→绘图设置→捕捉和栅格

状态栏：

功能键：F7

启用/关闭捕捉命令的方式如下：

命令：SNAP

菜单：【工具】→绘图设置→捕捉和栅格

状态栏：

功能键：F9

4.1.2 设置栅格和捕捉参数

将鼠标光标放在如图 4-1 所示的状态栏的相应按钮上右键单击，从弹出的右键快捷菜单上选择“设置”选项，或者直接点击状态行任一个，点击“设置”，打开“草图设置”对话框，如图 4-4 所示。单击“捕捉和栅格”选项卡，可以设置捕捉和栅格的相关参数，本节仅介绍“捕捉和栅格”选项卡，其他选项卡随后介绍。

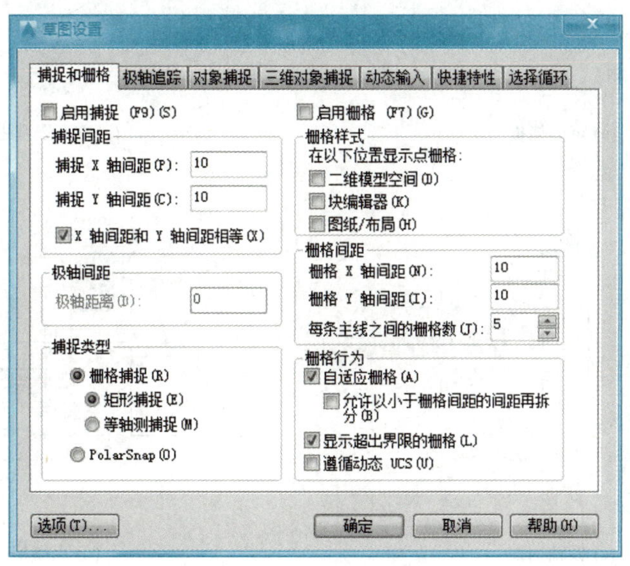

图 4-4 “草图设置”对话框

(1) “启用捕捉”复选框　打开或关闭捕捉方式。选中该复选框，可以启用捕捉。

(2) “捕捉间距”选项组　设置捕捉间距大小，如图 4-4 所示，捕捉间距 X 轴和 Y

轴均为“10”。

(3)“极轴间距”栏　用于设置“PolarSnap(极轴捕捉)”时极轴捕捉的间距。

(4)“捕捉类型”选项组　可以设置捕捉类型和样式,“栅格捕捉”和“PolarSnap(极轴捕捉)”两种。

① 栅格捕捉:栅格捕捉又分为“矩形捕捉”和“等轴测捕捉”两种。

矩形捕捉打开栅格,作图时光标将捕捉矩形栅格的交点。

等轴测捕捉打开栅格时,栅格线及光标线与水平轴成30°、90°和150°角,按〈F5〉键或〈Ctrl〉+〈E〉组合键可将栅格线及光标线在30°、90°和150°角之间切换。等轴测捕捉一般用来绘制正等轴测图,作图时光标捕捉等轴测栅格的交点。

图4-5(a)、(b)是矩形捕捉和等轴测捕捉的栅格和光标的样式。

② PolarSnap(极轴捕捉):在启用了极轴追踪和对象追踪的情况下,当“捕捉”打开时,光标沿极轴追踪角和对象追踪捕捉。极轴捕捉不再捕捉栅格上的交点,而是按照极轴追踪的起点设置的极轴对齐角度进行捕捉。如图4-5(c)所示。

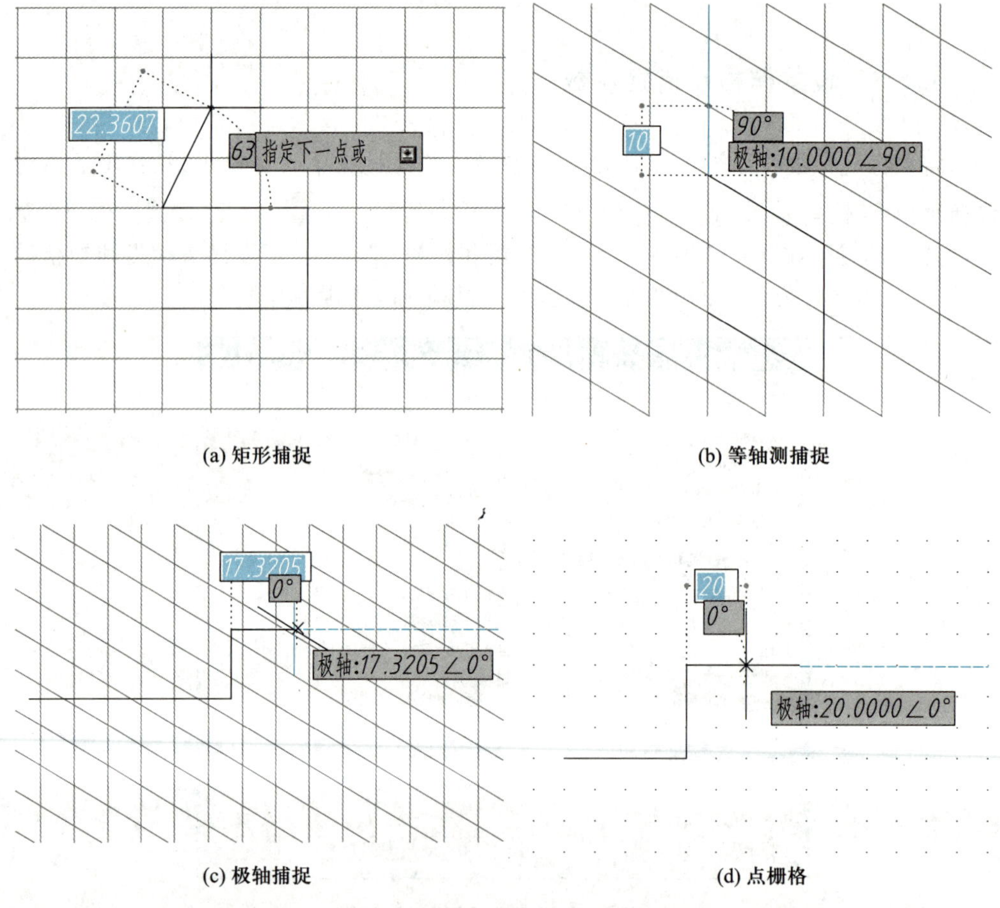

(a) 矩形捕捉　(b) 等轴测捕捉

(c) 极轴捕捉　(d) 点栅格

图4-5　捕捉的类型和栅格样式

(5)“启用栅格”复选框　打开或关闭栅格的显示。选中该复选框,可以启用栅格。

(6)“栅格样式”选项组　在二维模型空间、块编辑器或者图纸/布局的栅格样式设置为点栅格。如图 4-5(d)所示为点栅格样式。

(7)“栅格间距”选项组　设置栅格间距大小,一般与捕捉间距相同。也可将栅格的 *X* 轴和 *Y* 轴间距值设为“0”,则栅格采用“捕捉”设置的 *X* 轴和 *Y* 轴间距的值,而不是间距为“0”。

(8)“栅格行为”选项组　控制当“VSCURRENT”设置为除二维线框之外的任何视觉样式时,所显示栅格线的外观。

自适应栅格:缩小时,限制栅格的密度。允许以小于栅格间距的间距再拆分。放大时,生成更多间距更小的栅格线,主栅格线的频率确定这些栅格线的频率。

显示超出界限的栅格:显示或者不显示超出图形界限的栅格,用前面的钩选框控制。

遵循动态 UCS:更改栅格平面以跟随动态 UCS 的 *XY* 平面。

提示:

1. 栅格和捕捉都是透明命令,即在执行其他命令过程中可以随时打开或关闭栅格和捕捉,关闭后再打开捕捉或栅格的间距不变。

2. 绘图时,栅格和捕捉一般同时打开或关闭。

3. 绘制的图形如果尺寸精确或较多,一般不启用栅格和捕捉,直接输入尺寸绘图更快捷。

4.2　正交

AuotCAD 提供的正交模式可以用来精确定位点,它将定位点设备的输入限制为水平或垂直。启用/关闭正交模式的方式如下:

命令:ORTHO

状态栏:

功能键:F8

在正交模式下,只能在水平或垂直方向画线或指定距离。画线时输入的第 1 点是任意的,但当移动光标准备指定第 2 点时,引出的橡皮筋线已不再是这两点之间的连线,而是起点到光标十字线的垂直线中较长的那段线。若 *X* 方向距离比 *Y* 方向长,则画水平线;若 *Y* 方向距离比 *X* 方向长,则画垂直线。

4.3　极轴追踪

如果要求输入的点在一定的角度线上,就可以使用极轴追踪功能。

打开/关闭极轴追踪的方式:

菜单:【工具】→绘图设置→极轴追踪

状态栏:

功能键:F10

单击状态栏上的按钮,使之呈亮显的状态,就打开了极轴追踪功能。如图 4-6 所示,绘图时就会出现极轴的追踪线。

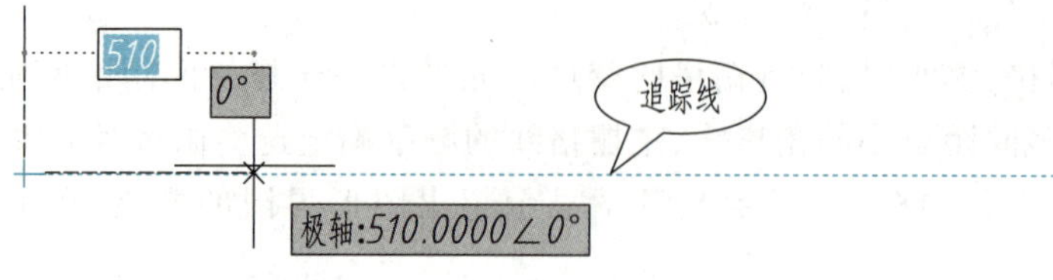

图 4-6 开启“极轴追踪”时的追踪线

鼠标右击状态栏上的按钮,弹出如图 4-7 所示的光标菜单,从中可以选择极轴追踪的角度,也可以点击 正在追踪设置... 打开如图 4-8 所示的“草图设置”对话框,点击“极轴追踪”选项卡,用户可在此方便地进行极轴追踪设置。

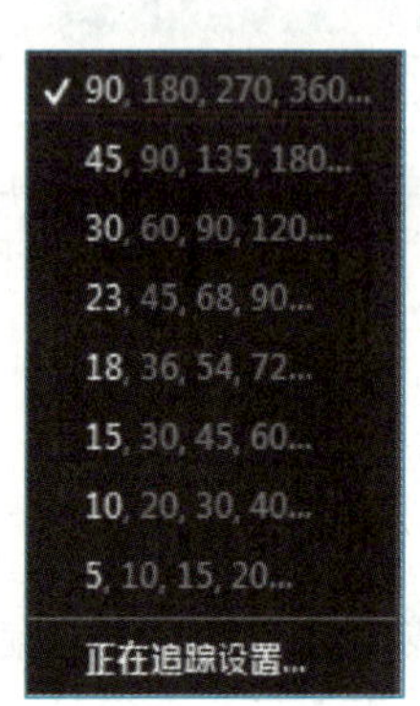

图 4-7 “极轴追踪”的右键光标菜单

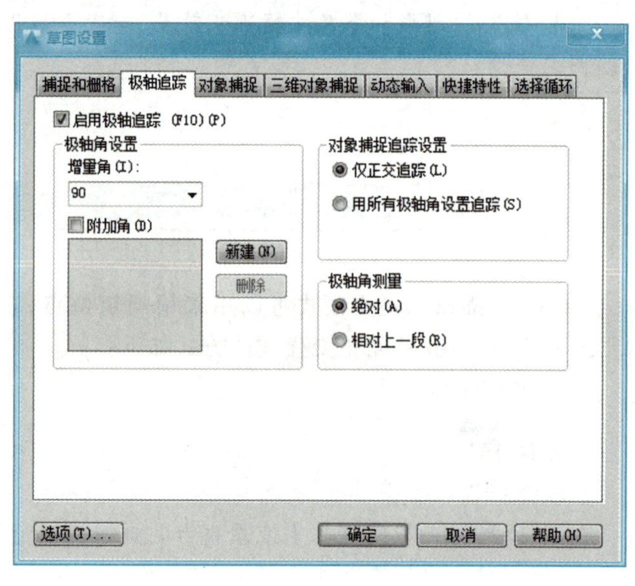

图 4-8 “草图设置”对话框中的极轴追踪设置

默认的极轴追踪的角度增量是 90°,在对话框的“极轴角设置”栏还预设了一些角度增量值,分别为 90°、45°、30°、22. 5°、18°、15°、10°和 5°,用户可以从中选择,也可以选中“附加角”复选框,用“新建”按钮自行设置其他角度作为极轴追踪的角度。一旦设置好极轴追踪角度,就可以使用极轴追踪了。

> 提示：
>
> 1. 正交和极轴追踪都是透明命令，即在执行其他命令过程中可以随时打开或关闭。
>
> 2. 正交与极轴追踪是一对矛盾体，若点击正交，极轴追踪则弹出并关闭，若开启极轴追踪，正交则弹出并关闭。
>
> 3. 绘图时一般关闭正交，打开极轴追踪，设置极轴追踪增量角为 90°，这样可以不用正交也能绘制横平竖直的直线，还可以画斜线。

4.4 对象捕捉

在绘图的过程中，经常要指定一些图形上已有的点，如端点、圆心和两个对象的交点等。若只凭观察来拾取，则不可能准确地找到这些点。而“对象捕捉”，可以迅速、准确地捕捉到这些特殊点，从而精确地绘制图形。

对象捕捉与对象捕捉追踪

打开/关闭对象捕捉的方式如下：

命令：OSNAP

菜单：【工具】→绘图设置→对象捕捉

状态栏：

功能键：F3

4.4.1 “对象捕捉”工具栏

“对象捕捉”工具栏在 AutoCAD 2016 工作界面一般没有，用户可以把光标放在任何一个工具栏上单击鼠标右键，会出现右键菜单，从右键菜单中选择“对象捕捉”，就可以打开“对象捕捉”工具栏，也可以点击下拉菜单【工具】→工具栏→AutoCAD→对象捕捉，如图 4-9 所示。常用对象捕捉模式及其功能参考表 4-1。

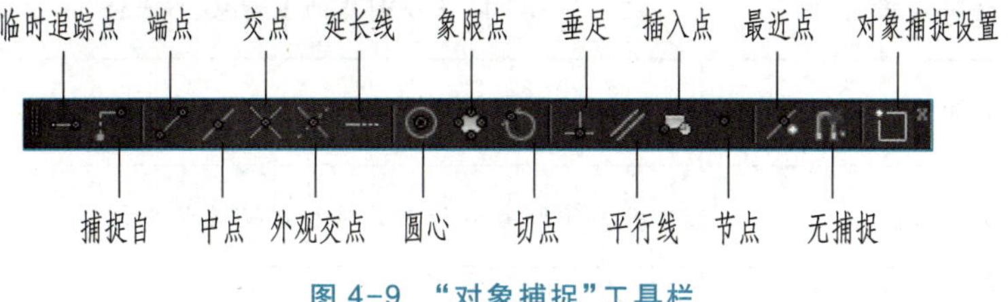

图 4-9 “对象捕捉”工具栏

表4-1 对象捕捉模式及其功能

图标	名称	功能
	临时追踪点	创建对象捕捉所使用的临时点
	捕捉自	正交偏移捕捉，该捕捉方式可以相对于一个已知的点定位另一点
	捕捉到端点	捕捉线段、圆弧等几何对象的端点
	捕捉到中点	捕捉线段、圆弧等几何对象的中点
	捕捉到交点	捕捉几何对象间真实的或延伸的交点
	捕捉外观交点	在二维空间中与  功能相同，在三维空间中可用于捕捉两对象的外观交点（即在投影视图中显示相交，但实际上并不一定相交）
	捕捉到延长线	捕捉直线或圆弧延长线上的点
	捕捉到圆心	捕捉圆、圆弧、椭圆、椭圆弧的中心
	捕捉到象限点	捕捉圆、圆弧、椭圆、椭圆弧的0°、90°、180°或270°处的点，即象限点，也称四分点
	捕捉到切点	捕捉切点
	捕捉到垂足	捕捉垂足
	捕捉到平行线	平行捕捉，可用于绘制平行线
	捕捉到插入点	捕捉插入的块、文字等的插入点
	捕捉到节点	捕捉用“POINT”命令创建的点对象，即节点
	捕捉到最近点	捕捉距离光标中心最近的几何对象上的点
	无捕捉	暂时关闭所有运行中的对象捕捉模式
	对象捕捉设置	设置自动捕捉模式

4.4.2 使用自动捕捉功能

绘图的过程中,使用对象捕捉的频率非常高。为此,AutoCAD 又提供了一种自动对象捕捉模式。自动捕捉就是当把光标放在一个对象上时,系统自动捕捉到对象上所有符合条件的几何特征点,并显示相应的标记。如果把光标放在捕捉点上多停留一会,系统还会显示捕捉的提示。这样,在选点之前,就可以预览和确认捕捉点。

要打开对象捕捉模式,可在状态栏点击旁边的打开 对象捕捉设置... ,或者下拉菜单【工具】→绘图设置,打开"草图设置"对话框的"对象捕捉"选项卡,选中"启用对象捕捉"复选框,然后在"对象捕捉模式"选项组中选中相应复选框,如图 4-10 所示。

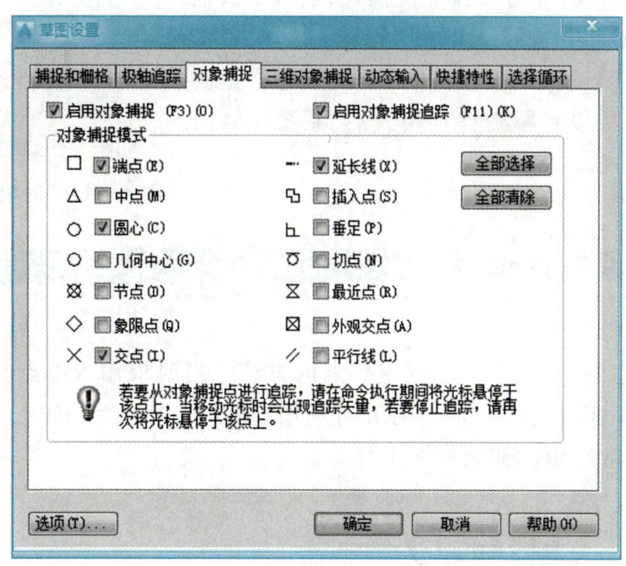

图 4-10 "草图设置"对话框中的"对象捕捉"选项卡

> 提示:绘图时,对象捕捉模式一般只打开端点、圆心、交点和延长线。绘图时不宜打开过多的点捕捉模式,否则光标不停地捕捉各种点,会给绘图过程造成干扰。

4.4.3 对象捕捉快捷菜单

当要求指定点时,可以按下〈Shift〉键或者〈Ctrl〉键,在绘图区域点击鼠标右键可以打开对象捕捉快捷菜单,如图 4-11 所示。选择需要的子命令,再把光标移到要捕捉对象的特征点附近,即可捕捉到相应的对象特征点。

4.4.4 运行和覆盖捕捉模式

在 AutoCAD 中，对象捕捉模式又可以分为运行捕捉模式和覆盖捕捉模式。

在“草图设置”对话框的“对象捕捉”选项卡中，设置的对象捕捉模式始终处于运行状态，直到关闭为止，称为运行捕捉模式。

如果在需要输入点的命令行提示下输入关键字（如“MID”“CEN”“QUA”等）或单击“对象捕捉”工具栏中的工具或在对象捕捉快捷菜单中选择相应命令，只临时打开捕捉模式，称为覆盖捕捉模式，仅对本次捕捉点有效，在命令行中显示一个“于”标记。

要打开或关闭运行捕捉模式，可单击状态栏上的“对象捕捉”按钮。设置覆盖捕捉模式后，系统将暂时覆盖运行捕捉模式。

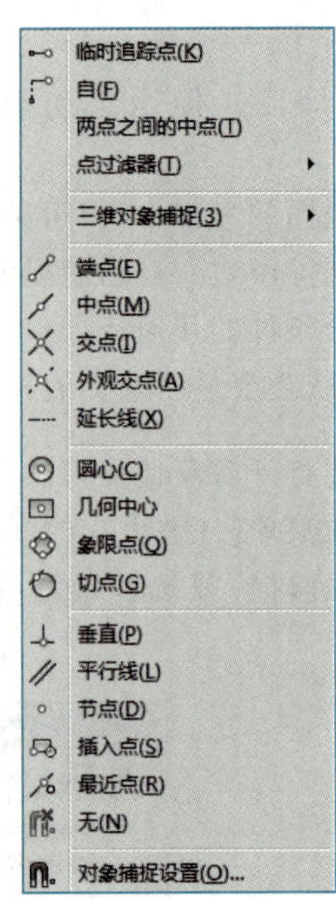

图 4-11 “对象捕捉”快捷菜单

4.5 对象捕捉追踪

“对象捕捉追踪”也是一种精确定位点的方法。当要求输入的点与其他对象有一定的关系，如图 4-12 所示，与端点对齐时利用“对象捕捉追踪”确定点的位置非常有效、快捷，它是非常有用的辅助绘图工具。

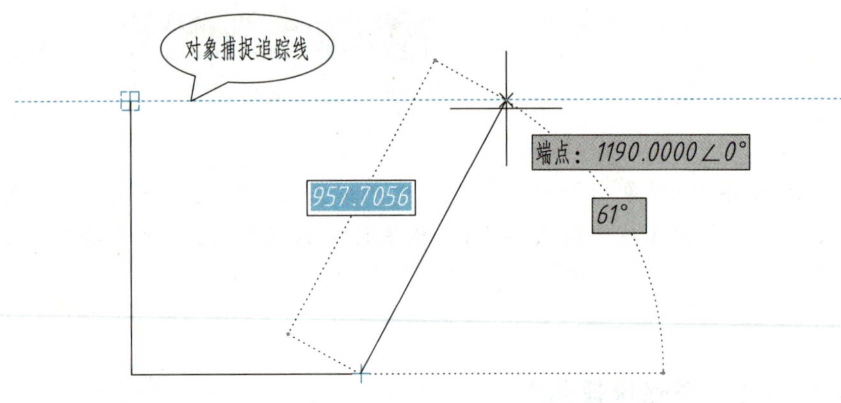

图 4-12 “对象捕捉追踪”——与端点对齐

“对象捕捉追踪”是在一条临时对齐路径上寻找所需的点，也就是选定若干参考点，经参考点会出现对齐路径，在对齐路径上确定点。

打开/关闭对象捕捉追踪的方法有两种：

状态栏：

功能键：F11

使用对象捕捉追踪，必须同时打开对象捕捉，只有捕捉到参考点，才能出现对齐路径，即同时打开状态栏上的和按钮，使之呈亮显的状态。

使用对象捕捉追踪的同时，也可以使用极轴追踪。

> 提示：当对象移动到一个对象捕捉点时，要在该点上停顿一会儿，不要拾取它，因为这一步只是 AutoCAD 获取该参考点的信息，待信息出现后，就可以移动光标了，对齐该参考点时，也就会出现追踪线。

【例 4-1】 标高符号为 3 mm 高的等腰直角三角形，绘制标高符号。

作图步骤如下：

1. 画出高 3 mm 的直线。
2. 设定极轴追踪增量角为 45°，用对象捕捉直线的端点，用极轴追踪绘制一条 45°角任意长度的直线，如图 4-13(a)所示。
3. 过直线的另一端点画水平线与 45°角线相交。如图 4-13(b)所示。
4. 剪切 45°角线，并镜像，绘出高 3 mm 的等腰直角三角形，如图 4-13(c)所示。
5. 延长水平线并用文字注出标高，如图 4-13(d)所示。

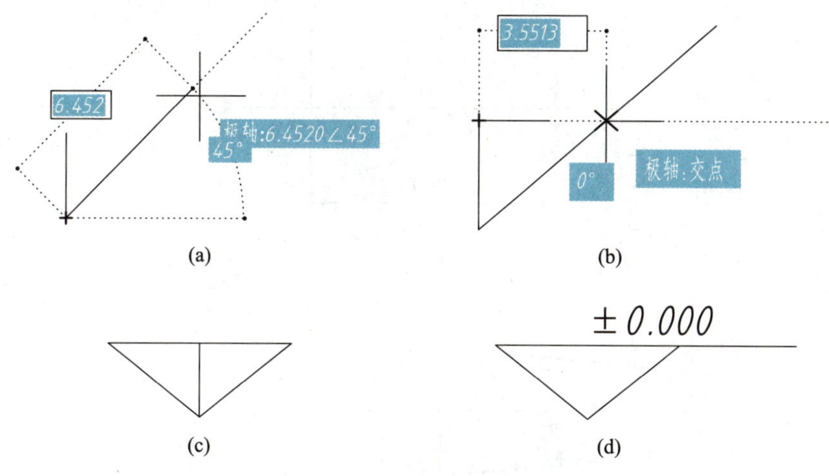

图 4-13 绘制标高符号

【例 4-2】 绘制如图 4-14 所示的组合体的主视图和俯视图，要求主视图和俯视图“长对正”。

作图步骤如下：

1. 打开图层管理器，新建四个图层，分别为粗实线层、细实线层、中心线层和虚线层，并设置好每个图层的颜色、线型和线宽。
2. 在中心线层绘制中心线，如图 4-15(a)所示。
3. 利用“对象捕捉”捕捉交点为圆心绘制圆，利用“捕捉到切点”绘制切线，完成主视图。
4. 利用“对象捕捉追踪”捕捉并追踪圆与中心线的交点，同时利用“极轴追踪”对齐绘制俯视图，如图 4-15(b)所示。

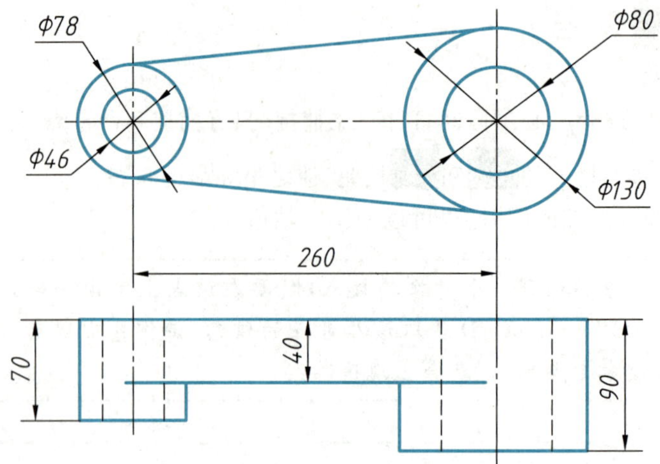

图 4-14 组合体的主视图和俯视图

5. 利用“对象捕捉追踪”捕捉并追踪圆孔与中心线的交点，对齐绘制俯视图中圆孔的虚线，如图 4-15(c)所示。

6. 捕捉切线的端点，利用“对象捕捉追踪”向下绘制两条边界线，将俯视图中的切线向两侧延伸到此边界，然后擦除边界辅助线，如图 4-15(d)所示。

7. 标准尺寸，完成视图，如图 4-14 所示。

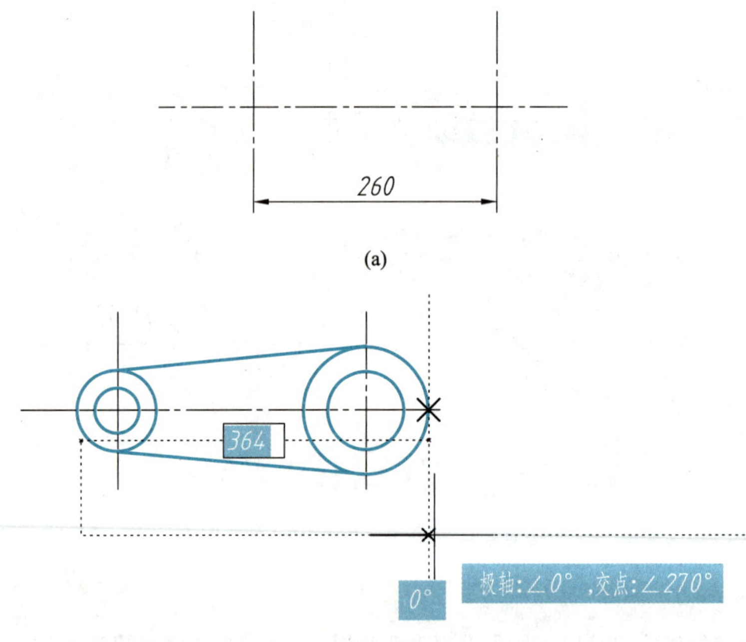

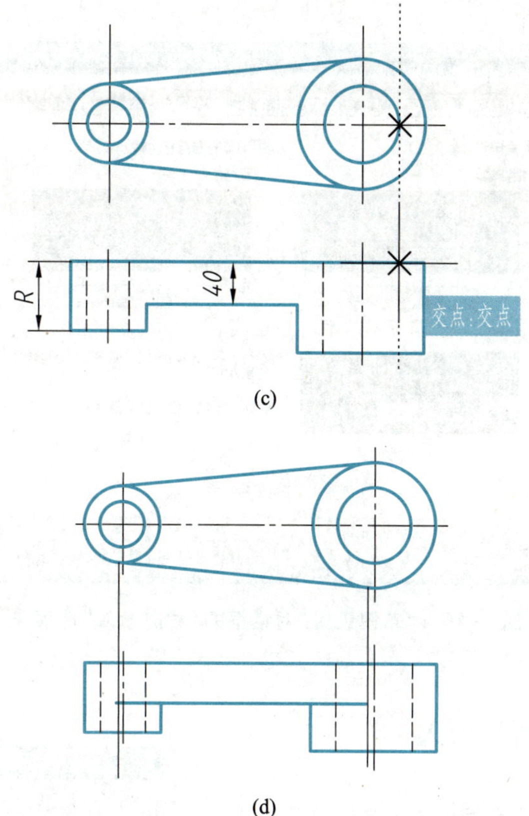

图 4-15 组合体的主视图和俯视图的绘图过程

4.6 动态输入

在实际绘图时,用户应该随时注意命令提示区的提示,但新用户往往只注意绘图区域而忽视命令提示,导致操作不正确。AutoCAD 的“动态输入”可以在光标指针位置处显示标注输入和命令提示等信息,从而极大地方便了绘图。

动态输入、查询命名和显示控制

启用/关闭“动态输入”的方法如下:

命令:DSETTINGS

菜单:【工具】→绘图设置→动态输入

状态栏:点击打开动态输入图标

功能键:F12

以上四种方式都可以打开“草图设置”对话框,选择“动态输入”选项卡,如图 4-16 所示。

“动态输入”选项卡有三个组件:指针输入、标注输入和动态提示。另有“绘图工具提示外观(A)”按钮,下面逐一说明。

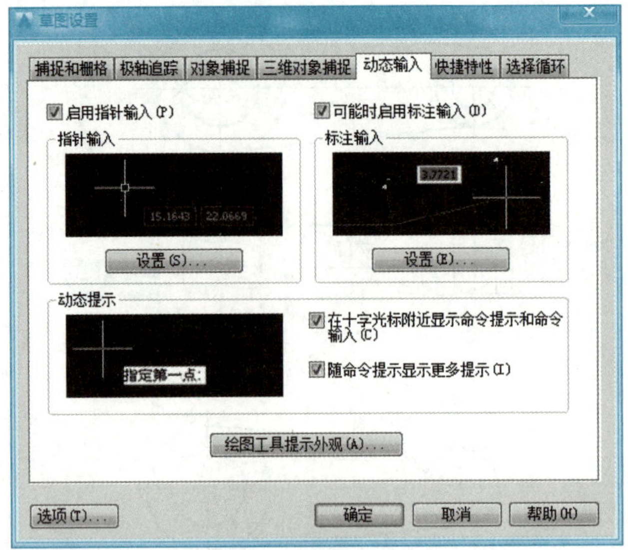

图 4-16 “草图设置”对话框的“动态输入”选项卡

4.6.1 启用指针输入

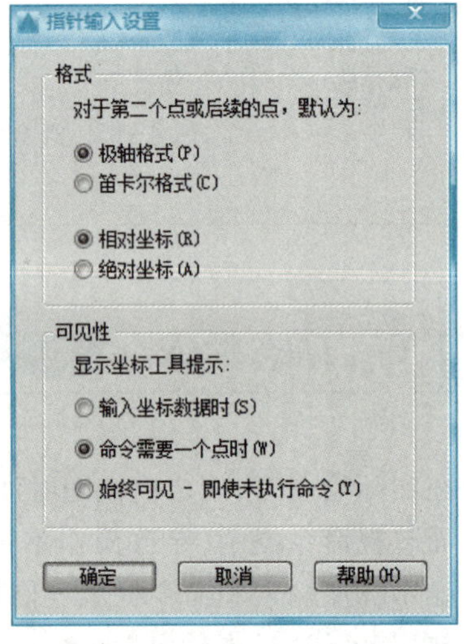

图 4-17 “指针输入设置”对话框

在“草图设置”对话框的“动态输入”选项卡中，选中“启用指针输入”复选框可以启用指针输入功能。可以在“指针输入”选项组中单击“设置”按钮，使用打开的“指针输入设置”对话框（见图 4-17）设置指针的格式和可见性。

在执行命令过程中，若工具栏提示中显示的是相对坐标，要输入绝对坐标，则键入“#”来临时转为绝对坐标。若工具栏提示中显示的是绝对坐标，要输入相对坐标，则键入“@”来临时转为相对坐标。

4.6.2 启用标注输入

在“草图设置”对话框的“动态输入”选项卡中，选中“可能时启用标注输入”复选框可以启用标注输入功能。在“标注输入”选项组中单击“设置”按钮，使用打开的“标注输入的设置”对话框（见图 4-18）可以设置标注的可见性。

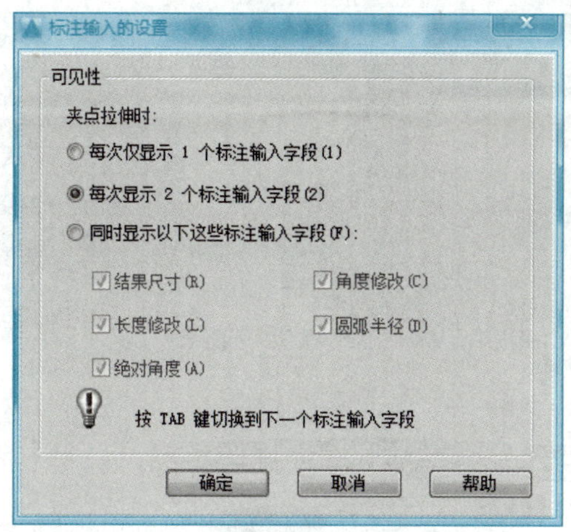

图 4-18 “标注输入的设置”对话框

4.6.3 显示动态提示

在“草图设置”对话框的“动态输入”选项卡中,选中“动态提示”选项组中的“在十字光标附近显示命令提示和命令输入”复选框,可以在光标附近显示命令提示。如图 4-19 所示,以半径圆心画圆的提示显示在光标附近。

图 4-19 “动态提示”举例

4.6.4 “绘图工具提示外观(A)”按钮

单击“绘图工具提示外观(A)”按钮,打开“工具提示外观”对话框,如图 4-20 所示。

在对话框中单击“颜色”按钮,将显示“图形窗口颜色”对话框,如图 4-21所示,在对话框可以选择动态输入时提示框内字体等的颜色。在“大小”栏,向左拖动滑块使动态输入提示框变小,向右拖动滑块使提示框变大。同样,越向右拖动“透明”栏的滑块,动态输入提示框越透明,值为“0”时提示框设置为不透明。

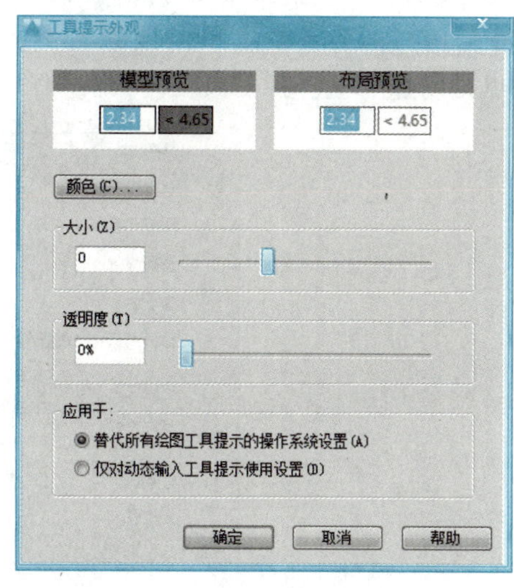

图 4-20 “工具提示外观”对话框

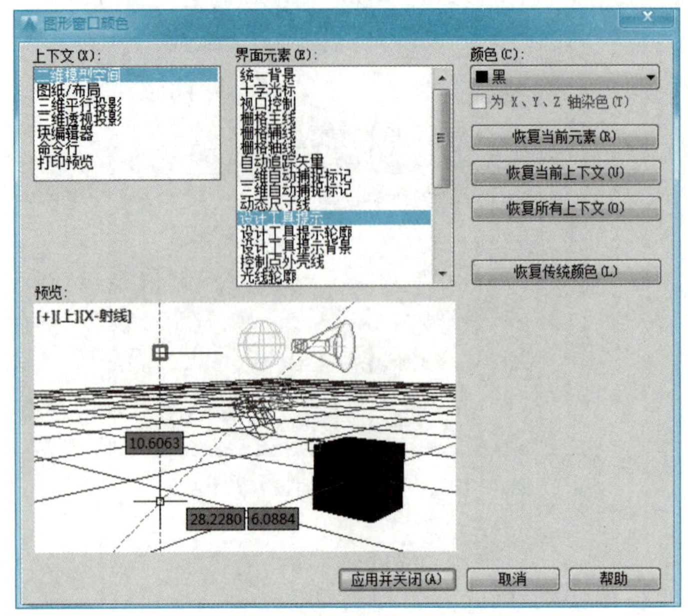

图 4-21 “图形窗口颜色”对话框

4.7 查询命令

实际绘图时，有时需要查询图形对象的数据信息，如查询距离、半径、角度、面积、周长、体积、点坐标等。AutoCAD 中的查询命令可以解决这方面的问题。

启用查询命令可以如下操作：

菜单：【工具】→查询

功能区：实用工具→测量

通过【工具】→查询，可以打开“查询”子菜单，如图 4-22 所示。用户还可以把光标放在任何一个工具栏上单击鼠标右键，会出现右键菜单，从右键菜单中选择“查询”，也可以打开“查询”工具栏。

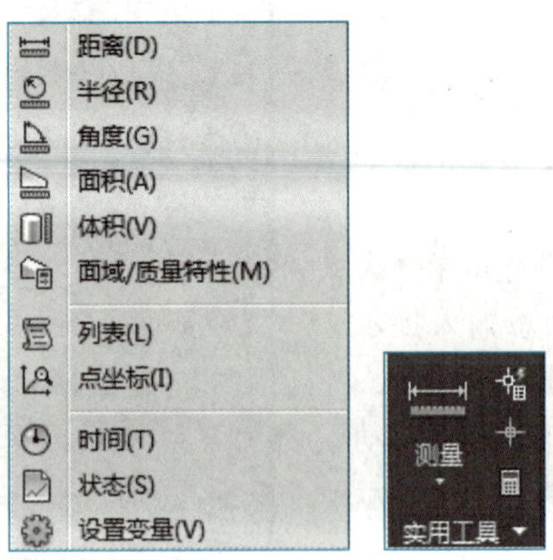

图 4-22 “查询”子菜单和“实用工具”栏

4.7.1 查询距离

AutoCAD 提供的查询两点之间的距离命令,可以非常直观和方便地获得有关点与点之间的距离,以及线与 X 轴的夹角。

命令执行方式如下:

命令:DIST

菜单:【工具】→查询→距离

工具栏:

启动查询距离命令,当指定两个点后,AutoCAD 会给出该直线属性:距离、XY 平面中倾角、与 XY 平面的夹角、X 增量、Y 增量、Z 增量,如图 4-23 所示。

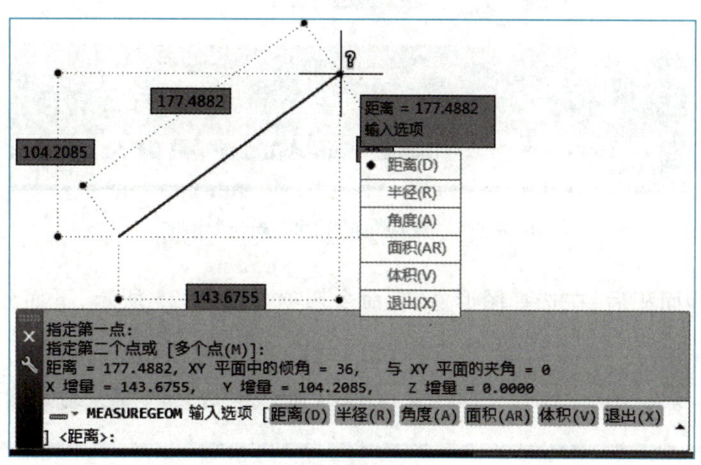

图 4-23 查询“距离”示例

其中各选项的含义如下:

(1) 距离 两点之间的距离;

(2) XY 平面中倾角 两点之间连线与 X 轴的正方向的夹角;

(3) 与 XY 平面的夹角 该直线与 XY 平面的夹角;

(4) $X/Y/Z$ 增量 两点在 $X/Y/Z$ 轴方向的坐标值之间的增量。

4.7.2 查询面积

利用 AutoCAD 提供的查询面积命令,可以方便地查询指定的区域面积和周长,同时还可以对其进行加、减运算。

命令执行方式如下:

命令:AREA

菜单:【工具】→查询→面积

工具栏：

启动查询面积命令后，需要用光标拾取三个以上的点或者指定一个封闭的区域，然后确认，AutoCAD 会给出计算出的面积和周长结果，如图 4-24 所示，计算出来矩形的面积和周长。

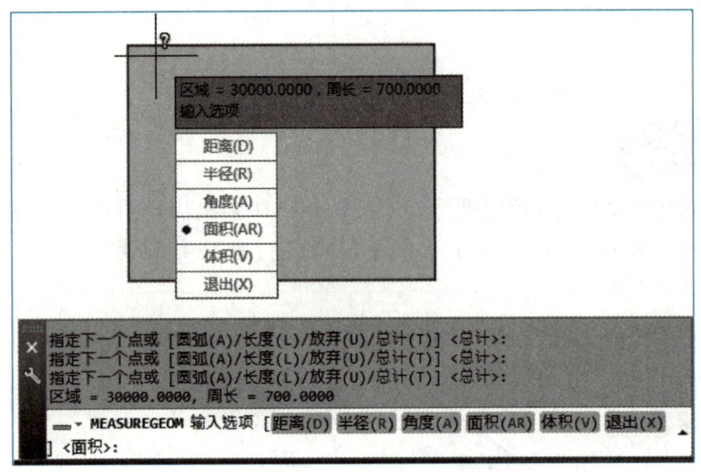

图 4-24 查询“面积”和“周长”示例

启用查询面积后，在选择图形之前，命令选项如图 4-25 所示，下面分别介绍各选项的用法。

MEASUREGEOM 指定第一个角点或 [对象(O) 增加面积(A) 减少面积(S) 退出(X)]
<对象(O)>:

图 4-25 “查询面积”的提示选项

1. 对象(O)

计算由指定对象所围成区域的面积。执行该选项时，可以选择由圆(CIRCLE)、椭圆(ELLIPSE)、二维多段线(PLINE)、矩形(RECTANC)、多边形(POLYGON)、样条曲线(SPLINE)和面域(REGION)等命令所围成的封闭区域，AutoCAD 会给出所选对象的面积和周长信息。

2. 增加面积(A)

对面积进行加法运算，即把新图形面积加到总面积中去。在选择对象之前，首选增加面积“A”，然后再逐个选择对象。AutoCAD 操作顺序是：AREA—A—O—ENTER。用户可进行面积加法运算，也可在提示继续选择对象下直接回车，则 AutoCAD 计算出所求区域的面积、周长和总面积。

3. 减少面积(S)

对面积进行减法运算，即把所选实体的面积从总面积中减去。执行该选项时，AutoCAD 操作顺序是：AREA—A—O—ENTER—S—O，可以求出面积、周长和减法运算后的总面积。

另外,对于未封闭的多段线,AutoCAD 在计算时将其看成用一直线段连接首末两端点封闭的区域,但周长不包括该直线的长度。对于有宽度的多段线,AutoCAD 按其中心线进行计算。对于线宽大于“0”的多段线来说,AutoCAD 2016 按其中心线计算面积和周长。若所选的对象不能构成封闭区域,则 AutoCAD 2016 会有如下提示:选定的对象没有面积

4.7.3 查询点坐标

使用点坐标命令,用户可以查询指定点位置的坐标值。

命令执行方式如下:

命令:ID

菜单:【工具】→查询→点坐标

工具栏:【实用工具】→

“ID”命令执行后,系统提示如下:

指定点:(选取一点)

在指定了一个点后,AutoCAD 2016 在命令行中列出指定点在当前坐标系下的 $X/Y/Z$轴坐标值。

4.7.4 列表显示

使用 LIST 命令用户可以查询数据库中图形对象的信息。

命令执行方式如下:

命令:LIST

菜单:【工具】→查询→列表显示

工具栏:【查询】→

用上述方法之一启动命令后,AutoCAD 会有如下提示:

选择对象:(选取对象)

此时,AutoCAD 2016 会自动扩大命令提示行的窗口,显示出所选对象的有关特性信息。

4.7.5 查询时间

使用“TIME”命令可以查询与当前图形有关的日期和时间。

命令执行方式如下:

命令:TIME

菜单:【工具】→查询→时间

4.7.6 查询系统状态

使用“STATUS”命令可以查询系统当前运行状态的信息。

命令执行方式如下：

命令：STATUS

菜单：【工具】→查询→状态

“STATUS”命令执行后 AutoCAD 2016 会自动扩大命令提示行的窗口，首先显示当前图形文件的大小，接着显示设置的图形界限的左下角和右上角的坐标值，当前图形文件的插入基点坐标，捕捉分辨率，栅格间距，当前空间是图纸空间还是模型空间，当前布局，当前图层名称，当前颜色，当前线型，当前材质，当前线宽，当前标高，当前厚度，用填充、栅格、正交、快速文字、捕捉、数字化仪等开关设置的当前状态，当前目标捕捉的状态，当前所剩余的磁盘空间，当前视图的显示范围，当前所剩余的物理内存，当前剩余的文件交换空间等。

4.8 视图缩放

视图缩放可以让用户根据自己的需求改变显示区域和图形对象的大小。对视图进行缩放不会改变图形对象的绝对大小，它就像放大镜这类工具一样，只是更改了视图的显示比例。

视图缩放命令的执行方式如下：

命令：ZOOM

菜单：【视图】→缩放→相应选项

工具栏：【缩放】或【标准】中的相应按钮

“缩放”菜单如图 4-26 所示，“缩放”工具栏如图 4-27 所示。

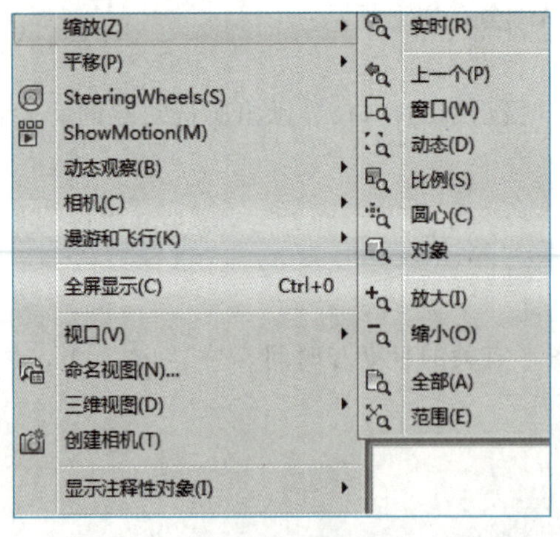

图 4-26 “视图”/“缩放”下拉菜单

图 4-27 “缩放”工具栏

从键盘输入“ZOOM”命令后，AutoCAD命令行的主提示如图4-28所示。

ZOOM [全部(A) 中心(C) 动态(D) 范围(E) 上一个(P) 比例(S) 窗口(W) 对象(O)] <实时>:

图4-28 “ZOOM”命令的执行选项

主提示的每一项都对应一个工具栏按钮，下面对其进行介绍。

4.8.1 实时缩放

“实时缩放”是ZOOM默认的缩放模式，此时鼠标指针变成一个放大镜形状，按住鼠标左键向上拖动可放大整个图形；向下拖动可缩小整个图形；释放鼠标左键后停止缩放。

在光标呈现放大镜带一个“+”号和一个“-”号的形状时，单击鼠标右键，弹出一个右键快捷菜单，如图4-29所示。从这个菜单可以改变缩放方式或转换成其他图形显示方式，或者退出缩放显示状态。

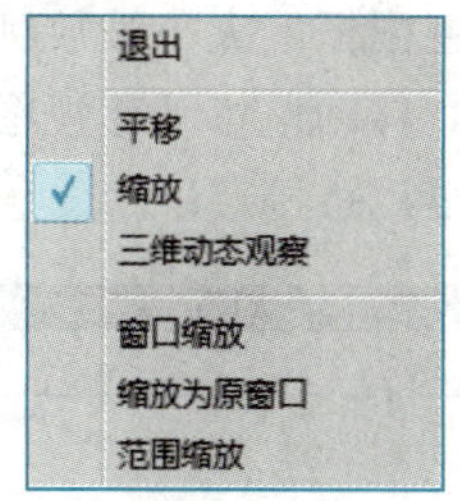

图4-29 “实时缩放”右键快捷菜单

4.8.2 全部缩放

执行“全部缩放”选项时，在绘图区域内显示全部图形。所显示的图形边界是图形界限与图形范围两者中尺寸大的。若图形范围超出图形界限，则将显示图形对象的范围；若所绘制的对象在图形界限内，则将显示图形界限。执行该选项时，AutoCAD会对全部图形重新生成。若图形文件很大时，则会花费很长时间，并在提示区中有如下提示：

正在重生成模型

4.8.3 中心缩放

执行“中心缩放”选项时，用户可重新设置图形的显示中心和放大倍数。AutoCAD会有如下提示：

指定中心点：(输入新的显示中心)

输入比例或高度<>：(输入新视图的高度或后跟字母 X 作为放大倍数或直接回车)

若对提示直接回车，则高度不变，对象不放大，只是指定的点成为绘图区的中心点。若对提示输入高度值，输入的值比当前值大，则视图缩小，反之则视图放大。若要对当前的显示放大或缩小，则应输入一个比例因子，即在输入的数值后面加一个“X”，表明放大率。放大因子大于1，则放大；放大因子小于1，则缩小。

4.8.4 动态缩放

执行“动态缩放”选项时，在屏幕中将显示三个矩形框：绿色的点线框、蓝色的点线框和中心带“×”的视图框，如图 4-30 所示。

蓝色的点线框表示图形界限，若所绘图形占的区域大于图形界限则表示图形区域；绿色的点线框表示目前屏幕显示的图形范围，如果当前屏幕显示的范围大于所绘图形占据的区域或图形界限，则不显示绿色线框；中心带“×”的视图框的起始大小与绿色的点线框的大小相同。移动鼠标即可平移视图框，以便找到缩放显示的中心点。

用户可定义视图框的大小，将视图框移动到指定位置，单击鼠标左键，视图框变成缩放视图框，中心“×”被指向右边的一个箭头“→”代替，鼠标向右移动，箭头向右移动放大视图框，鼠标向左移动，箭头向左移动缩小视图框，这时视图框的左边位置不变。当视图框的大小缩放到用户所需的尺寸时，再次单击鼠标左键，“×”回到视图框的中心。移动鼠标平移视图框到所需位置并按回车键，则可将视图框包含的区域作为屏幕的显示范围。

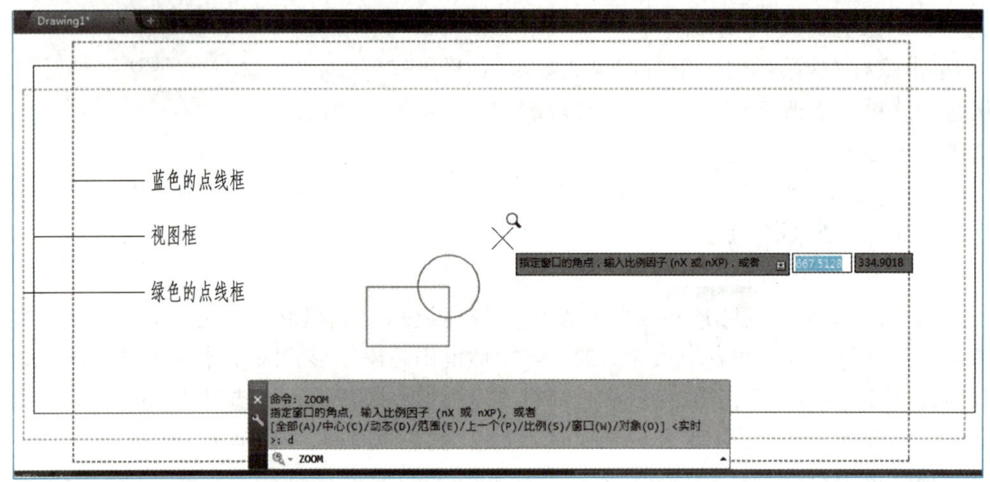

图 4-30 “动态缩放”的三个矩形框

4.8.5 范围缩放

执行“范围缩放”选项时，不论图形对象画在何处，AutoCAD 都会将所有的图形全部显示在屏幕上，并最大限度地充满整个屏幕。此时，既可以观察整图，又可以得到尽可能大的显示图像。

4.8.6 上一个缩放

执行“上一个缩放”选项时，将返回上一个显示画面。用户可以连续使用该命令，最多可以返回前 10 个画面。若在视窗中已删除某一实体，在返回的视窗中则不会显示它。

4.8.7 比例缩放

执行“比例缩放”选项时，用户可以定义缩放比例因子来缩放当前视图，但视图的中心点保持不变。

AutoCAD 允许用户使用三种方法指定缩放比例：

(1) 相对图形界限　输入缩放系数后再输入一个“X”，此即相对于当前可见视图的缩放系数。要放大或缩小，只需输入一个大一点或小一点的数字。

(2) 相对当前视图　输入缩放系数后，再输入一个“XP”，使当前视图中的图形相对于当前的图纸空间缩放。

(3) 相对图纸空间单位　直接输入数值，则 AutoCAD 以该数值为缩放系数，并相对于图形的实际尺寸进行缩放。它指定了相对于当前图纸空间按比例缩放视图，并且它还可以用来在打印前缩放视口。

4.8.8 窗口缩放

执行“窗口缩放”选项时，用户可以在屏幕上拾取两个对角点以确定一个矩形窗口，之后系统将矩形范围内的图形放大至整个屏幕。此时，窗口中心变成新的显示中心。如果通过对角点选择的区域与缩放视口的宽高比不匹配，那么该区域会居中显示。

4.8.9 对象缩放

执行“对象缩放”选项时，可以尽可能大地显示一个或多个选定对象，并使其位于绘图区域的中心。

4.9 平移

如果用户不想缩放图形，只是想把图形上下左右移动，那么可以使用平移视图命令(PAN)。平移视图命令可以重新定位图形，以便看清图形的其他部分。此时就像把图纸的各部分移动到面前浏览一样。

平移视图命令的执行方式如下：

命令：PAN

菜单：【视图】→平移→相应选项

工具栏：【标准】→

“平移”子菜单如图 4-31 所示。

“平移”子菜单中各选项说明如下：

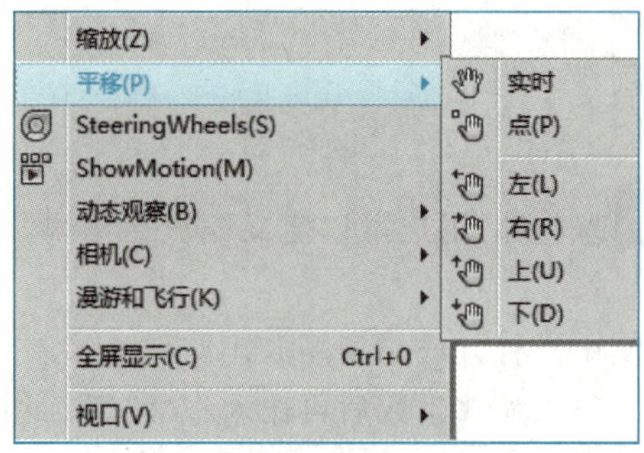

图4-31 “视图”/“平移”下拉菜单

1. 实时平移

此时光标变为手形光标，可用手形光标任意拖动视图，直到满足需要为止。松开鼠标左键则平移停止，用户可根据需要调整鼠标位置继续平移图形。要退出平移状态可按“Esc”键或回车键或空格键，也可单击鼠标右键，从右键快捷菜单中选中“退出”项以结束平移操作。

2. 定点平移

用户可以通过输入两点来平移图形。这两点之间的方向和距离便是视图平移的方向和距离。如果仅指定了一个点，那么在系统提示输入第二点时按回车键，AutoCAD将使用第一点的绝对直角坐标作为图形沿 X 轴和 Y 轴移动的距离和方向来移动图形。

3. 上/下/左/右平移

将视图窗口中的图形上/下/左/右平移。

在实际绘图时，也可以使用绘图窗口右边或下面的滚动条来实现视图的平移。方法是按住鼠标左键拖动滚动条上的滑块，或点击滚动条两侧的箭头。

4.10 重画和重生成

在绘图和编辑过程中，屏幕上常常留下对象的拾取标记，这些临时标记并不是图形中的对象，有时会使当前图形画面显得混乱，另外由于显示精度等问题，常常见到放大后的圆变成了多边形等，这并不是图形本身出了问题，而是由于屏幕缩放等原因造成的，这时就可以使用AutoCAD的重画与重生成图形功能，清除散乱的临时标记、圆滑图形对象。

重画或重生成命令的执行方式如下：

命令：REDRAW/REGEN

菜单：【视图】→重画/重生成

1. 重画

在AutoCAD中，使用“重画”命令，系统将在显示内存中更新屏幕，消除临时标记。使用“重画”命令（REDRAW），可以更新用户使用的当前视区。

2. 重生成

“重生成”与“重画”在本质上是不同的，利用“重生成”命令可重生成屏幕，此时系统从磁盘中调用当前图形的数据，“重生成”命令比“重画”命令执行速度慢，更新屏幕花费时间较长。在 AutoCAD 中，某些操作只有在使用“重生成”命令后才生效，如改变点的模式。

“重生成”命令（REGEN）可以更新当前视区；选择“视图”/“全部重生成”命令（REGENALL），可以同时更新多重视口

4.11 滚轮鼠标的快捷功能

滚轮鼠标是左右键之间有一个小滚轮的双键鼠标。在 AutoCAD 中，可以使用滚轮鼠标在图形中进行缩放、平移，而无须使用任何命令。

（1）实时缩放　滚轮前后旋转，前转放大视图，后转缩小视图。

（2）范围缩放　双击滚轮。这时，所有的图形全部显示在屏幕上，并显示到图形最大状态。

（3）视图平移　按住滚轮不松手，然后拖动鼠标（此时系统变量“MBUTTONPAN”的值为 1）。

（4）操纵杆平移　按住〈Ctrl〉键和滚轮不松手，然后拖动鼠标（此时系统变量“MBUTTONPAN”的值为 1）。

（5）显示快捷菜单　系统变量“MBUTTONPAN”的值设置为 0，单击滚轮，显示对象捕捉快捷菜单。

本章主要介绍了栅格与捕捉、正交与极轴追踪、对象捕捉与对象追踪等精确绘图工具的使用、查询命令和图形显示控制。这些工具的使用将使绘图更精确，图形易于观察，并可查询图形的状态。

思考与练习

4-1　栅格捕捉与对象捕捉有什么区别？

4-2　正交模式一般在什么情况下使用？正交和极轴可以同时开启吗？

4-3　怎样设置对象捕捉？对象捕捉越多越好吗？

4-4　怎样设置极轴追踪的附加角度？

4-5　怎样查询图形信息？

4-6　“重画”和“重生成”命令有何不同？

4-7　怎样缩放和平移视图？鼠标滚轮有什么作用？

4-8　利用栅格和捕捉功能绘制习题图 4-1 中的各图形。

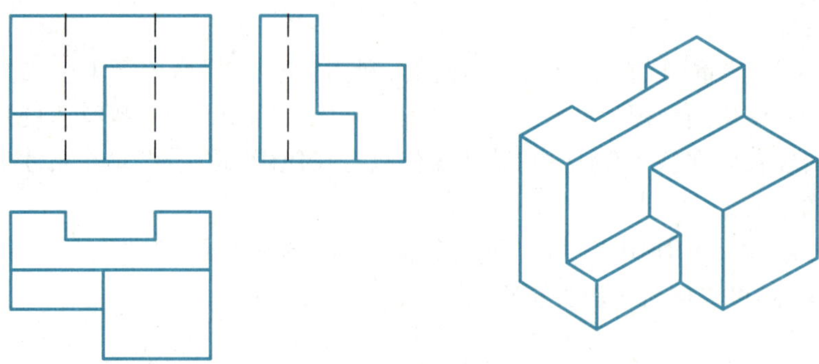

习题图 4-1

4-9 绘制习题图 4-2 中的各图形。

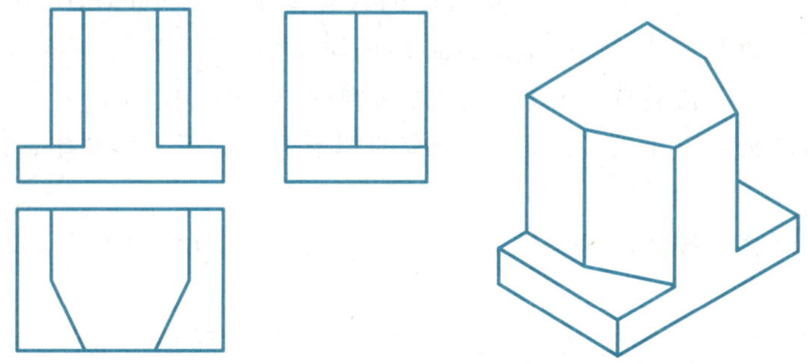

习题图 4-2

4-10 利用对象捕捉和对象捕捉追踪功能绘制习题图 4-3 中的各图形。

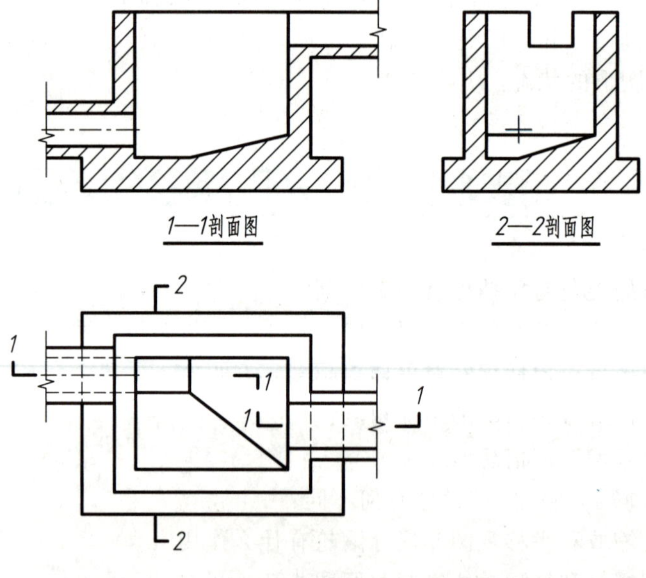

习题图 4-3

第 5 章 二维图形绘制命令

知识目标：

- □ 掌握直线和多段线的绘制方法
- □ 掌握圆、圆弧、椭圆、椭圆弧和圆环的绘制方法
- □ 掌握矩形和正多边形的绘制方法
- □ 掌握多线的样式设置和绘制方法
- □ 掌握点的样式设置及单点、多点绘制，定数等分、定距等分对象的方法
- □ 了解修订云线、样条曲线的绘制方法
- □ 掌握使用多种绘图命令绘制图形的方法

能力目标：

- □ 能使用绘图命令绘制各种图形

任何一张工程图纸，不论其复杂与否，都是由基本的几何图形组合而成的。AutoCAD提供了绘制这些基本图形的精确方法。本章将介绍直线、圆、圆弧、矩形、正多边形、椭圆、多线、多段线等多种图形的绘制方法。

绘图命令的调用有多种方法，首先用户可以通过在工作界面功能区的“绘图”工具栏调用这些绘制命令，如图5-1所示。也可以通过【工具】→工具栏→AutoCAD→绘图，打开“绘图”工具栏，如图5-2所示。还可以通过“绘图”下拉菜单调用这些绘图的命令，如图5-3所示。还有一些命令只能在命令提示行中输入。

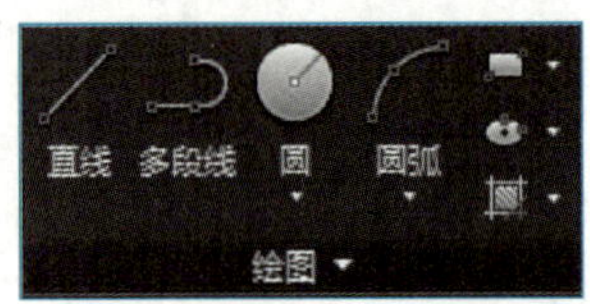

图5-1 功能区“绘图”工具栏

图5-2 “绘图”工具栏

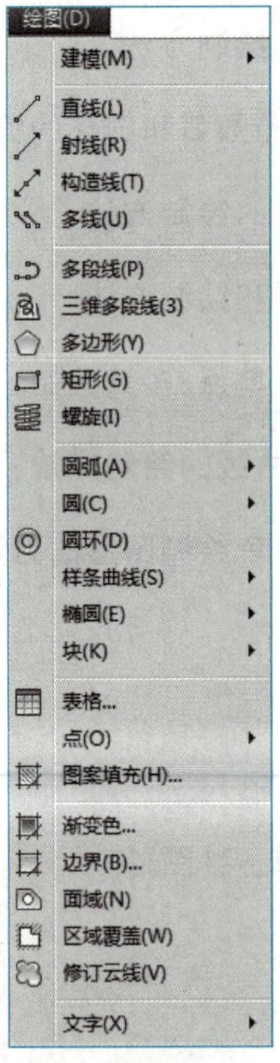

图5-3 “绘图”下拉菜单

5.1 绘制直线

绘制直线和圆

“直线”是各种绘图中最常用、最简单的一类图形对象。启动绘制直线命令，可使用下列三种方法之一：

命令：LINE（或 L）

菜单：【绘图】→直线

工具栏：【绘图】→

命令输入后，AutoCAD 2016 给出如下操作提示：

指定第一个点：（输入线段起点）

指定下一点或［放弃(U)］：（输入线段端点或键入“U”回车）

指定下一点或［放弃(U)］：（若只想画一条线段，则可在提示下直接回车以结束操作；若还想画多条线段，则可在该提示下确定下一线段的端点）

指定下一点或［闭合(C)/放弃(U)］：（用户可继续输入下一线段的端点，或输入“C”将最后端点与最初起点连接成一封闭折线，也可输入“U”以取消最近绘制的直线段，当然也可输入回车以结束操作）

指定下一点或［闭合(C)/放弃(U)］：↙

下面分别介绍各选项的意义。

5.1.1 指定第一个点

这是默认选项，可用鼠标指定点或从键盘键入点的坐标。这种方式包括利用各种对象捕捉工具及追踪工具。实际上，几乎所有的点的输入都可用这些方式。

5.1.2 放弃（U）

对提示键入“U”后回车，是指取消刚输入的一段，并继续提示输入下一点。当输入了多段线段以后该方式可连续多次使用。

5.1.3 闭合（C）

对提示键入“C”后回车，是使最后的一段线段的终点与开始一段线段的起点重合，形成封闭的图形并结束“LINE”命令。

5.1.4 “直接距离输入”法

“直接距离输入”法就是用光标的橡皮筋确定线段的方向，用键盘键入线段的长度值的方法。这种方法在命令提示行并不出现,这是一种“隐含”的方式。

【例 5-1】 用“直接距离输入”法绘制图 5-4 所示的图形。

画图过程如下:

命令:_line 指定第一个点:(输入左下角第一个点,输入第一个点后使橡皮筋的方向向右)

指定下一点或[放弃(U)]:100↙(输入“100”后使橡皮筋的方向与水平方向成 315°)

指定下一点或[放弃(U)]:70↙(输入“70”后使橡皮筋的方向向左)

指定下一点或[闭合(C)/放弃(U)]:100↙

指定下一点或[闭合(C)/放弃(U)]:C↙

在这个例题中,对“指定下一点”的回答都是距离值。

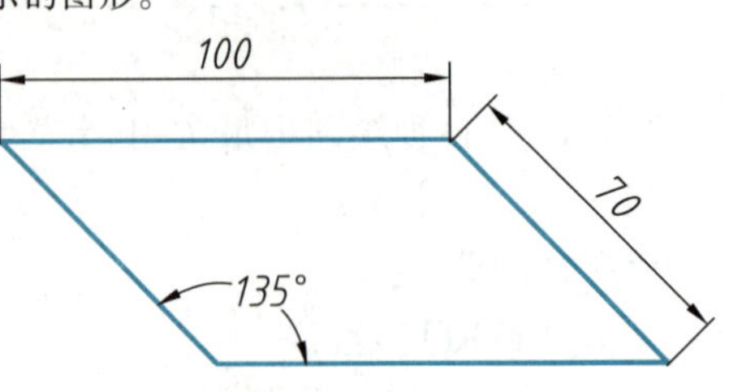

图 5-4 用“直接距离输入”法画直线

> 提示:多数的绘图命令和编辑命令都可使用“直接距离输入”方法定位点这一功能。凡是要求相对前一点输入下一点时都可以这样做:用橡皮筋指定下一点的方向,键入的数值是两点间的距离。

5.1.5 “角度替代”法

“角度替代”也是一种隐含的可自动执行的命令选项,也不在命令提示行中出现。这种方法是在提示“指定下一点”时,先回答线段与 X 轴正向的夹角,即键入“∠角度值”,再给定线段长度。

【例 5-2】 用“角度替代”法绘制图 5-5 所示的等边三角形。

画图过程如下:

命令:_line 指定第一个点:(输入三角形左下第一点)

指定下一点或[放弃(U)]:∠60↙

角度替代:60

指定下一点或[放弃(U)]:100↙

指定下一点或[放弃(U)]:∠120↙(光标放于三角形最上顶点的下侧)

角度替代:120

指定下一点或[放弃(U)]:100↙

指定下一点或[闭合(C)/放弃(U)]:C↙

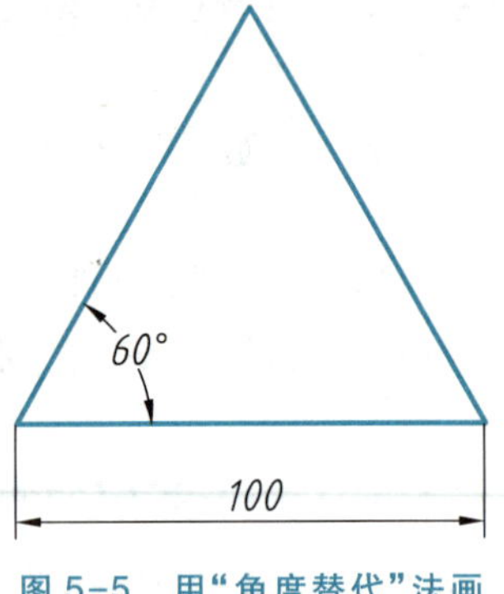

图 5-5 用“角度替代”法画等边三角形

提示：多数的绘图命令和编辑命令都可使用“角度替代”方法定位点的方向这一功能。即使在正交、极轴追踪打开时，角度替代法中的角度值也不受影响。但是如果对象捕捉打开，光标不能停留在对象捕捉点上，否则角度替代不起作用。

5.1.6 “直接回车”法

“直接回车”也是一种隐含的可自动执行的命令选项，当输入“LINE”命令后，对“指定第一个点”提示直接回车，AutoCAD 会自动将最后一次所画的直线或圆弧的端点作为新直线的起点。

若最后画的是直线，则直线的终点就是新直线的起点，再往下的提示就和画直线一样了。

若最后画的是圆弧，则不仅圆弧的终点是新直线的起点，而且确定了新直线的方向为圆弧的切线方向。这提供了直线和圆弧相切连接的简单方法，如图 5-6 所示。

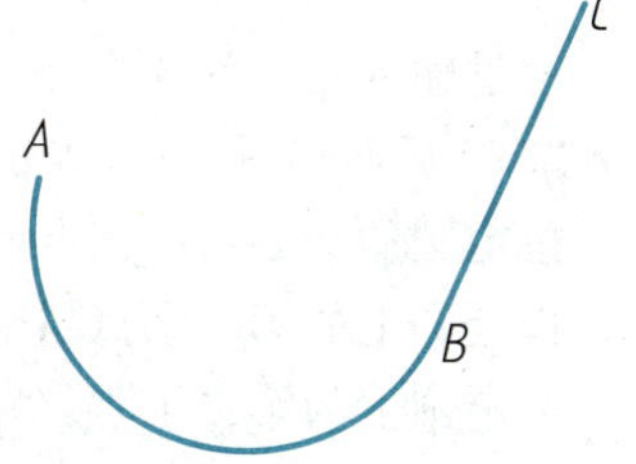

图 5-6　直线与圆弧相切连接方法

图 5-6 直线续接圆弧绘制过程如下：

命令：_line 指定第一个点：↙

直线长度：50（输入的 *BC* 的长度）

指定下一点或［放弃（U）］：↙

5.2　绘制圆

AutoCAD 提供了 6 种绘制圆的方法。默认方式是指定圆心和半径方式画圆。命令的输入方法如下：

命令：CIRCLE（或 C）

菜单：【绘图】→圆

工具栏：【绘图】→

启动命令后，AutoCAD 2016 给出如下操作提示：

CIRCLE 指定圆的圆心或［三点（3P）两点（2P）相切、相切、半径（T）］：

下面对各种画圆方式进行介绍。

5.2.1　圆心、半径方式绘制圆

圆心、半径方式是默认方式，以给定的圆心和半径方式画圆。输入圆心坐标或拾取圆心后，AutoCAD 将出现如下提示：

指定圆的半径或 [直径(D)]：

在此提示下输入半径或拾取点作为半径画圆，每次输入的半径值作为下一次绘制圆的默认半径值。

5.2.2 圆心、直径方式绘制圆

圆心、直径方式是通过指定圆心和直径绘制一个圆。对主提示输入圆心坐标或拾取圆心后，AutoCAD 将出现如下提示：

指定圆的半径或 [直径(D)] <当前值>:D ↙

指定圆的直径 <当前值>:(输入直径)

5.2.3 三点（3P）方式绘制圆

通过输入圆上的 3 个点(注意该 3 个点不能共在一条直线上)绘制圆。对主提示键入“3P”后回车，接下来提示：

指定圆的圆心或 [三点(3P) 两点(2P) 相切、相切、半径(T)]:3P ↙

指定圆上的第一个点:(输入一点)

指定圆上的第二个点:(输入一点)

指定圆上的第三个点:(输入一点)

5.2.4 两点（2P）方式绘制圆

通过指定直径的两个端点画圆。对主提示键入“2P”后回车，接下来提示：

指定圆的圆心或 [三点(3P) 两点(2P) 相切、相切、半径(T)]:2P ↙

指定圆直径的第一个端点:(输入一点)

指定圆直径的第二个端点:(输入一点)

5.2.5 相切、相切、半径（T）方式绘制圆

选取与圆相切的两个对象，然后输入圆的半径，即可画出所需的圆，对主提示键入“T”后回车，接下来提示：

指定圆的圆心或 [三点(3P) 两点(2P) 相切、相切、半径(T)]: T ↙

指定对象与圆的第一个切点:(用光标拾取相切对象)

指定对象与圆的第二个切点:(用光标拾取相切对象)

指定圆的半径 <当前值>:(输入半径)

用这种方式画圆，可以解决工程上圆弧连接的问题，如图 5-7 所示。(剪切内容参见第 6 章。)

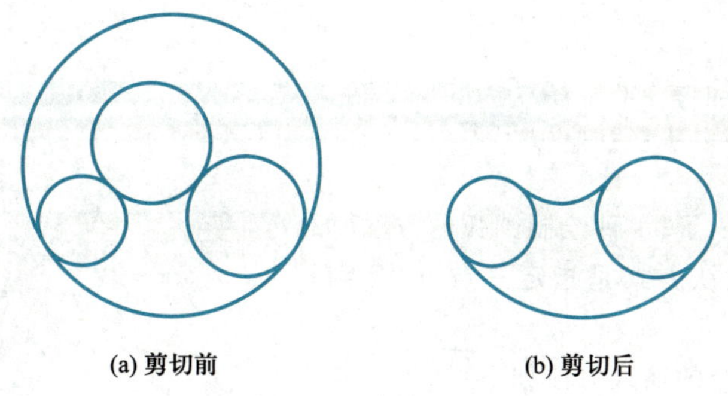

图 5-7 利用“T”方式画圆

5.2.6 相切、相切、相切（A）方式绘制圆

这种方式不在命令选项中,用户可使用菜单【绘图】→圆→相切、相切、相切(A),就可使用这种方式画圆,使所画的圆与三个指定的对象相切,图 5-8 给出了相应例子。

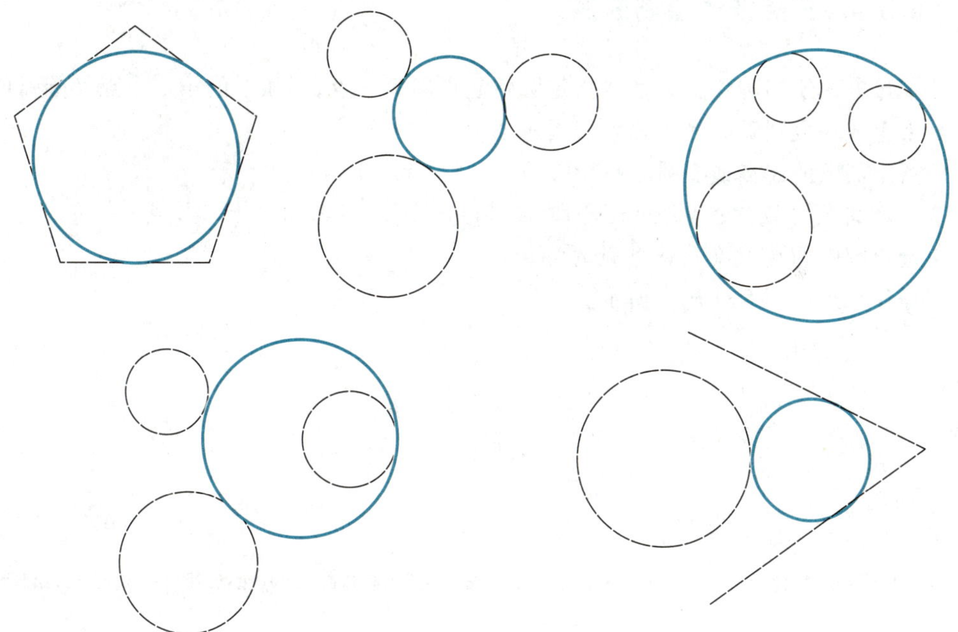

图 5-8 用相切、相切、相切(A)方式画圆

> 提示:用“T”方式画公切圆时,相切的情况常取决于所选切点的位置及切圆半径的大小,切点选取的位置不同,画出的圆有可能内切也有可能外切,另外公切圆半径不能太小,否则提示圆不存在。而用相切、相切、相切(A)方式画圆时,相切的情况主要取决于所选切点的位置。

5.3 绘制圆弧

绘制圆弧、矩形和多边形

AutoCAD 提供了 11 种绘制圆弧的方法，如图 5-9 所示。默认方式是指定三点方式绘制圆弧。

绘制圆弧命令的输入方法如下：

命令：ARC（或 A）

菜单：【绘图】→圆弧

工具栏：【绘图】→

用上述方式中的任一种命令输入后，就可以根据不同的已知条件绘制圆弧了。下面仅对几种常用的绘制圆弧方法予以说明。

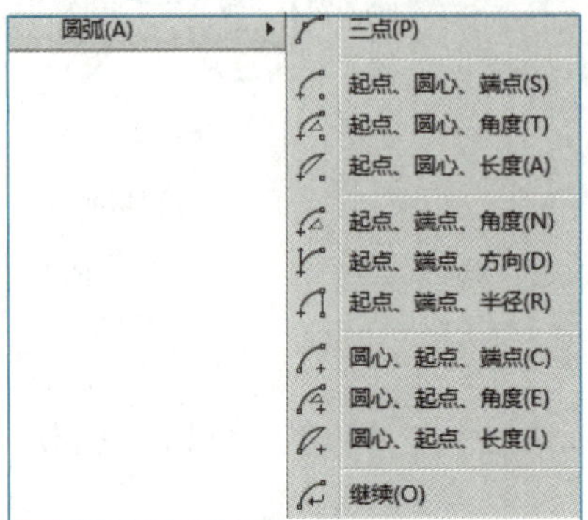

图 5-9 绘制圆弧的方式

5.3.1 三点方式绘制圆弧

三点方式绘制圆弧就是通过指定圆弧起点即第一点，圆弧上的第二个点及圆弧的终点来生成一段圆弧。命令输入后提示如下：

指定圆弧的起点或［圆心(C)］：（输入圆弧起点）

指定圆弧的第二个点或［圆心(C)/端点(E)］：（输入圆弧上第二点）

指定圆弧的端点：（输入圆弧的终点）

操作结果如图 5-10(a)所示。

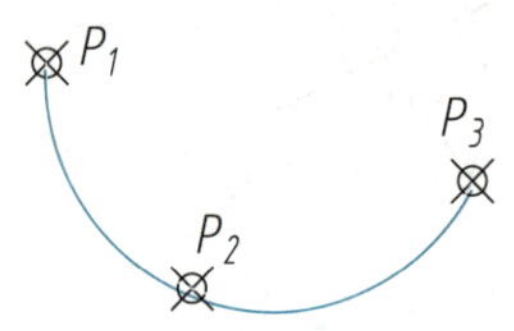

(a) 三点方式绘制圆弧

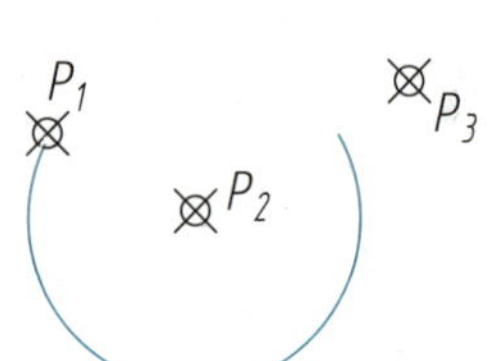

(b) 起点、圆心、端点方式绘制圆弧

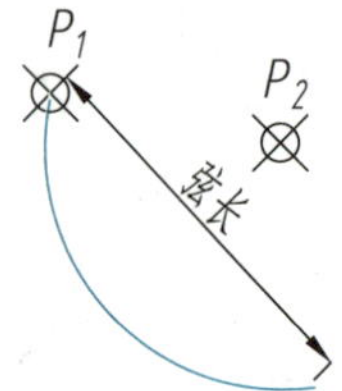

(c) 起点、圆心、长度方式绘制圆弧

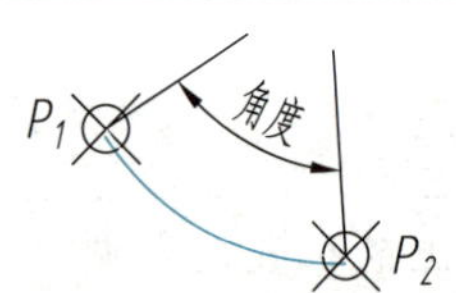

(d) 起点、端点、角度方式绘制圆弧

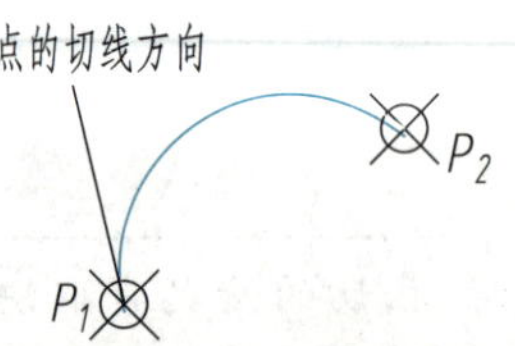

(e) 起点、端点、方向方式绘制圆弧

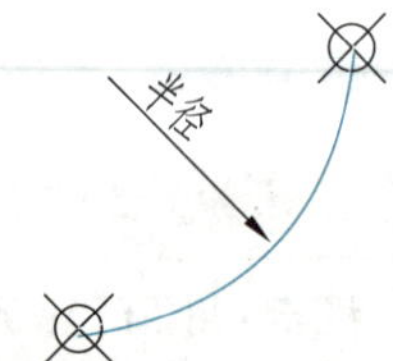

(f) 起点、端点、半径方式绘制圆弧

图 5-10 各种画圆弧方式

5.3.2 起点、圆心、端点方式绘制圆弧

当已知圆弧的起点、圆心和端点时,可选择这一方式画弧。给出圆弧的起点、圆心之后,圆弧的半径就已经确定,终点只决定圆弧的长度。圆弧并不一定通过端点,端点和中心的连线是弧长的截止位置。命令输入后提示如下:

指定圆弧的起点或[圆心(C)]:(输入圆弧起点)

指定圆弧的第二个点或[圆心(C)/端点(E)]:C ↙

指定圆弧的圆心:(输入圆弧的圆心)

指定圆弧的端点或[角度(A)/弦长(L)]:(输入圆弧终点)

操作结果如图 5-10(b)所示。

5.3.3 起点、圆心、长度方式绘制圆弧

当给定圆弧的起点、圆心和圆弧的弦长(即圆弧的两端点的距离)时,可以采用这种方式绘制圆弧。在一般情况下,若指定弦长为正,则得到与弦长相应的最小的圆弧(即短圆弧),反之,若指定弦长为负,则得到与弦长相应的最大的圆弧(即长圆弧)。命令输入后提示如下:

指定圆弧的起点或[圆心(C)]:(输入圆弧起点)

指定圆弧的第二个点或[圆心(C)/端点(E)]:C ↙

指定圆弧的圆心:(输入圆弧的圆心)

指定圆弧的端点或[角度(A)/弦长(L)]:L ↙

指定弦长:(输入弦长)

操作结果如图 5-10(c)所示。

提示:输入的弦长数值不能超过圆弧的直径,否则会提示"输入值无效"并取消命令。

5.3.4 起点、端点、角度方式绘制圆弧

当给定圆弧的起点、端点和圆弧的扇面角(即圆弧的两端点与圆心连线的夹角)时,可以采用这种方式绘制圆弧。命令输入后提示如下:

指定圆弧的起点或[圆心(C)]:(输入起点)

指定圆弧的第二个点或[圆心(C)/端点(E)]:E ↙

指定圆弧的端点:(输入端点)

指定圆弧的圆心或[角度(A)/方向(D)/半径(R)]:A ↙

指定包含角:(输入角度值)

操作结果如图 5-10(d)所示。

提示：若角度测量方向默认逆时针为正（打开【格式】下拉菜单中“单位”，查看对话框中“顺时针”是否开启，默认为不开启），当输入的角度值大于零，按逆时针方向从起点到端点绘制圆弧；若输入的角度为负值，则按顺时针方向从起点到端点绘制圆弧。

5.3.5 起点、端点、方向方式绘制圆弧

当给定圆弧的起点、端点和圆弧在起始点的切线方向时，可以采用这种方式绘制圆弧。命令输入后提示如下：

指定圆弧的起点或［圆心(C)］：（输入起点）

指定圆弧的第二个点或［圆心(C)/端点(E)］：E↙

指定圆弧的端点：（输入端点）

指定圆弧的圆心或［角度(A)/方向(D)/半径(R)］：D↙

指定圆弧的起点切向：（输入一点确定起点切线方向或键入角度值）

操作结果如图5-10(e)所示。

5.3.6 继续方式绘制圆弧

该选项开始绘制一段新圆弧，该圆弧从之前最后绘制的直线或圆弧的终点开始，并且与前直线或圆弧相切。命令输入后提示如下：

指定圆弧的起点或［圆心(C)］：（直接回车）

指定圆弧的端点：（输入端点）

利用直线的“续接”选项和圆弧的“继续”选项，直线可以续接圆弧，圆弧可以续接前面的直线，如图5-11所示。

圆弧的绘制方式还有几种，不再赘述。实际绘图时，可以根据具体的已知条件选择绘制圆弧的方法。

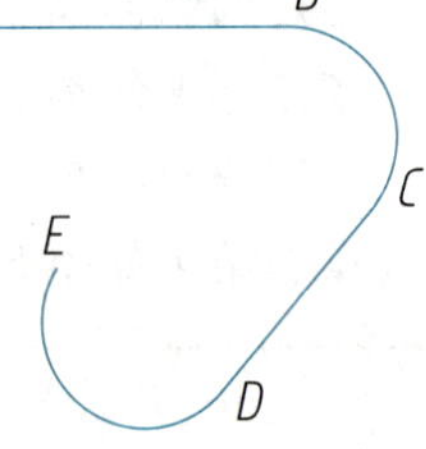

图5-11 直线、圆弧相续接

5.4 绘制矩形

绘制矩形命令的输入方法如下：

命令：RECTANG 或 RECTANGLE（或 REC）

菜单：【绘图】→矩形

工具栏：【绘图】→

矩形命令输入后，给出如下提示：

RECTANG 指定第一个角点或[倒角(C) 圆角(F) 标高(E) 厚度(T) 宽度(W)]：

现在对各选项分别进行介绍。

5.4.1 指定第一个角点

这是默认方式。当指定矩形第一对角点后，AutoCAD 会提示：指定另一个角点或［面积(A)/尺寸(D)/旋转(R)］:(输入另一角点或键入“A”“D”“R”之一回车)

(1) 若输入另一角点,则两个角点可确定矩形。输入另一角点可以用鼠标拾取,也可以利用相对坐标输入确切的尺寸。若移动鼠标到另一角点方向(不单击鼠标)后键入数字回车,则数字是矩形对角线的长度,而方向为鼠标光标所在的位置,如图5-12所示。

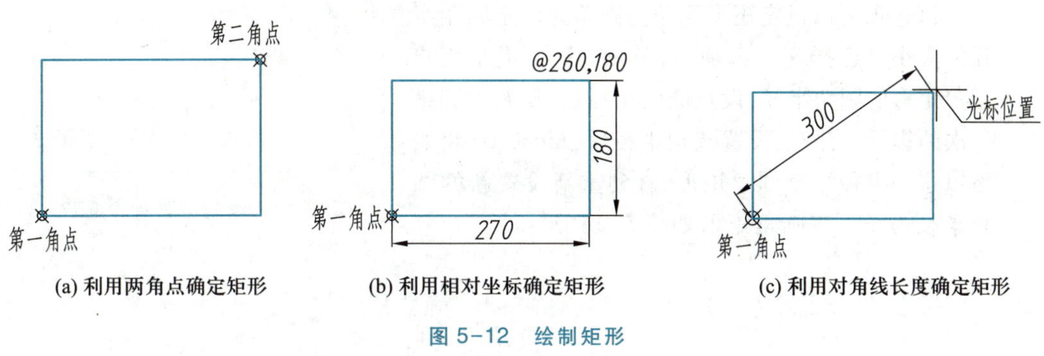

(a) 利用两角点确定矩形　(b) 利用相对坐标确定矩形　(c) 利用对角线长度确定矩形

图 5-12　绘制矩形

(2) 键入“A”回车,就是使用面积与长度或者面积与宽度创建矩形。AutoCAD 会提示：

指定另一个角点或［面积(A)/尺寸(D)/旋转(R)］: A ↙

输入以当前单位计算的矩形面积 <默认值>:(键入面积后回车)

计算矩形标注时依据［长度(L)/宽度(W)］<长度>:(输入 L 或 W)

输入矩形长度 <默认值>:(给定长度或者宽度数值)

(3) 键入“D”回车,就是按长度和宽度绘制矩形。根据提示给出图形的长、宽数值即可。

(4) 输入“R”回车,就是按指定的旋转角度创建倾斜的矩形。

5.4.2 倒角(C)

设定矩形四角为倒角并设定倒角的大小。选择这一选项后,AutoCAD 会提示：

指定矩形的第一个倒角距离 <0.0000>:(键入数值后回车)

指定矩形的第二个倒角距离 <30.0000>:(键入数值后回车)

指定第一个角点或［倒角(C)/标高(E)/圆角(F)/厚度(T)/宽度(W)］:

设定完两个倒角距离后,重新回到第一次的提示。注意：设置完两个倒角距离后,AutoCAD 将始终以这两个参数绘制矩形倒角,直到重新设置新的倒角参数为止,如图 5-13 所示。

(a) 没用倒角的矩形

(b) 第一、第二倒角相等的矩形

(c) 第一、第二倒角不相等的矩形

图 5-13 绘制带倒角的矩形

5.4.3 圆角（F）

该选项可以设定矩形四角为圆角并确定圆角半径的大小。选择这一选项后，AutoCAD 会提示用户指定矩形的圆角半径，设置圆角半径后，重新回到第一次的提示。注意：设置圆角半径后，AutoCAD 将始终以这一半径绘制圆角矩形，直到重新设置新的圆角半径为止。带圆角矩形如图 5-14 所示。

图 5-14 绘制带圆角的矩形

5.4.4 标高（E）

标高可以确定矩形在三维空间内的基面高度。详细内容参阅本书三维绘图部分。

5.4.5 厚度（F）

厚度也是一个空间立体的概念。设置矩形厚度，即沿 Z 轴方向的高度。选择这一选项后，AutoCAD 会提示用户指定矩形的厚度，设置完厚度后，重新回到第一次的提示。注意：设置完厚度后，AutoCAD 将始终以这一厚度绘制矩形，直到重新设置新的厚度为止。

5.4.6 宽度（W）

宽度用来设置线条宽度。选择这一选项后，AutoCAD 会提示用户指定矩形的线条宽度，设置完宽度后，重新回到第一次的提示，如图 5-15 所示。注意：设置完宽度后，AutoCAD 将始终以这一线条宽度绘制矩形，直到重新设置新的线条宽度为止。如果想退回不带宽度的直线条，就需要将宽度值重新设置为零。

图 5-15 绘制带线条宽度的矩形

5.5 绘制正多边形

AutoCAD 的正多边形命令可以画 3~1 024 条边的正多边形。在工程设计中正多边形用得较多,启动正多边形命令可以用下列三种方式:

命令:POLYGON(或 POL)

菜单:【绘图】→正多边形

工具栏:【绘图】→

命令输入后,AutoCAD 提示:

输入侧面数 <4>:(输入正多边形边的数目)

指定正多边形的中心点或[边(E)]:(输入正多边形边的中心点或输入"E"回车)

主提示的两个选项说明如下:

5.5.1 指定多边形的中心点

这是默认选项,指定正多边形的中心点,用户可以在屏幕上用鼠标指定一点或者输入点坐标,接下来会提示:

输入选项[内接于圆(I)/外切于圆(C)] <I>:(输入"I"或"C"回车)

(1) 若键入"I"回车,或直接回车,则是画内接于圆的正多边形。接下来会提示:

指定圆的半径:(输入半径)

这个半径等于正多边形的中心到多边形顶点的距离,即多边形的所有顶点都在一个假想的圆周上,而辅助圆并不用真正画出来,如图 5-16(a)所示。

(2) 若键入"C"回车,则是画外切于圆的正多边形。接下来会提示:

指定圆的半径:(输入半径)

这个半径等于正多边形的中心到多边形的边的距离,假想圆在多边形的内部,并与多边形的边相切,如图 5-16(b)所示。

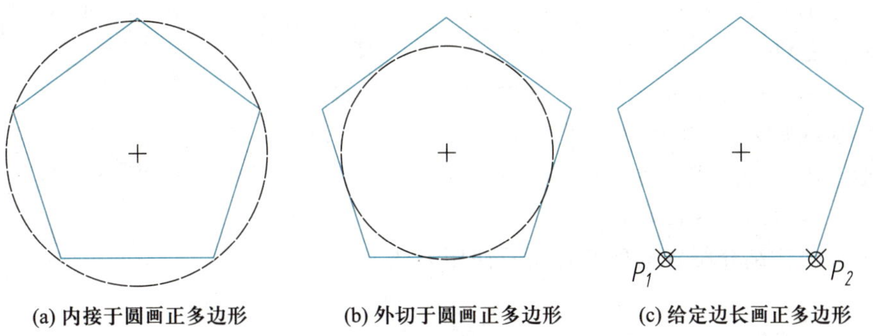

(a) 内接于圆画正多边形　(b) 外切于圆画正多边形　(c) 给定边长画正多边形

图 5-16　绘制正多边形的方法

5.5.2 指定多边形的边长(E)

若以正多边形的边长来绘制正多边形,AutoCAD 则会提示:

指定正多边形的中心点或[边(E)]:E ↙

指定边的第一个端点:(输入边的一个端点)

指定边的第二个端点:(输入边的另一个端点)

用此方式,只要指定正多边形的一个边的两个端点,AutoCAD 就按逆时针方向以该边为第一条边绘制出一个正多边形,如图 5-16(c)所示。

5.6 绘制二维多段线

绘制多段线、样条曲线和修订云线

多段线是由若干个直线段和圆弧相连而成的整体对象。可以是一段,也可以有很多段,每一段可以是直线也可以是圆弧,每段的宽度也可以不同,如图 5-17 所示。因为多段线是一个整体,可以对多段线整体进行编辑,也可以用“修改”工具栏中的“分解”命令对其进行分解后分段编辑。在 AutoCAD 中,多段线用得非常广泛,它为用户提供了非常方便的绘图方式。

图 5-17 多段线示例图

在 AutoCAD 中,多段线分为二维的和三维的,分别用不同命令来实现,本章仅介绍二维多段线的绘制,三维多段线的绘制将在三维图形绘制部分介绍。因此在本章中,如不作特别声明,文中的多段线均指的是二维多段线。

启动多段线命令有三种方式:

命令:PLINE(或 PL)

菜单:【绘图】→多段线

工具栏:【绘图】→

命令输入后提示:

命令:_pline

指定起点:(指定或输入多段线的起始点坐标值)

当前线宽为 0.0000(当前线宽的值取决于最近一次的设置)

指定下一个点或[圆弧(A)/半宽(H)/长度(L)/放弃(U)/宽度(W)]:(指定一点或输入其他选项后回车)

下面将详细介绍各选项的含义及使用方法。

5.6.1 指定下一点

该选项是默认的选项。如果用户直接为之指定一个点,AutoCAD 将画出一段直线，然后继续给出提示：

指定下一点或［圆弧(A)/闭合(C)/半宽(H)/长度(L)/放弃(U)/宽度(W)］：

如果用户不断地以点回答，AutoCAD 就会画出由若干直线段构成的折线，最后用户可以用一个空回车结束命令。图 5-18 给出了一个实例，这条折线用直线命令也能绘制出来，但“直线”命令连续绘制的折线是多个对象，而用“多段线”命令一次绘制成的折线是一个整体，是一个对象。

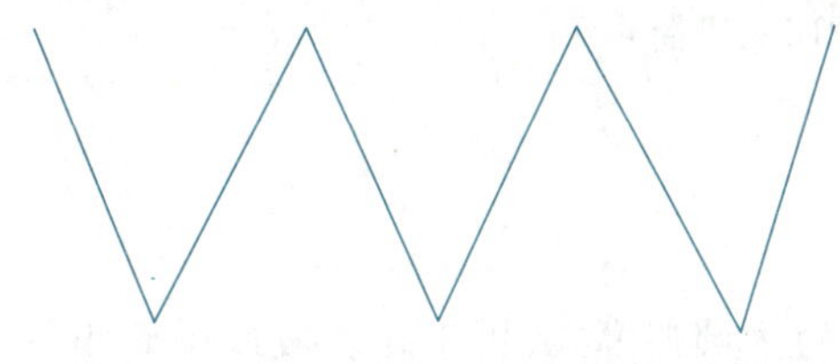

图 5-18 用“多段线”命令绘制折线

5.6.2 宽度(W)、半宽(H)

宽度(W)选项可以用来指定线段起点和终点的线宽。选择该选项后，AutoCAD 提示如下：

指定起点宽度 <0.0000>：(输入多段线的起点线宽)

指定端点宽度 <0.0000>：(输入多段线的终点线宽)

在这样的提示下可直接输入宽度值或通过在屏幕上选取两点来指定宽度值，也可以空回车响应直接接受宽度的默认值，但注意，起点的默认值并不是每次都为“0”，它取决于最近一次的设置，而终点宽度的默认值则自动采用起点宽度。若起点的宽度和终点的宽度值不同，则绘制变宽度的多段线，如图 5-19 所示。

图 5-19 变宽度的多段线

使用半宽(H)选项就是用户需要输入上述宽度的一半的值。

> 提示：具有宽度的多段线，其起点和端点定位在多段线的线宽中心点。

5.6.3 长度(L)

长度(L)选项可以用来继续绘制一指定长度的线段。该线段会沿着前一段多段线的方向或前一段圆弧的切线方向绘制。在主提示下键入“L”后回车，AutoCAD 提示如下：

指定直线的长度：(输入长度)

对直线的长度值可从键盘键入，也可用光标拾取一点，长度值为端点到光标橡皮筋固定端的距离。

5.6.4 放弃(U)、闭合(C)

放弃(U)选项可取消所绘制的前一段多段线,重复使用可以删除多段线段,直至多段线的起点。

闭合(C)选项是绘制一条闭合的多段线,以一条直线段连接多段线的终点和起点,形成闭合后,退出“PLINE”命令。

5.6.5 圆弧(A)

该选项将直线模式转为圆弧模式,用于在多段线中画出圆弧。一旦进入该模式,多段线将开始准备画圆弧,直到结束命令或将其转换回画直线模式。AutoCAD 提示如下:

指定圆弧的端点或[角度(A)/圆心(CE)/方向(D)/半宽(H)/直线(L)/半径(R)/第二个点(S)/放弃(U)/宽度(W)]:

在绘制多段线中的圆弧时,圆弧上的第一点是上一个多段线线段的端点。在缺省情况下,只需指定端点即可画出与上一个圆弧段或直线段相切的圆弧段。当然,用户也可选择其他选项来画出其他需要的圆弧或实现其他功能,下面对其各项提示解释如下:

1. 指定圆弧的端点

这是默认选项,提示用户指定圆弧的端点,AutoCAD 以前一段的端点为起点,以指定点为圆弧终点,并与前段相切的办法绘出圆弧。不断地指定点,可绘制彼此相切的圆弧段。

2. 角度(A)

指定圆弧的包含角,然后根据提示分别指定圆弧的圆心、半径或圆弧的端点。以此绘制圆弧,注意角度的输入,若角度为正值,圆弧则以逆时针方向绘制。

3. 圆心(CE)

指定圆弧的圆心,然后根据提示指定圆弧的包含角、长度或圆弧的端点。

4. 方向(D)

指定要绘制圆弧段的起点的切线方向,然后指定端点即可。

5. 半宽(H)

与直线段模式中的半宽选项相同。

6. 直线(L)

圆弧模式转为直线模式。

7. 半径(R)

指定圆弧半径,然后指定端点或角度。所绘制的圆弧相切于上一个线段。

8. 第二个点(S)

指定另外的两个点以确定圆弧,此方式等同于三点绘制圆弧。

9. 放弃(U)

删除上一个绘制的多段线线段。

10. 宽度(W)

与直线段模式中的宽度选项相同。

图 5-20 给出了一个复杂多段线示例。用户可根据所掌握知识绘制出来。注意花盆可用多段线直线改变线宽的方法绘制,左侧的叶子可用圆弧第二个点方式绘制。

图 5-20 复杂多段线示例

5.7 绘制样条曲线

样条曲线是经过或者接近一系列给定点的光滑曲线。样条曲线非常适合绘制各种不规则弯曲的曲线,如工程图分层剖切中的波浪线边界等。整个的样条曲线是一个单一的对象,可以统一编辑。

在 AutoCAD 2016 中,样条曲线通过的点包括"拟合点"和"控制点"两种。

启动绘制样条曲线的方式一般有如下四种:

命令:SPLINE(或 SPL)

菜单:【绘图】→样条曲线

工具栏:【绘图】→

功能区:【绘图】→"样条曲线拟合"按钮或者"样条曲线控制点"按钮

5.7.1 "拟合点"方式绘制样条曲线

"拟合点"方式绘制样条曲线的一般操作步骤如下:

命令:_spline

当前设置:方式=拟合 节点=弦

指定第一个点或[方式(M)/节点(K)/对象(O)]:

该提示有四个选项,下面分别介绍。

1. 指定第一个点

这是默认选项,输入一系列的点形成样条曲线,命令输入后操作如下:

指定第一个点或[方式(M)/节点(K)/对象(O)]:(指定样条曲线的第一个点)

输入下一个点或[起点切向(T)/公差(L)]:(指定下一个点或起点切向)

输入下一个点或[端点相切(T)/公差(L)/放弃(U)]:(指定下一点)

输入下一个点或[端点相切(T)/公差(L)/放弃(U)/闭合(C)]:(指定下一个点,此步骤可多次重复)

输入下一个点或[端点相切(T)/公差(L)/放弃(U)]:T ↙

指定端点切向:(指定端点切向,结束)

使用相同的拟合点,但定义不同的起点、终点方向,绘制出的样条曲线如图 5-21 所示。

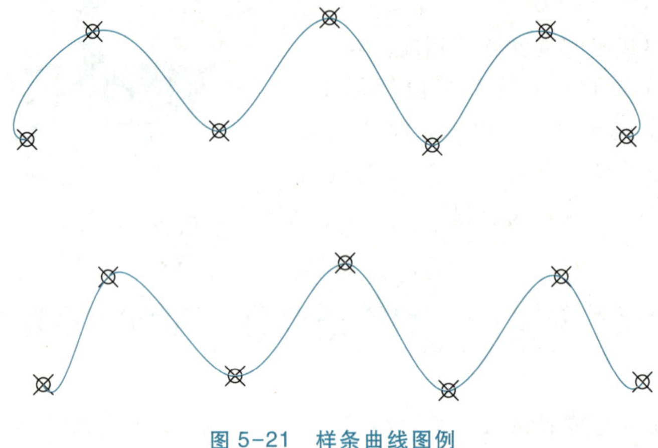

图 5-21 样条曲线图例

2. 方式(M)

该选项用来控制是使用“拟合点”还是“控制点”方式来绘制样条曲线。

3. 节点(K)

这是一种计算方法,用来确定样条曲线中连续拟合点之间的曲线如何过渡。

4. 对象(O)

该选项用于将一条已存在的二维或三维样条曲线拟合多段线转换为一条等效的样条曲线。

5.7.2 “控制点”方式绘制样条曲线

“控制点”方式绘制样条曲线的一般操作步骤如下:

命令:_spline

当前设置:方式=控制点 阶数=3

指定第一个点或[方式(M)/阶数(D)/对象(O)]:

该提示有四个选项,下面分别介绍。

1. 指定第一个点

这是默认选项,输入一系列的点形成样条曲线,与“拟合点”方式类似。

2. 方式(M)

该选项用来控制是使用“拟合点”还是“控制点”方式来绘制样条曲线。

3. 阶数(D)

这是一种计算方法,设置生成的样条曲线的多项式阶数,最高可以创建 10 阶的样条曲线。

4. 对象(O)

该选项用于将一条已存在的二维或三维多段线转换为一条等效的样条曲线。

5.8 绘制修订云线

云线是由连续圆弧组成的多段线,线中弧长的最大值和最小值可以自由设定。在圈阅图形时,用户可以使用云线进行标记。

启动绘制修订云线的方式一般有如下三种:

命令:REVCLOUD

菜单:【绘图】→修订云线

工具栏:【绘图】→

命令输入后 AutoCAD 给出如下操作提示:

命令:_revcloud

最小弧长:0.5　最大弧长:0.5　样式:普通　类型:徒手画

指定第一个点或[弧长(A)/对象(O)/矩形(R)/多边形(P)/徒手画(F)/样式(S)/修改(M)] <对象>:_F

该提示有八个选项,下面分别介绍。

5.8.1 指定第一个点

这是以默认的弧长开始画云线,接下来会提示:

沿云线路径引导十字光标…(移动光标画云线,回车结束画线或移动光标回到起点画闭合云线)

反转方向 [是(Y)/否(N)] <否>:(键入“Y”或“N”决定云线是否反转)

修订云线完成

绘制结果如图 5-22(a)所示,图 5-22(d)为反转。

(a) 默认弧长15mm的云线　(b) 弧长不等的云线　(c) 选定对象改画成云线　(d) 反转云线

图 5-22　各种修订云线

5.8.2 弧长(A)

该选项可以改变云线的弧长,如图 5-22(b)所示。

5.8.3　对象（O）

该选项是选择要转换为云线的对象。可以转换为云线的对象包括直线、圆、圆弧、椭圆、椭圆弧、多段线、样条曲线等，如图 5-22(c)所示。

5.8.4　矩形（R）

该选项可以绘制矩形，矩形的边为云线。

5.8.5　多边形（P）

该选项可以绘制多边形，多边形的边为云线。

5.8.6　徒手画（F）

该选项可以绘制各种弧长的云线。

5.8.7　样式（S）

该选项是选择修订云线的样式。输入“S”后回车，则提示：

指定第一个点或［弧长(A)/对象(O)/矩形(R)/多边形(P)/徒手画(F)/样式(S)/修改(M)］<对象>:S ↙

选择圆弧样式［普通(N)/手绘(C)］<普通>:C ↙

手绘

使用该选项，可以用“手绘”样式绘制修订云线，如图 5-23 所示。

图 5-23　修订云线的手绘方式

5.9　绘制多线

5.9.1　设置多线样式

绘制多线

默认的多线样式可以绘制两条平行多线。多线样式命令“MLSTYLE”可以创建新的多线样式或编辑已有的多线样式，命令的输入方式如下：

命令:MLSTYLE

菜单:【格式】→多线样式

命令输入后，弹出“多线样式”对话框，如图 5-24 所示。

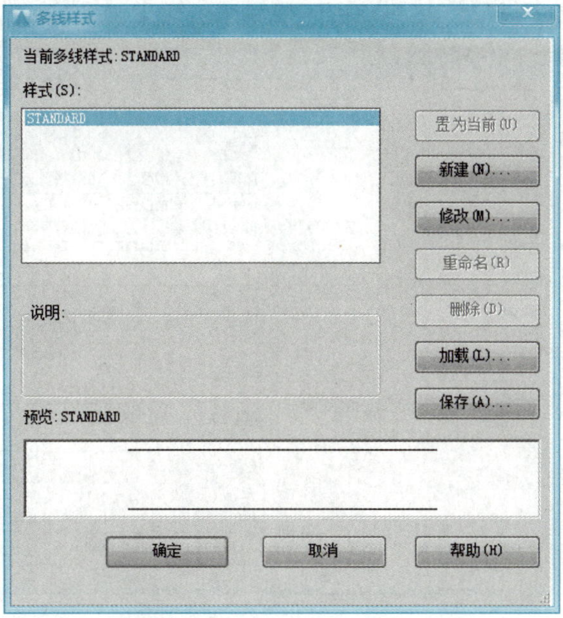

图 5-24 “多线样式”对话框

对话框说明如下：

1. 样式(S)列表框

显示当前图形中包含的多线样式列表。

2. “说明”栏

显示在多线样式列表框中选定的多线样式的说明。

3. “预览”栏

显示在多线样式列表框中选定的多线样式的名称和图像。

4. “置为当前”按钮

设置当前将要使用的多线样式。从“样式”列表中选择一个多线样式名称，然后置为当前，绘图时则会以当前样式绘制多线。

5. “新建”按钮

用于创建新的多线样式。单击“新建”按钮，打开“创建新的多线样式”对话框，如图 5-25 所示。

图 5-25 “创建新的多线样式”对话框

在“创建新的多线样式”对话框中，首先在“新样式名(N)”文字框中输入新的多线样式名称，然后单击“继续”按钮，打开“新建多线样式”对话框，如图 5-26 所示。

新建多线样式:三线样式

说明(P):

封口
	起点	端点
直线(L):	☐	☐
外弧(O):	☐	☐
内弧(R):	☐	☐
角度(N):	90.00	90.00

填充
填充颜色(F): □ 无

显示连接(J): ☐

图元(E)
偏移	颜色	线型
0.5	BYLAYER	ByLayer
0	红	CENTER
-0.5	BYLAYER	ByLayer

添加(A)　删除(D)

偏移(S): 0.000

颜色(C): ■ 红

线型: 线型(Y)...

确定　取消　帮助(H)

图 5-26　“新建多线样式”对话框

“新建多线样式”对话框的使用方法如下：

(1) “说明”文字框　如果有必要，可以在此键入多线样式的简单说明和描述，包括空格在内不要超过 255 个字符。

(2) “图元”栏　在图元栏可以用“添加”或“删除”按钮来添加或删除多线元素对象，图 5-27 显示添加了一条偏移为零、其他颜色的一条中心线。如果这时单击“确定”按钮，并返回“多线样式”对话框，就可以用新建的这个多线样式绘图了，绘图结果见图 5-27。

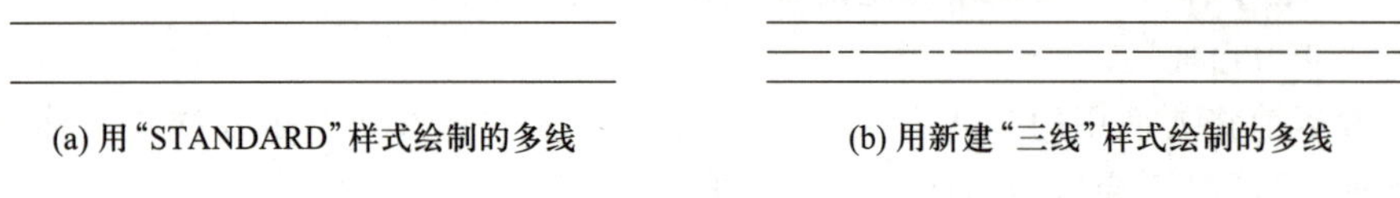

(a) 用“STANDARD”样式绘制的多线　　(b) 用新建“三线”样式绘制的多线

图 5-27　不同多线样式绘图

(3) “封口”栏　封口栏主要用于设置多线的起点和终点的外观。图 5-28 分别显示了将封口设置为“直线”“外弧”“内弧”和“角度”时的绘图效果。内弧封口时，只对多线里边的元素封口，最外面的两条线的起点和端点不被连接起来，所以如果多线元素只有两条线，选用内弧封口和不封口的效果一样。

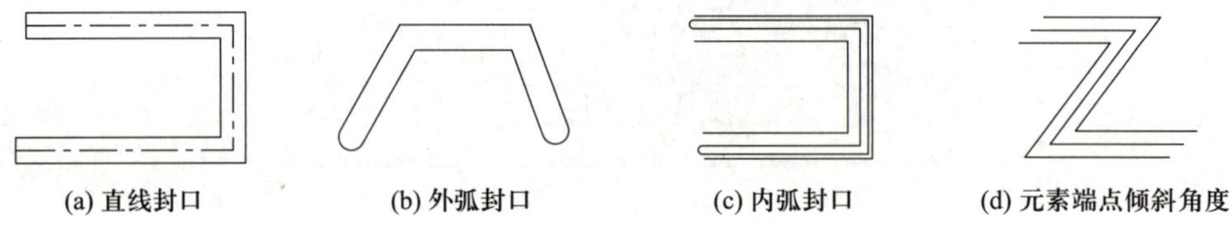

(a) 直线封口　(b) 外弧封口　(c) 内弧封口　(d) 元素端点倾斜角度

图 5-28　不同封口形式的多线

(4)“填充”栏　控制多线是否进行背景颜色填充。图 5-29(a)显示了多线填充效果。

(5)“显示连接”复选框　选中该复选框,在每段多线端点处,显示元素端点间的连线,如图 5-29(b)所示。

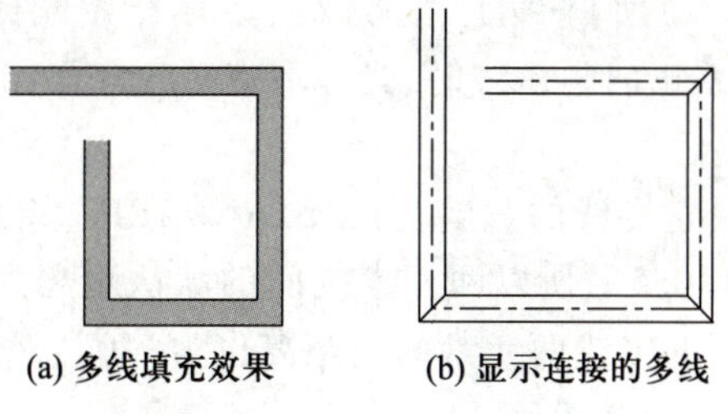
(a) 多线填充效果　(b) 显示连接的多线

图 5-29　不同效果的多线

6. “修改”按钮

单击“修改”按钮,打开“修改多线样式”对话框,从中可以修改选定的多线样式。

注意:“修改”按钮只能对未曾使用的多线样式进行修改,若图形中已经使用了某种多线样式,则该样式就不能再被修改,“修改”图标灰色显示。

7. “重命名”按钮

选中未曾使用的多线样式,单击“重命名”按钮,多线样式名可重新输入。不能重命名“STANDARD”多线样式。

8. “删除”按钮

单击“删除”按钮,可以删除没有使用过的多线样式,不能删除“STANDARD”多线样式、当前多线样式和已经使用的多线样式。

9. “加载”按钮

单击“加载”按钮,可以打开“加载多线样式”对话框,用户可以从中加载多线样式。

10. “保存”按钮

从多线样式列表中选择一种多线样式,然后单击“保存”按钮,可打开“保存多线样式”对话框,选定的多线样式可保存或复制到多线库(*.mln)文件。

5.9.2　多线命令

可用下列方式启用多线命令:

命令:MLINE(或 ML)

菜单:【绘图】→多线

启动多线命令后,AutoCAD 给出如下操作提示:

命令:_mline

当前设置:对正 = 上,比例 = 20.00,样式 = STANDARD

指定起点或 [对正(J)/比例(S)/样式(ST)]:(指定起点或输入相应选项)

一般绘图时首先要调整对正方式和比例,下面介绍各选项。

1. 对正(J)

若选择选项对正(J),则系统将提示:

输入对正类型[上(T)/无(Z)/下(B)]<上>:

AutoCAD 其中提供了三种位置设定,"上(T)"表示当按坐标系正向画多线时,光标取点位于靠上(或靠左)的那条线上;"无(Z)"表示指定光标取点将位于双线正中;"下(B)"表示当按坐标系正向画多线时,光标取点位于靠下(或靠右)的那条线上。

2. 比例(S)

比例(S)选项用来设定多线的宽度。在"STANDARD"多线样式中,两元素的默认偏移量分别为"-0.5"和"0.5",所以两元素之间的默认距离为"1"。因此当比例的数值设置为"10",则所绘制的多线两元素间的距离也为"10",调整比例的数值就是调整多线两线间的距离,如图5-30所示。

3. 样式(ST)

样式(ST)选项用来选择已经定义过的多线的样式,关于多线样式的设置问题已经在前面讲解了。

完成多线设定并输入起点后,命令行反复提示:指定下一点或[放弃(U)]:,可以仿照画直线命令进行之后的操作。结果可参见图5-31。

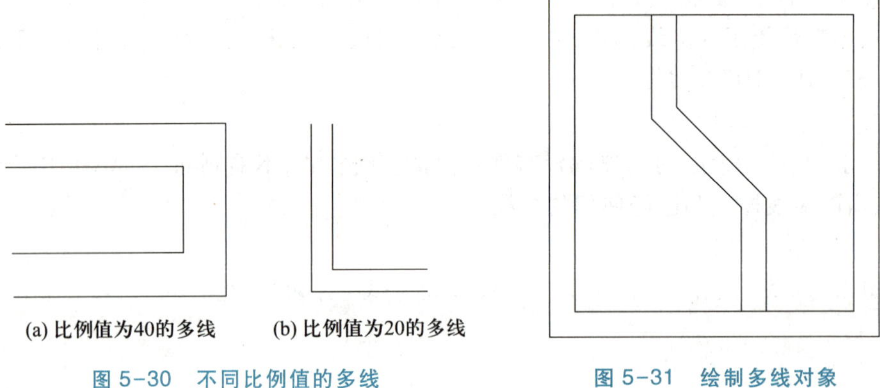

图5-30 不同比例值的多线

图5-31 绘制多线对象

5.10 绘制点对象、定数等分、定距等分

绘制点对象、定数等分和定距等分

在 AutoCAD 中,点的用途是标记位置或作为参考点。例如,标记圆心、等分点、端点等。点也能被编辑,可以设置点的样式和大小。

5.10.1 设置点的样式和大小

命令输入方式如下:

命令:DDPTYPE

菜单:【格式】→点样式

命令输入后，弹出如图5-32所示的对话框。

用户在缺省情况下绘制的点对象看不太清楚，尤其是与其他对象重叠时可能会误以为点对象不存在，这时可以从对话框用鼠标单击选择较大的样式。

“点大小”文字框用于设定点标记在屏幕上显示的大小。点标记的大小有两种设置：一种是点标记相对屏幕设置大小，这时若把点所在的一个区域放大，再用重生成“REGEN”命令，点标记就会变到放大前的大小；另一种是设置点的绝对大小，这时若把点所在的一个区域放大，点标记放大，再用重生成“REGEN”命令，点标记不会变到放大前的大小。

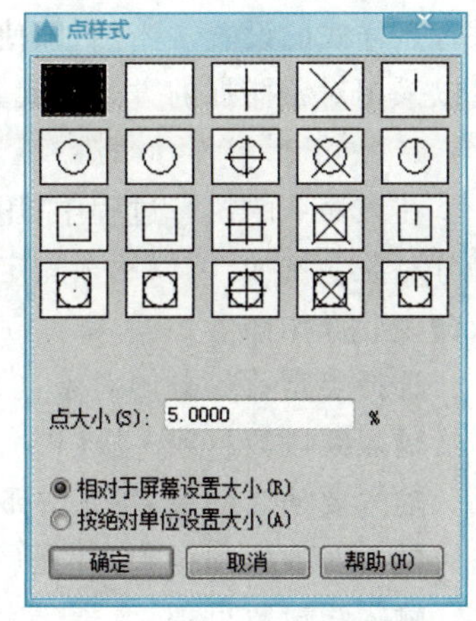

图5-32 “点样式”对话框

5.10.2 绘制点

启动绘制点对象命令有下列三种方式：

命令：POINT（或PO）

菜单：【绘图】→点→单点（或：多点）

工具栏：【绘图】→

命令启动后，用户可按提示指定点的位置或输入点的坐标值，直到不需要时可按键盘上的“Esc”键结束操作或转而执行其他命令。

5.10.3 定数等分（DIVIDE）

如果希望等分某个对象（如直线、圆弧等），可以用该命令。其启动方式如下：

命令：DIVIDE（或DIVI）

菜单：【绘图】→点→定数等分

工具栏：【绘图】→

命令启动后，提示：

选择要定数等分的对象：（选择被等分的对象，如直线、圆弧等）

输入线段数目或［块(B)］：（输入数目或“B”）

1. 输入数目

用户可按要求选择希望等分的对象并输入等分的份数即可精确地等分之，如用户选择五等分圆周的情况可参见图5-33。但值得注意的是，许多用户在使用了该命令等分完某个对象之后觉得图形上没有任何变化，实际上这是因为系统缺省的点样式是一个细点，当这样的点重合于所等分的对象时，就会造成看不见的误会，这时，用户可参照“点样式”内容

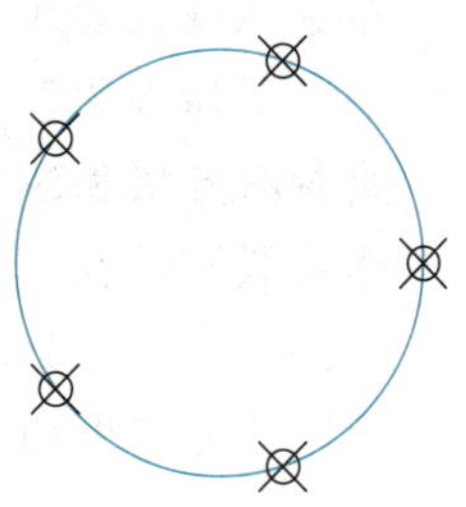
图5-33 五等分圆周

进行点样式的设置。当然，即使用户不改变点的样式，只要这样的点存在，用户就完全可以采用对象捕捉的方式来找到或定位这些点。

2. 块(B)

在该命令的执行过程中，用户也可根据提示选择用块(块的内容参见第8章)来等分对象。例如，可以用事先定义好的块(块名：正方形)来作为等分圆周的标记。输入命令后操作如下：

选择要定数等分的对象：(选择被等分的圆)

输入线段数目或［块(B)］：b ↙

输入要插入的块名：正方形

是否对齐块和对象？［是(Y)/否(N)］<Y>：↙

输入线段数目：5

操作结果如图5-34所示。

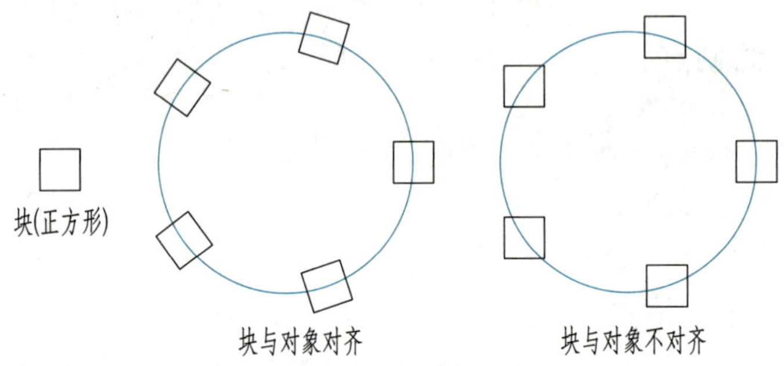

图5-34 以块作为定数等分标记

5.10.4 定距等分(MEASURE)

该命令用于将点对象或块在对象上指定间隔处放置。命令启动方式如下：

命令：MEASURE(或ME)

菜单：【绘图】→点→定距等分

工具栏：【绘图】→

命令启动后AutoCAD给出如下操作提示：

选择要定距等分的对象：(选择被等分的对象，如直线、多段线等)

指定线段长度或［块(B)］：B ↙

输入要插入的块名：小树

是否对齐块和对象？［是(Y)/否(N)］<Y>：(直接回车)

指定线段长度：指定第二点：(给出定距距离)

选择要定距等分的对象，然后为其指定距离，也可在屏幕上指定两点作为等分距离。定距等分结果如图5-35所示。

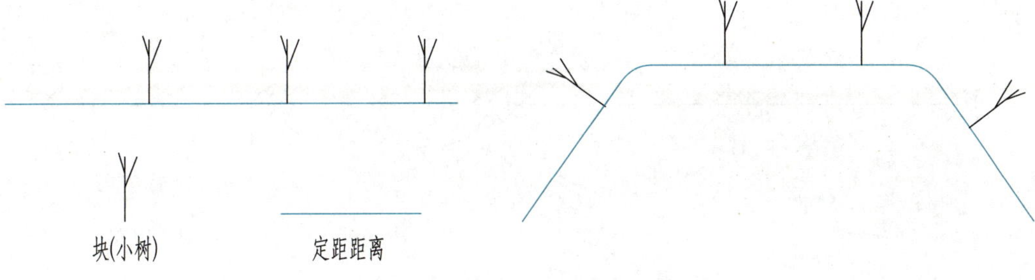

图 5-35 以块作为定距等分标记

5.11 绘制椭圆

椭圆是一种非常特殊的圆,它的中心到圆周上的距离是变化的。对一个椭圆而言,主要的确定参数是中心、长轴和短轴。启动绘制椭圆命令可以用下列三种方式:

命令:ELLIPSE(或 EL)

菜单:【绘图】→椭圆

工具栏:【绘图】→

命令输入后的主提示:

指定椭圆的轴端点或[圆弧(A)/中心点(C)]:(给定一点或输入一个选项后回车)

下面对各选项分别进行介绍。

5.11.1 指定椭圆的轴端点

这种方式是以一个轴的两端点和另一个轴的半轴长来绘制椭圆。AutoCAD 会给出如下操作提示:

指定轴的另一个端点:(输入一点)

指定另一条半轴长度或[旋转(R)]:(输入另一半轴长度或键入“R”回车)

在输入另一条半轴长度时,可以键入长度值,也可以移动鼠标,在屏幕上指定一点,该点到椭圆中心点的距离为另一条半轴长。

若键入“R”回车,则另一条半轴的长度由“旋转(R)”选项确定。所谓旋转是指一个圆绕其直径旋转一定角度后,圆在与直径平行的平面上的投影就成一椭圆,椭圆的长轴是圆的直径,保持不变,短轴由旋转角度(θ)确定,短轴的长度等于长轴长度乘以旋转角度的余弦。若旋转角度为 0°,则会画出一个圆,旋转角度的最大值为 89.4°,此时,椭圆看上去像一条直线。图 5-36 表明了同样长轴的椭圆随旋转角度的不同而变化的情况。

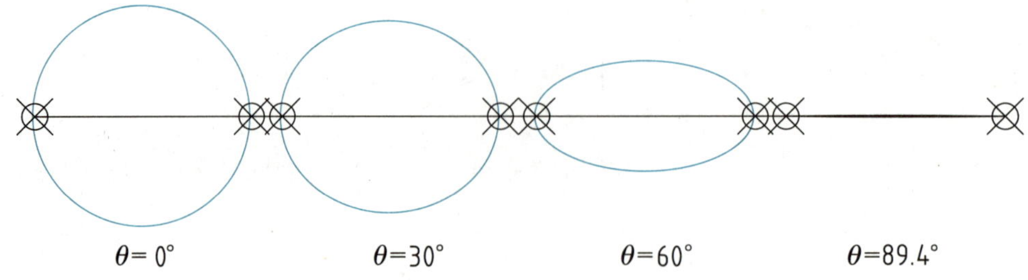

图 5-36 通过定义长轴和椭圆旋转角度（θ）绘制椭圆

5.11.2 中心点（C）

这种方式是以中心点、一个半轴的端点和另一半轴长绘制椭圆。AutoCAD 会给出如下操作提示：

指定椭圆的轴端点或［圆弧(A)/中心点(C)］:C ↙

指定椭圆的中心点:(指定椭圆的中心点)

指定轴的端点:(指定第一个轴的一个端点)

指定另一半轴长度或[旋转(R)]:(输入另一半轴的长度或指定另一轴的一个端点)

绘制椭圆的结果如图 5-37 所示。

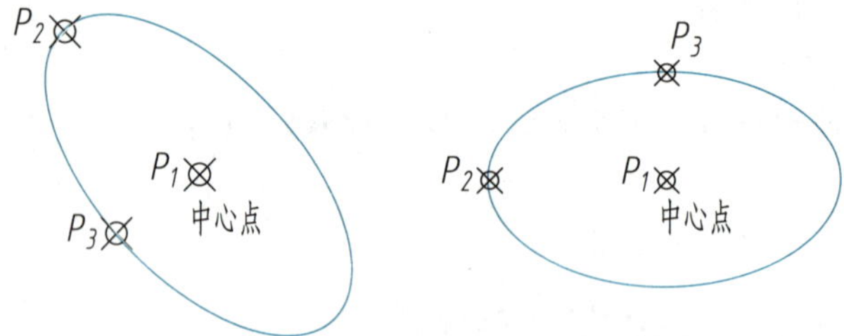

图 5-37 通过定义中心点和两轴端点绘制椭圆

5.12 绘制椭圆弧

AutoCAD 专门为用户提供了绘制椭圆弧的方法。当然用户也可以先画出完整的椭圆,再修剪成所需的椭圆弧。

在 AutoCAD 中,启动绘制椭圆弧命令的方法如下：

命令:ELLIPSE(或 EL)

菜单:【绘图】→椭圆弧

工具栏:【绘图】→

命令输入后提示：

指定椭圆的轴端点或［圆弧(A)/中心点(C)］: A ↙

指定椭圆弧的轴端点或［中心点(C)］:(指定第一个轴的第一端点)

指定轴的另一个端点:(指定第一个轴的第二端点)

指定另一半轴长度或［旋转(R)］:(输入第二个轴的半长或指定该轴的某一端点)

指定起点角度或［参数(P)］:(输入起始角度或指定起始角度的位置)

指定端点角度或［参数(P)/包含角度(I)］:(输入终止角度或终止角度的位置)

绘制椭圆弧的结果如图 5-38 所示。

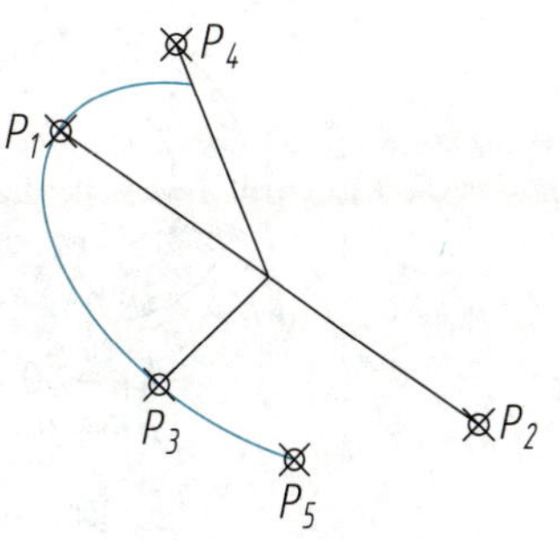

图 5-38　绘制椭圆弧

5.13　绘制圆环

绘制圆环的方式如下：

命令:DONUT(或 DO)

菜单:【绘图】→圆环

工具栏:【绘图】→

命令输入后 AutoCAD 会给出如下操作提示：

指定圆环的内径 <0.5000>: 40

指定圆环的外径 <1.0000>: 80

指定圆环的中心点或 <退出>:(用光标指定圆环的中心点或输入圆心坐标)

各种圆环绘制情况如图 5-39 所示。当用户指定的内径与外径相等时,将画出一个圆一样的圆环,而当内径为 0 时,可画出实心圆。

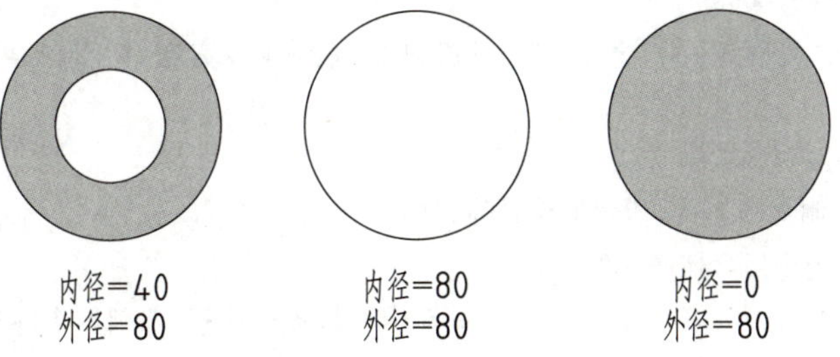

图 5-39　各种圆环

提示:系统变量“FILLMODE”的值默认为 1 即填充模式;若“FILLMODE”的值设为 0,即填充模式为不填充,则上述圆环的实心部分将显示为空心。如图 5-40所示。同时,系统变量“FILLMODE”也会影响到多线、多段线、矩形、图案填充的填充效果。更换系统变量“FILLMODE”的值以后用“视图”菜单下的“重生成”命令重新生成一下,以前绘制的填充图形也会变成非填充状态。

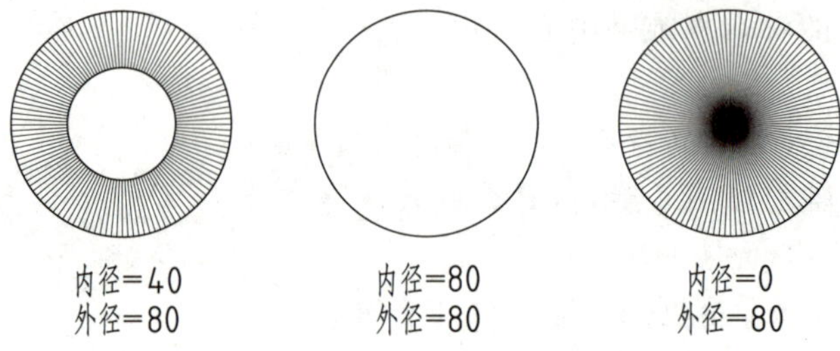

图 5-40 “FILLMODE”的值为 0 的各种圆环

5.14 综合例题

二维图形绘制的综合例题

【例 5-3】 绘制如图 5-41 所示的水表井图例，图例矩形尺寸为 5 mm×9 mm，内部是表示水流方向的箭头，箭头左端宽度为 5 mm，右端宽度为 0 mm。

图 5-41 绘制水表井图例

(1) 绘制矩形。

指定第一个角点或［倒角(C)/标高(E)/圆角(F)/厚度(T)/宽度(W)］:(在屏幕上指定一个点)

指定另一个角点或［面积(A)/尺寸(D)/旋转(R)］: @9,5

(2) 开启对象捕捉，打开对象捕捉中的“中点”。

(3) 利用多段线命令绘制箭头，操作过程如下：

命令:_pline

指定起点:(指定矩形左侧边的中点)

当前线宽为 0.0000

指定下一个点或［圆弧(A)/半宽(H)/长度(L)/放弃(U)/宽度(W)］:W

指定起点宽度 <0.0000>:5

指定端点宽度 <5.0000>: 0

指定下一个点或［圆弧(A)/半宽(H)/长度(L)/放弃(U)/宽度(W)］:(继续画出矩形右侧的直线)

(4) 画出矩形左侧的直线

【例 5-4】 绘制如图 5-42 所示的组合体视图。

(1) 绘制俯视图中组合体底板的中心线。

(2) 利用“修改”下拉菜单中的“偏移”命令对中心线进行偏移，找到四个圆孔的中心线，并绘制圆孔。同样也用“偏移”命令偏移出矩形的四条边，这时矩形的四条边为点画线，如图 5-43(a)所示。

(3) 用“特性匹配”命令将矩形的四条边修改为粗实线，如图 5-43(b)所示。

(4) 用“修改”下拉菜单中的“圆角”命令将矩形修改为圆角矩形。如图 5-43(c)所示。

(5) 利用对象捕捉和对象追踪，绘制主视图，如图 5-43(d)所示。

【例 5-5】 绘制如图 5-44 所示的某学生宿舍楼盥洗、卫生间详图。

(1) 创建图层，可以新建“粗实线”“细实线”“点画线”和“尺寸”等图层。

(2) 将“粗实线”层置为当前层，用多线绘制墙体。绘制完成对多线进行编辑并分解，然后用剪切命令剪切出门窗洞口(剪切命令参见第 6 章)。

(3) 绘制门窗。用直线命令绘制窗，用直线和圆弧命令绘制门。

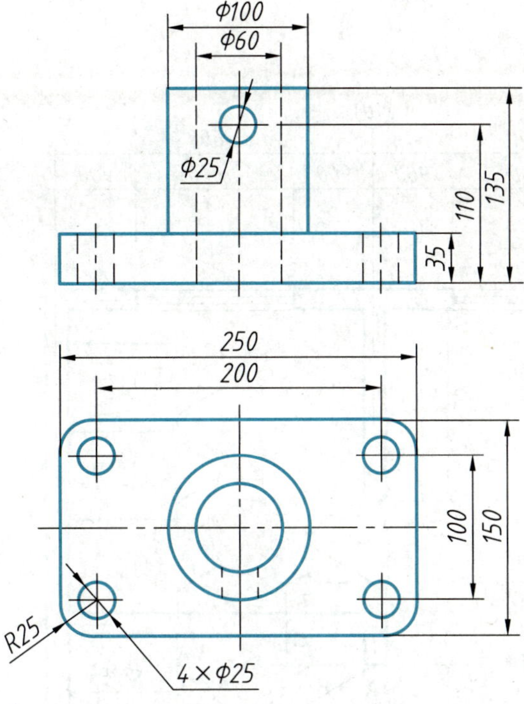

图 5-42 绘制组合体视图

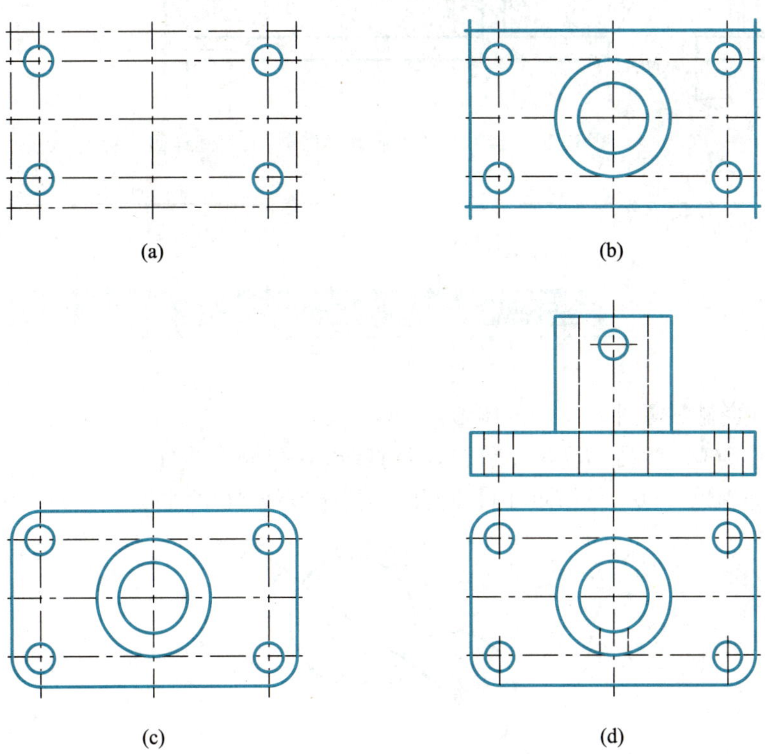

图 5-43 组合体视图绘图步骤

（4）绘制盥洗设备。

（5）尺寸标注（参见第 9 章）。

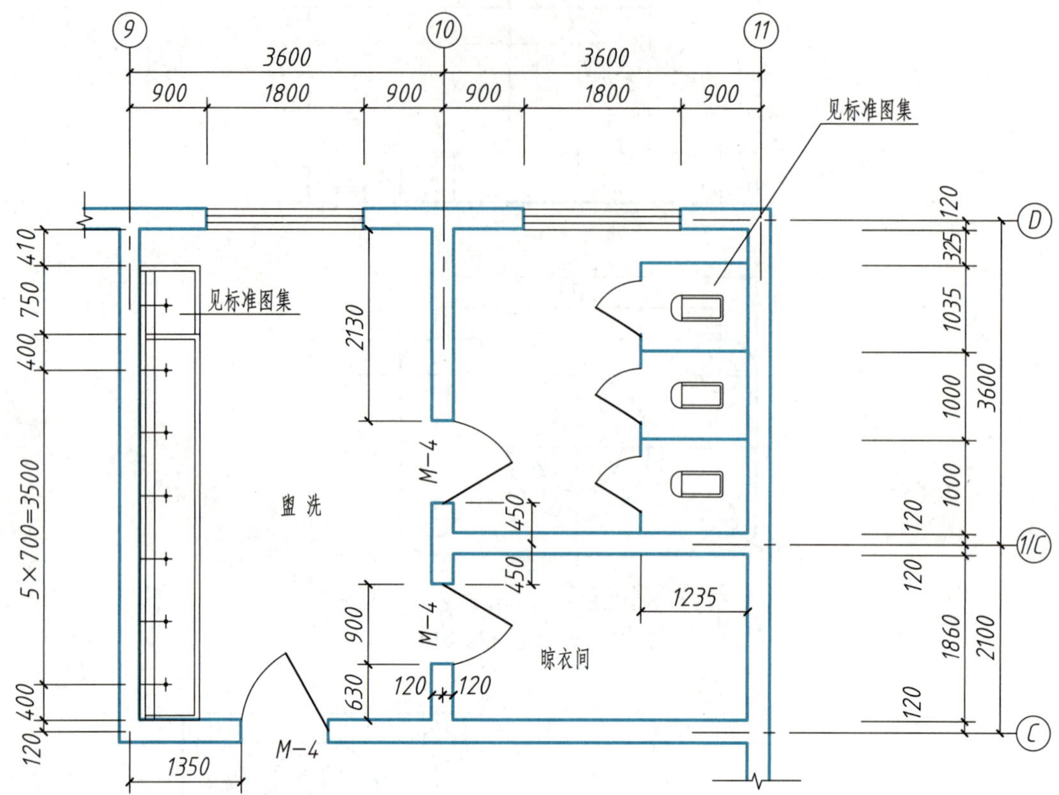

图 5-44 绘制某学生宿舍楼盥洗、卫生间详图

思考与练习

5-1 绘制习题图 5-1 中的图形。

（1）作 36°斜直线 *AB*，点 *C* 和点 *D* 将直线 *AB* 分成三等分。

（2）分别以 *C*，*D* 为圆心画圆，使两圆相切于直线 *AB* 的中点。

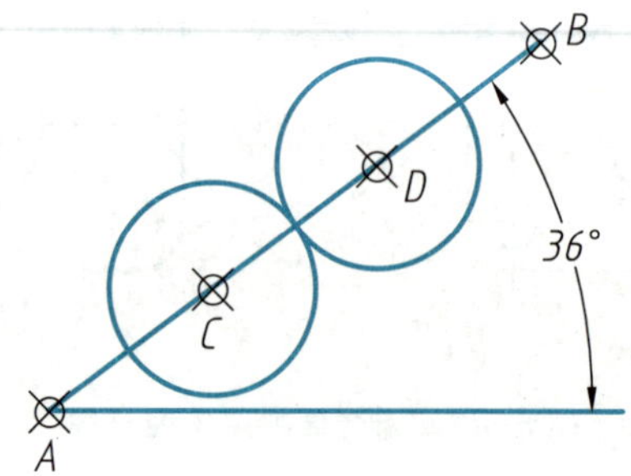

习题图 5-1

5-2 绘制习题图 5-2 中的图形。

（1）以一点为中心，作一边长为 50 mm 的正方形。

（2）在该正方形的外边再作两个正方形，外边的正方形四边的中点是里边的正方形的四个顶点。

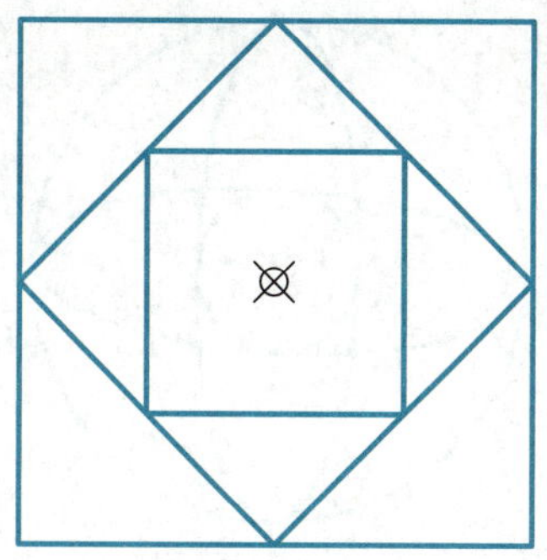

习题图 5-2

5-3 绘制习题图 5-3 中的图形。

（1）作一半径为 80 mm 的圆。

（2）将半径为 80 mm 的大圆分成五等分，以等分点为圆心作 5 个半径为 15 mm 的小圆。

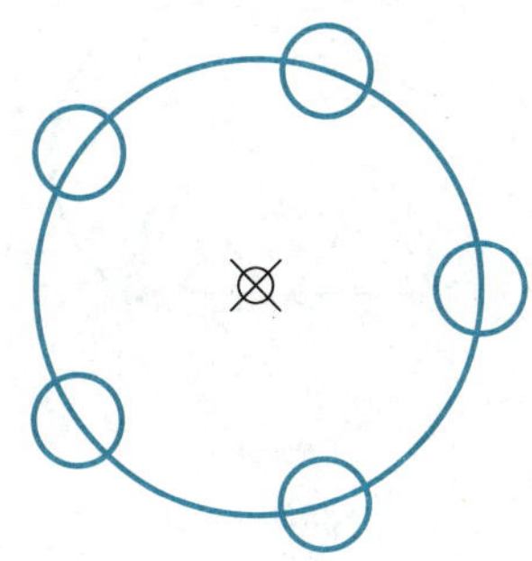

习题图 5-3

5-4 绘制习题图 5-4 中的图形。

（1）作一个 120 mm×80 mm 的矩形。

（2）以矩形的中心点为中心，以矩形的两边长为长短轴作一椭圆。

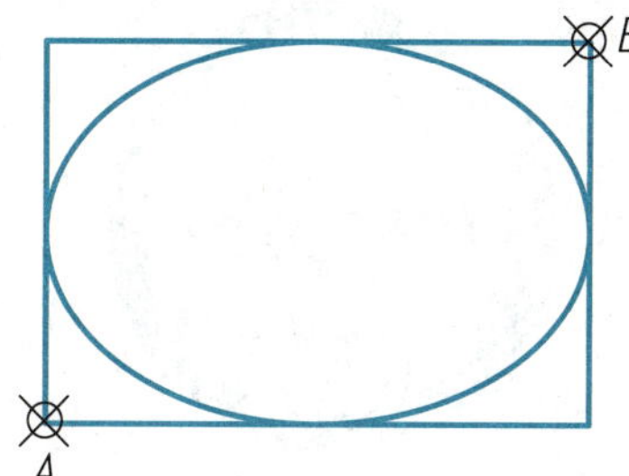

习题图 5-4

5-5 绘制习题图5-5中的图形。

(1) 以一点为圆心作一半径为20 mm的圆，再作一半径为60 mm的同心圆。

(2) 以圆心为中心，作两个互相正交的椭圆，椭圆短轴为小圆直径，长轴为大圆直径。

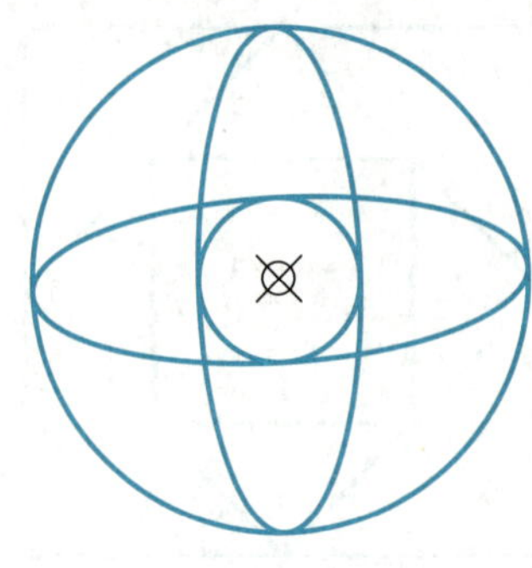

习题图5-5

5-6 绘制习题图5-6中的图形。

(1) 用多边形命令，以一点为圆心，作半径为50 mm的内接三角形。

(2) 分别以三角形三边的中点为圆心，三角形边长的一半为半径，作三个互相相交的圆。

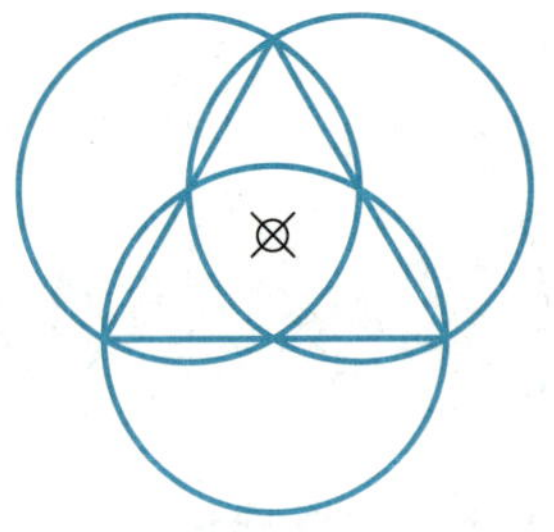

习题图5-6

5-7 绘制习题图5-7中的图形。

(1) 绘制圆环内径100 mm，外径120 mm。

(2) 以圆左侧象限点为起点用多段线命令绘制直线，线宽为10 mm，然后改变线宽起点宽度为30 mm，终点宽度为0绘制出箭头。

习题图5-7

5-8 用多线绘制习题图 5-8 中的图形。

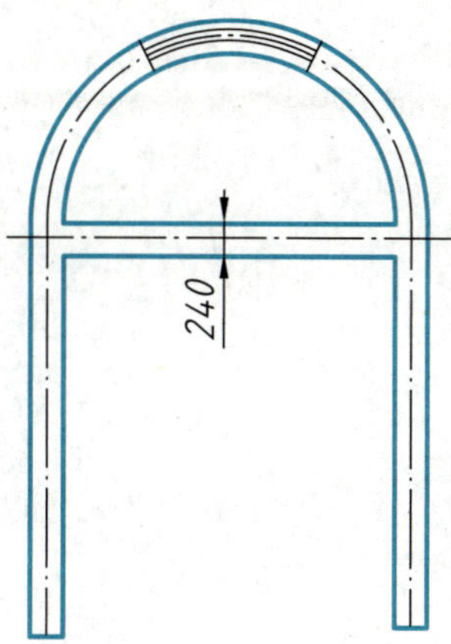

习题图 5-8

5-9 绘制习题图 5-9 中的图形。

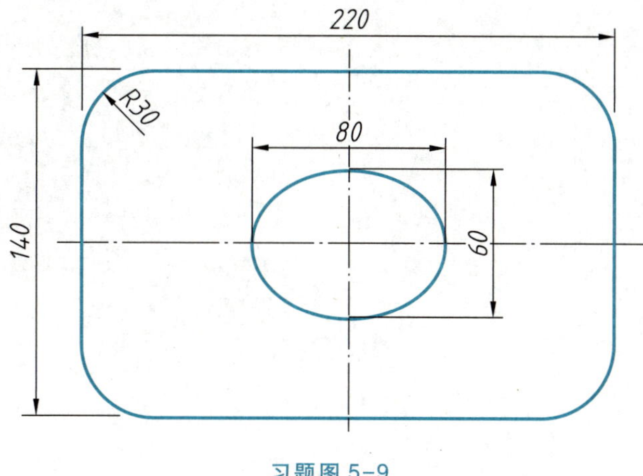

习题图 5-9

第 6 章

二维图形修改命令

知识目标：

- □ 掌握对象选择的方法
- □ 掌握对象的删除、复制、移动的方法
- □ 掌握对象的偏移、镜像、阵列的方法
- □ 掌握对象的延伸、修剪的方法
- □ 掌握对象的缩放和旋转、拉伸和打断、分解
- □ 掌握对象的倒角和倒圆角
- □ 掌握多段线及样条曲线的编辑
- □ 掌握多线的编辑

能力目标：

- □ 熟练运用各种图形修改命令进行绘图操作

6.1 对象选择方式

对象的选择、删除和复制

AutoCAD 绘制或创建的每个几何图形都是对象。例如,直线、圆、尺寸标注、文字、多线、多边形等都是对象。在对对象进行编辑之前,首先要选择对象。AutoCAD 中选择对象有点选、框选、套索等方式。

6.1.1 点选方式

选择对象的方法之一就是点选。移动光标到要选择的对象上,单击鼠标左键拾取即可选中对象。若选择多个对象,则可以逐个点击对象,这样就可以将所选择的对象添加进选择集,如图 6-1 所示。按"ESC"键可以退出对象选择。

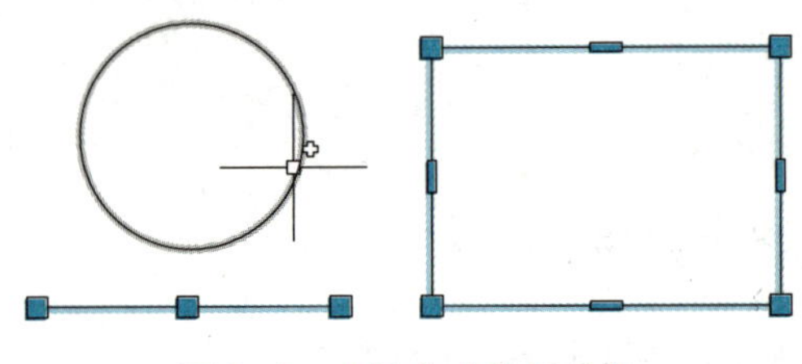

图 6-1 点选方式选择对象

6.1.2 框选方式

在绘制图形的过程中,有时需要选择多个对象进行编辑,若采用点选方式一个个选择对象,则非常麻烦而且效率低下。这时用户可以采用框选方式选择对象,提高工作效率。

框选方式是通过鼠标拖动生成一个矩形区域,将被选择的对象框在矩形框内,根据拖动方向的不同,框选方式又分为两种,一种是窗口(window)方式,另一种是窗交(crossing)方式,下面分别介绍。

1. 窗口方式

窗口方式选择对象操作时先按一下鼠标的左键后松开,然后自左向右拖动或者自上向下拖动矩形框,让对象全部位于矩形选择框内,再点击一下鼠标左键,即可完成对象选择。注意,窗口方式的矩形选择框为实线框,如图 6-2(a)所示。

窗口方式下,只有当对象全部位于矩形选择框内,对象才能被选中,若对象只有一部分位于矩形选择框内,则此对象不能被选中,如图 6-2(b)所示,右边的圆因为没有完全在矩形选择框内,所以没有选中。

2. 窗交方式

窗交方式选择对象操作时先按一下鼠标的左键后松开,然后自右向左拖动或者自下向上拖动矩形选择框,让对象位于矩形选择框内,再点击一下鼠标左键,即可完成对

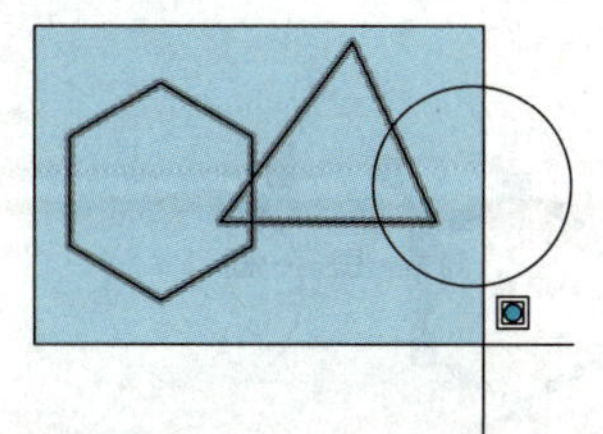

(a) 窗口方式选择对象时为实线框

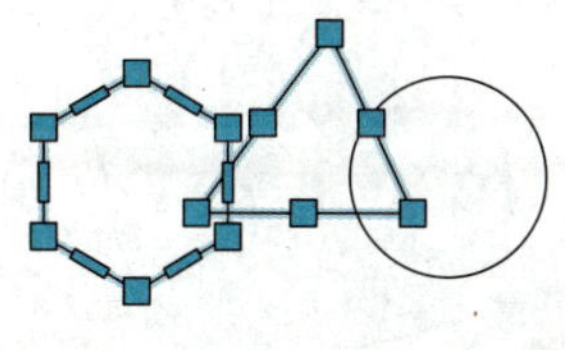

(b) 对象全部位于矩形选择框内才能被选中

图 6-2 窗口方式选择对象

象选择。注意,窗交方式的矩形选择框为虚线框,如图 6-3(a)所示。

窗交方式下,只要对象局部或者完全位于矩形选择框内,对象就能被选中。如图 6-3(b)所示,上面三角形的两条边只有局部在矩形选择框内,也是可以被选中的。

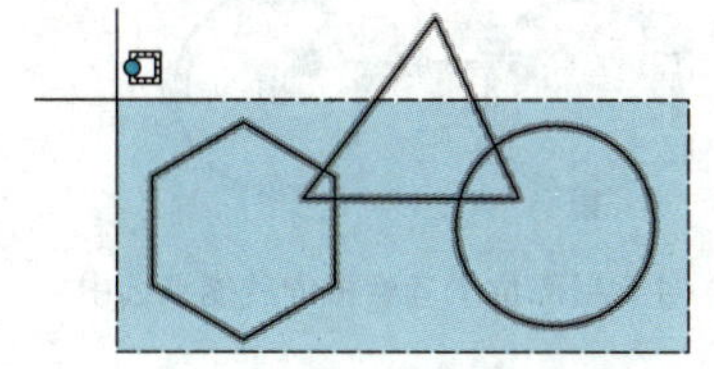

(a) 窗交方式选择对象时为虚线框

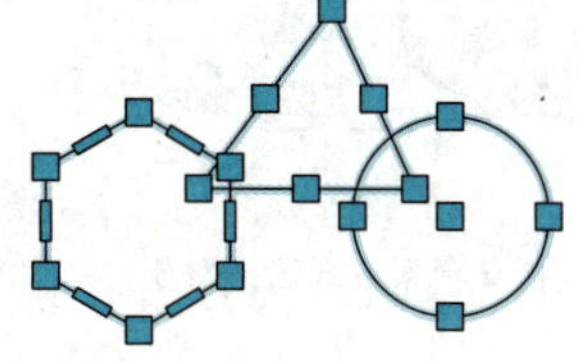

(b) 对象局部位于矩形选择框内就能被选中

图 6-3 窗交方式选择对象

6.1.3 套索方式

套索方式选择对象是指围绕要选择的对象拖动鼠标,将生成一个不规则的选区。操作时按下鼠标的左键不松开,拖动鼠标,即形成不规则套索区域,然后松开鼠标就可以看到选中的对象。套索方式也分为窗口套索和窗交套索两种方式,与框选方式类似。

1. 窗口套索方式

窗口套索方式是按下鼠标左键自左向右拖动或者自上向下拖动不规则套索框,让对象全部位于套索框内,松开鼠标左键,即可完成对象选择。注意,窗口套索方式的框为实线框,如图 6-4(a)所示。

窗口套索方式下,只有当对象全部位于选择框内,对象才能被选中,若对象只有一部分位于选择框内,则此对象不能被选中,如图 6-4(b)所示,右边的圆因为没有完全在选择框内,所以没有被选中。

2. 窗交套索方式

窗交套索方式选择对象操作时先按下鼠标的左键,然后自右向左拖动或者自下向上拖动不规则套索框,让对象位于套索框内,松开鼠标左键,即可完成对象选择。注意,窗交套索方式的套索框为虚线框,如图 6-5(a)所示。

窗交套索方式下,只要对象局部或者完全位于套索选择框内,对象就能选中。如图 6-5(b)所示,三角形、圆、六边形都只有一部分在选择框内,也是可以被选中的。

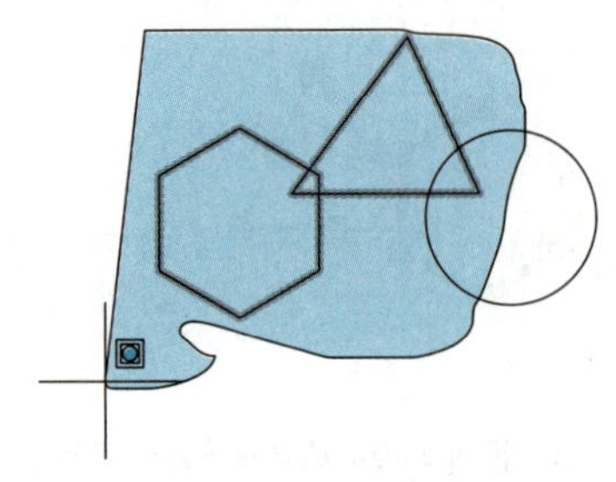

(a) 窗口套索方式选择对象

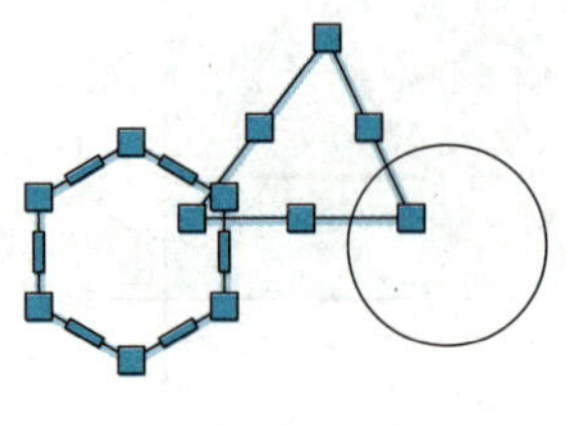

(b) 对象全部位于套索框内才能被选中

图 6-4 窗口套索方式选择对象

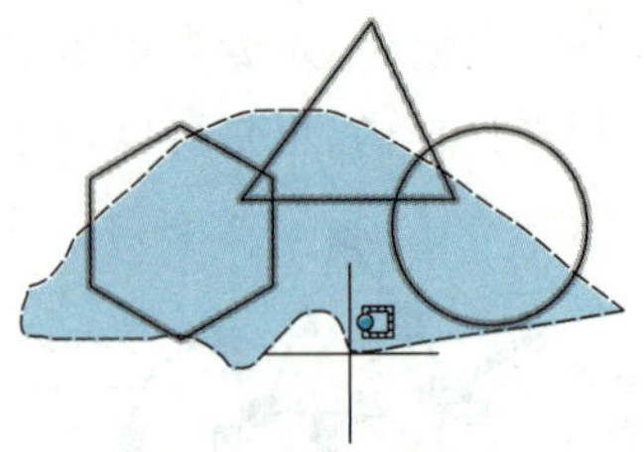

(a) 窗交套索方式选择对象

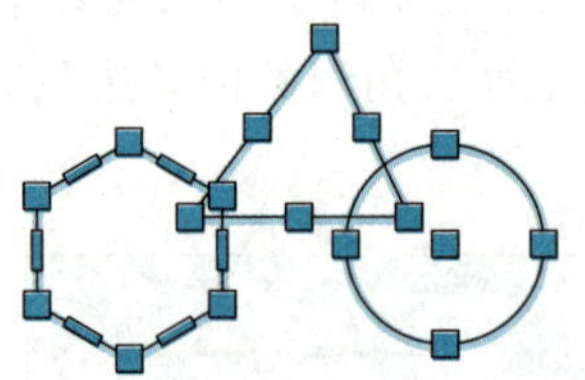

(b) 对象局部位于套索框内就能被选中

图 6-5 窗交套索方式选择对象

提示：框选对象与套索方式选择对象时鼠标用法不同。按住鼠标左键不松开就是套索选择框，点击鼠标左键后松开就是矩形选择框。

6.1.4 向选择集中添加和去除对象

用户在编辑选择对象时，常常不能一次选中所需要的图形对象，往往需要向选择集中添加对象，或者从选择集中去除某个对象，操作方式如下：

1. 添加对象

（1）逐个单击需要添加的对象；

（2）再次框选或者套索方式选择需要添加的对象。

2. 去除对象

从选择集中去除已选择的对象，可按住<Shift>键，再从选择集中用鼠标左键单击要去除的对象即可。

在操作时，可能会不慎将选择好的对象放弃，如果选择的对象很多，再重新选择很麻烦，可以在输入操作命令后提示选择对象时输入“P”，就可以重新选择上一步的所有选择对象。

6.2 删除

在绘图过程中,往往会产生一些不需要的实体,如一些辅助线或不需要的直线、圆、文本等。这时,可以运用删除命令,将它们清除掉。命令的输入方法如下:

命令:ERASE

菜单:【修改】→删除

工具栏:【修改】→

命令输入后提示:

命令:_erase

选择对象:用任何一种选择方式选择对象后回车或单击鼠标右键即可删除对象。

也可选择对象后按键盘上的“Delete(删除)”键删除(图 6-6)。

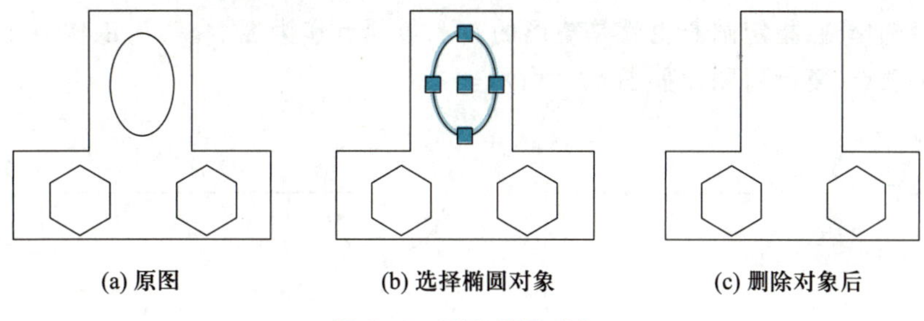

(a) 原图　(b) 选择椭圆对象　(c) 删除对象后

图 6-6　删除椭圆对象

> 提示:操作时也可以先选择对象,然后再点击“删除”图标删除对象。其他修改命令中凡是需要选择对象的,都可以先选择对象,再执行相应的修改命令,后面不再赘述。

6.3 复制

在绘图过程中,有时需要创建许多相同的对象,而且它们都具有相同的属性,这时就需要复制对象,通过复制,可以提高绘图的效率。命令的输入方法如下:

命令:COPY

菜单:【修改】→复制

工具栏:【修改】→

命令输入后提示:

命令:_copy

选择对象:(用任何一种选择方式选择对象后确认,系统进一步提示)

选择对象:(鼠标右键或者回车键,表示选择结束)

当前设置:复制模式 = 多个

指定基点或 [位移(D)/模式(O)] <位移>:(指定复制基点)

指定第二个点或 [阵列(A)] <使用第一个点作为位移>:(指定目标点)

指定第二个点或 [阵列(A)/退出(E)/放弃(U)] <退出>:(指定目标点或者按回车键结束)

其中各选项含义如下:

(1) 位移(D) 给出复制的图形距离原图的位移矢量。可以在指定复制基点后,在屏幕上用鼠标给出位移矢量,也可以输入数值。

(2) 模式(O) 用于控制是否自动重复该命令。激活该选项后,命令行会提示用户选择单个复制(S)还是多重复制(M)。

(3) 阵列(A) 快速复制对象以呈现出指定项目数的效果。

下面举例说明该命令的用法。

要在如图6-7所示的矩形的其余三个顶点上也画出与左上角相同的圆。启动复制命令后选择圆,指定圆心也就是矩形的左上角顶点作为复制基点,依次点击矩形的其余三个顶点,复制后图形如图6-7所示。

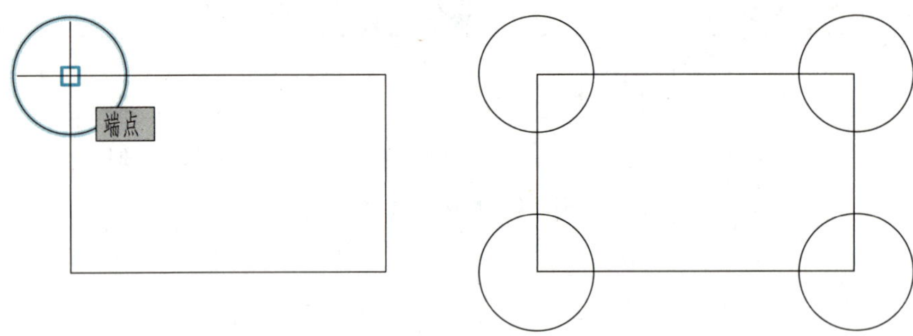

图6-7 对象的复制

实际绘图时,基点、目标点一般选择图形对象中的特殊点。为精确定位,可结合使用对象捕捉,用鼠标输入基点、目标点。

> 提示:复制对象,基点的选择非常重要,然后才能通过指定目标点确定位移来复制图形。复制命令可以将同一个图形复制多份,直到按鼠标右键确认或"Esc"键终止复制操作。

6.4 镜像

对象的镜像、偏移和阵列

在绘制对称图形时,可以只画出图形的一半,然后使用镜像命令形成完整的图形。命令的输入方法如下:

命令:MIRROR

菜单:【修改】→镜像

工具栏:【修改】→

命令输入后提示:

命令:_mirror

选择对象:(用任何一种选择方式选择对象后确认,系统进一步提示)

选择对象:(鼠标右键或者回车键,表示选择结束)

指定镜像线上第一点:(对称线可以由两点确定,先选择对称线上的第一个点)

指定镜像线上第二点:(选择对称线上的第二个点)

要删除源对象吗?[是(Y)/否(N)] <否>:(一般默认不删除源对象)

下面通过图 6-8 举例说明镜像命令的操作过程。

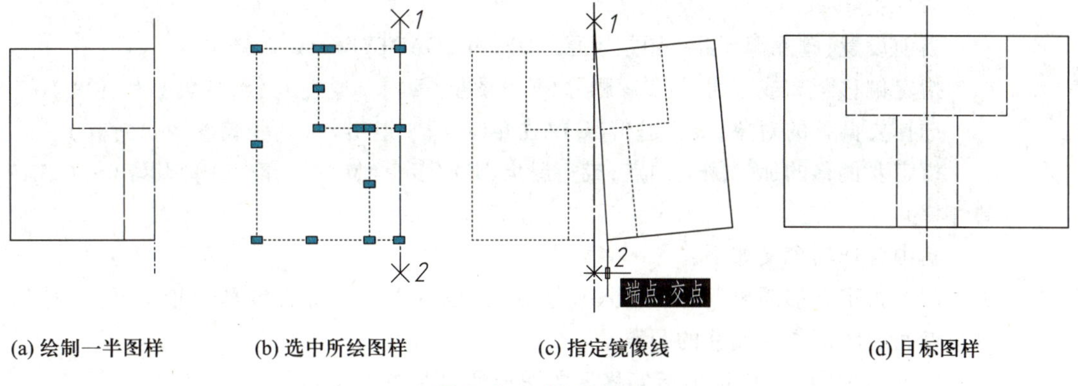

(a) 绘制一半图样 (b) 选中所绘图样 (c) 指定镜像线 (d) 目标图样

图 6-8 对象的镜像

启动"镜像"命令;选择对称中心线左边的所有对象,回车确认;然后在系统提示:"指定镜像线上第一点"和"指定镜像线上第二点"时,依次单击对称轴线上两个点 1 和 2,指定镜像线。为了准确地指定镜像线上的两个点,应利用对象捕捉,如捕捉端点、交点等。

系统提示"要删除源对象吗?"[是(Y)/否(N)]<否>时,若按回车键则保留源对象,绘制一个对称的图形。若输入"Y"则表示删除源对象,用以镜像复制一个对象。

默认情况下创建文字的镜像时,不会改变文字的方向,如图 6-9(a)所示。若需要反转或倒置的文字图像,需要在命令提示行用键盘输入"MIRRTEXT"命令,并将系统变量设置为"1"。这样文字在镜像时就会如图 6-9(b)所示。

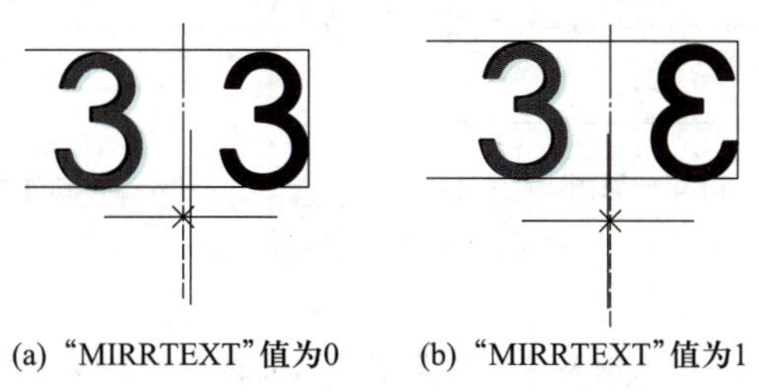

(a) "MIRRTEXT"值为0 (b) "MIRRTEXT"值为1

图 6-9 文字对象的镜像

6.5　偏移

偏移命令主要用以绘制平行直线或者同心圆、等距圆弧等实体。命令的输入方法如下：

命令:OFFSET

菜单:【修改】→偏移

工具栏:【修改】→

命令输入后提示：

命令:_offset

当前设置:删除源=否　图层=源　OFFSETGAPTYPE=0

指定偏移距离或［通过(T)/删除(E)/图层(L)］<通过>:(给定偏移的距离)

选择要偏移的对象,或［退出(E)/放弃(U)］<退出>:(选择偏移的源对象)

指定要偏移的那一侧上的点,或［退出(E)/多个(M)/放弃(U)］<退出>:(偏移到哪侧)

其中各选项含义如下：

(1) 指定偏移距离　可以输入具体数值,也可以用鼠标在屏幕上指定两点,然后以两点间的距离作为偏移的距离。

(2) 通过(T)　该选项指偏移后的图形通过某点。

下面举例说明该命令的使用。

【例6-1】　将如图6-10所示的带圆角半径10 mm的矩形,偏移10 mm,绘制成6-10(b)图。

输入偏移命令,系统提示“指定偏移距离或［通过(T)］”,输入“10”,然后选择偏移的对象,用鼠标左键拾取矩形,系统提示指定要偏移的那一侧上的点,或［退出(E)/多个(M)/放弃(U)］<退出>:,单击矩形外侧任一点,得到偏移后中间的矩形,然后单击中间矩形,再次点击中间矩形外侧,即实现矩形的连续偏移。

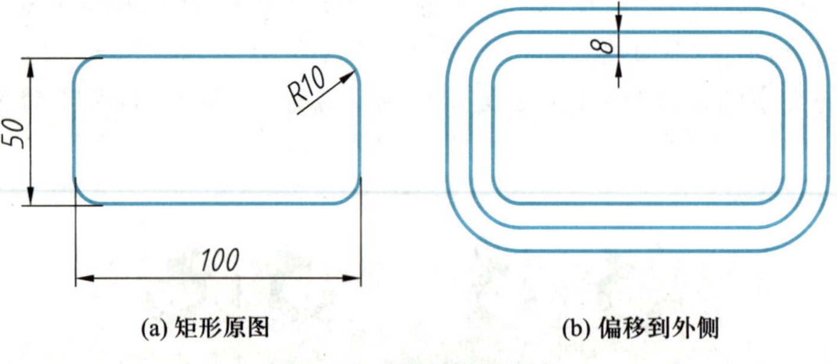

(a) 矩形原图　　(b) 偏移到外侧

图6-10　指定偏移距离

若连续偏移,则系统默认上次的偏移距离值;若要改变偏移距离值,则需重新输入命令调整。此方法可以用来生成平行直线或者同心图形,只要这些对象是由相应的绘图命令生成的单一对象即可。

【例 6-2】 如图 6-11 所示,已知一水平直线和一圆,要过圆心作该已知直线的平行直线。

输入偏移命令,系统提示“指定偏移距离或[通过(T)]”时输入字母“T”后回车,选择要偏移的对象后,系统提示“指定通过点或 ”时,单击圆心即可。

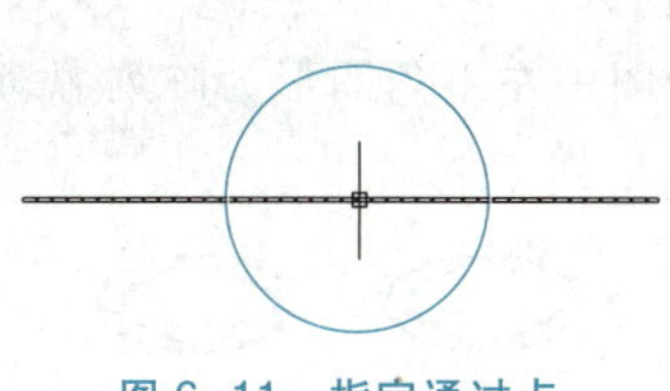

图 6-11 指定通过点

6.6 阵列

使用阵列命令,可以快速绘制大量相同的图形,将对象按“矩形”“路径”或“环形”方式有规律地进行多重复制。命令的输入方法如下:

命令:ARRAY

菜单:【修改】→阵列

工具栏:【修改】→

阵列包含如图 6-12 所示的三种阵列形式。

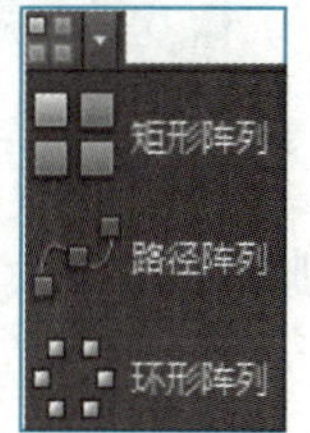

图 6-12 阵列的三种形式

6.6.1 矩形阵列

矩形阵列是指将选中的图形对象沿水平和竖直方向各按一定的间距复制多个相同的对象。执行矩形阵列后在功能区打开一个对话框,如图 6-13 所示。

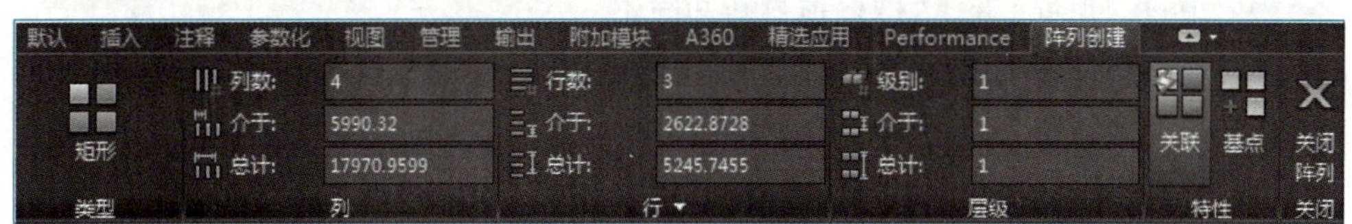

图 6-13 矩形阵列对话框

其各选项的含义如下:

(1) 类型 “矩形阵列”。

(2) 列 可以编辑列数和列间距。列数必须是整数,列间距可以直接输入数值,也可以用光标在绘图区拾取两个点,两点之间的距离表示要输入的距离值。正值向右复制,负值向左复制。

(3) 行 可以编辑行数和行间距,行数必须为整数。行间距的输入方式同列间距一样。正值向上复制,负值向下复制。

(4) 层数　指定三维阵列的层数和层间距。

(5) 特性　指定阵列中的对象是关联的还是独立的;并且指定阵列的基点。

(6) 关闭　关闭阵列对话框。

如图 6-14 所示,即为以图中左下角图形为阵列源对象,矩形阵列三行四列的效果预览。

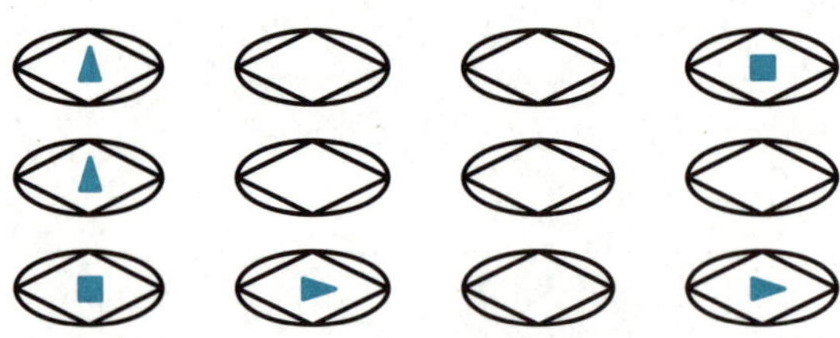

图 6-14　矩形阵列

6.6.2 路径阵列

路径阵列是指将选中的图形对象沿某个曲线轨迹,通过设置不同的基点,得到复制的多个相同的对象。执行路径阵列后在功能区打开一个对话框,如图 6-15所示。

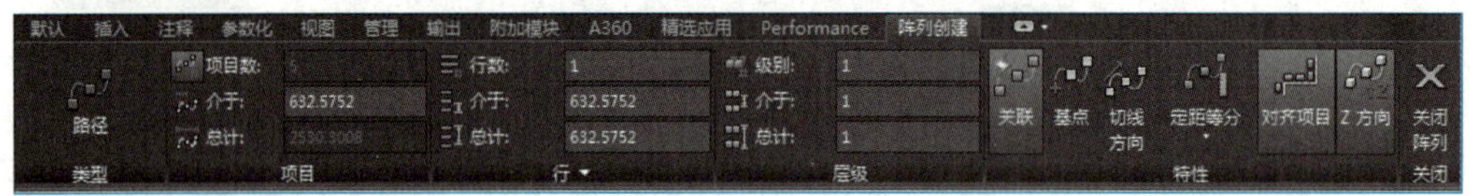

图 6-15　路径阵列对话框

其各选项的含义如下:

(1) 类型　“路径阵列”。

(2) 项目　根据“方法”设置项目数和间距。

(3) 行　指定阵列的行数、行间距,以及行之间的增量标高。

(4) 层数　指定三维阵列的层数和层间距。

(5) 特性　特性内容有六项。

① 关联:指定阵列中的对象是关联的还是独立的。

② 基点:指定阵列的基点。

③ 切线方向:指阵列项目如何相对于路径的起始方向对齐。

④ 定距等分:定距等分下边有个三角,下拉后有两个选择,即定数等分和定距等分路径。定距等分时,“项目”选项中的“项目数”灰色显示,不能更改,如图 6-15 所示;定数等分时,“项目”选项中“介于”间距灰色显示,不能更改。

⑤ 对齐项目:是指是否对齐每个项目以与路径的方向相切,对齐相对于第一个项目的方向。

⑥ *Z* 方向:控制是保持项目的原始 *Z* 方向还是沿三维路径自然倾斜项目。

(6) 关闭　关闭阵列对话框,完成阵列复制。

如图 6-16 所示,即为以左下角圆形为阵列源对象,以曲线为路径,在曲线上定距阵列的效果预览。

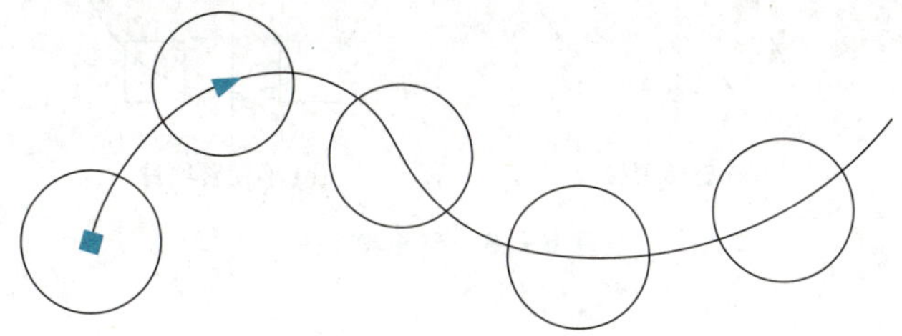

图 6-16　路径阵列

6.6.3　环形阵列

环形阵列是指将选中的图形对象绕着指定的阵列中心,在圆周上或圆弧上均匀复制多个。执行环形阵列后在功能区打开一个对话框,如图 6-17 所示。

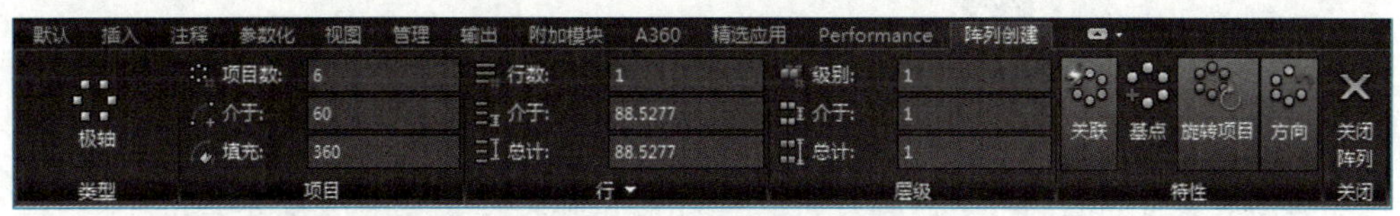

图 6-17　环形阵列对话框

其各选项的含义如下:

(1) 类型　“极轴”即环形阵列。

(2) 项目　项目中包含项目数、相邻项目间的夹角、填充角度。

(3) 行　指定阵列的行数、行间距,以及行之间的增量标高。

(4) 层数　指定三维阵列的层数和层间距。

(5) 特性　特性内容有六项。

① 关联:指定阵列中的对象时关联的还是独立的。

② 基点:指定阵列的基点。

③ 旋转项目:控制在阵列时是否旋转项目。

④ 方向:阵列项目时逆时针方向为正,顺时针方向为负。

(6) 关闭　关闭阵列对话框,完成阵列复制。

如图 6-18 所示,以右边正方形为阵列源对象,以大圆的中心为阵列中心点,图 6-18(a)为旋转项目、图 6-18(b)为不旋转项目的环形阵列的效果预览。

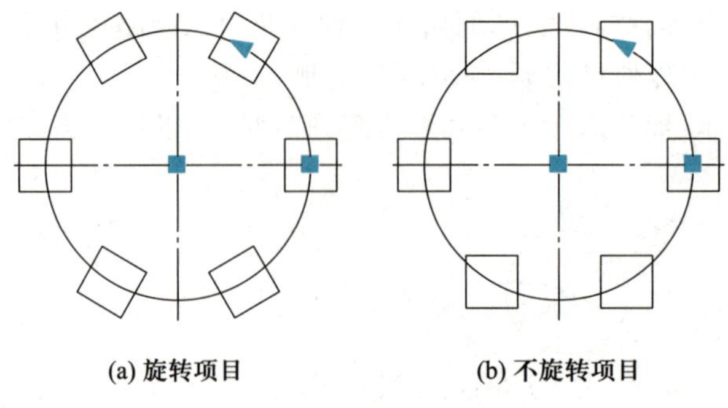

(a) 旋转项目 (b) 不旋转项目

图 6-18 环形阵列

6.7 移动

对象的移动、旋转、缩放、拉伸、拉长、修剪和延伸

移动是指对象位置的移动，其大小、形状都不改变。命令的输入方法如下：

命令：MOVE(或 M)

菜单：【修改】→移动

工具栏：【修改】→

命令输入后提示：

命令：_move

选择对象：（用任何一种选择方式选择对象后确认，系统进一步提示）

指定基点或[位移(D)]<位移>：（输入一点作为基点后回车）

指定第二个点或 <使用第一个点作为位移>：（系统提示输入第二个点作为移动对象的目标点，点击第二个点则进行移动）

下面举例说明该命令的用法。

将圆及其内部文字移动到直线下端。启动移动命令，选择圆及内部文字后确认。利用目标捕捉方式找到圆的最上象限点为基点后，回车确认。同样用捕捉方式找到直线的下端点后回车，所选对象被移动到指定位置，如图 6-19 所示。

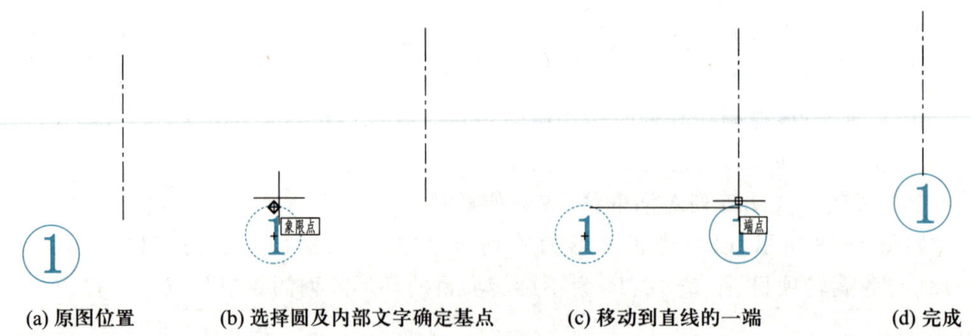

(a) 原图位置 (b) 选择圆及内部文字确定基点 (c) 移动到直线的一端 (d) 完成

图 6-19 对象的移动

6.8 旋转

绘图时有时需要把某一实体旋转一定的角度以达到倾斜的要求，这就要用旋转命令来实现。命令的输入方法如下：

命令：ROTATE

菜单：【修改】→旋转

工具栏：【修改】→

输入旋转命令后，AutoCAD 会提示当前的正角方向，基于当前的用户体系，*X* 轴正方向为 0°，*Y* 轴正方向为 90°，输入正值表示按逆时针方向旋转对象，输入负值则表示按顺时针方向旋转对象。然后选择对象、指定基点和角度就可以旋转了，旋转方式有直接指定角度方式和参照方式。

1. 指定角度方式旋转

如图 6-20 所示，将水平放置的矩形旋转 45°。操作步骤如下：

命令：_rotate

UCS 当前的正角方向： ANGDIR=逆时针 ANGBASE=0

选择对象：找到 1 个（选择矩形↙）

指定基点：（选择矩形的左下角点）

指定旋转角度，或［复制（C）/参照（R）］<0>：45°↙

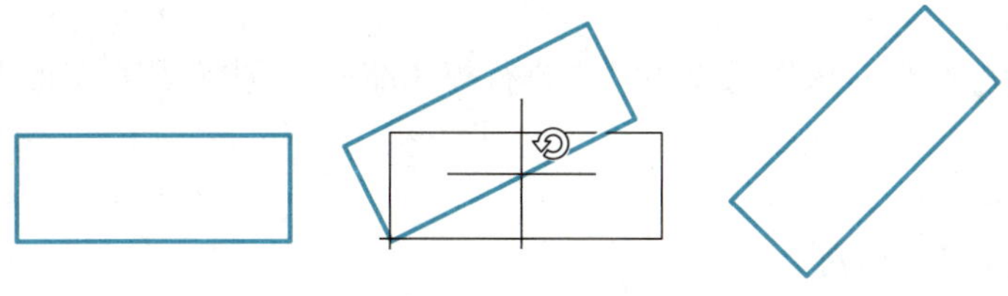

图 6-20 对象的旋转

2. 参照（R）方式旋转

若在指定旋转角度，或［复制（C）/参照（R）］<0>：后键入“R”回车，则表示参照一个参考角度旋转。如图 6-21 所示，将矩形的 *OA* 边旋转到与 *OB* 重合。因为不知道 *OB* 边的具体角度，可以采用“参照”方式旋转。操作步骤如下：

命令：_rotate

UCS 当前的正角方向： ANGDIR=逆时针 ANGBASE=0

选择对象：找到 1 个（选择矩形↙）

指定基点：（选择 *O* 点）

指定旋转角度，或［复制（C）/参照（R）］<0>：R ↙

指定参照角 <0>：（选择 *O* 点和 *A* 点）

指定新角度或［点（P）］<59>：（拾取 *B* 点↙）

在“指定参照角<0>”时用鼠标拾取 *O* 点和 *A* 点，然后移动光标，矩形随之旋转，用鼠标拾取 *B* 点确认，则 *OA* 边旋转到与 *OB* 边重合，旋转完成。

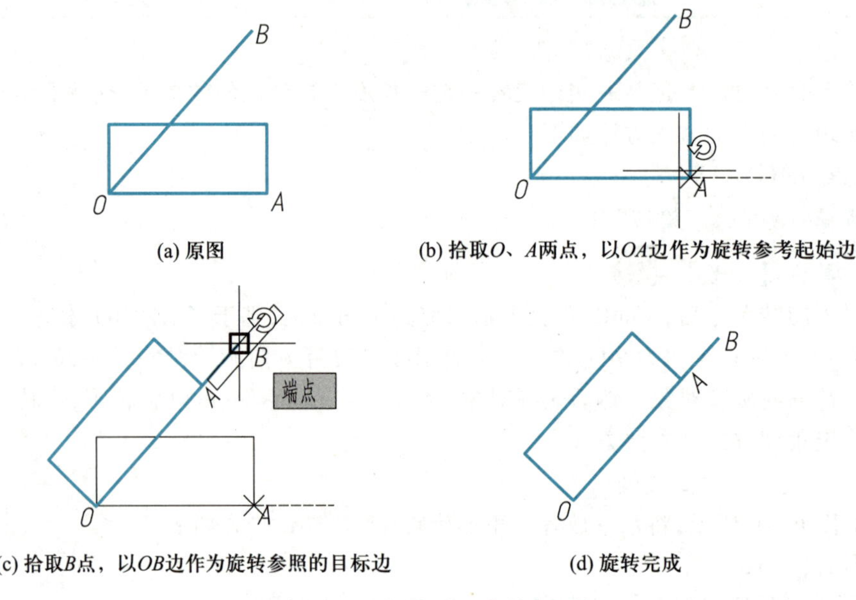

(a) 原图　(b) 拾取*O*、*A*两点，以*OA*边作为旋转参考起始边

(c) 拾取*B*点，以*OB*边作为旋转参照的目标边　(d) 旋转完成

图 6-21　对象的“参照”方式旋转

6.9 缩放

缩放是指将图形对象以某点为基点进行等比缩放，以改变其真正的大小。命令的输入方法如下：

命令：SCALE

菜单：【修改】→缩放

工具栏：【修改】→

输入缩放命令后，AutoCAD 会提示选择对象、指定基点、指定比例因子，然后就可以缩放图形了。缩放方式有直接给出比例因子和参照两种方式。

1. 比例因子方式缩放

直接给出比例因子的操作步骤如下：

命令：_scale

选择对象：（用任何一种选择方式选择对象后确认，系统进一步提示）

指定基点：（用鼠标拾取一个基点）

指定比例因子或［复制(C)/参照(R)］：（输入具体比例因子数值，大于 1 为放大，介于 0 和 1 为缩小）

2. 参照(R)方式缩放

若在指定比例因子或[参照(R)]后键入“R”回车，则表示参照一个参考长度缩放。如图 6-22 所示，*AC* 点是对齐的，将 *AB* 所在的小矩形缩放到 *AB* 边与 *CD* 边等长。

命令:_scale

选择对象:(选择图中小矩形)

指定基点:(*A* 点)

指定比例因子或[复制(C)/参照(R)]: R

指定参照长度 <418.1861>:(选择 *A* 点和 *B* 点)

指定新的长度或[点(P)]<2242.4889>:(选择 *D* 点向下与 *AB* 相交的追踪线交点)

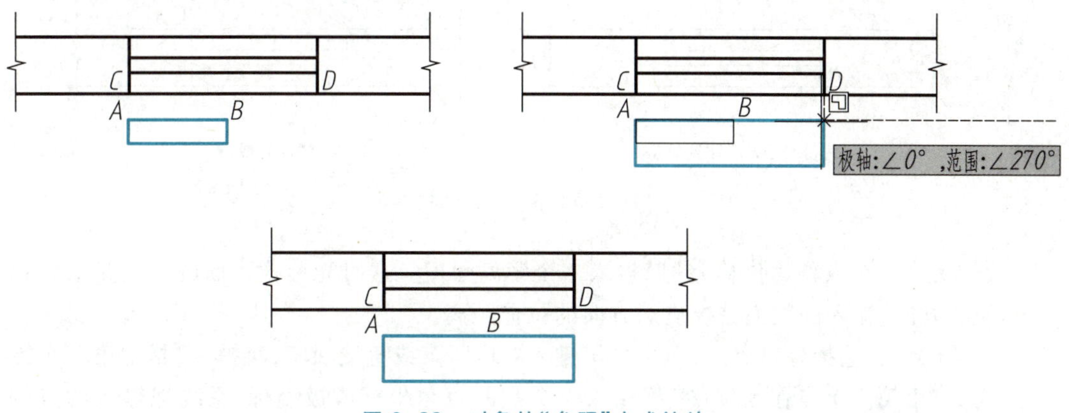

图 6-22 对象的"参照"方式缩放

6.10 拉伸

拉伸命令用来拉长、缩短对象和改变对象的形状,可以操作的对象有:圆弧、椭圆弧、直线、多段线段、多线、样条曲线、矩形命令绘制的矩形、多边线命令绘制的多边形等。一次可拉伸多个图形对象。命令的输入方法如下:

命令:STRETCH

菜单:【修改】→拉伸

工具栏:【修改】→

命令输入后提示:

命令:_stretch

以交叉窗口或交叉多边形选择要拉伸的对象...

选择对象:(用窗交方式或圈交方式即"crossing"方式选择要拉伸的对象)

指定基点或[位移(D)]<位移>:

指定第二个点或<使用第一个点作为位移>:

(1) 指定一个基准点,接下来指定拉伸的目标点(第二个点),把选中的对象拉伸到目标点。这是拉伸命令最常用的方式。如图 6-23 所示,将四条线的端点 *B* 拉伸到 *C* 点。操作时如图 6-23(b)所示,窗交方式选择四条线,将 *B* 点水平拉伸到 *C* 点确认。

(2) 若选择好对象后指定一个基点,接下来则移动光标,提示"指定第二个点或

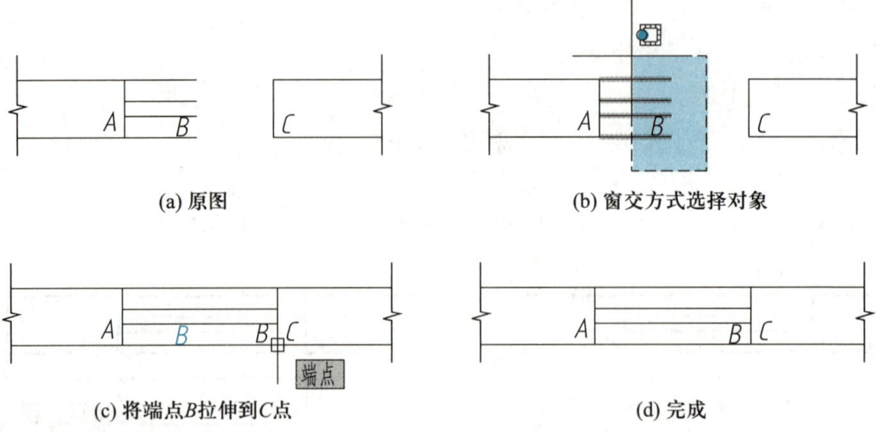

(a) 原图 (b) 窗交方式选择对象

(c) 将端点B拉伸到C点 (d) 完成

图 6-23 对象的拉伸

<使用第一个点作为位移>:”时输入一个距离数值。这时光标橡皮筋的方向是对象拉伸的方向,输入的数值是橡皮筋方向的拉伸距离。

(3) 若选择好对象后,对主提示键入“D”回车或直接回车,对提示“指定第二个点或<使用第一个点作为位移>:”输入一个点的直角坐标或极坐标,系统把输入的点的直角坐标值,作为相对选中对象的横向和纵向拉伸距离;把输入的点的极坐标值作为相对选中对象的拉伸距离和角度。

> 提示:
> 1. 拉伸对象必须用窗交方式选择,否则选中的对象只能平移不能拉伸。
> 2. 若图形对象全部位于窗交选择框内,则对象只能平移不能拉伸。

6.11 拉长

拉长命令用于改变所选对象的长度。它可用来拉长或缩短直线、多段线、椭圆弧和圆弧,对样条曲线只能缩短。命令的输入方法如下:

命令:LENGTHEN

菜单:【修改】→拉长

工具栏:【修改】→

命令输入后提示:

命令:_lengthen

选择要测量的对象或[增量(DE)/百分比(P)/总计(T)/动态(DY)]<总计(T)>:(选择一个对象或键入一个选项的关键字后回车)

选择一个对象后,命令行显示其当前长度值,对于圆弧,还显示其包含的圆心角。完成一次测量后,提示重复出现,直到回车结束命令,各选项含义如下:

(1) 增量(DE) 输入长度增量或角度增量来拉长,数值为正表示拉长或增大角度,数值为负表示缩短或减小角度。

(2) 百分比(P) 由相对于原来长度或角度的百分比来确定。百分比大于100%为拉长对象,小于100%为缩短对象。

(3) 总计(T) 以总长度或总角度来确定。

(4) 动态(DY) 动态拖动鼠标来实时拉长或缩短。

如图6-24所示,动态拉长矩形中心线。首先选择中心线,然后输入"DY"即动态拉长,再次选择中心线,拉长到矩形外侧。注意,拉长时,选择对象的位置很重要,选择点距离哪个端点近就拉长哪一侧。

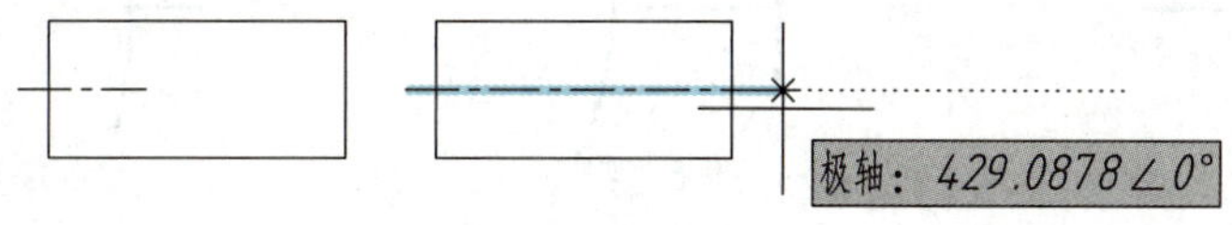

图6-24 直线的拉长

6.12 修剪

修剪命令是指以一个或多个对象为边界,把图形中与边界相交并多余的部分修剪掉。使用修剪命令可以修剪的对象包括直线、圆、圆弧、多段线、样条曲线等对象。命令的输入方法如下:

命令:TRIM

菜单:【修改】→修剪

工具栏:【修改】→

命令输入后提示:

命令:_trim

当前设置:投影=UCS,边=无

选择剪切边...

选择对象或 <全部选择>:(选择边界)

选择对象:(选择边界结束回车)

选择要修剪的对象,或按住 Shift 键选择要延伸的对象,或[栏选(F)/窗交(C)/投影(P)/边(E)/删除(R)/放弃(U)]:(选择被修剪对象的具体部分)

> 提示:修剪命令执行步骤是选择边界—回车确认—选择被修剪的对象。

命令输入后提示选择用来修剪对象的边界,边界可以为多个对象,选择完成后回车。

接着要求选择被修剪的对象,每选中一个对象,则剪掉对象超出边界的部分。选择可以重复,连续选择被修剪的对象,可修剪多个对象,直到回车结束命令。

在修剪过程中,选择不同的边界和不同的对象,修剪的部分也各不相同,如图6-25所示。

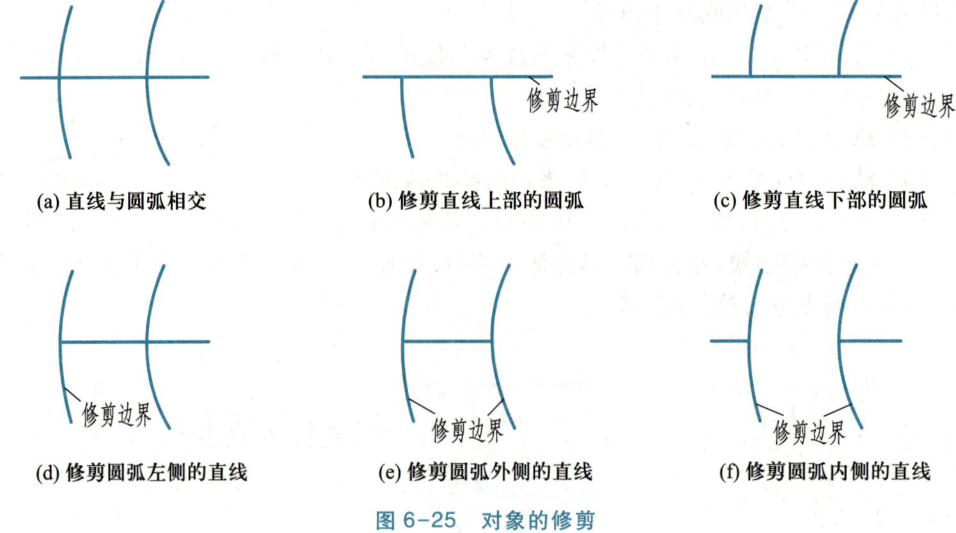

(a) 直线与圆弧相交　(b) 修剪直线上部的圆弧　(c) 修剪直线下部的圆弧

(d) 修剪圆弧左侧的直线　(e) 修剪圆弧外侧的直线　(f) 修剪圆弧内侧的直线

图 6-25　对象的修剪

被修剪的对象也可作为修剪的边界,所以在选择修剪的边界时,可一次选中多个对象作为修剪的边界,如图 6-26 所示,可将所有图线均选为边界,回车后修剪不同的部分即可。

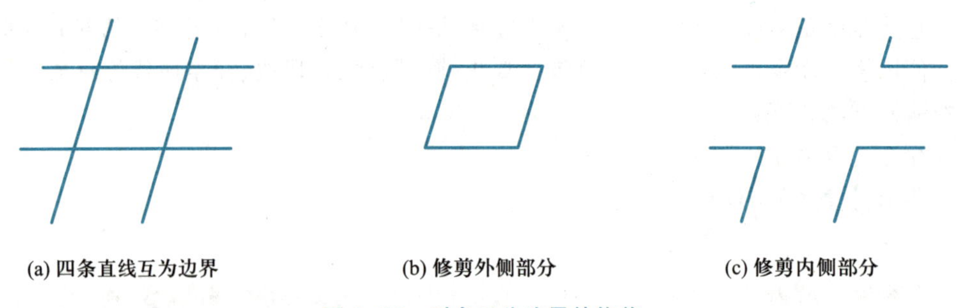

(a) 四条直线互为边界　(b) 修剪外侧部分　(c) 修剪内侧部分

图 6-26　对象互为边界的修剪

当修剪一个圆、椭圆或是由相应的命令直接形成的矩形或多边形时,它们必须与修剪的边界有两个交点才能修剪,如图 6-27 所示。

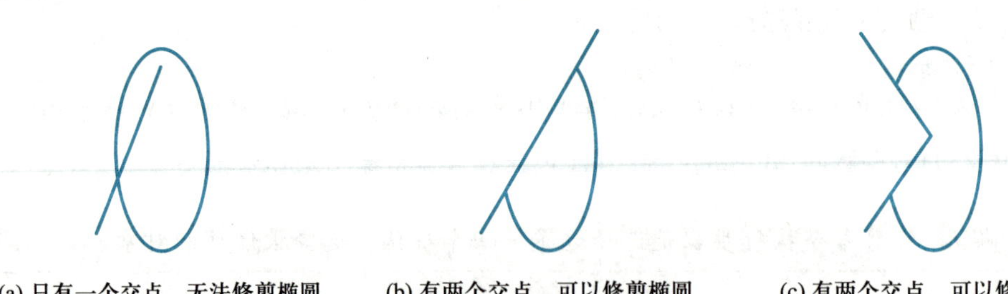

(a) 只有一个交点,无法修剪椭圆　(b) 有两个交点,可以修剪椭圆　(c) 有两个交点,可以修剪椭圆

图 6-27　椭圆的修剪

6.13 延伸

延伸命令用于将某个对象延长与另外的对象相交。可延伸的对象包括:直线、圆弧、椭圆弧等。命令的输入方法如下:

命令:EXTEND

菜单:【修改】→ 延伸

工具栏:【修改】→

命令输入后提示:

命令:_extend

当前设置:投影=UCS,边=无

选择边界的边...

选择对象或 <全部选择>:(选择边界)

选择对象:(选择边界结束回车)

选择要延伸的对象,或按住 Shift 键选择要修剪的对象,或[栏选(F)/窗交(C)/投影(P)/边(E)/放弃(U)]:(选择需要延伸的对象)

如图 6-28 所示,以水平线作为边界,延伸底部两条斜线,左侧直线与水平线有直接交点,选中就可以延伸相交。而右侧斜线与水平线没有直接交点,选择延伸时显示不可以延伸,如图 6-28(b)所示,出现⊘符号。

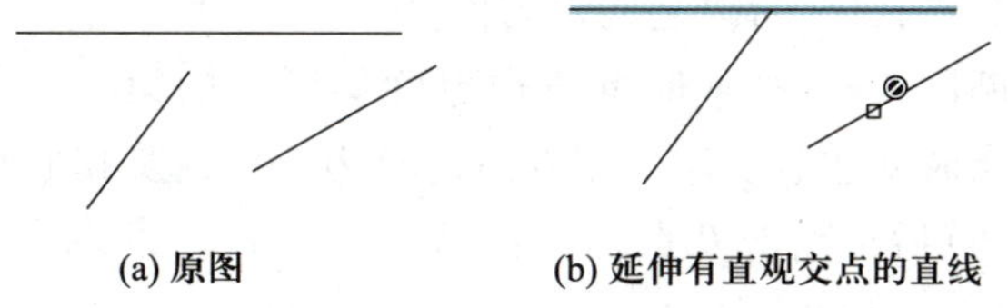

(a) 原图　　(b) 延伸有直观交点的直线

图 6-28　对象的延伸(一)

没有直接交点的对象,有隐含交点,操作时选择边(E)选项,选择两条边互为边界,然后边(E)回车、延伸(E)回车,再选择一次这两条边就得到如图 6-29 所示的延伸效果。

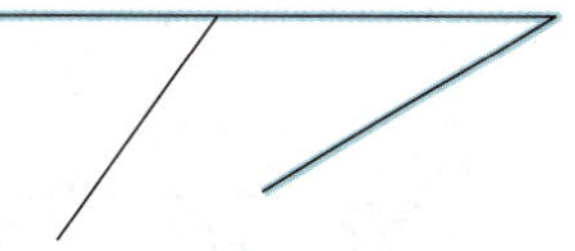

图 6-29　对象的延伸(二)

选择要延伸的对象,或按住 Shift 键选择要修剪的对象,或[栏选(F)/窗交(C)/投影(P)/边(E)/放弃(U)]:E

输入隐含边延伸模式[延伸(E)/不延伸(N)] <延伸>:E

> 提示:延伸命令与修剪命令操作步骤类似。执行步骤是:选择边界—回车确认—选择需要延伸的对象。如果两个对象只有隐含交点,选择边(E)和延伸(E)方式,可以找到交点。

6.14 打断

对象的打断、分解、倒角、圆角、合并

打断命令可以将对象断开成两半或剪掉对象上的一部分。打断命令适用的图形对象有直线、圆弧、圆、椭圆、构造线、样条曲线、矩形、多边形等。命令的输入方法如下：

命令：BREAK

菜单：【修改】→打断

工具栏：【修改】→

命令输入后提示：

命令：_break

选择对象：(在要断开的对象上拾取一点)

指定第二个打断点 或［第一点(F)］：(输入另一点或键入“F”后回车)

这次输入的点是第二个打断点。对象上的拾取点(即第一个打断点)到第二个打断点之间的部分将被剪掉，如图6-30所示。

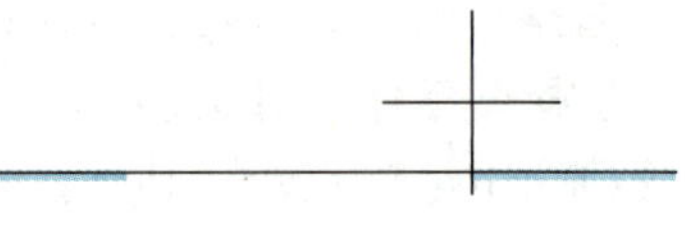

图6-30　直线的打断

若键入“F”后回车，则要求重新选择第一个打断点。

若只是想把对象断开，则可单击工具按钮“打断于点”，需要输入的参数有打断对象和第一个打断点，打断对象之间没有间隙。

AutoCAD在打断圆弧时，按逆时针方向删除圆弧上的第一个点和第二个点之间的部分。选择打断点时要注意次序。图6-31(a)为一个圆及其上两点 A、B，启动打断命令后，若先点击 A 点后再点击 B 点，其结果如图6-31(b)所示。若先点击B点后点击A点，则结果如图(c)所示。

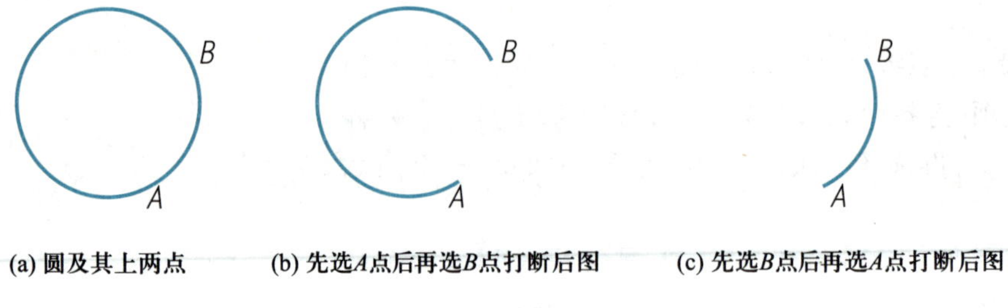

(a) 圆及其上两点　(b) 先选 A 点后再选 B 点打断后图　(c) 先选 B 点后再选 A 点打断后图

图6-31　圆的打断

6.15 倒角

所谓倒角就是将两条不平行的对象用一条与两对象都倾斜的直线段连接起来。

命令的输入方法如下：

命令:CHAMFER

菜单:【修改】→倒角

工具栏:【修改】→

命令输入后提示：

命令:_chamfer

("修剪"模式)当前倒角距离 1 = 0.0000,距离 2 = 0.0000

选择第一条直线或[放弃(U)/多段线(P)/距离(D)/角度(A)/修剪(T)/方式(E)/多个(M)]:

各选项含义如下：

(1) 放弃(U) 放弃上一次的倒角操作。

(2) 多段线(P) 对整个多段线每个顶点处的相交直线进行倒角,并且倒角后的线段将成为多段线的新线段。

(3) 距离(D) 设置倒角的两个边的距离。

(4) 角度(A) 设置倒角的一个距离和一个角度来控制倒角的大小。

(5) 修剪(T) 设置是否对倒角进行修剪,默认是修剪状态。

(6) 方式(E) 用于选择倒角方式,是采用距离方式还是角度方式。

(7) 多个(M) 重复执行多个倒角命令。

执行倒角命令,首先键入字母"D"回车,修改第一个倒角距离和第二个倒角距离。接下来依次选择两条直线,即完成倒角操作,如图 6-32 所示

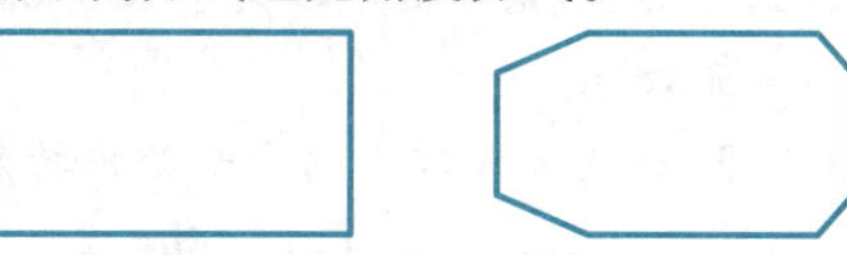

(a) 矩形原图 (b) 不同的倒角后

图 6-32 对象的倒角

6.16 圆角

圆角命令用于将两个对象连接的部分以圆弧光滑过渡。命令的输入方法如下：

命令:FILLET

菜单:【修改】→圆角

工具栏:【修改】→

命令输入后提示：

命令:_fillet

当前设置:模式 = 修剪,半径 = 0.0000

选择第一个对象或[放弃(U)/多段线(P)/半径(R)/修剪(T)/多个(M)]:

各选项含义如下：

(1) 放弃(U) 放弃上一次的圆角操作。

(2) 多段线(P) 对整个多段线每个顶点处的相交直线进行圆角,并且圆角后的

线段将成为多段线的新线段。

(3) 半径(R) 设置圆角的半径大小。

(4) 修剪(T) 设置是否对圆角进行修剪,默认是修剪状态。

(5) 多个(M) 重复执行多个圆角命令。

执行圆角命令,首先键入字母“R”回车,给出圆角的半径大小。接下来依次选择两条直线,即完成圆角操作,如图 6-33 所示。

图 6-33 对象的圆角

> 提示:
>
> 1. 倒角与圆角命令类似,执行命令后必须先给出倒角距离或者半径。
>
> 2. 有时给出距离和半径也不显示圆弧或者倒角时,就需要测量一下原图的大小,看一下给出的倒角值或半径值是否与原图匹配。例如,一个边长 100 mm 的正方形,不能作出半径大于 100 mm 的圆角,半径超过边长不能作出圆角,会提示 * 无效 *。
>
> 3. 还有尺寸较大的图形给出特别小的倒角或半径值,尽管可以作出倒角或圆角,但是只有用视图缩放 ,局部放大这个细节时才能看到,注意配合视图缩放观察倒角或圆角。

6.17 分解

系统绘制的对象有时是一个整体,如“矩形”命令绘制的是一个整体,“多边形”命令绘制的是一个整体,以及后面要学的块、标注等都是一个整体。如果要对这些整体中的某一部分进行编辑,就需要先利用“分解”命令将这些对象分解为单个的图形对象。

命令的输入方法如下:

命令:EXPLODE

菜单:【修改】→分解

工具栏:【修改】→

命令输入后提示选择对象,在要分解的整体上任一点左击选中该对象后回车即完成该操作。此后可以对分解后的单一实体进行编辑处理。如图 6-34 所示,五边形分解前选择时为整体,点击“分解”后,五边形的每条边都是独立的对象。

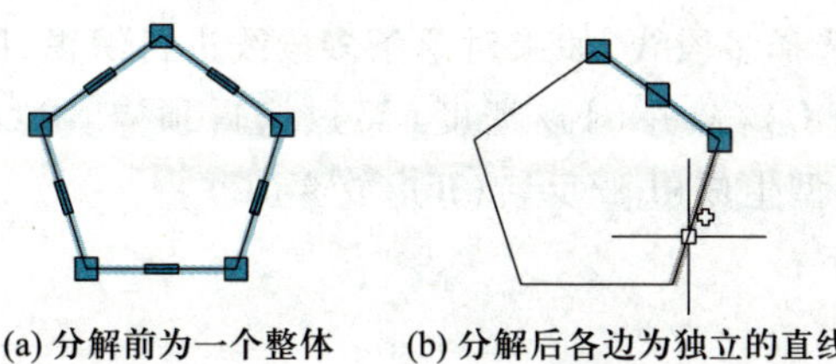

(a) 分解前为一个整体 (b) 分解后各边为独立的直线

图 6-34 对象的分解

6.18 合并

合并命令用于将独立的图形对象合并为一个整体,它可以将多个对象进行合并,包括圆弧、椭圆弧、直线、多段线和样条曲线等图形对象。在其公共端点处合并一系列有限的线性和开放的弯曲对象,以创建单个二维或三维对象。产生的对象类型取决于选定的对象类型、首先选定的对象类型及对象是否共面。构造线、射线和闭合的对象无法合并。

命令的输入方法如下:

命令:JOIN

菜单:【修改】→合并

工具栏:【修改】→

命令输入后提示选择源对象或要一次合并的多个对象:,选择要合并的图形对象,然后点击回车键即完成合并操作。如图 6-35(a)所示,用直线绘制的水平线,需要合并,选择两边的水平线合并即可。点击"合并"后,结果如图 6-35(b)所示。

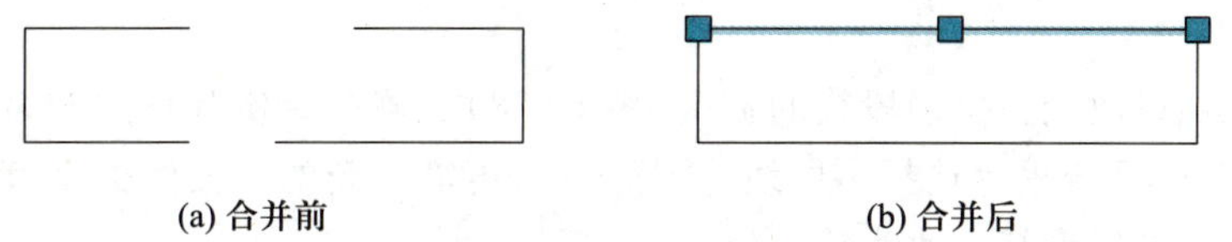

(a) 合并前 (b) 合并后

图 6-35 对象的合并

6.19 编辑多段线

系统提供了多段线编辑工具,用以对所绘制的多段线进行编辑修改,命令的输入方法如下:

命令:PEDIT

菜单:【修改】→对象→多段线

工具栏:【修改】→

命令输入后提示选择多段线，如果对单条多段线进行编辑，回车后提示如下：

输入选项［闭合(C)/合并(J)/宽度(W)/编辑顶点(E)/拟合(F)/样条曲线(S)/非曲线化(D)/线型生成(L)/反转(R)/放弃(U)］：

各选项的含义如下：

1. 闭合(C)

该选项可以将原首尾不闭合的多段线闭合起来(图6-36)，选择此选项后，命令自动比变为“打开(O)”，如果再对该多段线执行“打开”命令就会切换回原来的不闭合图形。

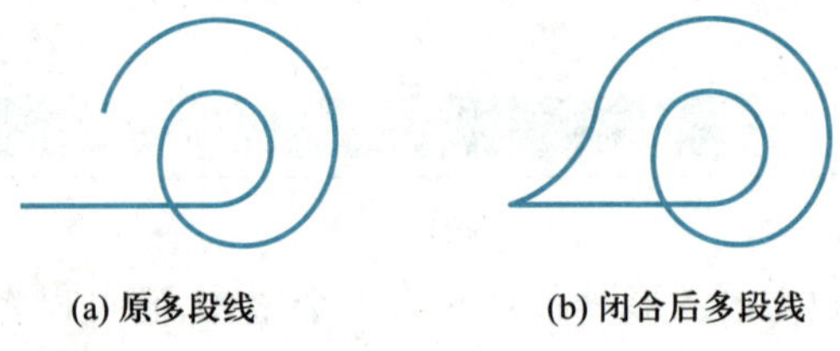

(a) 原多段线　　(b) 闭合后多段线

图6-36　多段线的闭合

2. 合并(J)

如果一条非闭合的多段线端点与直线、圆弧、椭圆弧等或另一多段线的端点重合，使用该命令可将它们添加到这条多段线上，使之连接成一条多段线(图6-37)。

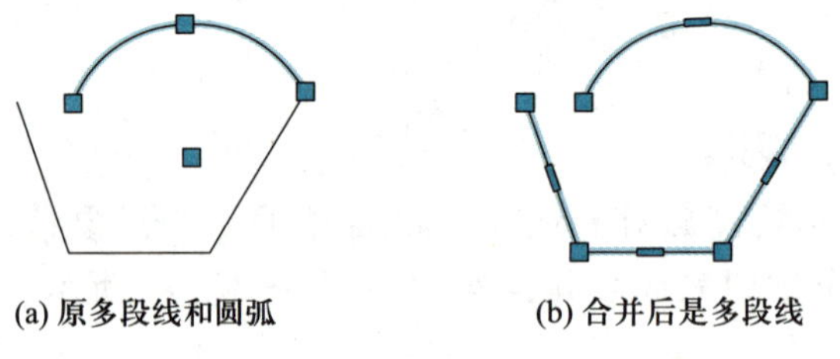

(a) 原多段线和圆弧　　(b) 合并后是多段线

图6-37　多段线的合并

3. 宽度(W)

该选项用以改变整条多段线的宽度(图6-38)。该命令实际使用较多，在提示后键入“W”回车，系统提示选择多段线，选择完毕，再输入新的多段线的宽度值，回车即将整条多段线的宽度统一改为输入值。

(a) 原多段线　　(b) 改变宽度后多段线

图6-38　修改多段线的线宽

4. 编辑顶点(E)

该选项用以对多段线进行各种与顶点有关的编辑操作。如顶点的移动、插入、删除等。

5. 拟合(F)

该选项是用圆弧连接每对相邻顶点拟合生成一条光滑的曲线,曲线通过原多段线的所有顶点,并保持在顶点处定义的切线方向,如图 6-39(b)所示。

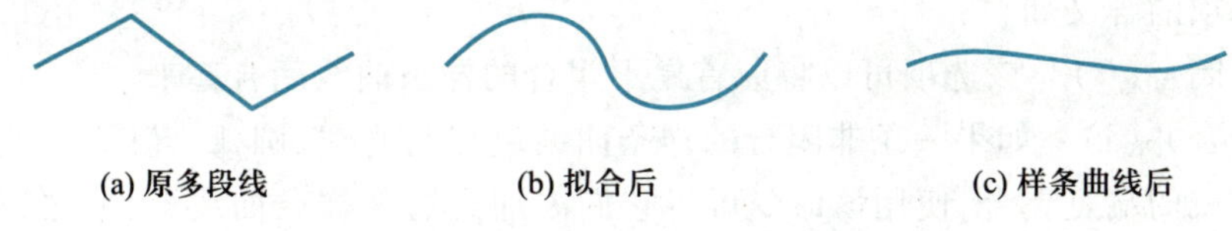

(a) 原多段线　(b) 拟合后　(c) 样条曲线后

图 6-39　多段线的拟合与样条曲线

6. 样条曲线(S)

该选项用于将选中的多段线进行样条化曲线拟合,生成的曲线以原来的多段线的顶点作为控制点,且通过第一和最后一个控制点,曲线被拉向各个顶点,不一定通过各个顶点,如图 6-39(c)所示,可以看出拟合与样条曲线的区别。

7. 非曲线化(D)

该选项用于取消“拟合”或“样条曲线”的曲线拟合操作。

8. 线型生成(L)

该选项确定是否生成连续线型穿过整条多段线的顶点。

9. 反转(R)

该选项可以反转选定多段线的顶点,反转包含文字的线型或反转不同起点宽度和端点宽度的多段线。“PLINEREVERSEWIDTHS”变量值为“0”时,只反转顶点,不反转线宽,变量值为“1”时,线宽顶点一起反转。如图 6-40(b)所示,为变量值等于“1”时的反转效果。

(a) 原多段线　(b) 反转后多段线

图 6-40　“PLINEREVERSEWIDTHS”值为“1”时多段线的反转

10. 放弃(U)

该选项用以取消“PEDIT”命令的前一操作,重复使用可以取消“PEDIT”命令以前所操作回到命令初始状态。

6.20 编辑样条曲线

该命令用以对由样条曲线命令生成的曲线进行编辑。命令的输入方法如下:

命令:SPLINEDIT

菜单:【修改】→对象→样条曲线

工具栏:【修改】→

命令启动后,系统提示如下:

命令:_splinedit

选择样条曲线:(以任意方式选择一条样条曲线)

输入选项[闭合(C)/合并(J)/拟合数据(F)/编辑顶点(E)/转换为多段线(P)/反转(R)/放弃(U)/退出(X)] <退出>:

各选项的含义如下:

(1) 闭合(C) 该选项可以将原首尾不闭合的样条曲线闭合起来。

(2) 合并(J) 如果一条非闭合的样条曲线端点与直线、圆弧、椭圆弧、曲线或另一样条曲线的端点重合,使用该命令可将它们添加到这条样条曲线上,使之连接成一条样条曲线。

如图6-41(a)所示,样条曲线左端接一段椭圆弧,右端接一段直线,合并后是一条样条曲线如图6-41(b)所示。

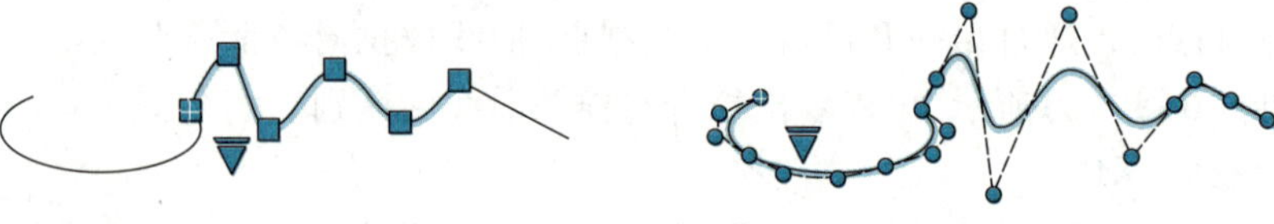

(a) 原样条曲线、椭圆弧和直线　　(b) 合并后是一条样条曲线

图6-41 样条曲线的合并

(3) 拟合数据(F) 可将样条曲线的控制点显示变为可编辑调整的点显示,控制点被激活。输入后命令行提示:

[添加(A)/闭合(C)/删除(D)/扭折(K)/移动(M)/清理(P)/切线(T)/公差(L)/退出(X)] <退出>:

各选项说明如下:

① 添加(A):用以添加调整点。

② 闭合(C):封闭样条曲线。执行该选项后,系统用"打开"项代替"封闭"项,则封闭的样条曲线可以再次被打开。

③ 删除(D):删除样条曲线所通过的点集中的点,输入字母"D"回车后,系统提示指定控制点,系统会根据其余的点生成新的样条曲线。

④ 扭折(K):在样条曲线上的指定位置添加节点和拟合点,不会保持在该点的相切或曲率连续性。

⑤ 移动(M):可把某个控制点移动到新的位置。

⑥ 清理(P):可删除样条曲线上的编辑调整点,样条曲线以控制显示。

⑦ 切线(T):可修改曲线起始点和终止点的切线方向。

⑧ 公差(L):可改变样条曲线的允许公差值。

⑨退出(X):退回到上一级命令。

(4) 编辑顶点(E) 用于精密调整样条曲线的顶点。

(5) 转换为多段线(P) 可将样条曲线转换为多段线。

(6) 反转(R) 可使样条曲线反转方向。

(7) 放弃(U) 还原操作,选择"放弃"取消上一次的命令操作。

(8) 退出(X) 退出样条曲线编辑。

6.21 编辑多线

用系统提供的多线编辑工具对多线进行修改,可以保留多线原来的特性,处理方便快捷,可以最大限度地体现多线绘图的优越性。命令的输入方式如下:

命令:MLEDIT

菜单:【修改】→对象→多线

命令输入后弹出“多线编辑工具”对话框,如图6-42所示。该对话框中显示了四列样例图标。从左至右各列依次为十字工具、T形工具、拐角和顶点编辑,以及多线的断开和连接。下面分别介绍其功能:

图6-42 多线编辑工具

1. 十字工具

十字工具用于消除各种相交线。一般总是切断用户所选的第一条多线,至于对第二条多线的处理,要依据所选的工具而定。

2. T形工具

T形工具也用于消除T形交线,并消除第一条多线的延伸部分,保留光标拾取点所在的一侧多线。

3. 拐角连接工具

拐角连接工具用于消除交线,并消除多线一侧的延伸线,保留光标拾取点所在的一侧多线从而形成拐角。

4. 增加顶点和删除顶点工具

增加顶点可以为多线增加若干顶点,以便于处理,如拉伸等。删除顶点则从有三个或更多顶点的多线上删除顶点。要使添加的顶点显示出来，则在“多线样式”对话框中选中“显示连接”。

5. 剪切工具

剪切工具用于切断多线。可分为单个剪切和全部剪切两种。单个剪切在多线中的某一条线上拾取两个点，将该直线两个点之间部分删除；全部剪切用于切断整条多线。切断效果如图 6-43 所示。

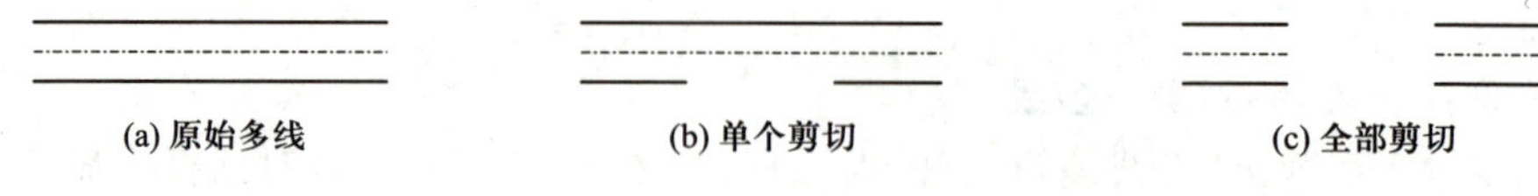

图 6-43 多线的剪切

6. 全部结合

该工具用于接合同一多线上所选两点间的任何切断部分。

如图 6-44(a)所示为设置有中心线的多线相交形成的图形，对其进行多线编辑，可以形成如图 6-44(b)所示的效果。注意，T 形打开与合并的区别在于两条多线的中心线是连接还是分开。

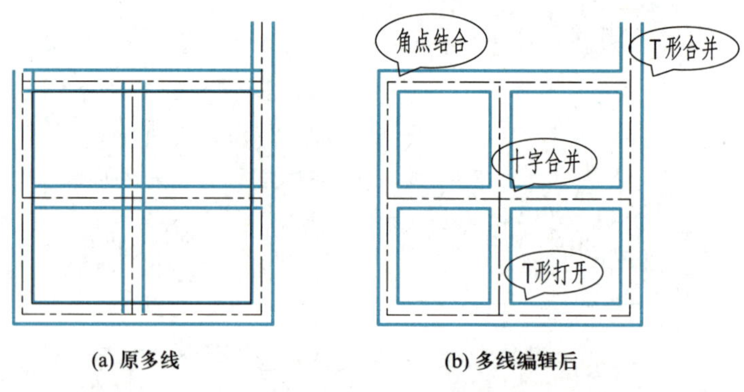

图 6-44 多线的编辑

6.22 综合例题

二维图形修改的综合例题

【例 6-3】 绘制如图 6-45 所示的图形。

参考作图步骤：

1. 作竖直、水平两条中心线。

2. 竖直中心线向左、右各偏移 30 mm，水平中心线向上、下各偏移 20 mm，特性匹配后粗实线得到矩形框。

3. 启动圆角命令编辑矩形的四个角。

4. 竖直中心线向左偏移 24 mm，水平中心线向上偏移 14 mm，两直线相交得到 $\phi6$ 小圆的圆心，并画出小圆，特性匹配为粗实线，修剪小圆的中心线至合适的长度。

5. 启用阵列命令，选择小圆及中心线，完成其余 3 个小圆的绘制。

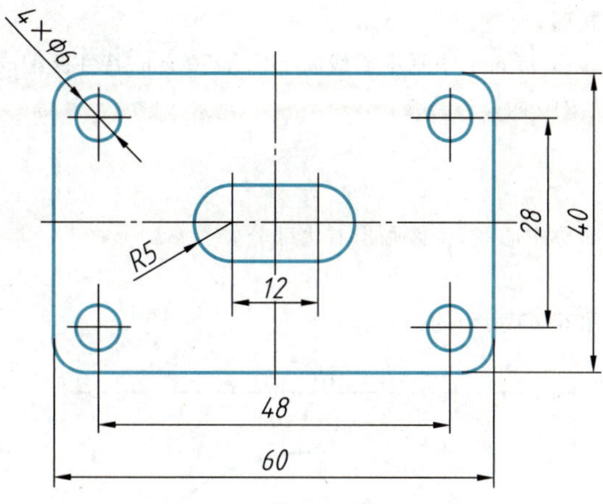

图 6-45 举例图形 1

6. 竖直中心线向左、右各偏移 6 mm，以其与水平中心线的交点为圆心、$R5$ 画圆，画出两个圆的两条水平公切线。

7. 修剪至如图 6-45 所示形状，完成绘图。

【例 6-4】 绘制如图 6-46 所示的图形。

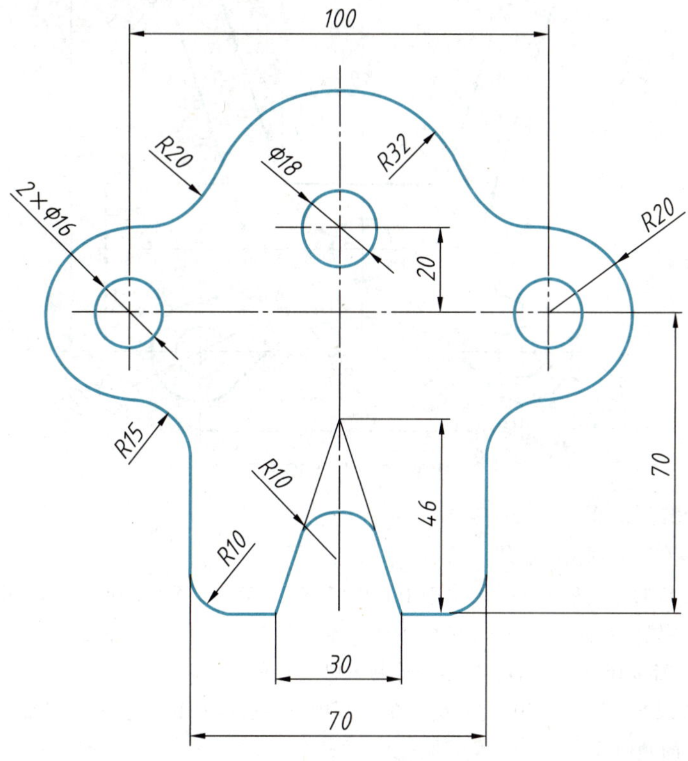

图 6-46 举例图形 2

参考作图步骤：

1. 绘制水平和竖直中心线。

2. 水平中心线向上偏移 20 mm 以确定顶部 $\phi18$ 及 $R30$ 圆的圆心，画出完整的圆；竖直中心线向左偏移 50 mm 以确定左边 $\phi16$ 圆及 $R20$ 圆的中心，画出完整的圆。

3. 圆角画出 R20 连接弧。

4. 竖直中心线向左偏移 35 mm，水平中心线向下偏移 70 mm，特性匹配成粗轮廓线。

5. 圆角，画出 R15 及 R10 两段连接弧。

6. 画出倾斜直线。

7. 修剪多余部分。

8. 以竖直中心线为对称中心线，镜像画出右边部分。

9. 修剪成图。

【例 6-5】 绘制如图 6-47 所示的图形。

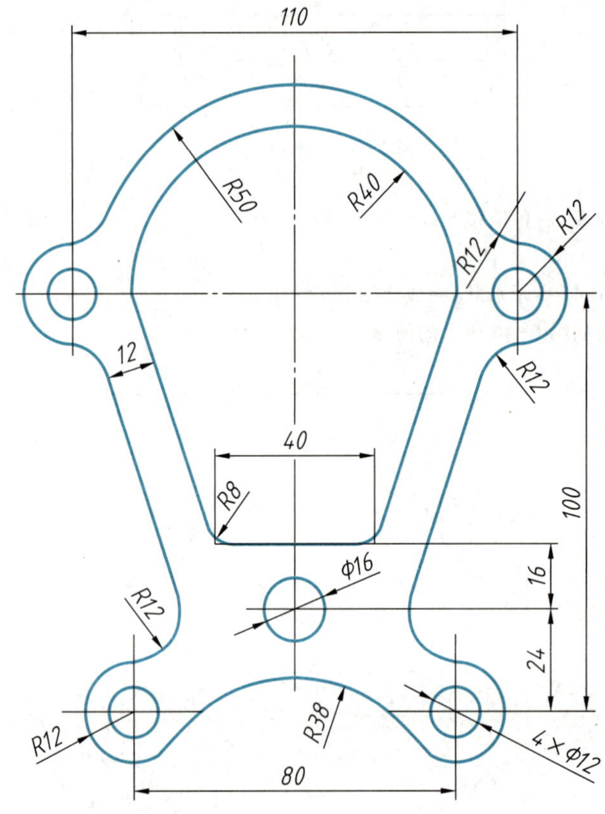

图 6-47 举例图形 3

参考绘图步骤：

1. 绘制水平和竖直两条中心线。

2. 竖直中心线向左偏移 55 mm 与水平中心线相交得左侧上部两圆的圆心，水平中心线向下偏移 100 mm，竖直中心线向左偏移 40 mm，相交得到左侧下部圆的圆心，下部的水平线再按尺寸向上偏移，分别得到下中部 ϕ16 圆的圆心。完整地绘制出以上所有圆。

3. 水平中心线向下偏移(100-24-16) mm 得到中心多边形的下底边，利用极轴追踪及对象捕捉方法绘制多边形的倾斜线。

4. 利用圆角命令画出所有的圆弧连接。

5. 利用修剪命令去除所有多余的线。

6. 利用镜像命令画出图形的右半部分。

7. 修剪多余的线，成形。

思考与练习

6-1　绘制如习题图 6-1(a)至习题图 6-1(i)所示的图样(不标注尺寸)。

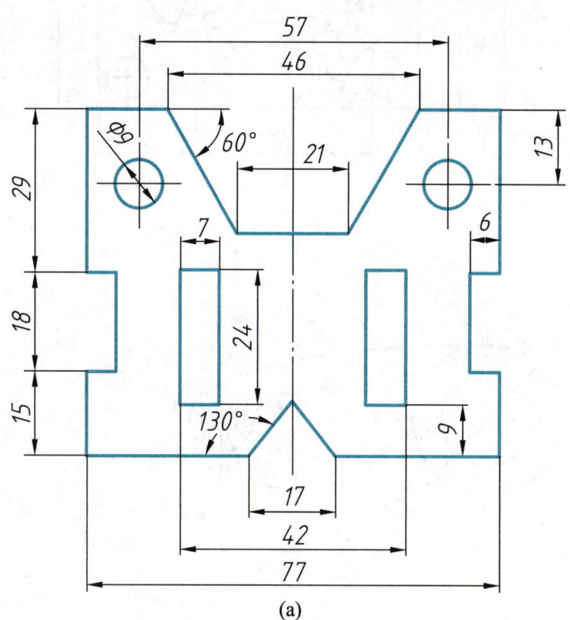

(a)

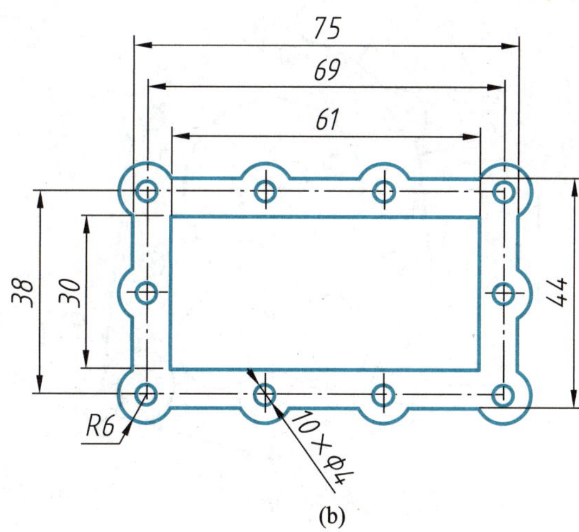

(b)

68
55
6
Φ9
Φ16
Φ14
49
37
27
Φ8
Φ23
R16
6
38
20
(c)

E
A
B
C
D
7
Φ7
R7
Φ20
Φ33
60
解题要点：ABC为椭圆弧。
DE为1/4椭圆弧
(d)

R5
Φ4
R25
Φ30
30°
Φ47
32
25
R7
37
R7
Φ12
Φ7
R6
Φ6
18
46
(e)

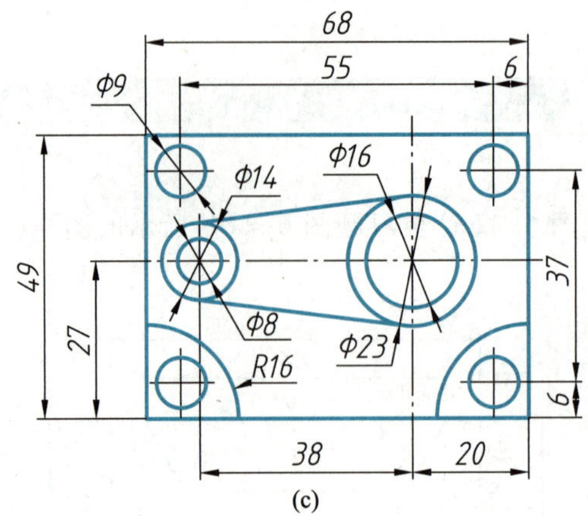

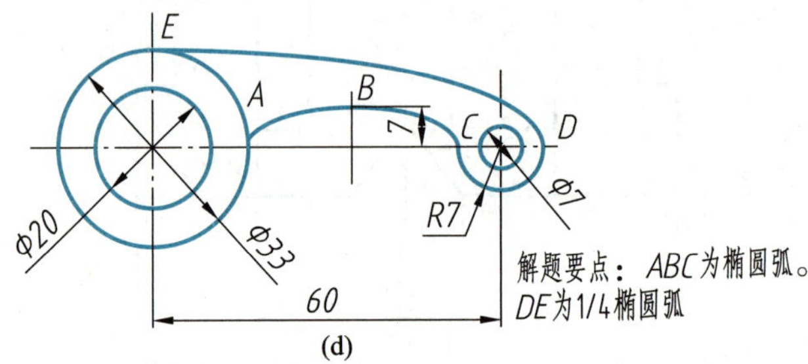

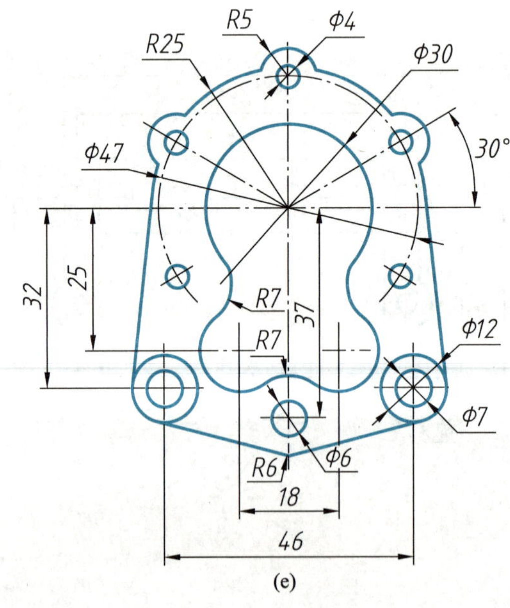

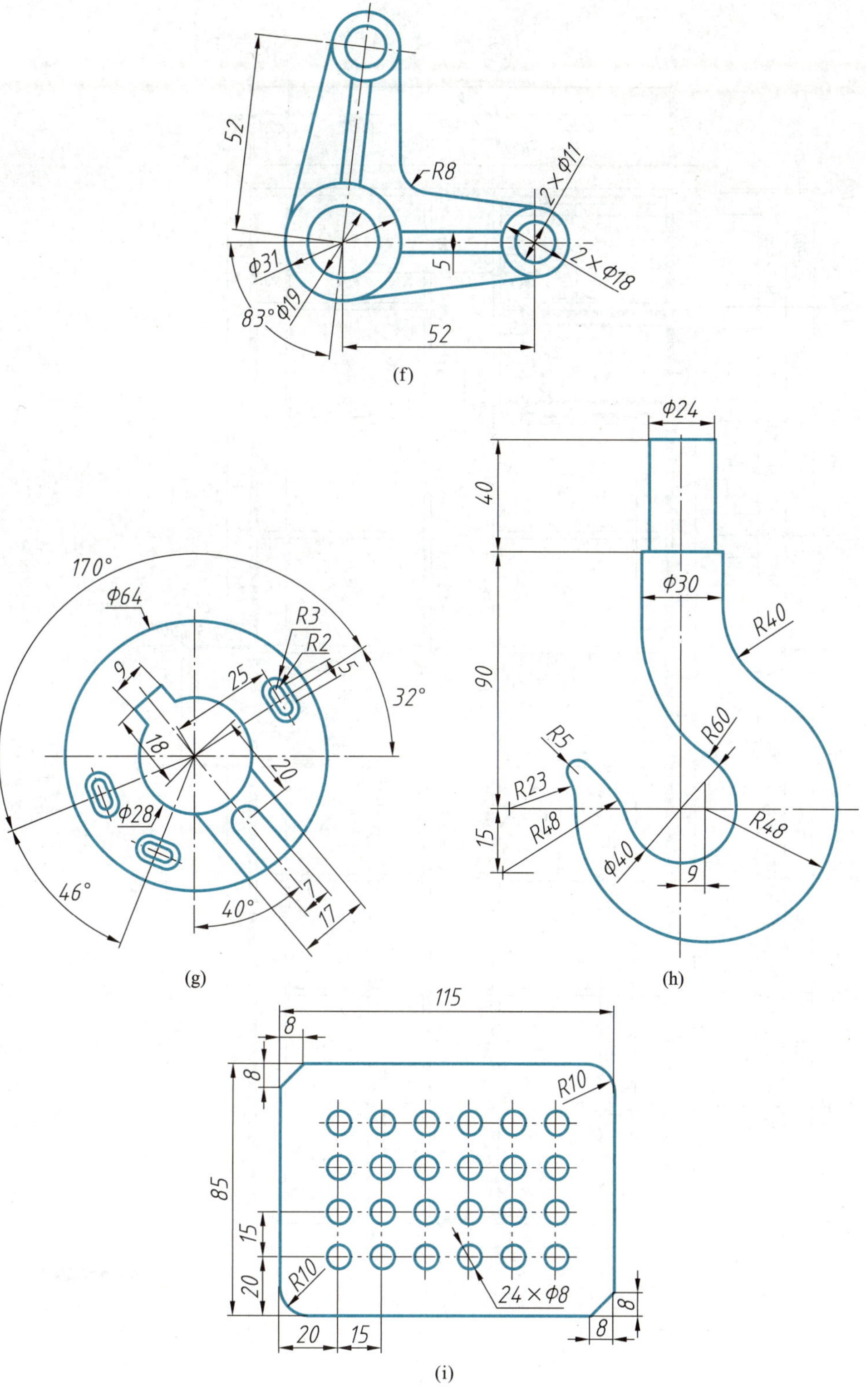

(f)

(g)

(h)

(i)

习题图 6-1

6-2　绘制习题图 6-2 所示的建筑底层平面图。

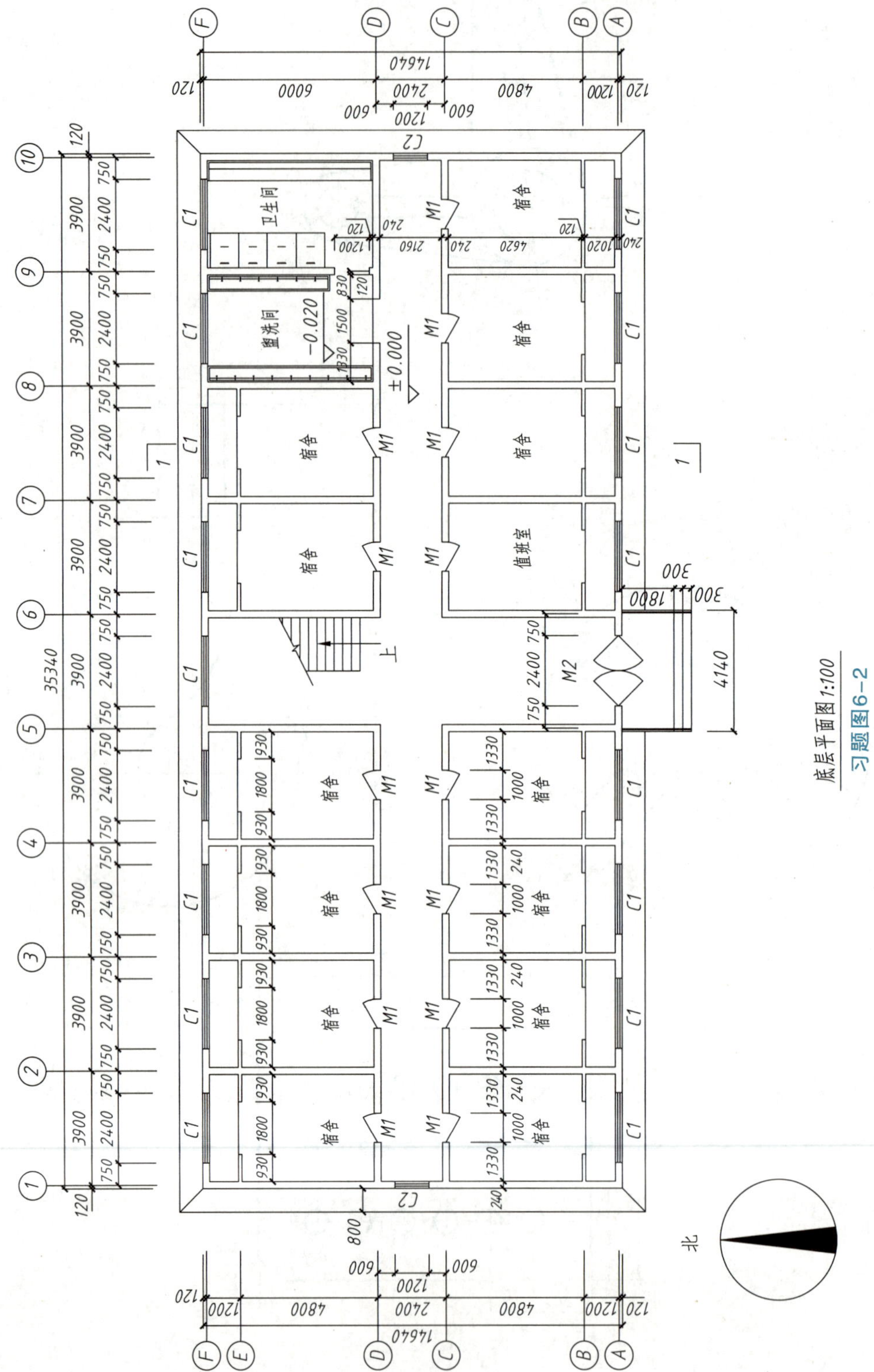

底层平面图 1:100

习题图6-2

第 7 章 文字、表格和图案填充

知识目标：

- □ 掌握文字样式的创建方法
- □ 掌握多行文字的输入和编辑方法
- □ 掌握单行文字的输入和编辑方法
- □ 掌握表格的绘制和修改方法
- □ 掌握图案填充的设置与编辑

能力目标：

- □ 能使用文字、表格和图案填充命令输入文字、绘制表格和填充图案

7.1 文字

文字是 AutoCAD 图形中很重要的图形元素，技术说明、施工说明、标题栏等都需要输入文字，文字是图纸中不可缺少的组成部分。本节内容包括创建文字样式、文字的输入和文字的编辑。

7.1.1 创建文字样式

在 AutoCAD 中，所有文字都有与之相关联的文字样式。在创建文字注释和尺寸标注时，AutoCAD 通常使用当前的文字样式，也可以根据具体要求重新设置文字样式或创建新的样式。文字样式包括文字“字体”“字型”“高度”“宽度系数”“倾斜角”“反向”“倒置”及“垂直”等参数。

命令：STYLE

菜单：【格式】→文字样式

工具栏：【文字】→

通过以上命令，可以打开“文字样式”对话框，如图 7-1 所示，利用该对话框可以修改或创建文字样式，并设置当前文字样式。

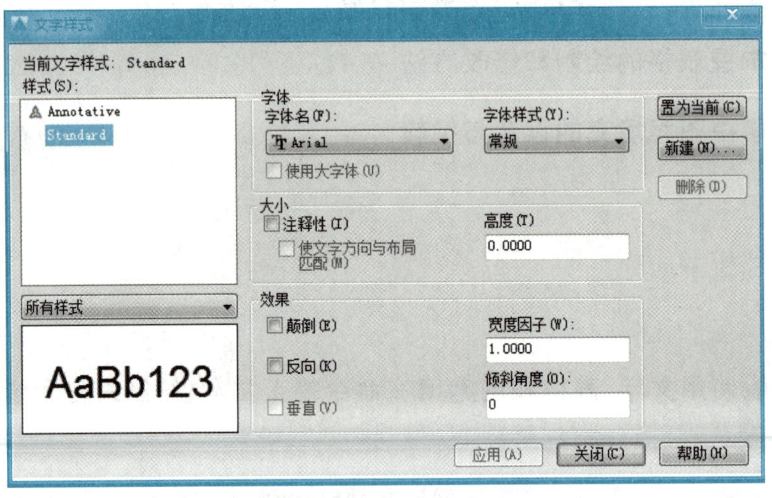

图 7-1 “文字样式”对话框

1. 新建样式名

在“文字样式”对话框中，AutoCAD 系统自带一个文字样式“Standard”。但是一般情况下不用它。用户需要创建自己需要的新的文字样式，以方便对文字进行统一的编辑和修改。

点击“新建”按钮，可以打开如图 7-2(a) 所示“新建文字样式”对话框，在“样式名"文本框中输入新建文字样式名称后,单击"确定"按钮可以创建新的文字样式。如图 7-2(b)所示,创建了一个新的文字样式"建筑样式"。

在"文字样式"对话框中,选中一个已有的文字样式后,点击"删除"按钮,可以删除某些文字样式,但是无法删除已经被使用的文字样式和默认的"Standard"样式。

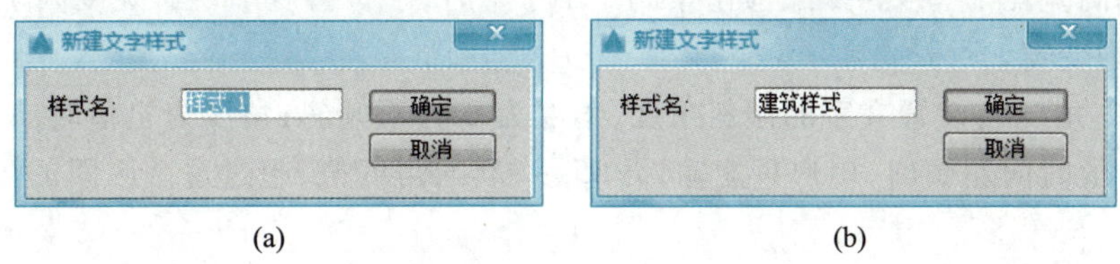

图 7-2 "新建文字样式"对话框

2. 设置字体

在"文字样式"对话框的"字体"选项组中,可以设置字体和字高等文字样式的属性。在"字体名"下拉列表框中可以选择字体,在"字体样式"下拉列表框中可以选择字体的格式,比如常规、斜体和粗体等;在"高度"文本框中可以设置文字的高度,当选中"使用大字体"复选框时,"字体样式"下拉列表框变为"大字体"下拉列表框,用于选择大字体文件。

3. 设置文字大小

"大小"选项组中的各选项用于设置文字注释性和高度。在"高度"文本框中输入数值可指定文字的高度,若不进行设置,则使用默认值为"0",可在插入文字时再设置文字高度。

> 提示:文字高度在这里一般为"0",不要修改,不设置高度。因为一旦设置,同一个文字样式输入的文字字高就会一样,在尺寸标注时字高设置也会灰色显示,不能修改。

4. 设置文字效果

在图 7-1 所示"文字样式"对话框中,使用"效果"选项组中的各选项可以设置文字的显示效果,如图 7-3 所示,其中各选项的功能如下:

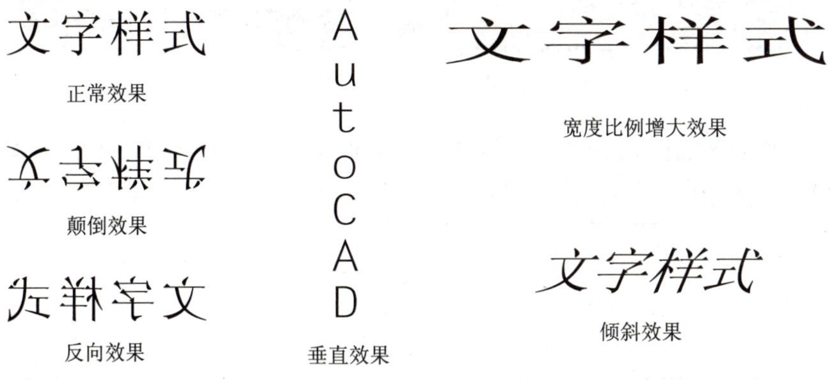

图 7-3 文字的各种效果图

“颠倒”:可设置将文字倒过来书写。

“反向”:可设置将文字反向书写。

“垂直”:可设置将文字垂直书写,但垂直效果对汉字无效。

“宽度因子”:设置文字字符的高度和宽度之比,当“宽度因子”值为1时,将按系统定义的高宽比书写文字;当“宽度因子”小于1时,字符会变窄;当“宽度因子”大于1时,字符则变宽。

“倾斜角度”:设置文字的倾斜角度,角度为0时不倾斜;角度为正值时向右倾斜;角度为负值时向左倾斜,用户只能输入-85°~85°的角度值,超过这个区间的角度值将无效。

设置完文字样式后,单击“应用”按钮即可应用文字样式。然后单击“关闭”按钮,关闭“文字样式”对话框。

【例7-1】 创建文字样式“建筑样式”,字体为仿宋,宽度因子0.7,字高为0。

设置步骤如下:

1. 菜单:【格式】→文字样式,打开“文字样式”对话框。

2. 单击“新建”按钮,打开“新建文字样式”对话框,参考图7-2,在“样式名”文本框中输入“建筑样式”,然后单击“确定”按钮,AutoCAD返回到“文字样式”对话框。

3. 在“字体”选项组中的“字体名”选择“仿宋”;“高度”文本框中值不变,依然是0.0000,在“宽度因子”中输入“0.7”。如图7-4所示。

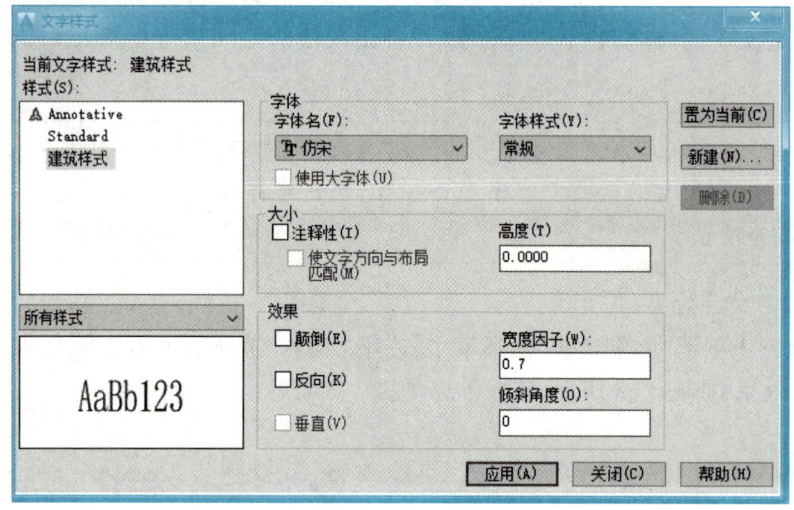

图7-4 新建文字样式“建筑样式”

4. 单击“应用”按钮应用该文字样式,然后单击“关闭”按钮关闭对话框,就可以用“建筑样式”这种文字样式书写文字了。

7.1.2 创建多行文字

在制图时一般使用“多行文字”功能输入图样的技术要求和设计说明等。“多行文字”是一种易于管理的文字对象，可以对其进行编辑、移动、复制、旋转和缩放等操作。

命令的输入方法如下：

命令：MTEXT

菜单：【绘图】→文字→多行文字

工具栏：【注释】→ A 文字

执行该命令后，要在绘图窗口中指定一个用来放置多行文字的矩形区域，然后在工具栏位置出现“文字编辑器”工具栏和文字输入窗口，在文字编辑器中有样式、格式、段落、插入、拼写检查、工具、选项、关闭选项卡。如图 7-5 所示。

“文字编辑器”中各主要选项的功能如下：

(1) 样式　选择用户设置的文字样式和字体的高度。

(2) 格式　可以设置文字的类型和文字效果。

① “文字字体”下拉列表框：可以为新输入的文字指定字体或改变选定文字的字体。

② “加粗”“倾斜”“下划线”和“上划线”按钮：单击可以为新输入文字或选定文字设置加粗、倾斜，加下划线和上划线效果。

③ “上标”与“下标”按钮：在选中文字时就不再灰色显示，即可以操作。

④ “堆叠/非堆叠 ”b/a按钮：单击该b/a按钮，可以创建垂直对齐的文字或分数的堆叠文字，在使用时，需要分别输入分子和分母，其间使用“/”“#”或“^”分隔，然后选择这一部分文字，单击b/a按钮即可。

例如，要创建图 7-6 所示文字，可以首先输入“2016/2018”，然后选中单击b/a按钮或者回车键即可；输入“15+0.1^-0.025”，然后选中“+0.1^-0.025”单击b/a，上下数字就会堆叠在“15”的后面；输入“2#3”堆叠，就会出现“2/3”的形式。

输入堆叠的分隔符后按空格键，AutoCAD 会自动堆叠字符，如果不需要堆叠，就可以点击堆叠后字符下面的⚡，系统弹出如图 7-7 所示的快捷菜单，选择“非堆叠”即可。也可以选择“堆叠特性”命令，弹出如图 7-8 所示对话框，然后选择各种样式外观。

“文字编辑器”中的段落、插入、拼写检查和工具等选项与办公软件 WPS 类似，不再赘述。

在实际绘图中，除了要输入汉字、英文外，还经常需要标注一些特殊的字符。例如，在文字上方或下方添加划线、标注度(°)、±、Φ 等符号。这些特殊字符不能从键盘上直接输入，因此 AutoCAD 2016 提供了相应的控制符，以实现这些标注的要求。

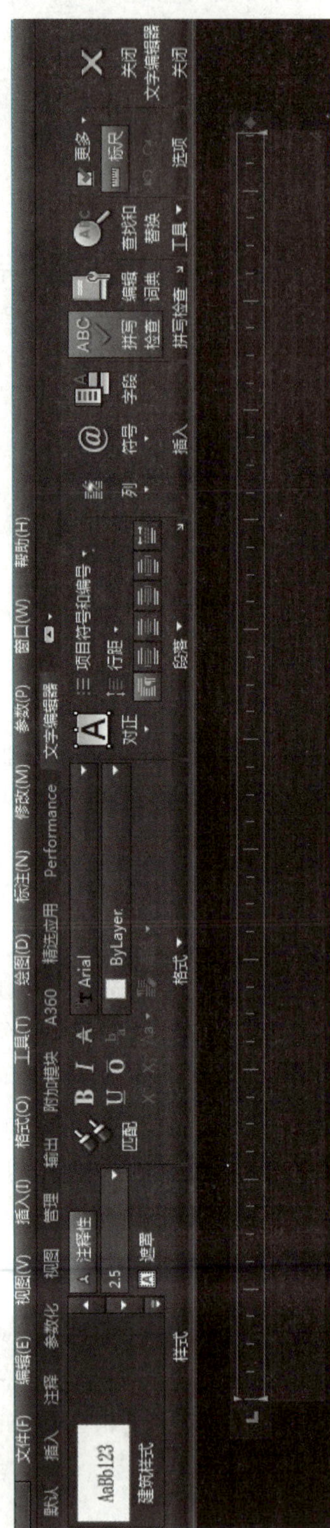

图7-5 多行文字的“文字编辑器”输入窗口

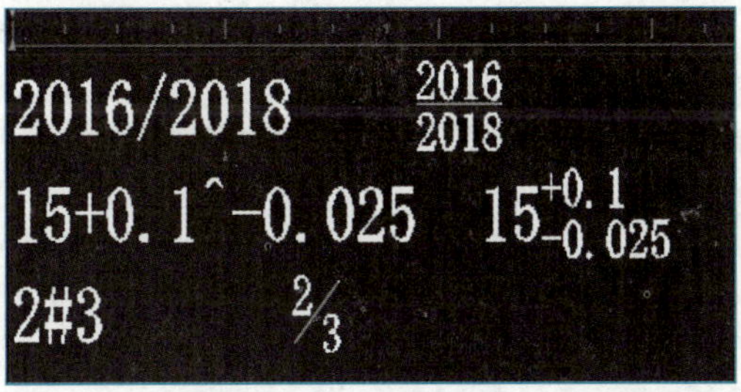

图 7-6 文字堆叠效果

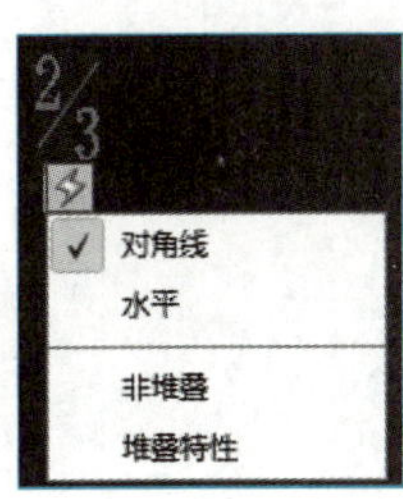

图 7-7 快捷菜单

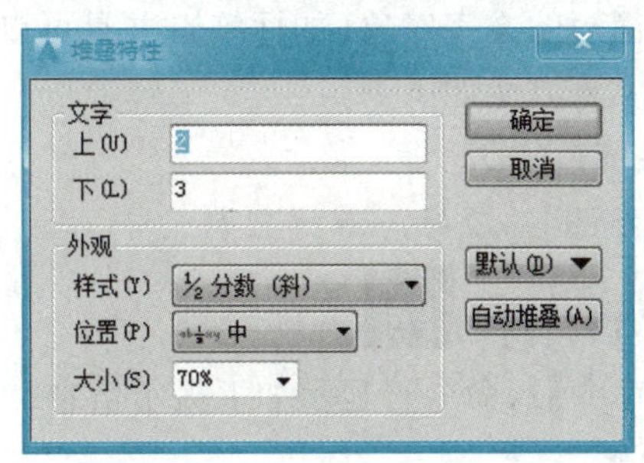

图 7-8 “堆叠特性”对话框

AutoCAD 的控制符由两个百分号(%%)及在后面紧接一个字符构成,常用的控制符如表 7-1 所示。

表 7-1 AutoCAD 常用控制符

控制符	功能
%%O	打开或关闭文字上划线
%%U	打开或关闭文字下划线
%%D	标注度(°)符号
%%P	标注正、负公差(±)符号
%%C	标注直径(Φ)符号

7.1.3 编辑多行文字

在创建多行文字时,后期难免会有一些需要修改的内容,用户可以编辑已经创建的多行文字,对其文字内容和特性进行修改。命令的输入方法如下:

命令:DDEDIT

快捷键:双击文字对象

菜单:【修改】→对象→文字→编辑

工具栏:【文字】→

执行上述命令后，可以打开多行文字编辑器窗口，然后参照多行文字的设置方法，选中需要修改的文字重新进行编辑即可。

也可以在绘图窗口中左键单击输入的多行文字，然后右击，从弹出的右键快捷菜单中选择“编辑多行文字”来打开多行文字编辑窗口。

7.1.4 创建单行文字

在 AutoCAD 2016 中，单行文字的每一行都是一个文字对象，因此可以用来创建文字内容比较简短的文字对象（如标签），并且可以进行单独编排。

命令的输入方法如下：

命令：DTEXT(DT)

菜单：【绘图】→文字→单行文字

工具栏：【注释】→A

执行该命令后，命令行显示如下提示信息：

命令：_text

当前文字样式：“建筑样式” 文字高度：2.5000 注释性：否 对正：左

指定文字的起点或[对正(J)/样式(S)]：

指定高度<2.5000>：

指定文字的旋转角度<0>：0

各选项含义如下：

（1）指定文字的起点　可以指定单行文字的起点位置。

（2）对正(J)　可以设置文字的对正方式，输入“J”后命令行显示如下提示信息：

输入选项[左(L)/居中(C)/右(R)/对齐(A)/中间(M)/布满(F)/左上(TL)/中上(TC)/右上(TR)/左中(ML)/正中(MC)/右中(MR)/左下(BL)/中下(BC)/右下(BR)]：

系统为文字提供了上面显示的多种对正方式。

（3）样式(S)　可以设置当前使用的文字样式。选择该选项时，命令行提示如下信息：

输入样式名或[?]〈建筑样式〉：

可以直接输入文字样式的名字，也可以输入“?”，在“AutoCAD 命令行”中显示当前图形中包含的文字样式，如图 7-9 所示。

（4）指定高度　要求指定文字高度，否则将使用“文字样式”对话框中设置的文字高度。

（5）文字的旋转角度　要求指定文字的旋转角度。文字的旋转角度是指文字行排列方向与水平线的夹角，逆时针方向为正，默认角度为 0。

输入单行文字之后，需要按<Ctrl+Enter>组合键才可以结束文字输入，按<Enter>键只是换行，可以再输入一行文字，每行文字都是独立的对象。输入单行文字不退出的情况下，可换个位置继续创建单行文字。

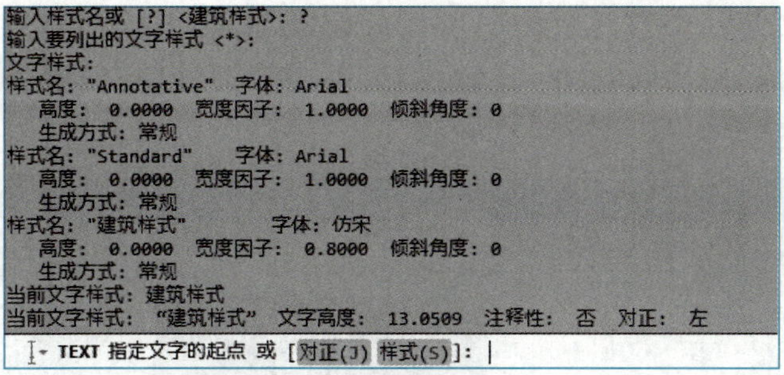

```
输入样式名或 [?] <建筑样式>: ?
输入要列出的文字样式 <*>:
文字样式:
样式名: "Annotative"  字体: Arial
   高度: 0.0000  宽度因子: 1.0000  倾斜角度: 0
   生成方式: 常规
样式名: "Standard"    字体: Arial
   高度: 0.0000  宽度因子: 1.0000  倾斜角度: 0
   生成方式: 常规
样式名: "建筑样式"        字体: 仿宋
   高度: 0.0000  宽度因子: 0.8000  倾斜角度: 0
   生成方式: 常规
当前文字样式: 建筑样式
当前文字样式: "建筑样式" 文字高度: 13.0509 注释性: 否 对正: 左
TEXT 指定文字的起点 或 [对正(J) 样式(S)]:
```

图 7-9 “AutoCAD 命令行”中显示的当前图形中包含的文字样式

7.1.5 编辑单行文字

编辑单行文字包括编辑文字的内容、对正方式及缩放比例。

命令的输入方法如下：

命令:DDEDIT

快捷键:双击文字对象

菜单:【修改】→对象→文字→编辑

工具栏:【文字】→

执行该命令后,在绘图窗口中选择需要编辑的单行文字,进入文字编辑状态,也可以重新输入文本内容。

另外可以用图标(或“SCALETEXT”命令)对文字进行缩放,此时需要输入缩放的基点及指定新高度、匹配对象(M)或缩放比例(S)。用图标(或“JUSTFYTEXT”命令)可以重新设置文字的对正方式。

7.2 表格

表格使用行和列以一种简洁清晰的格式提供信息,主要用于标题栏、明细表等内容的绘制。在 AutoCAD 2016 中,可以创建表格样式和编辑表格。

7.2.1 创建表格样式

表格样式可以保证标准的字体、颜色、文本、高度和行距,用户可以使用默认的表格样式,也可以创建需要的表格样式。

设置表格样式,命令的输入方法如下：

命令:TABLESTYLE

菜单:【格式】→表格样式

工具栏:【注释】→

执行表格命令后，将打开如图7-10所示的“表格样式”对话框。

在“表格样式”对话框中，单击“新建”按钮，使用打开的“创建新的表格样式”对话框创建新的表格样式，如图7-11所示。

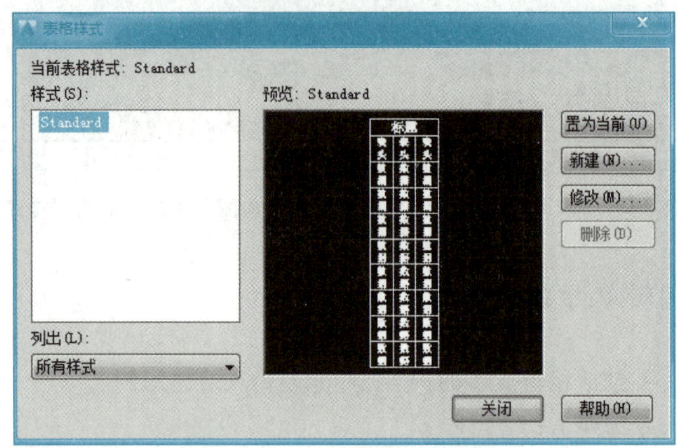

图7-10 “表格样式”对话框

在“新样式名”文本框中输入新的表格样式名，在“基础样式”下拉列表框中选择默认的表格样式、标准的或者任何已经创建的表格样式，新样式将在该样式的基础上进行修改，然后单击“继续”按钮，将打开“新建表格样式”对话框，如图7-12所示。

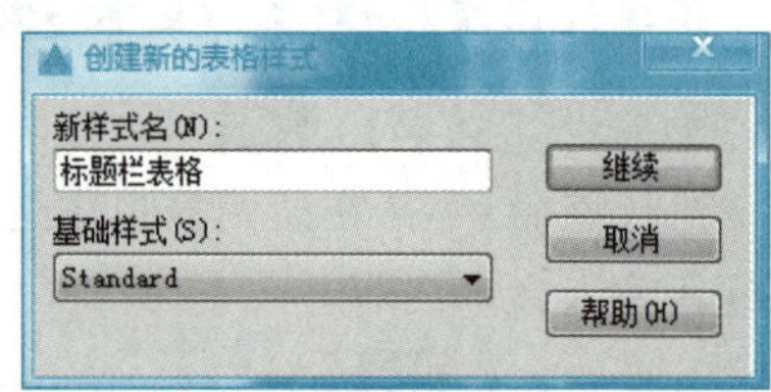

图7-11 “创建新的表样式”对话框

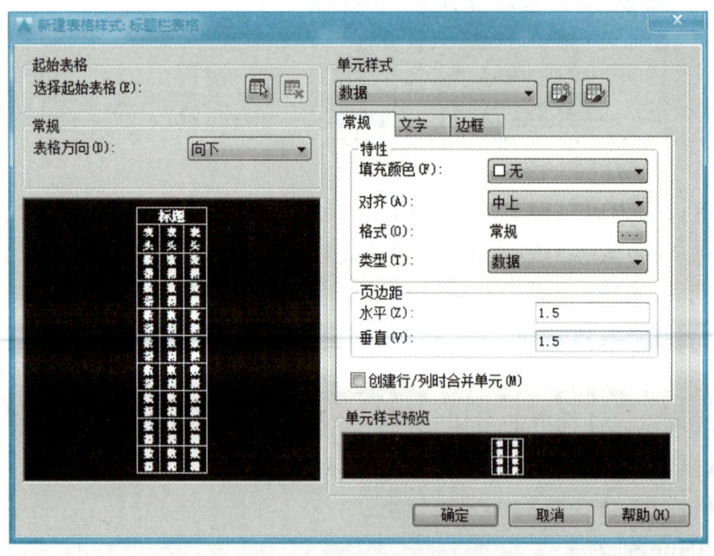

图7-12 “新建表格样式”对话框

“新建表格样式”对话框各选项功能如下：

(1) 起始表格　该选项是让用户在绘图区域选择一个已经绘制好的表格，以此为样例表格，绘制新表格。单击 ，进入绘图区选择表格；单击 ，则将在绘图区域选择的表格删除。

(2) 常规　该选项用于更改表格的方向。通过在“表格方向”下拉列表框中选择“向上”或“向下”来设置表格方向。预览框可以显示当前表格创建的效果是向上还是向下的。

(3) 单元样式　该选项用于定义新的单元样式 或修改现有的单元样式 。还可以在“数据”下拉列表框中 中切换表格的单元样式，系统提供了标题、表头和数据三种单元样式。

单击 按钮，将弹出如图 7-13 所示的“管理单元格式”对话框，可以对单元格式进行新建、删除和重命名等操作。

(4) 单元特性　在“单元特性”选项组中有常规、文字和边框选项。如图 7-14 所示。

各选项的功能如下：

① 常规：可以设置单元样式的表格颜色、文字的对齐方式、标记类型等内容。

② 文字：可以设置表格内文字的样式、高度、颜色和角度。

③ 边框：可以设置边框的线宽、线型和颜色，还可以设置表格的边框是否存在，分格线是否存在。

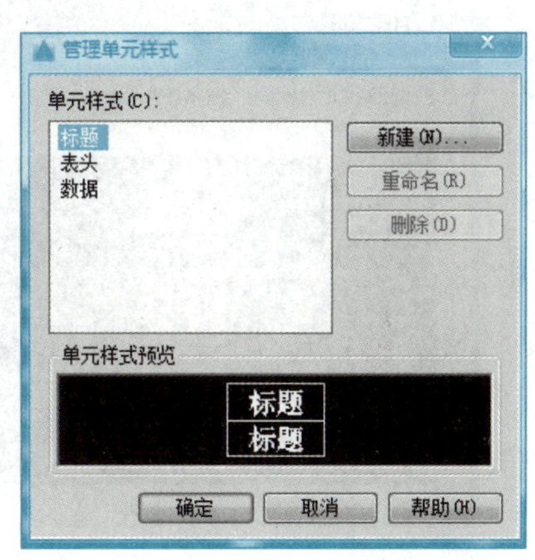

图 7-13　“管理单元样式”对话框

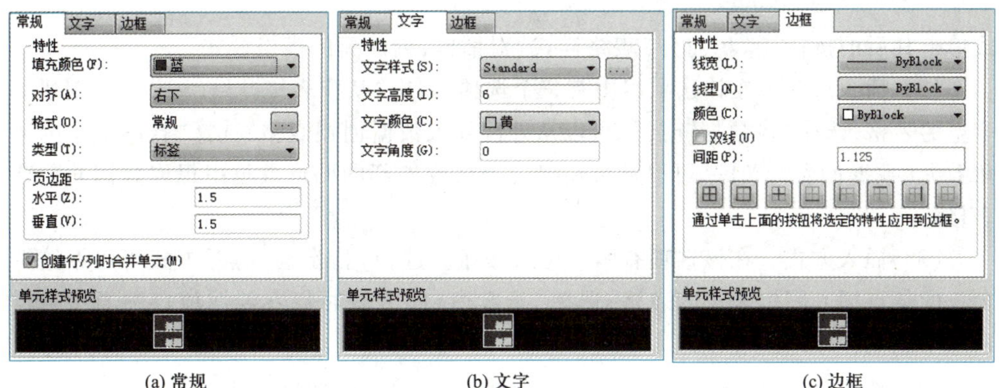

图 7-14　“新建表格样式”对话框中的单元特性选项

7.2.2　创建表格

在绘图区域创建表格，命令的输入方法如下：

命令：TABLE

菜单：【绘图】→表格

工具栏：【注释】→

执行以上命令，可以打开“插入表格”对话框，如图 7-15 所示。

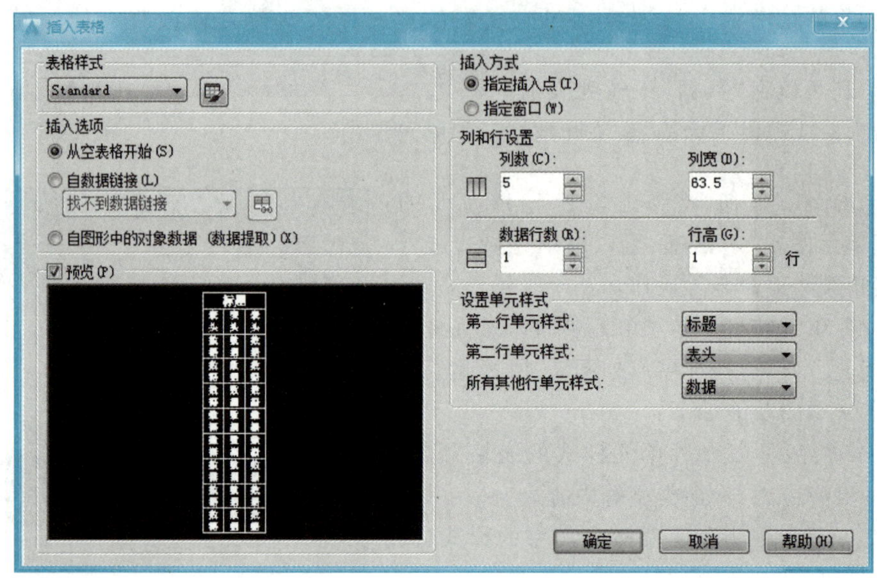

图 7-15　“插入表格”对话框

“插入表格”对话框中各选项的含义如下：

（1）表格样式　在该选项组中，可以从“表格样式”下拉列表框中选择表格样式，或单击其后的按钮，打开“表格样式”对话框，创建新的表格样式。

（2）插入选项　在该选项组中有三个选项，其中“从空表格开始(S)”可以创建一个空的表格；选择“自数据链接”，可以从外部导入数据创建表格；选择“自图形中的对象数据(数据提取)(X)”，可以从可输出的表格或外部的图形数据中提取数据来创建表格。

（3）插入方式　在该选项有两个单选按钮。选择“指定插入点”方式可以在绘图窗口的某点插入固定大小的表格；选择“指定窗口”方式可以在绘图窗口中通过指定两对角点的方式来创建任意大小的表格。

（4）列和行设置　在该选项可以设置列数和列宽、数据行数和行高。

（5）设置单元样式　在该选项可以设置第一行单元样式、第二行单元样式和所有其他行单元样式。默认情况下表格第一行是“标题”，第二行是“表头”，第三行开始是“数据”，参见图 7-15 的预览窗口，显示表格的预览效果。

提示：AutoCAD 可以从 Microsoft 的 Excel 中直接复制表格，并将其作为 AutoCAD 的表格对象粘贴到图形中，也可以从外部直接导入图形对象。此外，还可以输出 AutoCAD 的表格数据，在 Word 和 Excel 中或其他应用程序中直接使用。

7.2.3 编辑表格

在添加表格以后，有时还需要对表格进行编辑。例如，合并、拉伸、添加表格单元，还可以编辑表格的形状和添加表格颜色等。

1. 修改表格特性

单击表格中的任意一条表格线，从表格的右键快捷菜单中可以均匀调整表格的行、列大小，删除所有特性替代如图 7-16 所示；当选择“输出”命令时。还可以打开“输出数据”对话框，以“. csv”格式输出表格中的数据。

当选中表格后，在表格的四周、标题行上将显示许多夹点，也可以通过拖动这些夹点来编辑表格。如图 7-17 所示。

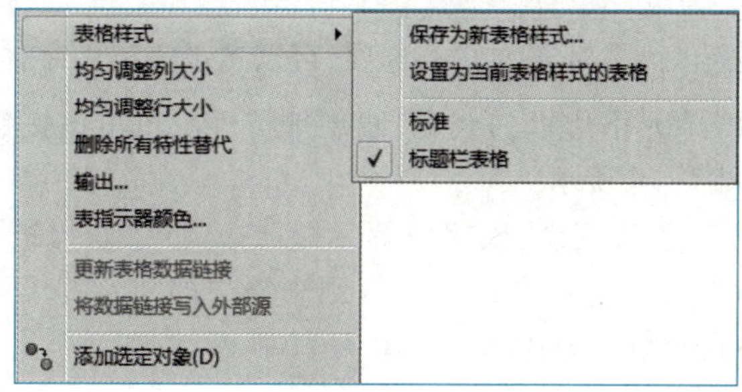

图 7-16 “修改表格”右键快捷菜单

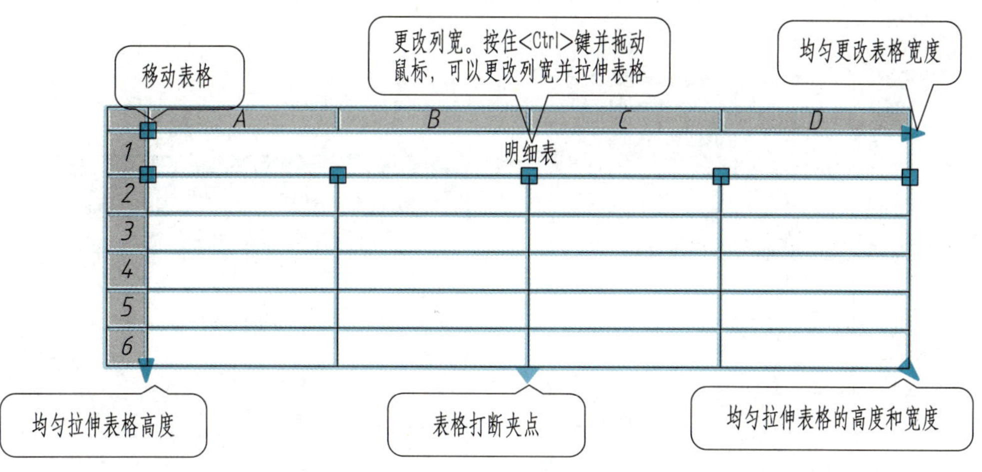

图 7-17 选中表格时各夹点的含义

2. 修改表格单元

单击表格中的某个单元格后，系统打开“表格单元”选项卡，如图 7-18 所示。就可以编辑单元格。

图 7-18 “表格单元”选项卡

“表格单元”选项卡中主要选项的功能说明如下：

(1) 行 可以插入行(在上方或下方)，也可以删除选中的行。

(2) 列 可以插入列(在左侧或右侧)，也可以删除选中的列。

(3) 合并 当选中多个连续的单元格后，可以全部按列或按行合并单元格。

(4) 单元样式 “匹配单元”用当前选中的表格单元格式(源对象)匹配其他表格单元(目标对象)，此时鼠标指针变为刷子形状，单击目标对象即可进行匹配。“对齐方式”下拉有很多对齐方式的选项，可以选择表格中字体所处的位置。“编辑边框”用于设置单元格边框的线宽、线型等特性。单击该按钮，将弹出“单元边框特性”对话框，如图 7-19 所示。

(5) 插入 用于插入块、公式或字段等。如选择“插入块”命令，将打开“在表格单元中插入块”对话框。可以从中选择插入到表格中的块。并设置块在表格单元中的对齐方式、比例和旋转角度等特性。如图 7-20 所示。

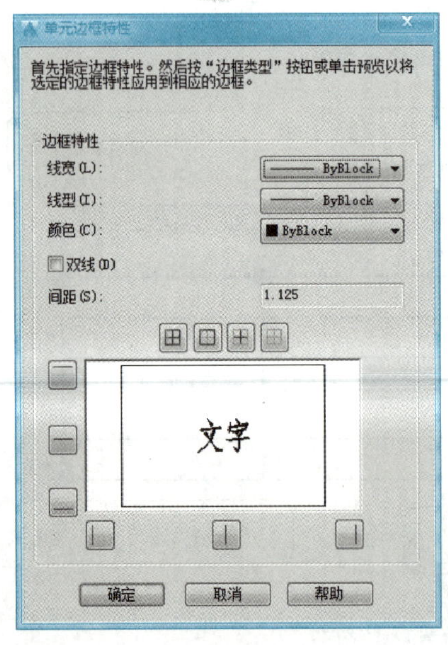

图 7-19 “单元边框特性”对话框

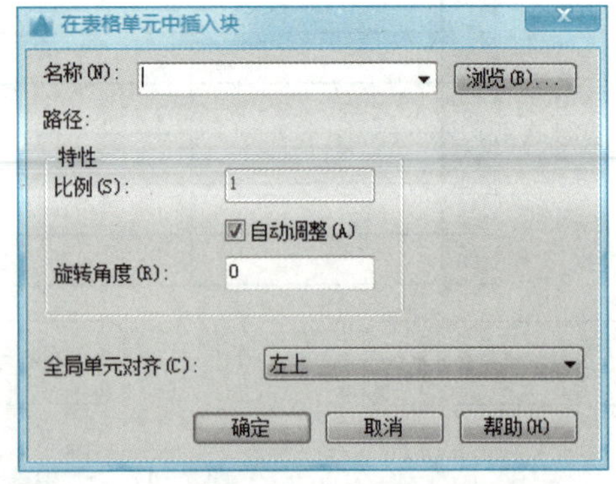

图 7-20 “在表格单元中插入块”对话框

提示:要选择多个单元格,可以按住鼠标左键并在要选择的单元格上拖动,也可以按住<Shift>键同时在需要选择的单元格内按住鼠标左键,可以选中这两个单元及它们之间的所有单元格。

7.3 图案填充

图案填充

在环境工程设计图中,可以用图案填充表达一个特定的区域,也可以使用不同的图案填充来表达不同的区域或建筑材质。

7.3.1 设置图案填充

图案填充,其命令的输入方法如下:

命令:BHATCH

菜单:【绘图】→图案填充

工具栏:【绘图】→

执行以上命令,可以打开“图案填充创建”选项卡,如图 7-21 所示,下面分别介绍各选项组的内容。

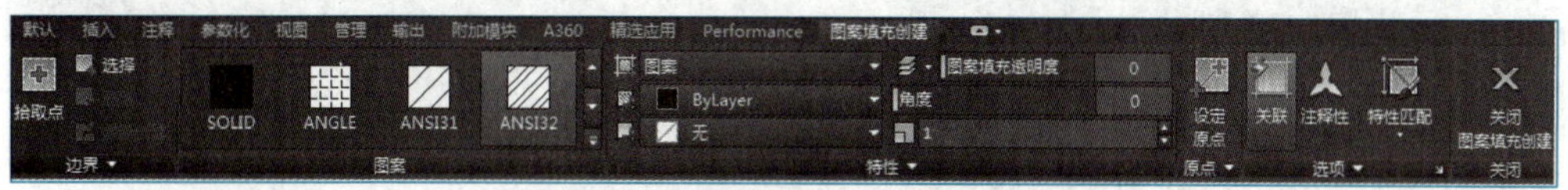

图 7-21 “图案填充创建”选项卡

1. 边界

在“图案填充创建”选项卡的“边界”选项组中,包括“拾取点”“选择”“删除”和“重新创建”等按钮,其主要功能如下。

(1)“拾取点”按钮 以拾取点的形式来指定填充区域的边界。单击该按钮后在绘图窗口需要填充的区域内任意指定一点,系统会自动计算出包围该点的封闭填充边界,同时在边界内填充图案。若在拾取点后系统不能形成封闭的填充边界,则会显示错误提示信息,并在图形中圈出不能闭合的区域,如图 7-22 所示。

(2)“选择”按钮 单击该按钮,可以通过选择对象的方式来定义填充区域的边界。

(3)“重新创建”按钮 重新创建图案填充边界。

2. 图案

“图案”选项组中,可以通过点击滚动条按钮,展开图案,也可以点击滚动条下面的,全部展开图案后,选择填充图案。图案类型如图 7-23 所示。

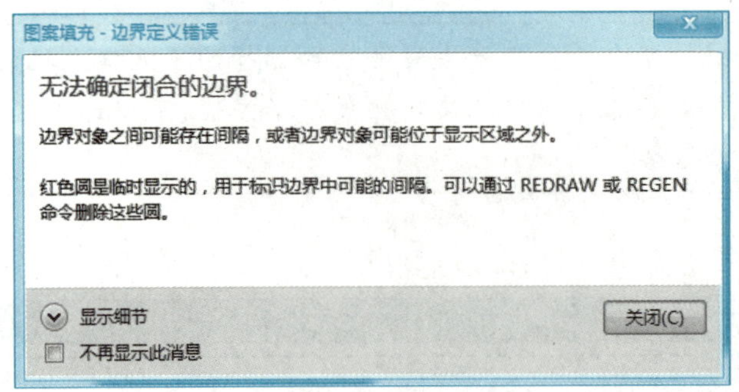

(a) 边界不闭合提示框

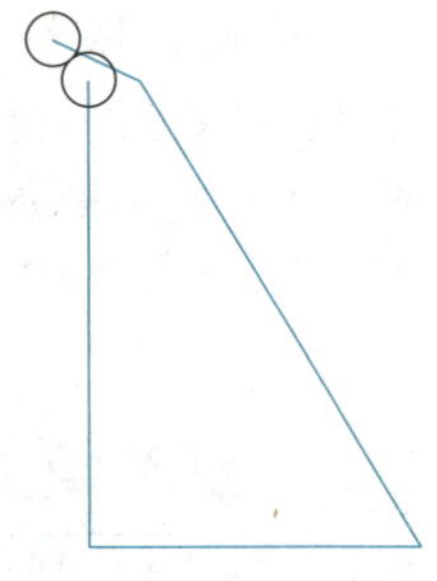

(b) 不闭合处细节提示

图 7-22 “边界不闭合”提示

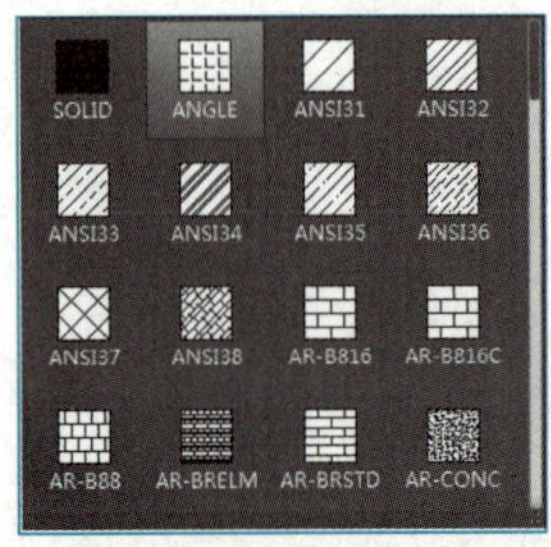

(a) 滚动条展开部分图案1

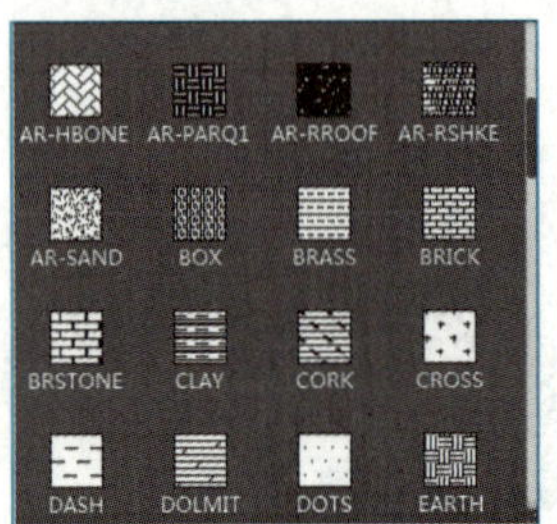

(b) 滚动条展开部分图案2

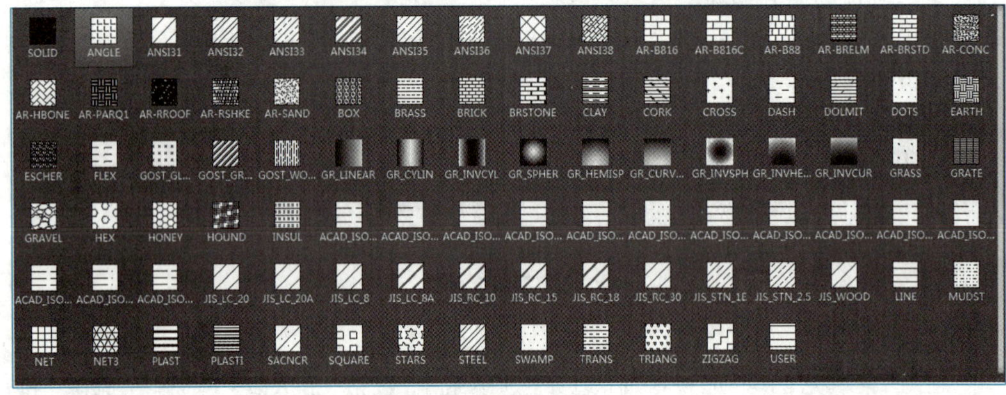

(c) 点击展开全部图案

图 7-23 图案类型

3. 特性

“特性”选项组中包含的内容如图 7-24 所示，有图案类型、图案填充颜色随层特性、填充背景色选择、透明度、角度和比例等选项。

“图案”：单击下拉按钮，在下拉列表框中包括实体、渐变色、图案、用户定义四个选项。“实体”即填充“Solid”图案，就是全部填充成黑色实体；“渐变色”就是选择渐变颜色填充；“图案”就是选择系统内预定义的图 7-23 中展示的图案；“用户定义”则采用用户定制的图案，这些图案保存在“. pat”类型的文件中。

“颜色”：单击下拉按钮，可以选择填充图案的颜色，默认应该随层。

“背景色”：单击下拉按钮，可以选择填充区域背景色的颜色，默认为“无”。

图 7-24 图案填充“特性”选项组

“图案填充透明度”:拖动滑块,可以设置图案填充的透明度。

“角度”:拖动滑块设置填充图案的旋转角度,也可以直接输入角度,默认旋转角为“0”。

“比例”:设置图案填充时的比例值,每种图案在定义时的初始比例为“1”,可以根据需要放大或缩小。比例数值大则填充的图案稀疏,比例数值小则填充的图案密集。

“图层”:指定图案填充所在的图层。

“相对于图纸空间”:适用于布局。用于设置相对于布局空间的比例因子。

“双”:只有在选择“用户定义”选项时才可以用。用于将绘制两组相互成 90°的直线填充图案构成相互交叉的填充效果。

“ISO 笔宽”:设置笔的宽度,当填充图案采用 ISO 图案时,该选项才可用。

4. 原点

在“图案填充”选项卡的“原点”选项组中,可以设置图案填充原点的位置,如图 7-25所示为展开“原点”面板中隐藏的选项。

AutoCAD 默认使用当前 UCS 的原点(0,0)作为图案填充原点,也可以以填充边界的左下角、右下角、右上角、左上角或圆心作为图案填充原点:选择“存储为默认原点”,可以将指定的点存储为默认的图案填充原点。

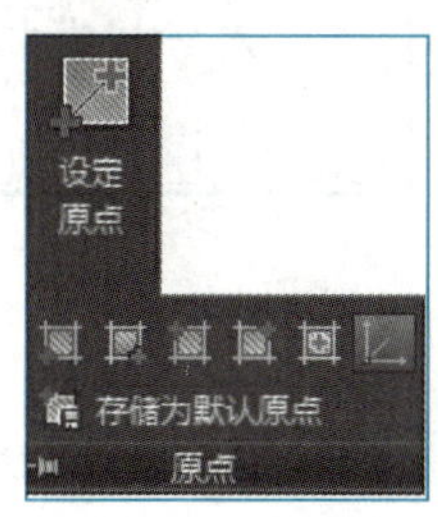

图 7-25 图案填充“原点”选项组

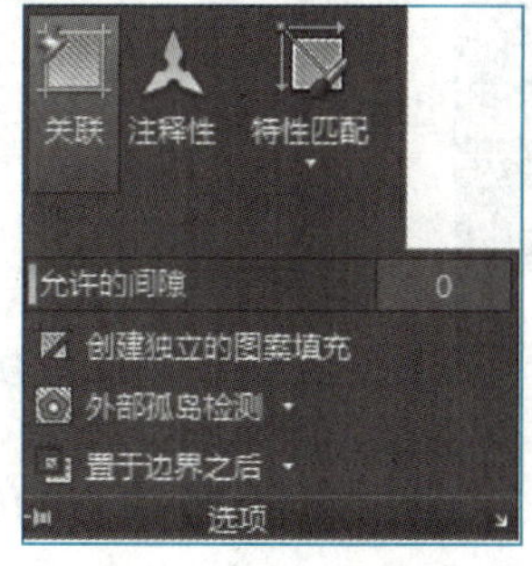

图 7-26 图案填充“选项”选项组

5. 选项

“图案填充”选项卡的“选项”选项组如图 7-26 所示。

“关联”：用于创建边界变化时随之更新的图案和填充。

“注释性”：指定图案填充为可注释特性。

“特性匹配”：使用选定的图案填充的特性匹配给新的图案填充对象，原点除外。点击下拉按钮，在下拉列表框中选择“使用当前原点”和“使用原图案原点”两个选项。

“允许的间隙”：指定要在几何对象之间桥接最大的间隙，这些对象经过延伸后将闭合边界。AutoCAD 软件中默认的情况下要求图案填充的区域必须是封闭的区域，而不是开放区域，所以默认的控制间隙公差的参数“HPGAPTOL”为“0”，即无间隙，否则 AutoCAD 软件会判断错误填充的区域。若必须要填充开放区域，则可以在“允许的间距”里填入大于间隙的数值，也可以在命令行输入“HPGAPTOL”，重新设置“HPGAPTOL”的值。例如，用户要填充一个开口直线距离为“2”的开放区域，可以将“HPGAPTOL”设置为“2”或以上，再填充即可。值得注意的是，设置“HPGAPTOL”参数后填充开放区域的范围并不等同于直接将两端用直线连接后得出的区域，而是将两端延长相交后得出的区域，如果无法延长，那么亦不可填充。

“创建独立的图案填充”：用于创建独立的图案填充。一次填充多个封闭的边界时，这些填充是各自独立的。

“外部孤岛检测”：设置封闭图形内还有其他小的封闭图形时图案填充的方式。包含普通孤岛检测、外部孤岛检测、忽略孤岛检测和无孤岛检测四种方式，如图 7-27所示。

以“普通”方式填充时，如果填充边界内有文字和属性这样的特殊对象，且在选择填充边界时也选择了它们，填充时图案填充在这些对象处就会自动断开，以使这些对象更加清晰，如图 7-28 所示。

图 7-27 “外部孤岛检测”样式

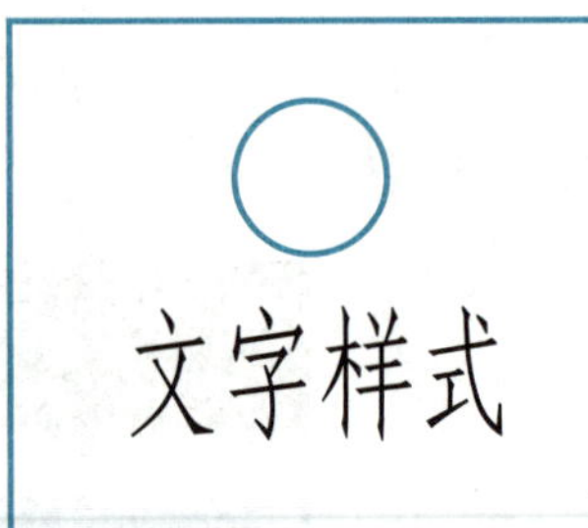

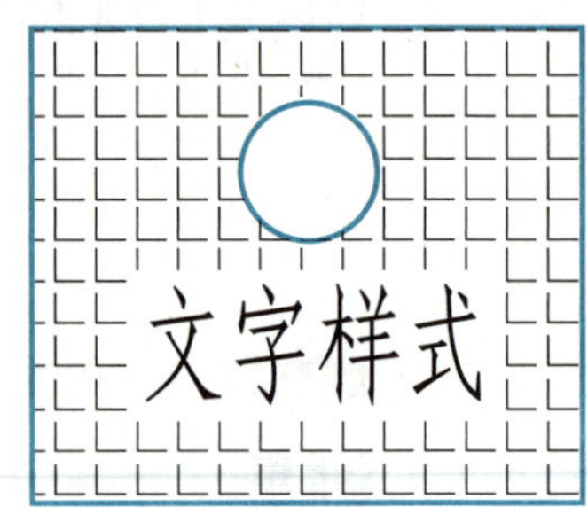

图 7-28 包含特殊对象的图案填充

“绘图次序”：指定图案填充的创建顺序。单击下拉列表按钮，绘图次序选项如图 7-29 所示，包含不指定、后置、前置、置于边界之后和置于边界之前五个选项。默认情况下图案填充绘图次序是置于边界之后。

6. 关闭

“图案填充创建”选项卡“关闭”选项组，可以关闭图案填充命令，退出编辑。

另外，点击图 7-26 选项右下角的按钮，可以弹出“图案填充和渐变色”对话框，如图 7-30 所示，其内容与“图案填充创建”选项卡内容基本相同，不再赘述。

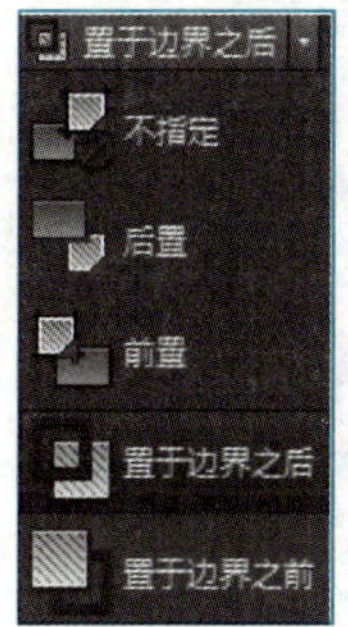

图 7-29 “绘图次序”下拉列表

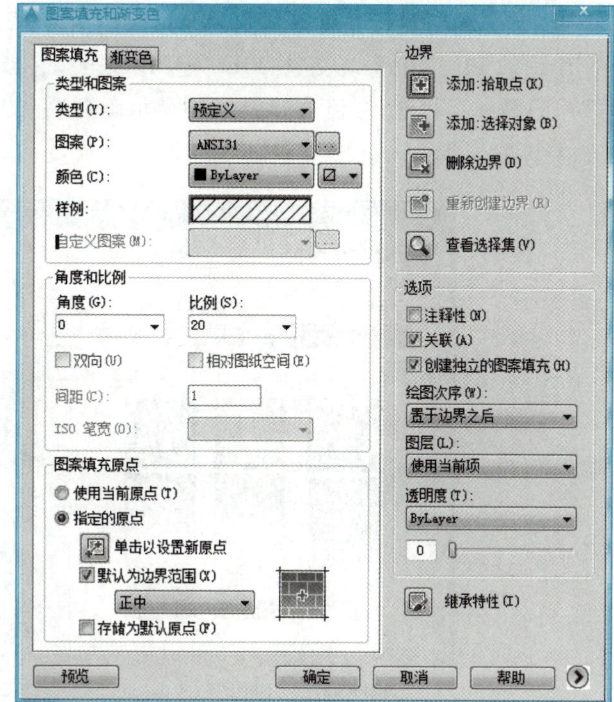

图 7-30 展开的“图案填充和渐变色”对话框

7.3.2 设置渐变色填充

在 AutoCAD 2016 中，可以使用“图案填充和渐变色”对话框的“渐变色”选项卡创建一种或两种颜色形成的渐变色，并对图案进行填充。渐变色最多只能由两种颜色创建，而且不能使用位图填充图形。如图 7-31 所示。

7.3.3 编辑图案填充

创建了图案填充后，如果需要修改填充图案或修改图案区域的边界，可选择菜单：“修改”→“对象”→“图案填充”命令，然后在绘图窗口中单击需要编辑的图案填充。也可以先在绘图区域选择需要编辑的图案填充，然后单击右键从快捷菜单中选择“图案填充编辑…”，这时将打开“图案填充编辑”对话框。

“图案填充编辑”对话框与“图案填充和渐变色”对话框的内容相同，只是定义填充边界和对孤岛操作的按钮不再可用。即图案填充操作只能修改图案、比例、旋转角度和关联性等，而不能修改它的边界。

7.3.4 控制图案填充的可见性

图案填充的可见性是可以控制的。可以用两种方法来控制图案填充的可见性，一种是用命令“FILL”或系统变量“FILLMODE”来实现，当系统变量“FILLMODE”的值为“0”时，隐藏图案填充，当值为“1”时，则显示图案填充。另一种是利用图层的开、关和冻结、解冻来实现。

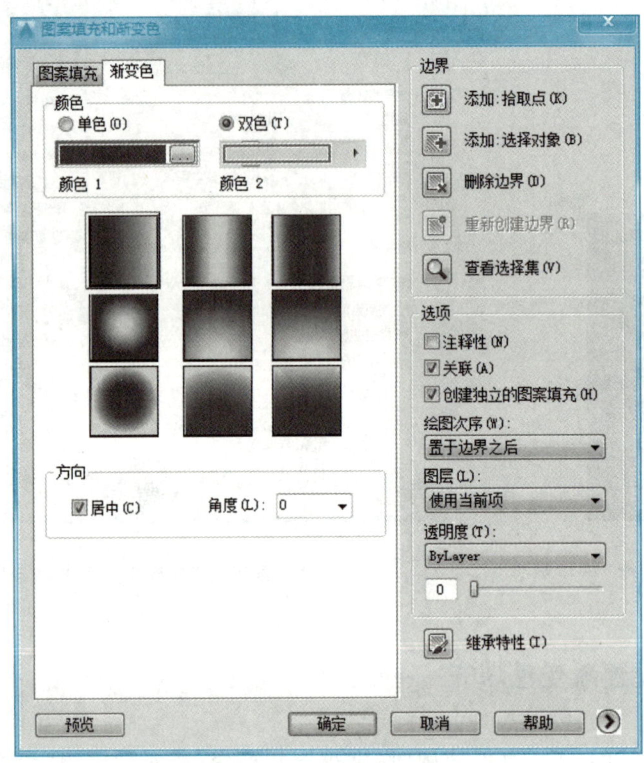

图 7-31 “图案填充和渐变色”对话框的“渐变色”选项卡

7.3.5 分解图案

图案是一种特殊的块，被称为“匿名”块，无论其形状多复杂，它都是一个单独的对象。可以使用“修改”→“分解”命令来分解一个已存在的图案填充。

图案被分解后，将不再是一个单一的对象，而是一组线条。同时，分解后的图案也失去了与图形的关联性，因此，将无法使用“修改”→“对象”→“图案填充”命令来编辑。

思考与练习

7-1 创建如习题图 7-1 所示的文字。

(1)“技术要求”高度为 6 mm,字体为仿宋体。

(2)其他文字高度为 2.5 mm,字体为宋体,倾斜 10°。

技术要求

1. 未注尺寸公差按 GB/T 1804 -m 级;

2. 未注形位公差按 GB/T 1184 -k 级;

3. 未注圆角 R2

习题图 7-1

7-2 绘制如习题图 7-2 所示的表格。

(1)创建表格:7 行 6 列。

(2)在相应位置创建文字。

6	XYZ06-16-06	冷却电动机盖板	2	组件	
5	XYZ06-16-05	冷却泵吸油管	1	组件	
4	XYZ06-16-04	冷却进油管	1	组件	
3	XYZ06-16-03	回油管	1	组件	
2	XYZ06-16-02	回油滤油器橡胶垫	1	橡胶 1-3	借用
1	XYZ06-16-01	油箱	1	组件	
序号	代号	名称	数量	材料	备注

习题图 7-2

7-3 填充如习题图 7-3 所示的图案。

(1)选用图案“ANSI31”型号填充,右半部分角度为 0°,左半部分角度为 90°

(2)各部分练习采用不同比例填充。

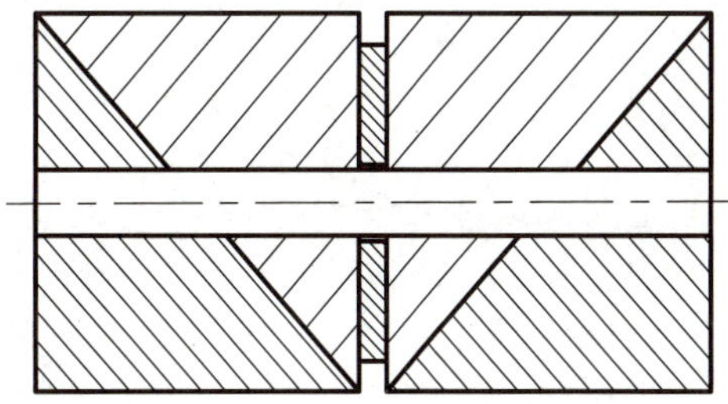

习题图 7-3

7-4 绘制如习题图 7-4 所示的图形。

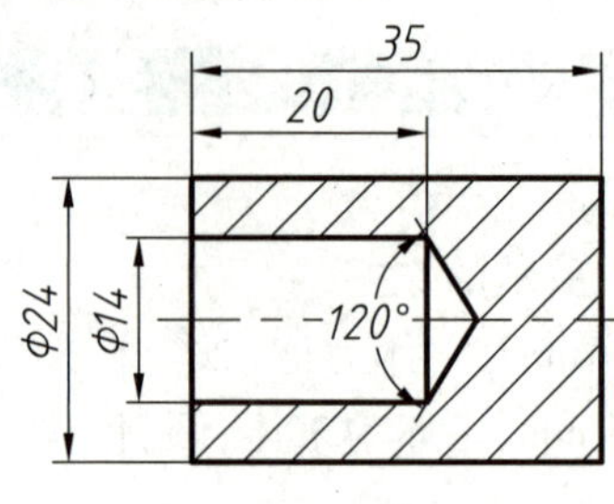

习题图 7-4

第 8 章

块、属性与外部参照

知识目标：

- □ 了解块及属性的特点
- □ 掌握创建块、插入块和存储块的方法
- □ 掌握定义及修改块属性的方法
- □ 掌握在图形中插入外部参照的方法
- □ 了解怎样编辑和管理外部参照

能力目标：

- □ 能创建块、插入块、存储块和使用外部参照

块是一个或多个对象组成的对象集合，一旦一组对象组合成块，根据作图需要就可以将这个块插入到图中任一指定位置，而且还可以按不同的比例和旋转角度插入。AutoCAD 还允许为块创建属性，可以在插入的块中显示或不显示这些属性。块的使用把绘图变成了拼图，避免了大量的重复性工作，从而提高了绘图速度。

8.1 创建块

块、属性与外部参照

创建块的命令如下：

命令：BLOCK

菜单：【绘图】→块→创建

工具栏：【块】→

输入命令后，界面弹出如图 8-1 所示对话框：

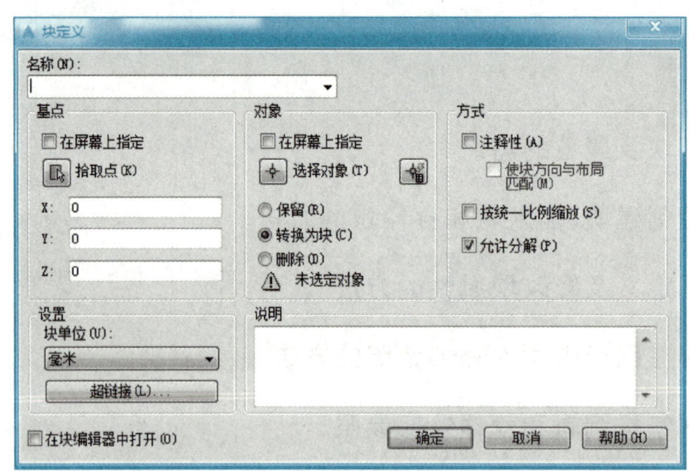

图 8-1 “块定义”对话框

对话框中主要选项的功能说明如下：

(1)“名称”下拉列表框　在此输入一个块名称来定义新的块。单击右侧的下拉按钮可以查看当前图形中所有块名称。

(2)“基点”选项组　设置块的插入基点位置。可以直接在“*X*”“*Y*”“*Z*”文本框中输入，也可以单击“拾取点”按钮，切换到绘图窗口并选择基点。

> 提示：该基点是图形插入过程中进行旋转或调整比例的基准点。

(3)“对象”选项组　设置组成块的对象。

①“选择对象” 按钮：可以切换到绘图窗口选择组成块的各对象。

②“快速选择” 按钮：单击该按钮可以使用弹出的“快速选择”对话框设置所选择的对象的过滤条件。

③“保留”单选按钮:确定创建块后仍在绘图窗口上是否保留组成块的各对象。

④“转化为块”单选按钮:确定创建块后是否将组成块的各对象保留并把它们转换成块。

⑤“删除”单选按钮:确定创建块后是否删除绘图窗口上组成块的原对象。

(4)“方式”选项组　设置组成块的对象显示方式。

①“注释性”复选框可以将块对象设置成是否可注释。

②“按统一比例缩放”复选框,若选中此项,则插入该块时 X、Y、Z 三个方向上采用同样的比例缩放。

③“允许分解”复选框,指定插入的块是否允许被分解。

(5)“设置”选项组　可指定块的一些设置。

①“块单位”下拉列表:设置从 AutoCAD 设计中心中拖动块时的缩放单位。

②“超链接”按钮:单击该按钮可以打开“插入超链接”对话框,在该对话框中可以插入超级链接文档。

(6)“说明”文本框　输入当前块的说明部分。

8.2 插入块

插入块的操作方式如下:

命令:INSERT

菜单:【插入】→块

工具栏:【块】→

执行该命令后,界面将弹出如图 8-2 所示对话框。

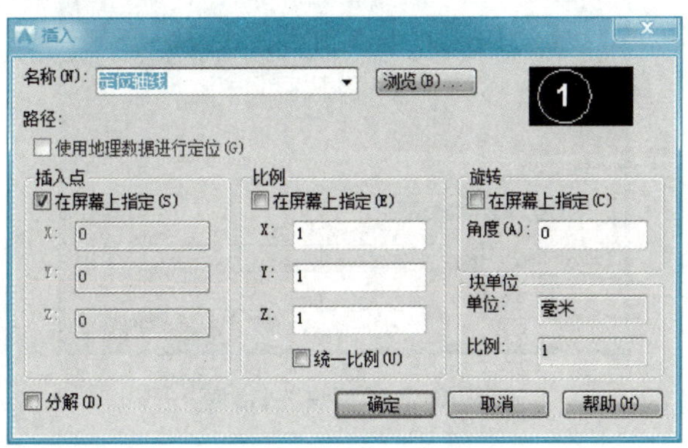

图 8-2　“插入”对话框

对话框中各主要选项的功能说明如下:

(1)“名称”下拉列表框　选择块或图形的名称。也可以单击其后的“浏览”按钮,打开“选择图形文件”对话框,从中选择保存的块和外部图形。

(2)“插入点”选项组　设置块的插入点位置。可直接在“X”“Y”“Z”文本框中输入点的坐标,也可以通过选中"在屏幕上指定"复选框,在屏幕上指定插入点位置。

(3)"比例"选项组　设置块的插入比例。可直接在"X""Y""Z"文本框中输入块在三个方向的比例。也可以通过选中"在屏幕上指定"复选框,在屏幕上指定。此外,该选项组中的"统一比例"复选框用于确定所插入块在"X""Y""Z"三个方向的插入比例是否相同。选中时表示比例将相同。只需在"X"文本框中输入比例值即可。

(4)"旋转"选项组　设置块插入时的旋转角度。可直接在"角度"文本框中输入角度值,也可以选中"在屏幕上指定"复选框。在屏幕上指定旋转角度。

(5)"块单位"栏　显示有关块单位的信息。

(6)"分解"复选框　选中该复选框,可以将插入的块分解成组成块的各基本对象。选中该复选框,"统一比例"复选框也自动被选中,用户只能指定统一的比例因子。

8.3 写块

写块就是将图形中的块存盘,这样其他图形也可以调用这个块,实现共享。命令的输入方法如下:

命令:WBLOCK

执行"WBLOCK"命令后将打开"写块"对话框,如图8-3所示。

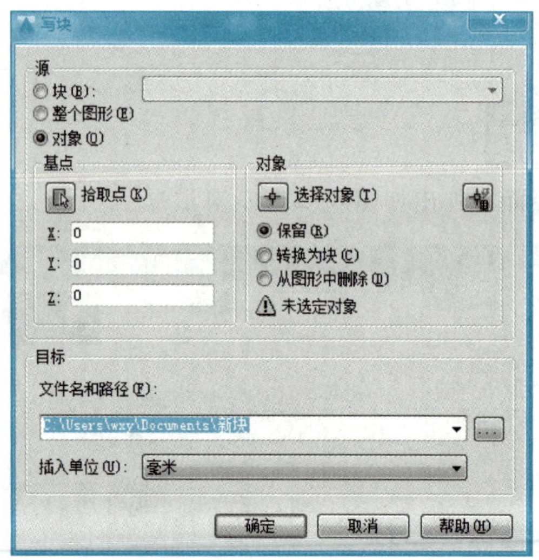

图8-3 "写块"对话框

对话框中各主要选项的功能说明如下:

(1)"源"栏:可以设置组成块的对象来源。

①"块"单选按钮:该按钮是把当前图形中的块写入磁盘,可在其后的下拉列表框中选择块名称。

②"整个图形"单选按钮:该按钮将全部图形作为一个图块存盘。

③"对象"单选按钮:从当前图形中选择图形对象定义成块并存盘。

(2)“基点”和“对象”选项组　与“块定义”中的基点、对象含义相同,不再赘述。

(3)“目标”栏　可以设置块的保存名称和位置。其中“文件名和路径”文本框用于输入块文件的名称和保存位置,用户也可以单击其后的按钮,使用打开的“浏览文件夹”对话框设置文件的保存位置。“插入单位”下拉列表框指定块插入时的单位。

在必要的设置完成之后,单击“确定”按钮,即在磁盘上以文件形式存储了一个块。

8.4 块属性

8.4.1 块属性概念

块属性是可包含在块定义中的文字信息。

定义块前应先定义块的每个属性。一旦定义了块属性,该属性就将以其标记名在图中显示出来,并保存有关的信息。定义块时,应将图形对象和表示属性定义的属性标记名一起用来定义块对象。

插入有属性的块时,系统将提示输入需要的属性值。同一个块在不同点插入时,可以有不同的属性值。如果属性值在属性定义时规定为常量,系统就将不再询问它的属性值。

插入块后,可以改变属性的显示可见性。对属性做修改及把属性单独提取出来写入文件。也可以与其他高级语言或数据库进行数据通信。下面介绍具体操作。

8.4.2 块属性定义

可以用如下命令来定义块属性:

命令:ATTDEF

菜单:【绘图】→块→定义属性

工具栏:【块】→

执行该命令后,AutoCAD 2016 界面将显示如图 8-4 所示的“属性定义”对话框。

对话框的各项说明如下:

(1)“模式”栏　该栏可以设置属性的模式,包括如下选项。

①“不可见”复选框:用于设置插入块后是否显示其属性值。

②“固定”复选框:用于设置插入块时属性是否为固定值。

③“验证”复选框:用于设置插入块时是否对属性值进行验证。

④“预设”复选框:用于确定插入块时是否将属性值直接预置成它的默认值。

⑤“锁定位置”复选框:用于锁定属性在块中的位置。

⑥“多行”复选框:指定属性值可以包含多行文字。

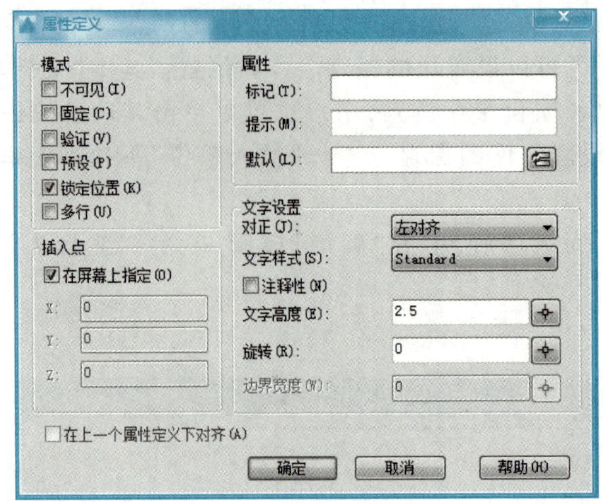

图 8-4 “属性定义”对话框

(2)“属性”栏　该栏可以定义块的属性。

①“标记”文本框:在此输入属性的标记,标记仅在定义中出现。

②“提示”文本框:在此输入插入块时系统显示的提示信息。

③“默认”文本框:在此输入属性的默认值。

(3)“插入点”栏　该栏可以设置属性值的插入点,即属性文字排列的参照点。用户可直接在“X”“Y”“Z”文本框中输入点的坐标,也可以选中“在屏幕上指定”,然后在绘图窗口上拾取一点作为插入点。

(4)“文字设置”栏　可以设置属性文字的格式,包括如下选项。

①“对正”下拉列表框:设置属性文字的对正方式。

②“文字样式”下拉列表框:设置属性文字的样式。

③“文字高度”栏:设置属性文字的高度。

④“旋转”栏:设定属性文字行的旋转角度。

(5)“在上一个属性定义下对齐”复选框　可以为当前属性采用上一个属性的文字式样、字高及旋转角度,且另起一行按上一个属性的对正方式排列。

设置完“属性定义”对话框中的各项内容后,单击“确定”按钮,系统将完成一次属性定义,可以用上述方法为块定义多个属性。

在创建带有附加属性的块时,需要同时选择块属性作为块的成员对象,带有属性的块创建完成后,就可以使用“插入”块命令,在图形中插入该块了。

8.4.3 创建属性块举例

【例 8-1】 创建具有属性的标高块。

创建块的步骤如下:

(1) 参考第 4 章例 4-1 绘制标高的图形部分。

(2) 用“属性定义”命令创建属性(如图 8-4 所示),属性定义结束单击“确定”后,图形和属性如

图 8-5(a)所示。

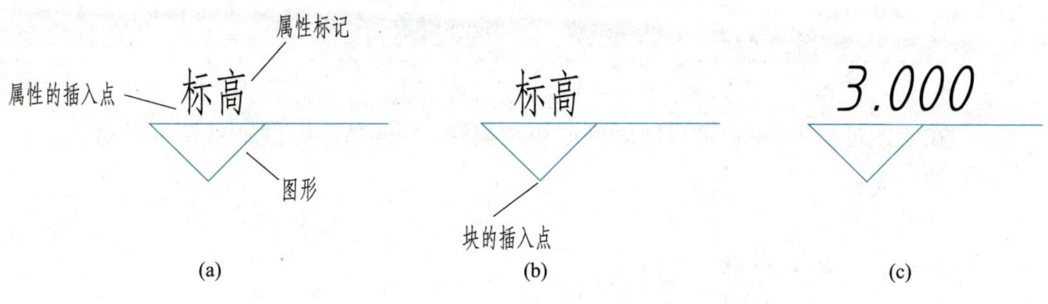

图 8-5 “属性块”创建过程

(3) 用“BLOCK”命令创建具有属性的块。在“块定义”对话框中,输入块名称“标高”,单击“拾取点”按钮,选择如图 8-5(b)所示的块的插入点,然后单击“选择对象”按钮,在屏幕上把图形和属性都选中。单击“确定”按钮,名称为“标高”,具有属性的块就创建完成了,完成后如图 8-5(c)所示。

8.4.4 插入属性块

用“插入块”命令插入前面定义的“属性标高”的块时,除原有的命令行提示外,当指定插入点后将会出现编辑属性的对话框,如图 8-6 所示。

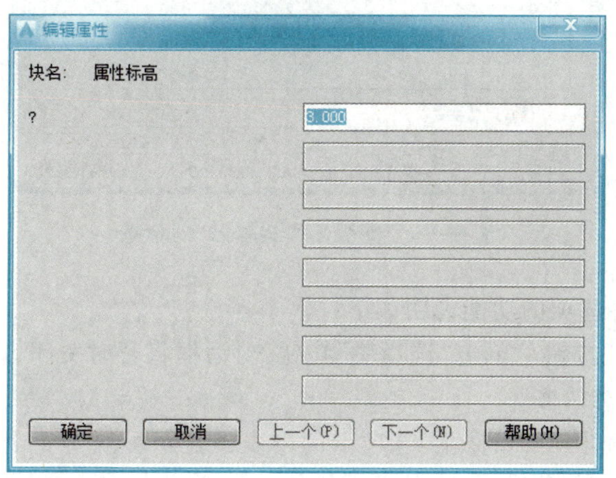

图 8-6 “编辑属性”对话框

可以编辑属性栏中的数值,例如,输入“6.000”“9.000”等标高数值,插入的块如图 8-7 所示。

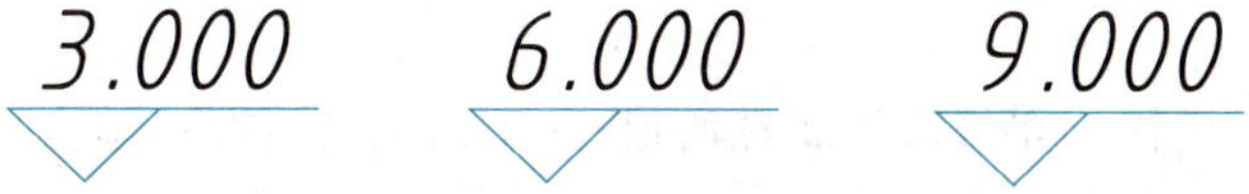

3.000 6.000 9.000

图 8-7 插入的具有属性的块

8.5 修改属性

在绘图过程中,用户可以随时修改块的属性,AutoCAD 提供了属性编辑功能和属性管理功能。

8.5.1 编辑属性

可以用如下命令来编辑块属性:

命令:EATTEDIT

菜单:【修改】→对象→属性→单个

工具栏:【块】→

在绘图窗口中选择需要编辑的块对象后,系统将打开如图 8-8 所示的"增强属性编辑器"对话框。

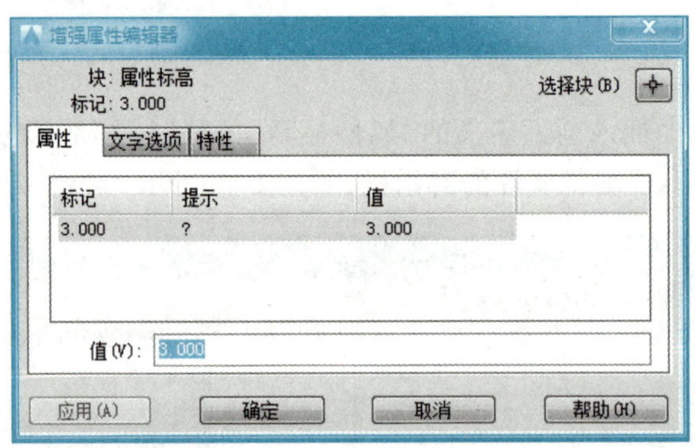

图 8-8 "增强属性编辑器"对话框

对话框中的各选项的功能说明如下:

(1)"选择块"按钮 单击"选择块"按钮,对话框将暂时关闭,用户可从图形区域选择块,然后返回对话框。

(2)"属性"选项卡 "属性"选项卡的列表框显示了块中每个属性的标识、提示和值。用户可以通过"值"文本框修改属性值。

(3)"文字选项"选项卡 "文字选项"选项卡用于修改属性文字的格式。可以设置文字的样式、文字的对齐方式、文字的高度、文字的旋转角度、文字行是否反向显示、文字是否上下颠倒显示、文字的宽度系数和文字的倾斜角度等。

(4)"特性"选项卡 "特性"选项卡用于修改属性文字的图层及其线宽、线型、颜色和打印样式等。

(5)"应用"按钮 在修改了属性的值、文字选项、特性后,单击"应用"按钮确认已进行的修改,更新属性图形。

此外,也可以使用"ATTEDIT"(属性)命令编辑块属性。执行该命令并选择需要编辑的块对象后，系统将打开“编辑属性”对话框，在其中即可编辑或修改块的属性值。

8.5.2 块属性管理器

块属性管理器可以管理当前图形中块的属性定义。可以在块中编辑属性定义、从块中删除属性及更改插入块时属性值的提示顺序，因而它的功能更强。

命令的输入方法如下：

命令：BATTMAN

菜单：【修改】→对象→属性→块属性管理器

工具栏：【块】→

用上述三种方式都可以打开“块属性管理器”对话框，如图8-9所示。

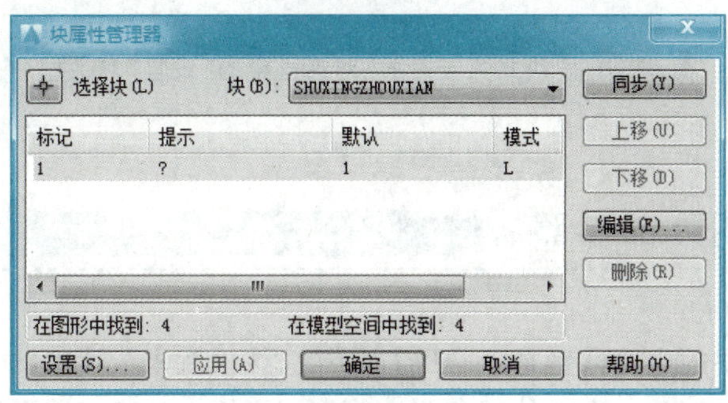

图8-9 “块属性管理器”窗口

对话框中各主要选项的功能说明如下：

(1)“选择块”按钮　单击该按钮可切换到绘图窗口，在绘图窗口中可以选择需要操作的块。

(2)“块”下拉列表框　列出了当前图形中含有属性的所有块的名称，也可通过该下拉列表框确定要操作的块。

(3)“属性”列表框　显示了当前所选择块的所有属性，包括属性的标记、提示、默认值和模式等。

(4)“同步”按钮　单击该按钮，可以更新已修改的属性特性实例。

(5)“上移”按钮　单击该按钮，可以在属性列表框中将选中的属性行向上移动一行，但对属性值为定值的行不起作用。

(6)“下移”按钮　单击该按钮，可以在属性列表框中将选中的属性行向下移动一行。

(7)“编辑”按钮　单击该按钮，将打开“编辑属性”对话框，可以重新设置属性定义的构成、文字特性和图形特性等。

(8)“删除”按钮　单击该按钮可以从块定义中删除在属性列表框中选中的属性定义，且块中对应的属性值也被删除。

(9)“设置”按钮　单击该按钮，将打开如图8-10所示的“设置”对话框。然后可以设置“块属性管理器”对话框中的属性列表框中能够显示的内容。

(10)“应用”按钮 单击该按钮,使用所做的属性更改更新图形,同时保持“块属性管理器”为打开状态。

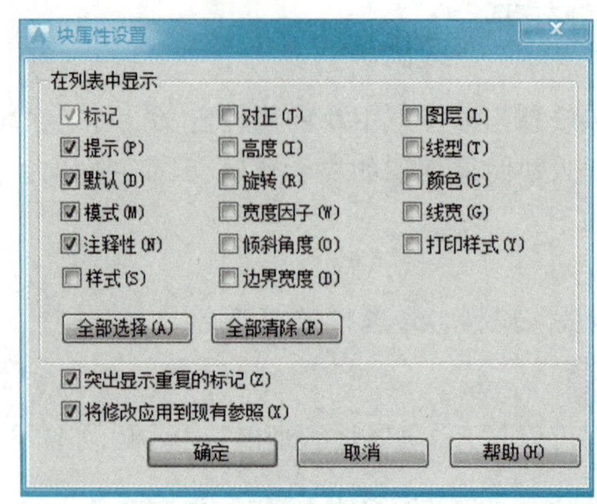

图 8-10 “块属性管理器”对话框中的“设置”对话框

8.6 使用外部参照

外部参照与块的主要区别是:一旦插入了块,该块就永久性地插入到当前图形中,成为当前图形的一部分。而以外部参照方式将图形插入到某一图形后,被插入图形文件的信息并不直接加入主图形中,主图形只是记录参照的关系。

例如,一套房屋建筑工程图需要建筑平面图,也需要给水排水、供暖、电气等设备施工图,设备施工图通常以建筑平面图作为外部参照绘制,这时如果设计师对建筑平面图进行修改,所做的修改就可以立即反映到引用了该平面图作为外部参照的设备施工图中。

8.6.1 插入外部参照

插入外部参照操作,是将外部图形文件以外部参照的形式插入到当前图形中。

命令的输入方法如下:

命令:XATTACH

菜单:【插入】→外部参照

工具栏:【插入】→参照→

执行该命令后,界面将打开如图 8-11 所示的“选择参照文本”对话框。

在该对话框中选择需要插入的外部参照文件,然后单击“打开”按钮,会弹出“外部参照”对话框,如图 8-12 所示。

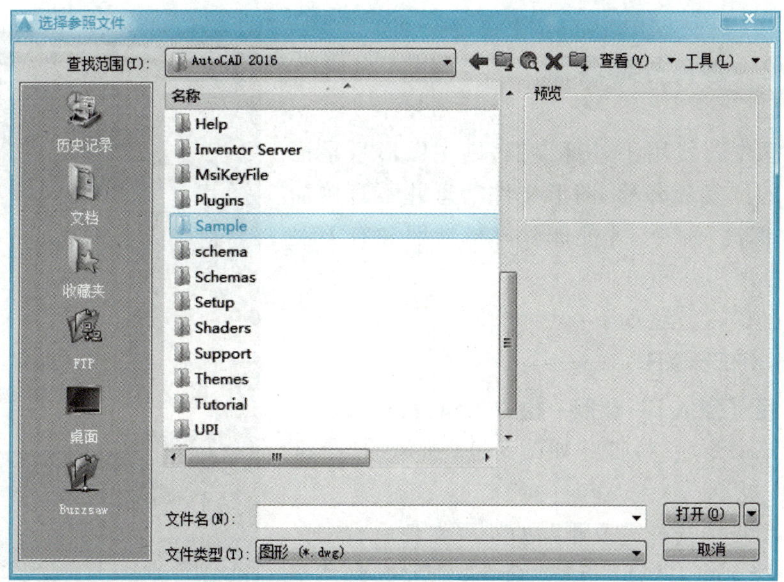

图 8-11 “选择参照文件”对话框

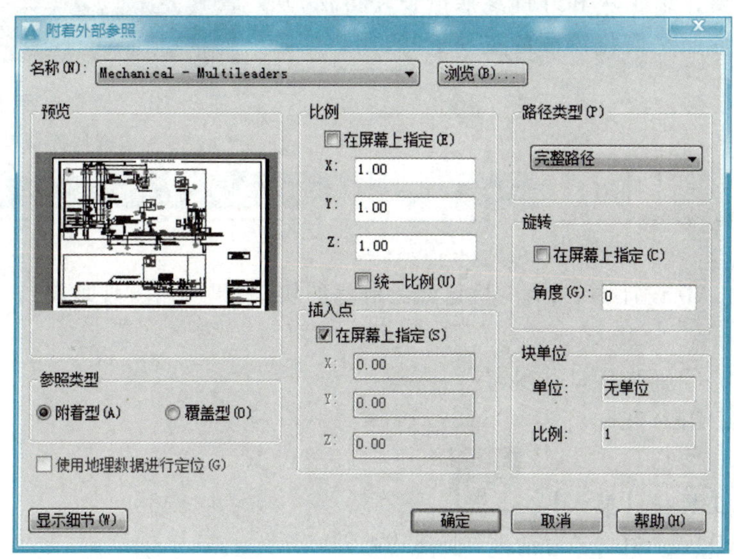

图 8-12 “外部参照”对话框

对话框中各主要选项的功能如下：

(1) “名称”下拉列表框 显示需要插入的外部参照的文件名称。

(2) “参照类型”选项组 可以确定外部参照的类型，包括“附着型”和“覆盖型”两种类型。如果选择“附着型”单选按钮，将显示出嵌套参照中的嵌套内容；选择“覆盖型”单选按钮，则不显示嵌套参照中的嵌套内容。

(3) “路径类型”栏 它包括“完整路径”“相对路径”和“无路径”3 种类型。

(4) “插入点”“比例”“旋转”“块单位”栏 与块的插入类似，不再赘述。

设置完毕单击“确定”按钮，就可以仿照插入块的方式插入外部参照了。

8.6.2 拆离外部参照

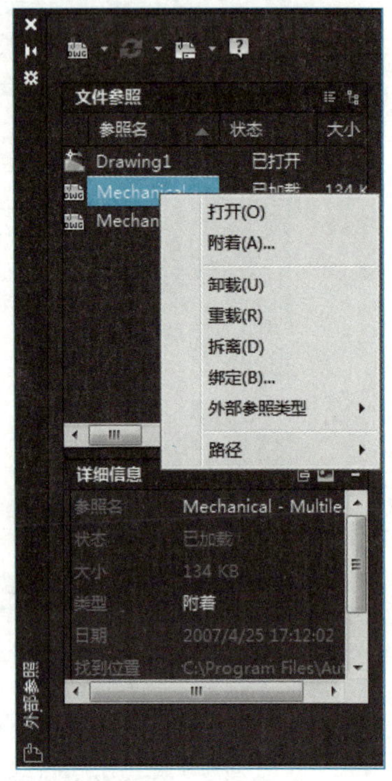

图 8-13 “外部参照”选项板与右键快捷菜单

一张图中若使用了外部参照，则主图形只是记录了参照的位置和名称，图形文件信息并不直接加入，使用“拆离”命令，才能删除外部参照和有关关联信息。

命令的输入方法如下：

命令：XREF/XR

工具栏：【插入】→参照→右下角按钮

执行该命令后，将打开如图 8-13 所示的“外部参照”选项板。

在选项板中选择需要删除的参照文件后右击弹出右键快捷菜单，选择“拆离”命令，即可拆离外部参照，如图 8-13 所示。

本章主要介绍了块和外部参照的使用方法，块操作和外部参照是简化绘图的重要途径，用户应该做到熟练掌握。

8.7 设计中心

在 AutoCAD 设计中心，有一些已经绘制好的块，用户可以方便地将这些块插入到图形中。

设计中心的启动有如下方式：

命令：ADCENTER

功能区工具栏：【插入】→

AutoCAD“设计中心”对话框如图 8-14 所示。

“设计中心”对话框的左侧是文件夹列表，此处可以看到设计中心存储位置的树状列表。设计中心的具体位置由 AutoCAD 软件安装时的位置决定，一般在 C:\program files\Autodesk\AutoCAD2016\Sample\zh-cn\DesignCenter，在 DesignCenter 文件夹中存储有一些文件，点击其中的一个文件，可以看到如图 8-14 所示右边的预览框，然后点击“块”就可以预览该文件中的块，如图 8-15 所示，点击 Landscaping 文件的“块”，右侧预览区可以看到很多树木等的图块，用鼠标左键点击某个块，拖动到绘图区域，就可以将该块插入到当前的图形中，然后通过移动、旋转或者缩放命令等，将块插入到合适的位置。

当然还可以将设计中心存储的图形文件中的图层、线型、文字样式、标注样式、外部参照等添加到当前图形，但是一般很少使用。使用最多的就是从设计中心调用块。

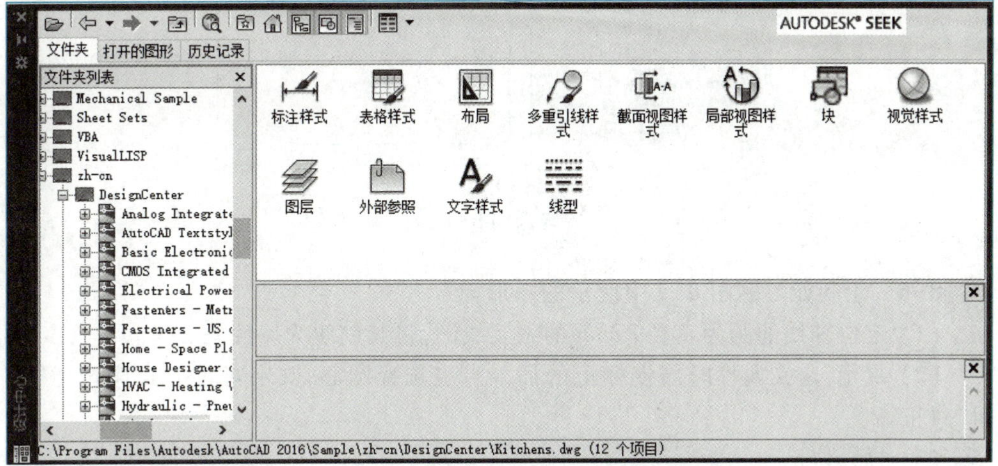

图 8-14 “设计中心”对话框

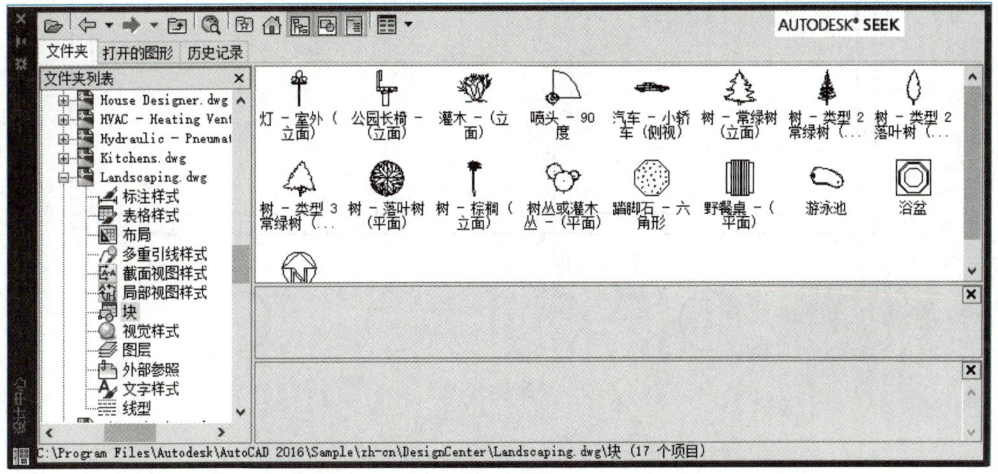

图 8-15 “设计中心”Landscaping 文件中的块

思考与练习

8-1 怎样创建块？怎样创建带属性的块？

8-2 怎样插入块和写块？

8-3 怎样将块分解为独立的对象？

8-4 外部参照与块有什么区别？怎样使用外部参照？

8-5 绘制如习题图 8-1 所示中的图形并创建为块。

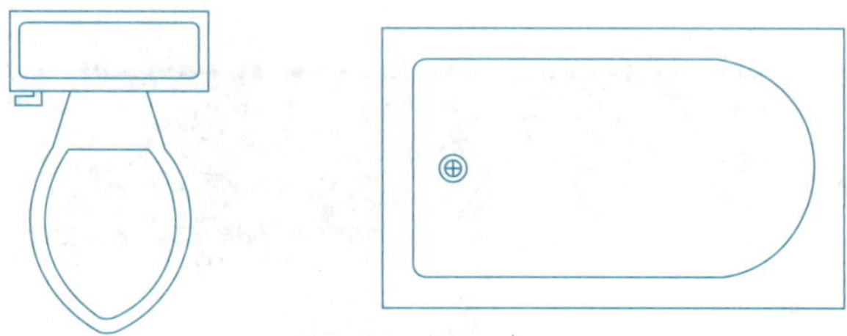

习题图 8-1

8-6 绘制如习题图 8-2 中所示的图形。

（1）定位轴线的圆为直径 8 mm 的细实线圆，将其创建为属性块。

（2）提示：定义属性时属性标记的插入点应选择圆心，文字对正方式应选择“中间”对正。

（3）插入块。

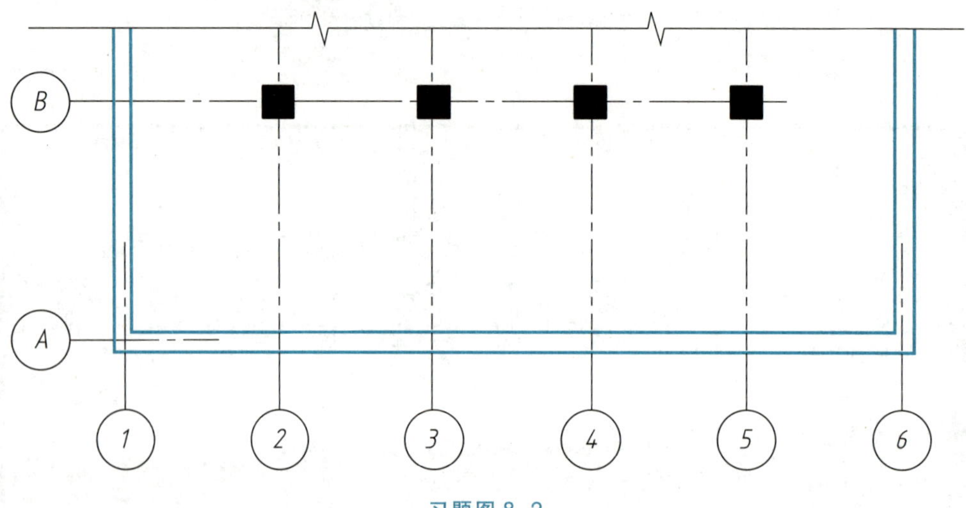

习题图 8-2

第9章

尺寸标注与编辑

知识目标：

- □ 了解尺寸标注的基本概念
- □ 掌握尺寸标注样式的设置
- □ 掌握尺寸样式的类型和标注
- □ 掌握尺寸标注的编辑与更新

能力目标：

- □ 能利用各种尺寸标注命令对图样进行尺寸标注

图形的主要作用是表达物体的形状，而物体各个部分的真实大小和它们之间的确切位置关系只能通过标注尺寸才能表达出来。本章将学习怎样对二维图形进行尺寸标注，掌握好这些标注命令，才能对图形进行完整合理的尺寸标注，从而将设计者的意图准确无误地表达出来。尺寸标注的工具栏如图 9-1(a)所示，也可以打开“注释”里的“标注”工具栏，如图 9-1(b)所示。

(a) “尺寸标注”工具栏

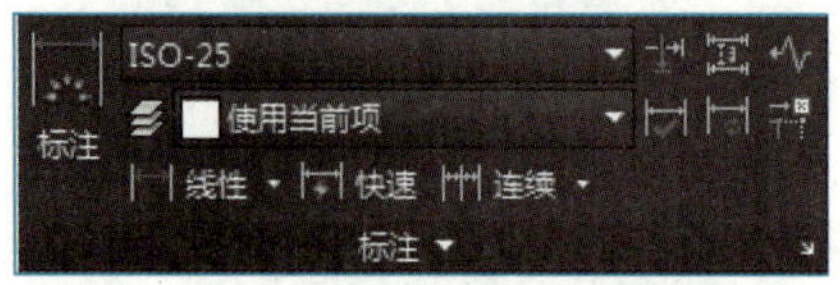

(b) “注释” → “标注”工具栏

图 9-1 “尺寸标注”的不同位置工具栏

9.1 尺寸标注的概念

一个完整的尺寸是由尺寸界线、尺寸线、尺寸起止符号和尺寸数字组成的。AutoCAD 提供了很多类型的尺寸标注，常用的有线性标注、连续标注、直径标注、半径标注、角度标注、对齐标注等，如图 9-2 所示。

进行尺寸标注，首先要设置尺寸标注的样式，然后标注尺寸和编辑尺寸。

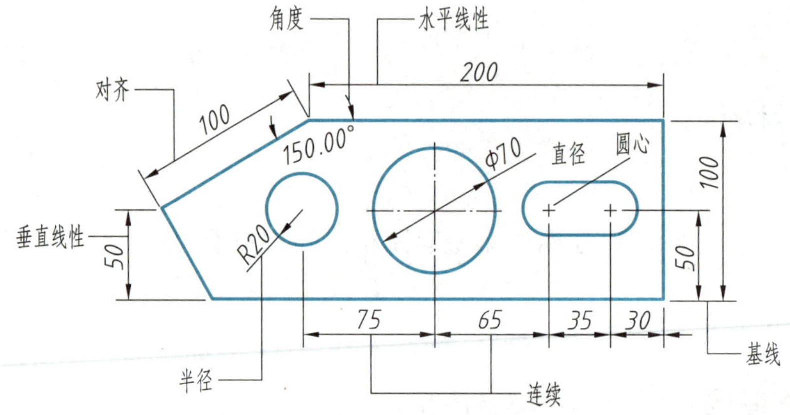

图 9-2 尺寸标注举例

9.2 新建与设置尺寸样式

标注样式用于控制标注的格式和外观。包括尺寸的线型、尺寸起止符号的形式、文字的高度及公差样式等内容。在本节应掌握尺寸样式的新建、修改、删除、调整的方法。

9.2.1 新建尺寸样式

新建一个尺寸标注的样式，命令的输入方法如下：

命令：DIMSTYLE

菜单：【标注】→标注样式（或【格式】→标注样式）

工具栏：【标注】→

执行该命令后，系统将弹出如图 9-3 所示的“标注样式管理器”对话框。

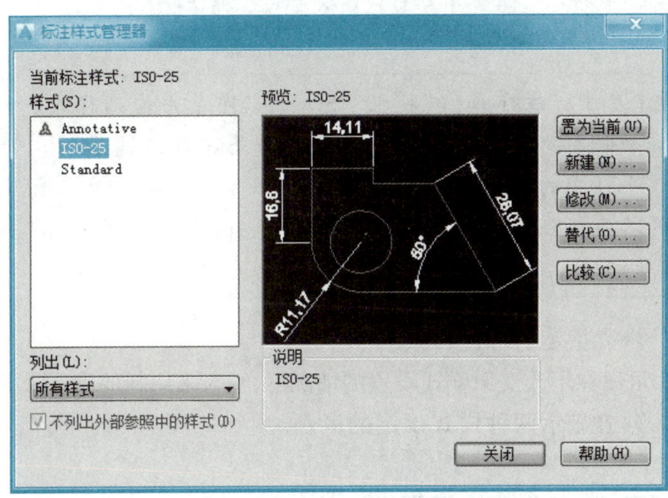

图 9-3 “标注样式管理器”对话框

对话框中各项含义如下：

(1) 样式　在“样式”列表中显示标注样式的名称。在样式列表中单击右键，可对指定样式进行“置为当前”“重命名”和“删除”等操作。可通过“列出”设置显示条件。

AutoCAD 系统自带一个注释尺寸样式“Annotative”和两个尺寸标注样式“ISO-25”“Standard”。注释样式“Annotative”只用于注释对象标注，“Standard”样式采用的是英制单位，“ISO-25”样式采用的是公制单位，所以一般把 ISO-25 样式作为基础样式，不对它进行修改，把它作为基础样式由用户新建自己需要的样式，在“新建”样式中详细说明。

(2) 预览和说明　显示指定标注样式的预览图像和说明文字。

(3) 置为当前　可将选定的标注样式设置为当前样式。

(4) 新建　用于创建新标注样式，单击后弹出如图 9-4 所示的“创建新标注样式”对话框。

在该对话框中，各项意义如下：① 新样式名。② 基础样式：即新样式在指定样式的基础上创建。③ 用于：若选择“所有标注”项，则创建一个与基础样式相对独立的新样式。而选择其他各项时，可对该子样式进行单独设置而不影响其他标注类型。④ 单击“继续”按钮弹出“新建标注样式”对话框，用于对新样式进行详细设置。

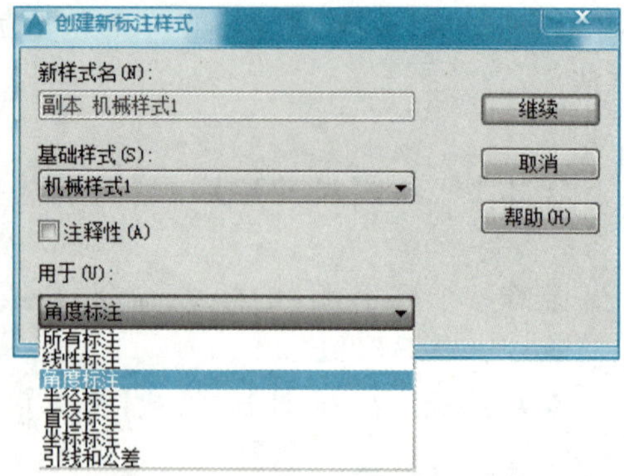

(a) 新建“机械样式1”标注样式　　(b) 新建“机械样式1”的子样式“角度标注”

图 9-4 “创建新标注样式”对话框

> 提示：新建尺寸标注样式，一般以“ISO-25”样式为基础样式，如图 9-4(a)所示，新建的“机械样式 1”是以 ISO-25 样式为基础样式建立的。如果有需要，还可以新建某个样式的子样式，仅用于角度标注、半径标注、直径标注等，这样不会对该样式的其他标注类型产生影响。如图 9-4(b)所示，建立了“机械样式 1”的子样式“角度标注”，仅用于角度标注。

(5) 修改　修改指定的标注样式。

(6) 替代　可以在不改变原样式设置的情况下，暂时采用新的设置来控制标注样式。

(7) 比较　列表显示两种样式设定的区别。

9.2.2 新建尺寸样式的设置

如图 9-4 所示，当用户以“ISO-25”为基础样式新建一个尺寸样式“机械样式 1”后，单击“继续”按钮，打开如图 9-5 所示的“新建标注样式”对话框，在对话框中需要对新建的“机械样式 1”的各尺寸元素进行设置，设置属于“机械样式 1”的各种元素的特性。

对话框中有“线”“符号和箭头”“文字”“调整”“主单位”“换算单位”和“公差”共七个选项卡，下面一一具体介绍。

1. “线”选项卡

“线”选项卡如图 9-5 所示，可以设置尺寸线和尺寸界限。

(1) “尺寸线”区　设置尺寸线的颜色，线型，线宽，超出标记，基线间距，是否隐藏第一、二条尺寸线，如图 9-6 所示。

> 提示：“超出标记”后面的数值灰色显示，是因为“符号和箭头”选项卡中“箭头”选择的是实心闭合箭头，选择“建筑标记”后，“超出标记”后面的数值就可以调整了。

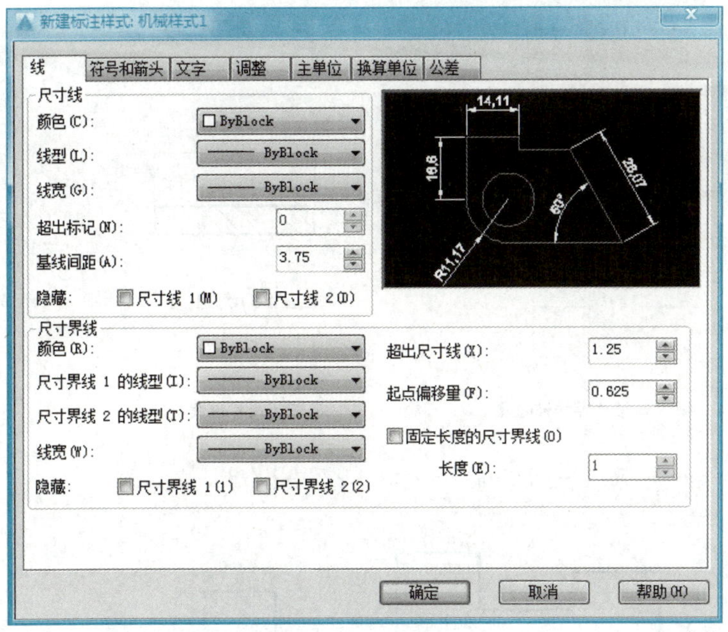

图 9-5 “新建标注样式”对话框

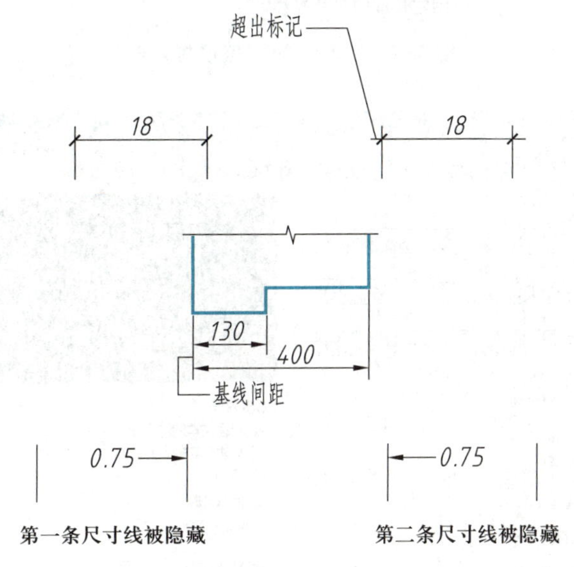

图 9-6 “尺寸线”区设置示例

(2)“尺寸界线”区 设置尺寸界线的颜色,线型,线宽,超出尺寸线(尺寸界线超出尺寸线的距离),起点、偏移量(尺寸界线到定义该标注的原点的偏移距离),是否隐藏第一、二条尺寸界线,是否固定尺寸界线的长度,以及设置固定后线的长度。如图9-7所示。

2. “符号和箭头”选项卡

“符号和箭头”选项卡如图 9-8 所示,可以设置箭头和圆心标记等。

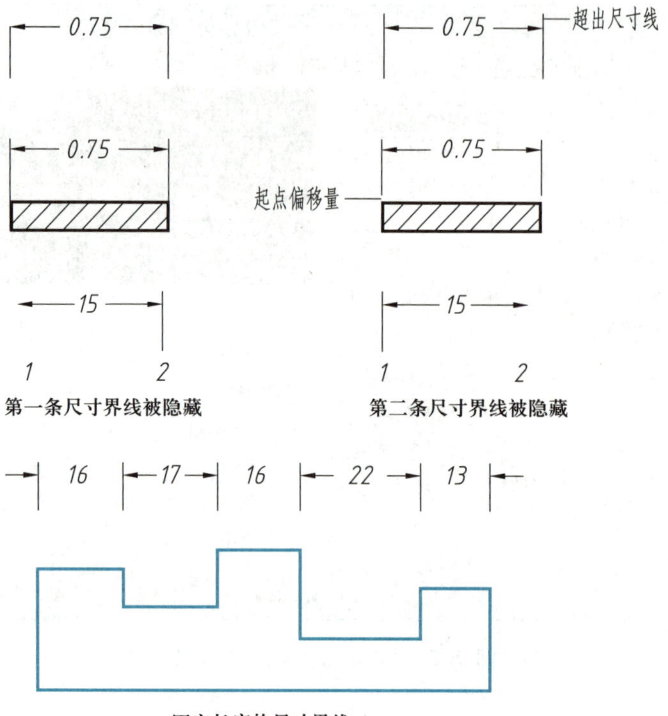

图 9-7 “尺寸界线”区设置示例

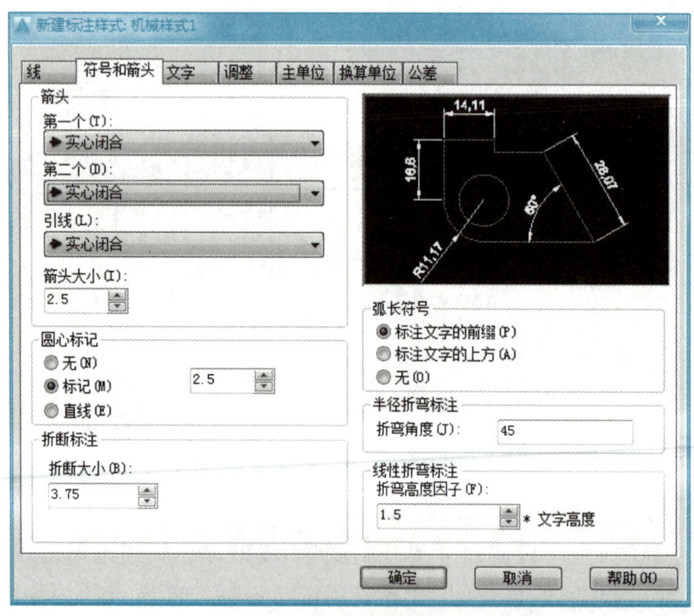

图 9-8 “符号和箭头”选项卡

（1）“箭头”区　设置箭头类型、引线的箭头类型、箭头大小。点击“第一个”“第二个”下拉列表框，用户可以在此选择是箭头标记还是建筑标记等。

（2）“圆心标记”区　设置圆心标记类型为“无”“标记”和“直线”三种情况之一。

设置圆心标记或中心线的大小。如图 9-9 所示。

(3)“弧长符号”区 控制弧长标注中圆弧符号的显示。

(4)“半径折弯标注”区 控制折弯(Z 字形)半径标注的显示。折弯半径标注通常在中心点位于页面外部时创建。如图 9-10 所示。

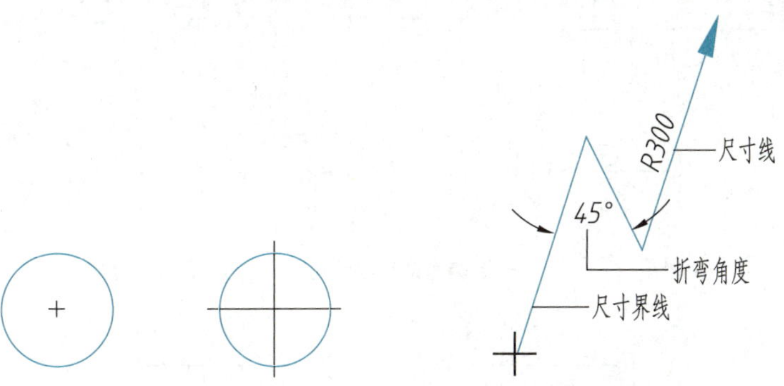

图 9-9 “圆心标记”设置示例　　图 9-10 “半径折弯标注”设置示例

3. “文字”选项卡

“文字”选项卡如图 9-11 所示,可以设置文字的外观、位置和对齐方式等。

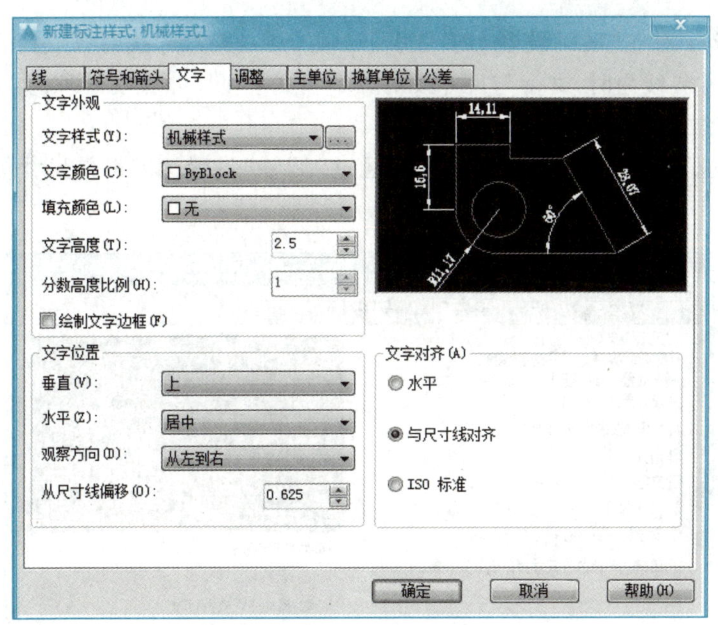

图 9-11 “文字”选项卡

(1)“文字外观”区 设置当前标注文字样式、颜色、高度(只有在标注文字所使用的文字样式中的文字高度设为“0”时,该项设置才有效)、设定分数部分文字的高度、是否在标注文字的周围绘制一个边框。文字样式可以从下拉列表框中选择,也可以点击[...]打开“文字样式”对话框新建文字样式。

(2)“文字位置”区 文字位置设置分为垂直、水平、观察方向,各方向分别设置;还可以用“从尺寸线偏移”设置文字离开尺寸线的距离,如图 9-12 所示。

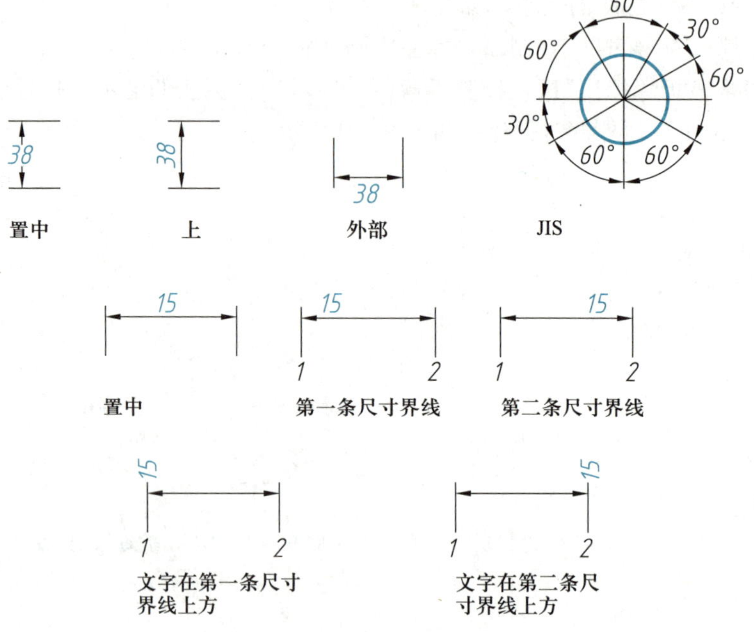

图 9-12 文字放置示例

(3)“文字对齐”区 设置文字是水平放置,还是与尺寸线对齐或符合 ISO 标准。当文字在尺寸界线内时,文字与尺寸线对齐。当文字在尺寸界线外时,文字水平排列。

4. “调整”选项卡

“调整”选项卡如图 9-13 所示,可以通过“调整”设置达到最佳尺寸标注的效果。“调整”选项卡中各项含义如下。

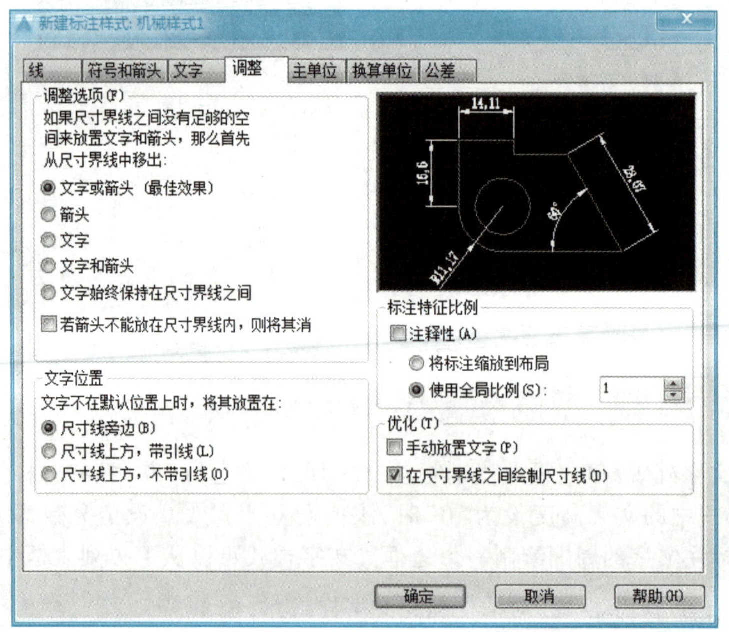

图 9-13 “调整”选项卡

(1)“调整选项”区　设置当尺寸界限间没有足够的空间同时放置标注文字和箭头时,应从尺寸界线之间移出的对象。如图 9-14 所示。

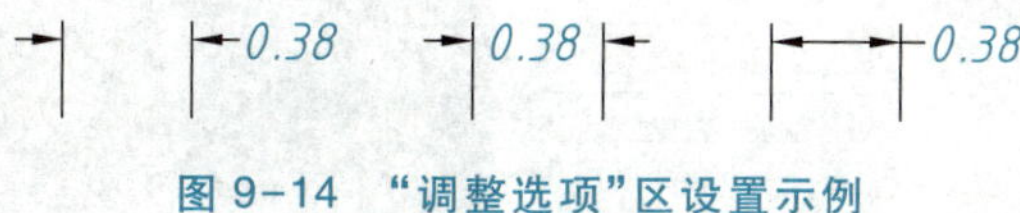

图 9-14　“调整选项”区设置示例

(2)“文字位置”区　设置文字不在默认位置上时,可以放置的位置。如图 9-15 所示。

图 9-15　“文字位置”区设置示例

(3)“标注特征比例”区

注释性复选框:将标注定义为可注释性对象。

将标注缩放到布局:根据当前模型空间视口和图纸空间的比例确定比例因子。

使用全局比例:设置该标注样式的全局比例,该比例不改变测量值,只是改变尺寸标注显示的大小。

> 提示:绘制建筑图时,建筑图尺寸均较大,如楼层高度 3 000 mm,而尺寸样式中文字高度,箭头大小才 2.5~3 mm,标注尺寸时数字会“看不到”,这时需要调整“使用全局比例”来放大尺寸显示。一般建筑图出图时比例为 1∶100,则“全局比例”的值设置为“100”,这样就把尺寸标注样式整体放大了 100 倍,不需要单独调整尺寸界线、箭头大小、文字高度等细节了。

(4)“优化”区　有“手动放置文字”和“在尺寸界线之间绘制尺寸线”两个复选框可供选择。

5. “主单位”选项卡

“主单位”选项卡中有“线性标注”和“角度标注”两个选项组,如图 9-16 所示。

(1)“线性标注”区

① 线性标注:设置线性标注的格式和精度、分数格式、小数分隔符样式、设置标注测量值的四舍五入规则(角度除外)、设置文字前缀和后缀。如图 9-17 所示。(可以输入文字或用控制代码显示特殊符号。如果指定公差,那么 AutoCAD 也会给公差添加后缀。)

② 测量单位比例:设置线性标注测量值的比例因子(角度除外)。若选择“仅应用到布局标注”项,则仅对在布局里创建的标注应用线性比例值。

③ 消零:设置线性标注的前导零和后续零是否输出。

(2)“角度标注”区

① 角度标注:设置角度标注的格式和精度。

② 消零:设置角度的前导零和后续零是否输出。

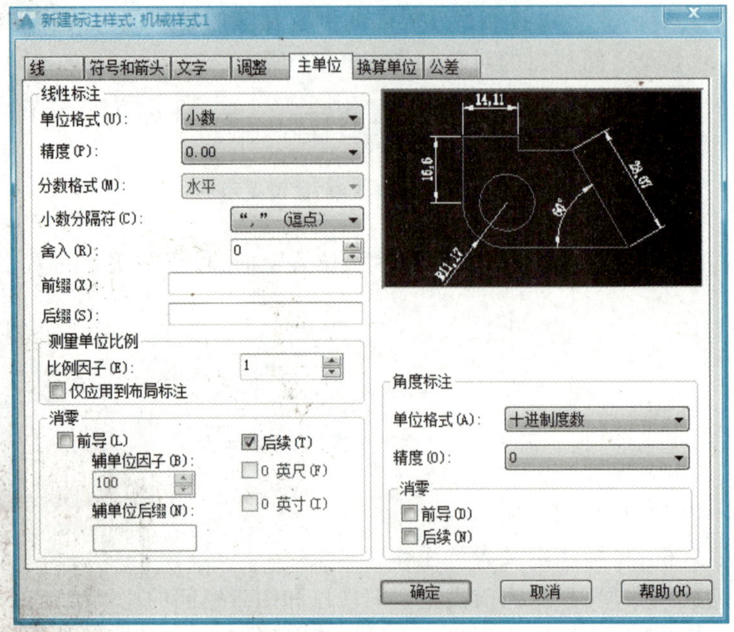

图 9-16 “主单位”选项卡

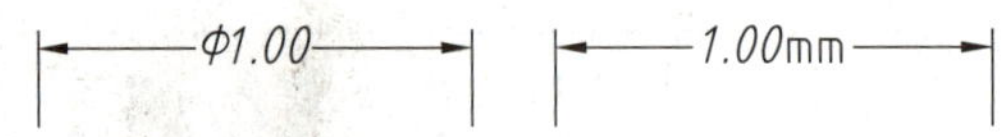

图 9-17 设置前缀、后缀示例

6. “换算单位”选项卡

换算单位可以改变标注的单位,一般是英制单位与公制单位的换算,如图 9-18 所示。

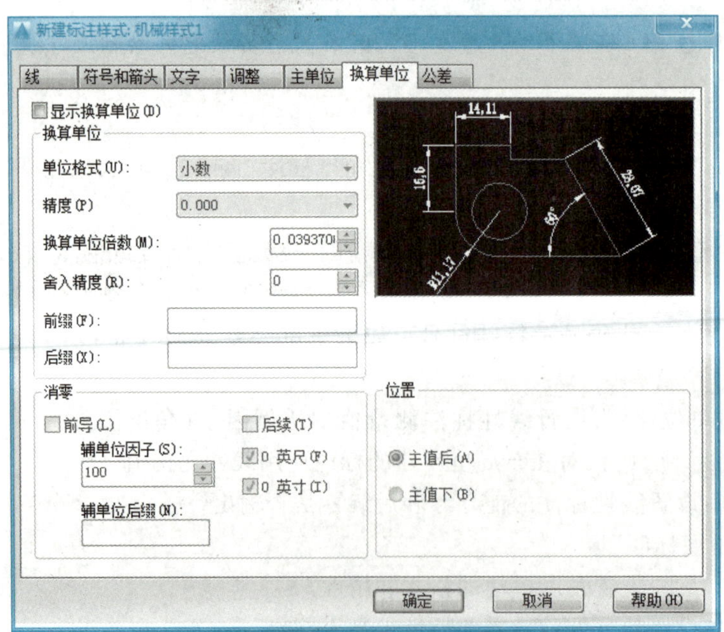

图 9-18 “换算单位”选项卡

(1)“显示换算单位”复选框　只有选中了该复选框,下列各项设置才有效。

(2)“换算单位”区　设置标注类型的当前单位格式(角度除外)、设置标注的小数位数、设置主单位和换算单位之间的换算系数、设置标注测量值的小数点位数、设置文字前缀和后缀。如图 9-19 所示。(可以输入文字或用控制代码显示特殊符号。如果指定了公差,那么 AutoCAD 也会给公差添加后缀。)

Φ1.00[Φ25.4]　　Φ1.00ft[Φ30.48cm]

图 9-19　设置前缀、后缀示例

(3)“消零”区　设置前导零和后续零是否输出。

(4)“位置”区　设置换算单位的位置放在主单位之后还是放在主单位下面。

7.“公差”选项卡

“公差”选项卡可以设置公差的标注格式,如图 9-20 所示。

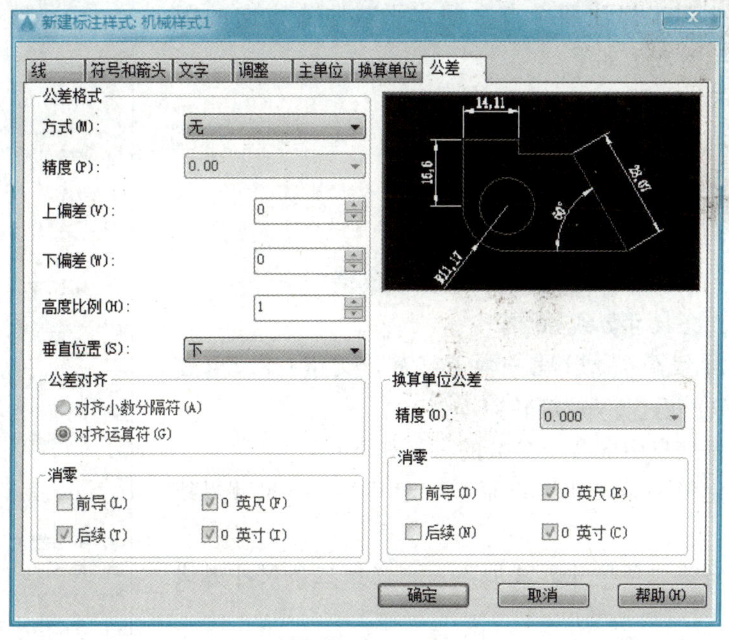

图 9-20　“公差”选项卡

(1)“公差格式”区　各种公差格式:无、对称、极限偏差、极限尺寸、基本尺寸,区别见图 9-21。

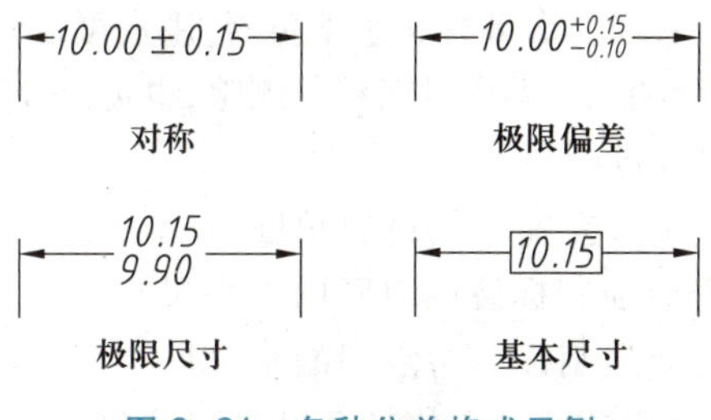

图 9-21　各种公差格式示例

设置小数位数、设置最大公差值或上偏差值、设置最小公差值或下偏差值、设置公差文字的当前高度、控制对称公差和极限公差的文字对齐方式、设置前导零和后续零是否输出。

(2)“换算单位公差”区　设置标注的小数位数、设置前导零和后续零是否输出。

9.3 尺寸标注的类型

尺寸标注的基本类型有线性标注、对齐标注、弧长标注、坐标标注、半径标注、折弯标注、直径标注、角度标注、基线标注、连续标注等，标注的下拉菜单如图 9-22 所示。

9.3.1 线性标注

线性标注用于标注两个点之间水平或竖直方向的距离。命令的输入方法如下：

命令:DIMLINEAR

菜单:【标注】→线性

工具栏:【标注】→[线性图标]

命令执行后提示：

指定第一条尺寸界线原点或<选择对象>:

指定第二条尺寸界线原点:

指定尺寸线位置或[多行文字(M)/文字(T)/角度(A)/水平(H)/垂直(V)/旋转(R)]:

上述提示信息中的各个参数的意义如下：

(1) 指定第一条尺寸界线原点　定义第一条尺寸界线位置。

(2) 指定第二条尺寸界线原点　定义第二条尺寸界线位置。

(3) <选择对象>　提示下，若直接回车，则光标变为拾取框，系统要求拾取一条直线或圆弧对象，并自动取其两端点为两条尺寸界线的起点。

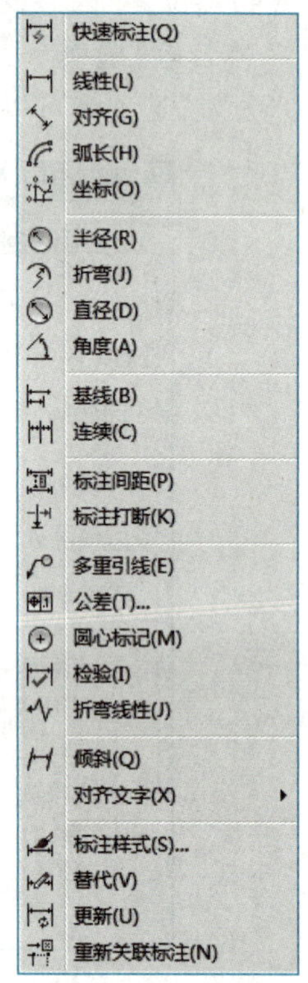

图 9-22 “标注”下拉菜单

(4) 指定尺寸线位置　指定尺寸线的位置并确定绘制尺寸界线的方向。

(5) 多行文字(M)　系统弹出多行文字编辑器，用户可以输入复杂的标注文字。系统测量的尺寸数值直接显示出来，用户可以将其删除，也可以在其前后增加其他文字。

(6) 文字(T)　用户可进行单行文字的输入。

(7) 角度(A)　用户可设定文字的倾斜角度。

(8) 水平(H)　系统会强制标注两点间的水平尺寸。

(9) 垂直(V)　系统会强制标注两点间的垂直尺寸。

(10) 旋转(R)　用户可设定一个旋转角度来标注尺寸。

9.3.2 对齐标注

对齐标注用于两点不在同一水平或垂直线上时，标注平行于两点间连线的尺寸。命令的输入方法如下：

命令：DIMALIGNED

菜单：【标注】→对齐

工具栏：【标注】→

命令执行后提示：

指定第一条尺寸界线原点或<选择对象>：

指定第二条尺寸界线原点：

指定尺寸线位置或[多行文字(M)/文字(T)/角度(A)]：

提示信息中的各个参数的意义同“线性标注”。

9.3.3 弧长标注

弧长标注用于标注弧线段或多段线圆弧段的长度。命令的输入方法如下：

命令：DIMARC

菜单：【标注】→弧长

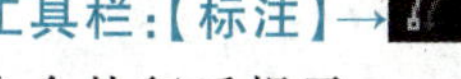

命令执行后提示：

选择弧线段或多段线圆弧段：

指定弧长标注位置或[多行文字(M)/文字(T)/角度(A)/部分(P)/引线(L)]：

指定标注位置后，可以标注出圆弧线的弧长，其他参数的意义同“线性标注”。

9.3.4 坐标标注

坐标尺寸是从一个公共基点出发，标注指定点相对于基点的 *X* 坐标或 *Y* 坐标的相对偏移量。坐标标注不带尺寸线，但有一条尺寸界线和文字引线，如图 9-23 所示。系统在缺省条件下默认当前的 UCS 原点为标注基点，所以一般在进行坐标标注前，需要指定相应的标注原点。

命令的输入方法如下：

命令：DIMORDINATE

菜单：【标注】→坐标

工具栏：【标注】→

命令执行后提示：

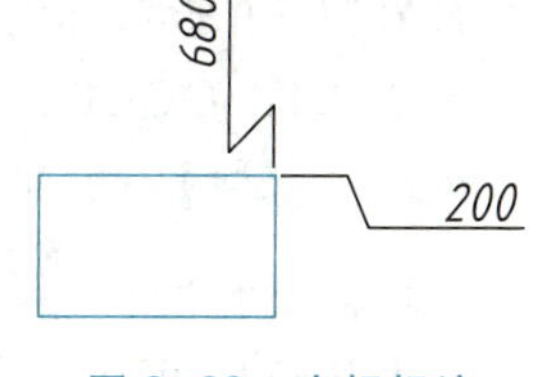

图 9-23 坐标标注

指定点坐标：

指定引线端点或[X 基准(X)/Y 基准(Y)/多行文字(M)/文字(T)/角度(A)]：

上述提示信息中的各个参数的意义如下：

(1) 引线端点 使用点坐标和引线端点的坐标差可确定它是 *X* 坐标标注还是 *Y* 坐标标注。如果光标位置距离点的位置水平方向远，标注就测量 *X* 坐标，否则就测量 *Y* 坐标。

(2) *X* 基准(X) 测量 *X* 坐标并确定引线和标注文字的方向。

(3) *Y* 基准(Y) 测量 *Y* 坐标并确定引线和标注文字的方向。

(3) 直线：用两条直线定义角度。

(4) 多行文字(M) 系统弹出多行文字编辑器，用户可以输入复杂的标注文字。系统测量的尺寸数值直接显示出来，用户可以将其删除，也可以在其前后增加其他文字。

(5) 文字(T) 用户可进行单行文字的输入。

(6) 角度(A) 用户可设定文字的倾斜角度。

9.3.5 半径标注

半径标注用于标注圆或圆弧的半径，AutoCAD 会自动在测量值前添加半径符号“*R*”。命令的输入方法如下：

命令：DIMRADIUS

菜单：【标注】→半径

工具栏：【标注】→

命令执行后提示：

选择圆弧或圆：

指定尺寸线位置或[多行文字(M)/文字(T)/角度(A)]：

上述提示信息中的各个参数的意义如下：

(1) 选择圆弧或圆 选择需要进行半径尺寸标注的圆弧或圆。

(2) 指定尺寸线位置 尺寸线位置可以在圆或圆弧的内部、外部进行放置。

提示信息中的各个参数的意义同“线性标注”。

9.3.6 折弯标注

折弯标注用于标注大尺寸的圆或圆弧的半径，AutoCAD 会自动在测量值前添加半径符号“*R*”并折弯标注。命令的输入方法如下：

命令：DIMJOGGED

菜单：【标注】→折弯

工具栏：【标注】→

命令执行后提示：

选择圆弧或圆：

指定图示中心位置：

标注文字=1 178.64(圆弧的测量半径)

指定尺寸线位置或[多行文字(M)/文字(T)/角度(A)]:

指定折弯位置:

上述提示信息中的各个参数的意义同“线性标注”。

9.3.7 直径标注

直径标注用于标注圆或圆弧的直径,AutoCAD 会自动在测量值前添加直径符号“Φ”。命令的输入方法如下:

命令:DIMDIAMETER

菜单:【标注】→直径

工具栏:【标注】→

命令执行后提示:

选择圆弧或圆:

指定尺寸线位置或[多行文字(M)/文字(T)/角度(A)]:

上述提示信息中的各个参数的意义同“线性标注”。

9.3.8 角度标注

角度包括两条不平行直线所夹的角、圆或圆弧的中心角及三点确定的角的尺寸。角度尺寸的尺寸线为圆弧,如图 9-24 所示。

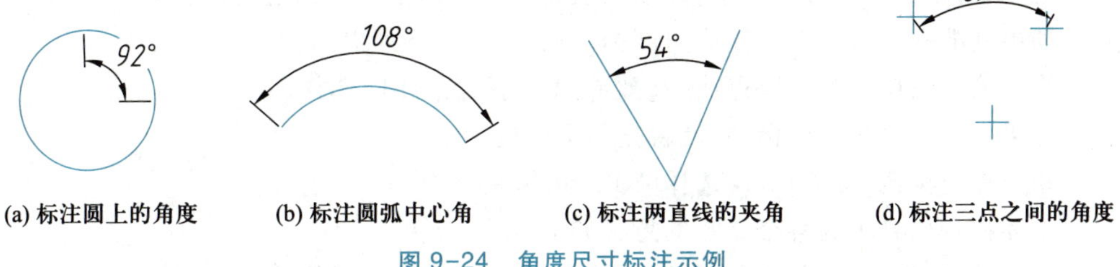

图 9-24 角度尺寸标注示例

命令的输入方法如下:

命令:DIMANGULAR

菜单:【标注】→角度

工具栏:【标注】→

命令执行后提示:

选择圆弧、圆、直线或<指定顶点>:

指定标注弧线位置或[多行文字(M)/文字(T)/角度(A)]:

上述提示信息中的各个参数的意义如下:

(1) 圆弧 圆弧的圆心是角度的顶点,圆弧端点成为尺寸界线的原点。

(2) 圆 选定圆上一点作为第一条尺寸界线的原点。圆心是角度的顶点。第三个顶点是第二条尺寸界线的原点，且无须位于圆上。

(3) 直线　用两条直线定义角度。

(4) 指定顶点　创建基于指定三点的标注。

(5) 标注弧线位置　指定尺寸线的位置并确定绘制尺寸界线的方向。

(6) 多行文字(M)　系统弹出多行文字编辑器，用户可以输入复杂的标注文字。系统测量的尺寸数值由“< >”表示，用户可以将其删除，也可以在其前后增加其他文字。

(7) 文字(T)　用户可进行单行文字的输入，系统测量值在“< >”中。

(8) 角度(A)　用户可设定文字的倾斜角度。

> 提示：国家标准规定角度数字水平书写，因此需要在标注样式中新建角度子样式，将文字设置为水平。

9.3.9 基线标注

选取图形对象的一个边界或面作为基准，而尺寸则都以该基准进行定位标注，这种标注的方法就是基线标注。命令的输入方法如下：

命令：DIMBASELINE

菜单：【标注】→基线

工具栏：【标注】→

执行基线标注命令后，如果在当前任务中未创建标注，命令行就将提示用户选择线性标注、角度标注或坐标标注，以用作基线标注的基准。

否则，命令行将跳过该提示，并在当前任务中使用上一次创建的标注对象。

如果基准标注是线性标注或角度标注，就将显示下列提示：

指定第二条尺寸界线原点或　[放弃(U)/选择(S)]<选择>:

如果基准标注是坐标标注，就将显示下列提示：

指定点坐标或[放弃(U)/选择(S)]<选择>:

上述提示信息中的各个参数的意义如下：

(1) 放弃(U)　放弃在命令任务期间上一个输入的基线标注。

(2) 选择(S)　命令行提示用户选择一个线性标注、角度标注或坐标标注，以用作基线标注的基准。

9.3.10 连续标注

连续标注是指多个尺寸首尾相连的标注方式，即相邻两个尺寸共用一个尺寸界线。命令的输入方法如下：

命令：DIMCONTINUE

菜单：【标注】→连续

工具栏：【标注】→

执行连续标注命令后,如果在当前任务中未创建标注,命令行就将提示用户选择线性标注、角度标注或坐标标注,以用作连续标注的基准。

否则,命令行将跳过该提示,并在当前任务中使用上一次创建的标注对象。

如果基准标注是线性标注或角度标注,就将显示下列提示:

指定第二条尺寸界线原点或[放弃(U)/选择(S)]<选择>:

如果基准标注是坐标标注,就将显示下列提示:

指定点坐标或[放弃(U)/选择(S)]<选择>:

上述提示信息中的各个参数的意义如下:

(1) 放弃(U) 放弃在命令任务期间上一个输入的连续标注。

(2) 选择(S) 命令行提示用户选择一个线性标注、角度标注或坐标标注,以用作连续标注的基准。

9.3.11 快速标注

一次选择多个对象,可同时标注多个相同类型的尺寸(如基线、连续、并列、坐标、直径、半径等),这样可以大大节省时间,提高工作效率。命令的输入方法如下:

命令:QDIM

菜单:【标注】→快速标注

工具栏:【标注】→

命令执行后提示:

关联标注优先级=端点

选择要标注的几何图形:

指定尺寸线位置或[连续(C)/并列(S)/基线(B)/坐标(O)/半径(R)/直径(D)/基准点(P)/编辑(E)/设置(T)]<连续>:

提示信息中的各个参数的意义说明如下:

(1) 选择要标注的几何图形 选择对象用于快速尺寸标注。如果选择的对象不单一,在标注某种尺寸时,就将忽略不可标注的对象。例如,同时选择了直线和圆,标注直径时,将忽略直线对象。

(2) 指定尺寸线位置 定义尺寸线的显示位置。

(3) 连续(C) 采用连续方式标注所选图形。

(4) 并列(S) 采用并列方式标注所选图形。

(5) 基线(B) 采用基线方式标注所选图形。

(6) 坐标(O) 采用坐标方式标注所选图形。

(7) 半径(R) 对所选圆或圆弧标注半径。

(8) 直径(D) 对所选圆或圆弧标注直径。

(9) 基准点(P) 设定坐标标注或基线标注的基准点。

(10) 编辑(E) 对标注点进行编辑,出现以下提示:

指定要删除的标注点——删除标注点,否则由系统自动设定标注点。

添加(A)——添加标注点,否则由系统自动设定标注点。

退出(X)——退出编辑提示,返回上一级提示。

(11) 设置(T) 对关联标注优先级的类型进行设置,出现以下提示:

端点(E):指定关联标注优先级为端点模式。

交点(I):指定关联标注优先级为交点模式。

【例 9-1】 利用"快速标注"命令标注如图 9-25 所示的尺寸。

1. 在"标注"工具栏中单击"快速标注"按钮。
2. 选择要标注的几何图形,如点 1、2、3、4、5 处的边。
3. 按回车键,结束对象选取。
4. 在点 6 处单击,指定尺寸线的位置,结果如图 9-25 所示。

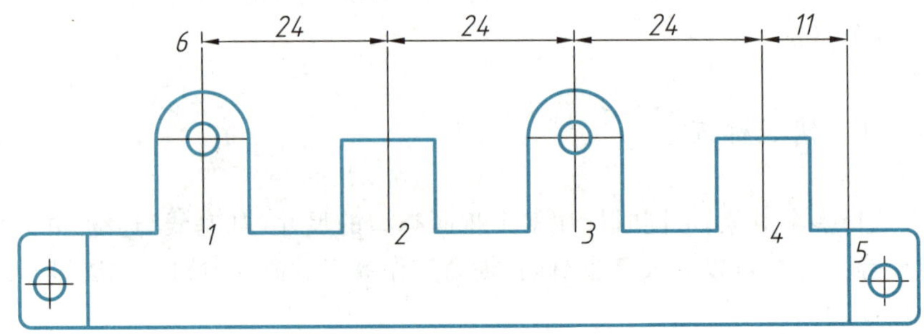

图 9-25 创建快速标注

9.3.12 引线标注

引线是连接注释和图形对象的线。引线的颜色、线宽、缩放比例、箭头类型、尺寸和其他特性都由当前标注样式定义。一般由箭头、一条直线或平滑的样条曲线、一条水平线组成。引线不测量尺寸。可以点击"注释"选项,打开"引线"选项卡,如图9-26所示。

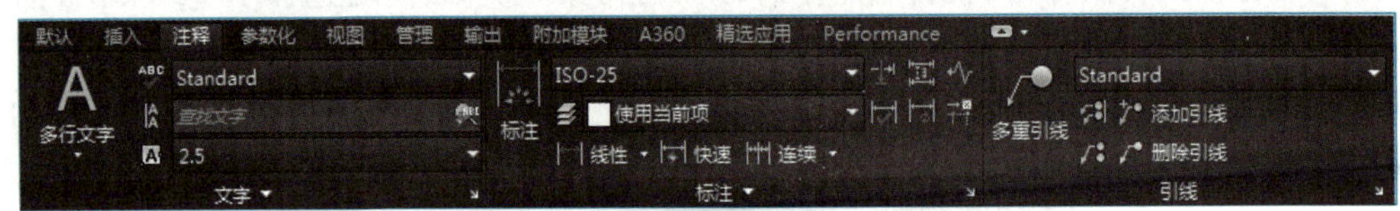

图 9-26 "注释"→"引线"工具栏

也可以用命令输入的方法,命令的输入方法如下:

命令:MLEADER

菜单:【标注】→多重引线

工具栏:【注释】→(图标)

命令执行后提示:

指定引线箭头的位置或[引线基线优先(L)/内容优先(C)/选项(O)]<选项>:

指定引线基线的位置：

该命令可以对选定的图形对象进行引线标注，引线标注的内容可以是数字、文字或符号等，如图 9-27 所示，点击椭圆中心点引线标注出“此处是椭圆中心”字样。

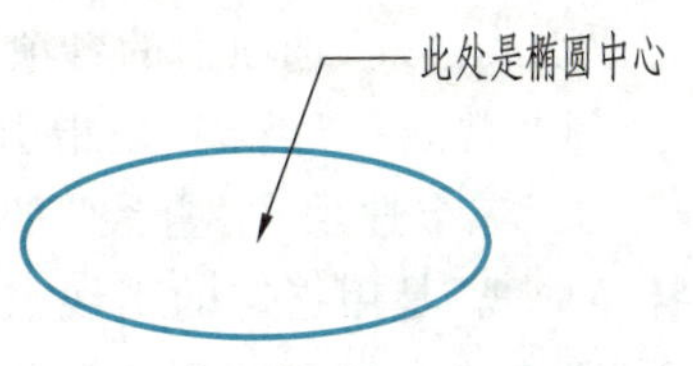

图 9-27 “引线”标注示例

用户可以点击“引线”选项卡的按钮打开“多重引线样式管理器”新建或修改引线样式，如图 9-28 所示。

创建引线新样式，可以点击“新建”按钮，打开“新建”对话框，如图 9-29 所示。

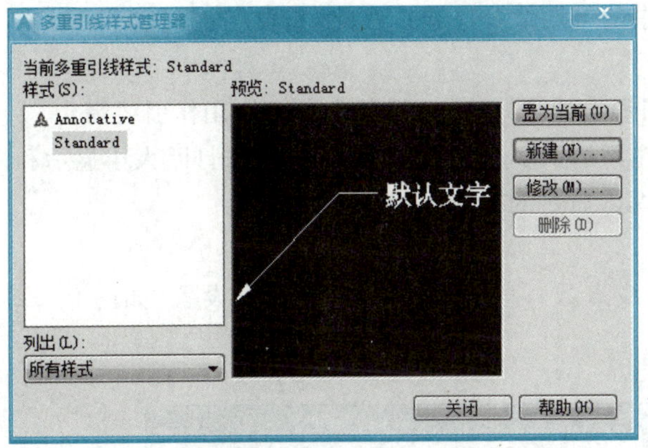

图 9-28 “多重引线样式管理器”对话框

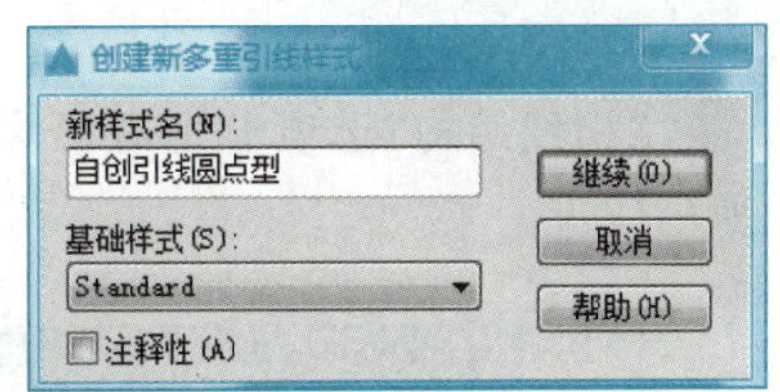

图 9-29 “创建新多重引线样式”对话框

点击“继续”按钮，打开如图 9-30 所示的对话框，对新建的“自创引线圆点型”引线样式进行设置，有“引线格式”“引线结构”和“内容”三个选项卡。

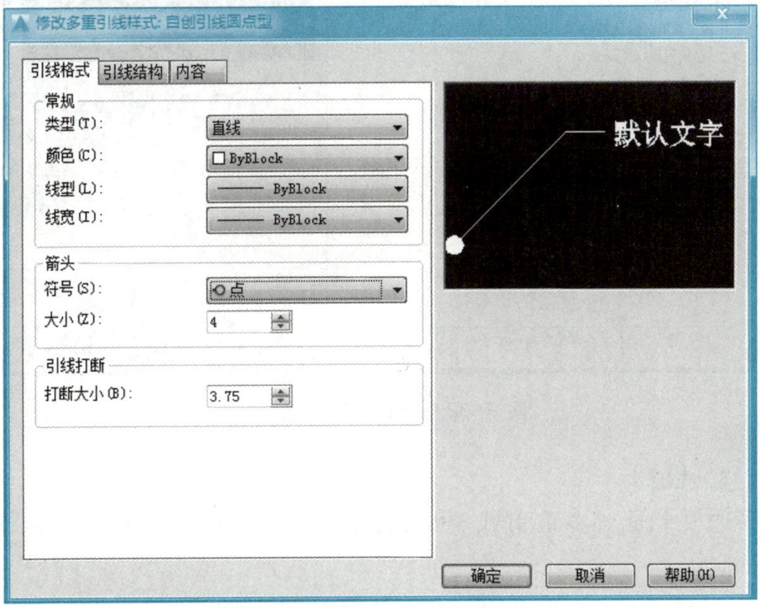

图 9-30 “引线格式”选项卡

1. “引线格式”选项卡

“引线格式”选项卡的各项含义如下：

（1）常规 “类型”是指引线线型，引线有“直线”“样条曲线”“无”三个选项。“直线”是在指定点之间创建直线段引线；“样条曲线”是用指定的引线点作为控制点创建样条曲线对象；“无”即在指定点和注释之间没有引线，图9-31引线类型为样条曲线。颜色、线型、线宽是对引线的这三个参数进行设置，一般都是“ByBlock”，不需要修改。

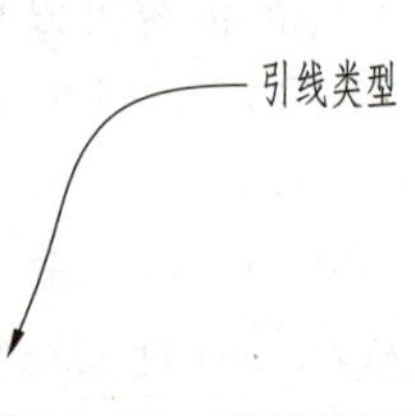

图9-31 引线类型为样条曲线

（2）箭头 定义引线箭头形状和大小。从“符号”下拉列表框中选择箭头。这些箭头与尺寸线中的可用箭头一样。在此“符号”选择“点”可以在预览区看到引线效果，已经换成了圆点。

如果选择“用户箭头”，将显示图形中的块列表，选择其中一个块用作引线箭头。

（3）引线打断 控制将折断标注添加到多重引线时使用的设置，打断大小显示和设置选择多重引线后用于“DIMBREAK”命令的折断大小。

2. “引线结构”选项卡

“引线结构”选项卡是对最大引线点数、基线设置、比例等进行设置，如图9-32所示。

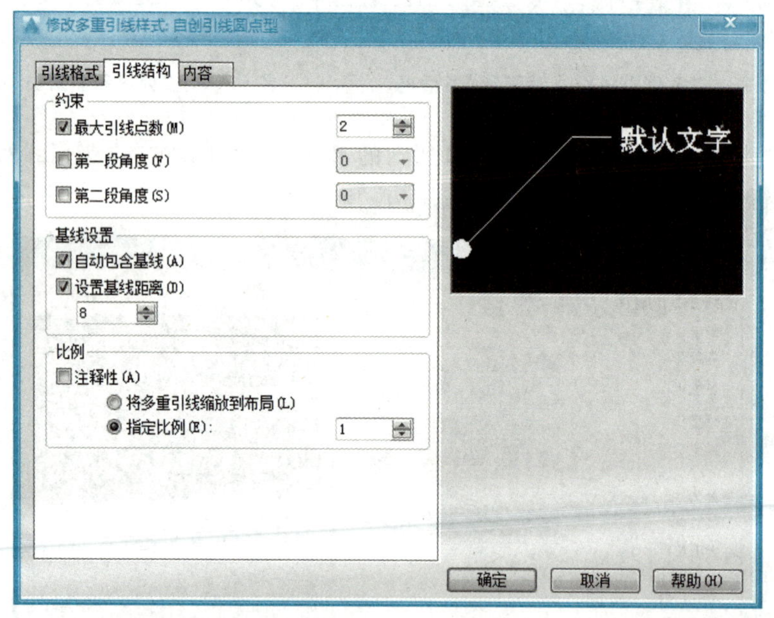

图9-32 “引线结构”选项卡

3. “内容”选项卡

“内容”选项卡是对多重引线类型、文字选项、引线连接进行设置，如图9-33所示。

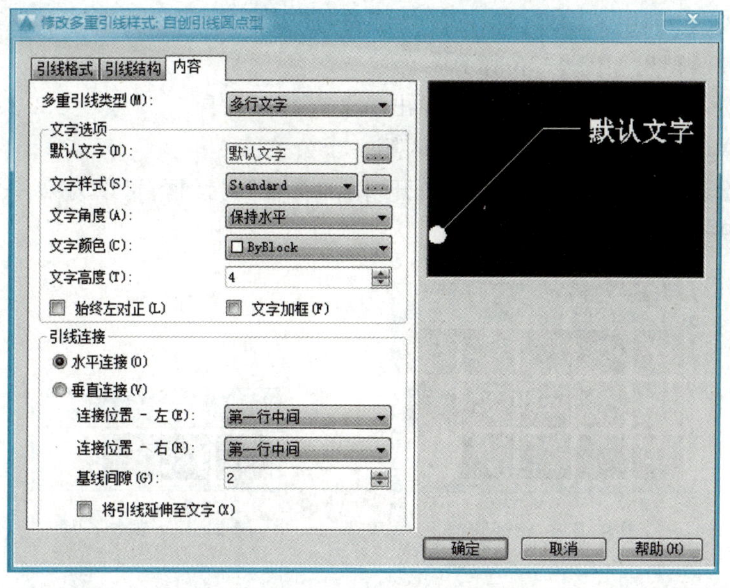

图 9-33 “内容”选项卡

9.3.13 形位公差标注

对于一个零件，其实际形状和位置相对于理想形状和位置存在一定的误差，该误差称为形位公差。形位公差在机械图形中极为重要。因为形位公差如果不能够被完全控制，装配件就不能正确装配；另一方面，过度吻合的形位公差又会由于额外的制造费用而造成浪费。在图形中，应当标注出零件某些重要元素的形位公差，如图 9-34 所示。

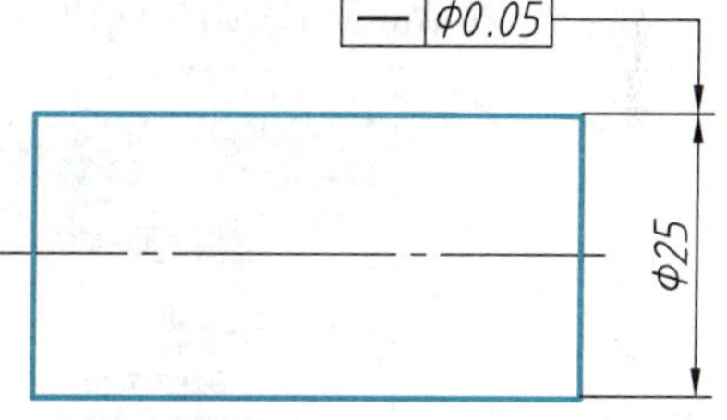

图 9-34 圆柱轴线的直线度公差

命令的输入方法如下：

命令：TOLERANCE

菜单：【标注】→公差

工具栏：【标注】→

命令执行后，系统将弹出如图 9-35 所示的“形位公差”对话框。

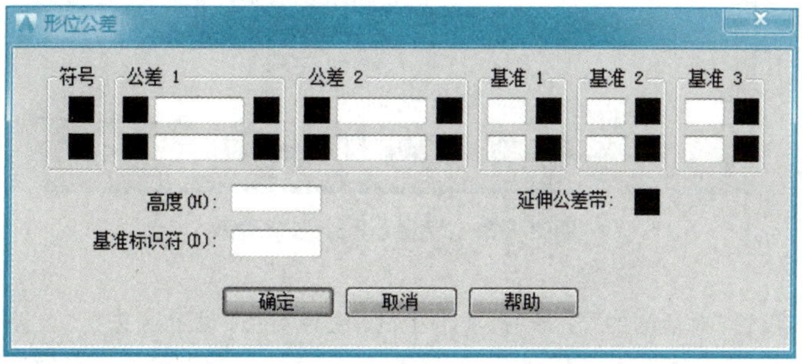

图 9-35 “形位公差”对话框

单击“符号”列中的■框，将打开“特征符号”对话框，可以为第一个或第二个公差选择几何特征符号，如图 9-36 所示。

单击“公差 1”列前面的■框，将弹出一个直径符号。

在“公差 1”列中间的编辑框中输入第一个公差值。

单击“公差 1”列后面的■框，将打开“附加符号”对话框，可以为第一个公差选择符号，如图 9-37 所示。

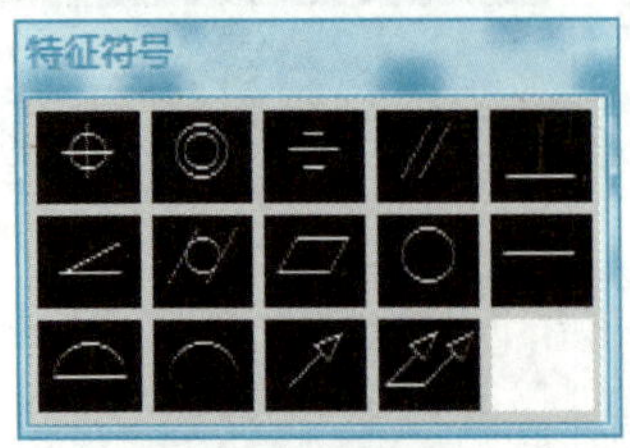

图 9-36 特征符号

图 9-37 附加符号

在“高度”编辑框中，可以输入投影公差带的值。投影公差带控制固定垂直部分延伸区的高度变化，并以位置公差控制公差精度。

单击“延伸公差带”后面的■框，可在延伸公差带的后面插入延伸公差带符号。

在“基准标识符”编辑框中，创建由参照字母组成的基准标识符号。

【例 9-2】 形位公差标注常和引线标注结合使用，对图 9-34 中的圆柱轴线直线度进行标注。可按如下步骤进行：

（1）在命令行输入“QLEADER”（快速引线）命令，打开图 9-38“引线设置”对话框。

> 提示：在 AutoCAD2016 中，“快速引线”命令只能从命令行输入“QLEADER”。

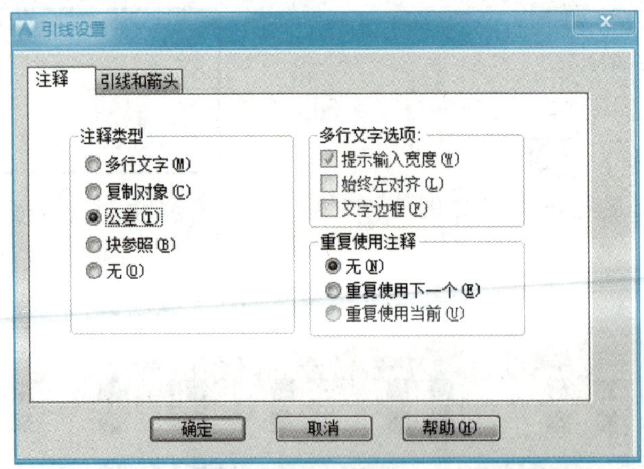

图 9-38 “引线设置”对话框

（2）在“引线设置”对话框的“注释”选项卡中的“注释类型”设置区选择“公差”单选钮，然后单击“确定”按钮。

（3）在图形中创建引线，将自动打开“形位公差”对话框（图 9-39）。

（4）参照图 9-39 所示，设置形位公差的符号、值和基准。

（5）单击“确定”按钮，则标注结果如图 9-34 所示。

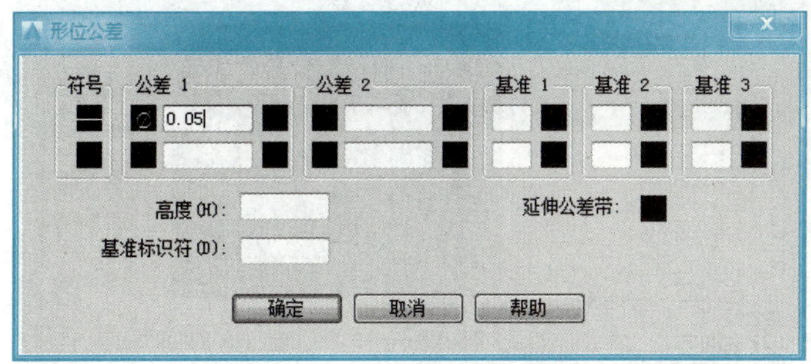

图 9-39　设置形位公差

也可以使用“引线”标注，步骤如下：

（1）点击“标注”里的“引线”按钮；

（2）对齐 ϕ25 尺寸标注的端点，不输入任何字符，绘制引线；

（3）参照图 9-39 所示，设置形位公差的符号、值和基准，然后单击“确定”按钮；

（4）将标注的公差移动到引线末端，则标注结果如图 9-34 所示。

9.4　尺寸标注的编辑与更新

创建尺寸标注后如需修改，可以删除尺寸标注后重新标注，也可以通过编辑尺寸标注来调整。编辑尺寸标注包括修改尺寸标注的样式，修改文字的内容、位置，更新标注和关联标注等。

9.4.1　修改尺寸标注样式

创建大量的尺寸标注后如需统一修改，如统一修改文字的高度、起止符号的形式等，可以通过修改尺寸样式快速修改。命令的输入方法如下：

命令：DIMSTYLE

菜单：【标注】→样式（或【格式】→标注样式）

工具栏：【标注】→

执行该命令后，打开如图 9-40 所示的“标注样式管理器”对话框，单击“修改”按钮，进入与“新建”类似的对话框，“修改标注样式”进行修改。这种方法可以对用某一种样式标注的尺寸全部修改，一次完成。

9.4.2　替代尺寸标注样式

命令的输入方法如下：

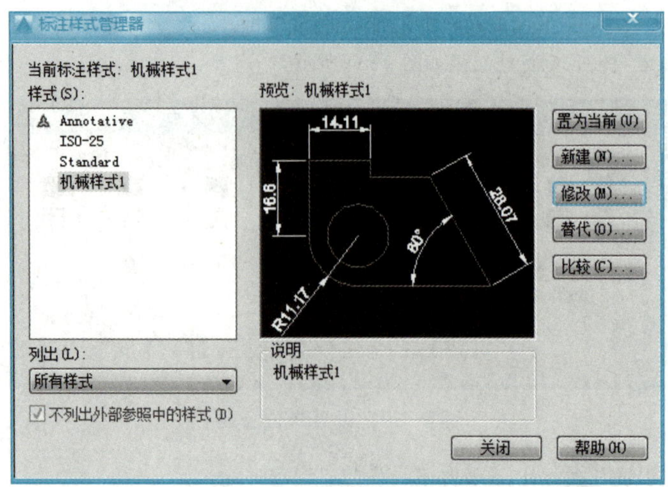

图 9-40 修改标注样式

命令:DIMSTYLE

菜单:【标注】→样式(或【格式】→标注样式)

工具栏:【标注】→

单击“替代”按钮,进入与“修改尺寸样式”类似的过程,替代和某一尺寸对象有关的尺寸系统变量设置,但不影响当前尺寸类型。

9.4.3 编辑标注

对已经标注的尺寸进行编辑,命令的输入方法如下:

命令:DIMEDIT

工具栏:【标注】→

执行该命令后提示:

输入标注编辑类型[默认(H)/新建(N)/旋转(R)/倾斜(O)]<默认>:

选择对象:

提示信息中的各个参数的意义说明如下:

(1) 默认(H) 系统提示选择对象,在用户选取目标对象后,系统将选中的标注文字移回到默认位置,即移回到由标注样式指定的位置和旋转角。

(2) 新建(N) 将打开“多行文字编辑器”对话框,对标注的文字内容进行编辑和修改。

(3) 旋转(R) 系统提示指定标注文字的角度,用户可在此输入所需的旋转角度。

(4) 倾斜(O) 系统提示输入倾斜角度,是尺寸界线的倾斜角度(按回车键表示“无”)。

执行命令后各选项操作结果如图 9-41 所示。

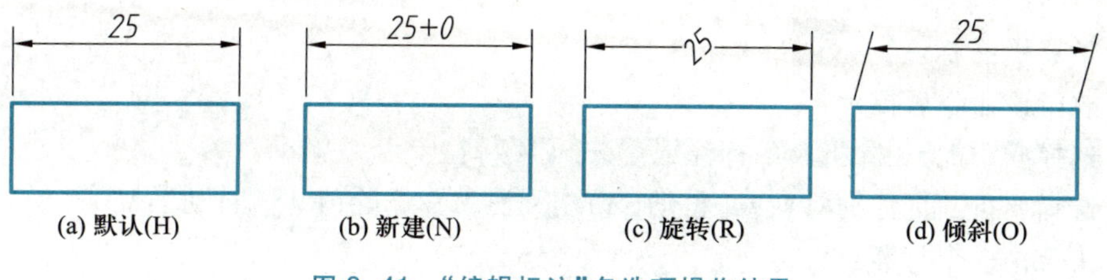

(a) 默认(H) (b) 新建(N) (c) 旋转(R) (d) 倾斜(O)

图 9-41 “编辑标注”各选项操作结果

9.4.4 编辑标注文字位置

编辑标注文字的位置,命令的输入方法如下:

命令:DIMTEDIT

菜单:【标注】→对齐文字

工具栏:【标注】→[A]

执行该命令后提示:

选择标注:

为标注文字指定新位置或[左对齐(L)/右对齐(R)/居中(C)/默认(H)/角度(A)]:

各选项的含义如下:

(1) 为标注文字指定新位置 指定标注文字的新位置。

(2) 左对齐(L) 调整尺寸文本为左对齐。

(3) 右对齐(R) 调整尺寸文本为右对齐。

(4) 居中(C) 将尺寸文本放在尺寸线中间。

(5) 默认(H) 将尺寸文本调整到尺寸格式中设置的位置。

(6) 角度(A) 改变尺寸文本的角度。

各选项操作结果如图 9-42 所示。

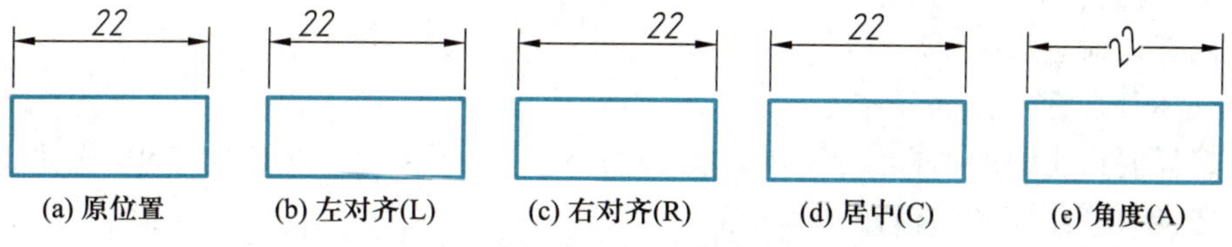

(a) 原位置 (b) 左对齐(L) (c) 右对齐(R) (d) 居中(C) (e) 角度(A)

图 9-42 “编辑标注文字”各选项操作结果

9.4.5 标注打断

为了取得更好的标注效果,可以将交叉的尺寸标注打断其中一个,让标注更清晰美观,命令的输入方法如下:

命令:DIMBREAK

工具栏:【标注】→

执行该命令后提示:

选择要添加/删除折断的标注或[多个(M)]:

选择要折断标注的对象或[自动(A)/手动(M)/删除(R)]<自动>:M

指定第一个打断点:

指定第二个打断点:

该命令选择需要打断的标注,然后在需要的位置,打断尺寸线或者尺寸界线,如图9-43所示。

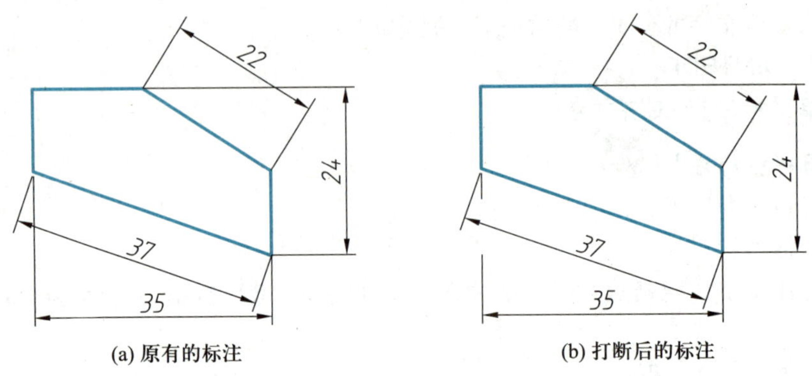

图9-43 "标注打断"效果

9.4.6 调整标注间距

当用户标注一些平行尺寸线时,可能平行尺寸间距不等,使得标注不够美观,可以用调整标注间距命令,调整到尺寸线间距一致。命令的输入方法如下:

命令:DIMSPACE

工具栏:【标注】→

执行该命令后提示:

选择基准标注:(选择尺寸"7"的标注)

选择要产生间距的标注:找到1个,总计3个(选择尺寸"15""25""30"的标注)

选择要产生间距的标注:(回车)

输入值或[自动(A)]<自动>:(回车)

调整标注间距后,平行尺寸线的间距变成等距了,效果如图9-44所示。

9.4.7 折弯线性标注

"折弯线性"命令用于在线性标注或对齐标注上添加或者删除折弯线。折弯线指的是所标对象较长,折断后绘制,标注的尺寸是物体的实际尺寸,而不是图形中的测量距离。命令的输入方法如下:

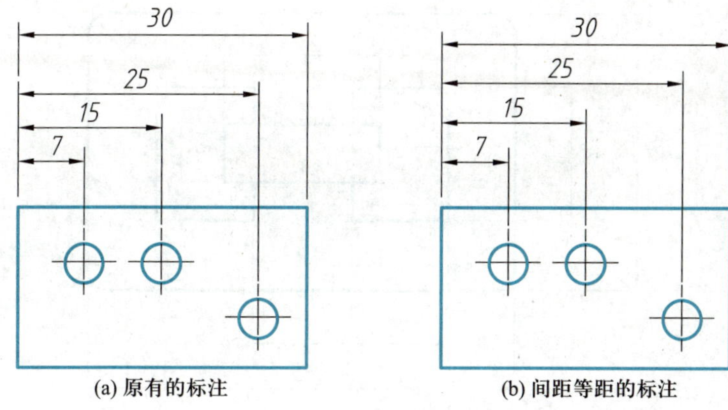

图 9-44 "等距标注"调整效果

命令:DIMJOGLINE

工具栏:【标注】→

执行该命令后,提示选择折弯标注的对象和折弯点,点击需要修改的尺寸标注后就会出现折弯,如图 9-45 所示。

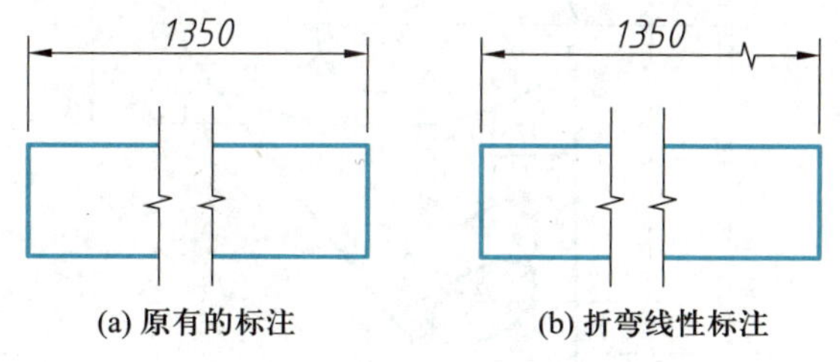

图 9-45 "折弯线性标注"的效果

9.4.8 尺寸的关联性

尺寸的关联性是指尺寸数字值与标注的图形对象之间是关联的,当图形放大或者缩小时,尺寸数值随之改变。

系统默认尺寸与图形对象是关联的,如果想取消关联,就可以在命令行输入"DDA"并回车,选择解除关联的尺寸对象,然后确认就可以解除关联。

本章介绍了尺寸样式的设置,标注各种类型的尺寸及编辑和修改尺寸的方法,内容丰富,细节较多,需要熟练掌握各对话框内容,才能高效地进行尺寸标注。

思考与练习

9-1 绘制如习题图 9-1 所示的图形,并进行标注。

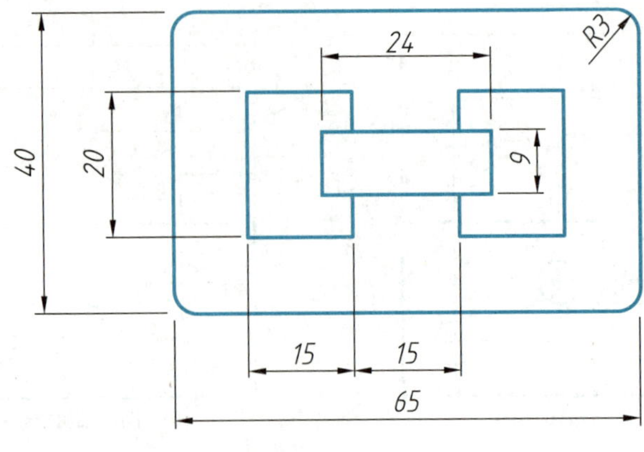

习题图 9-1

9-2　绘制如习题图 9-2 所示的图形，并进行标注。

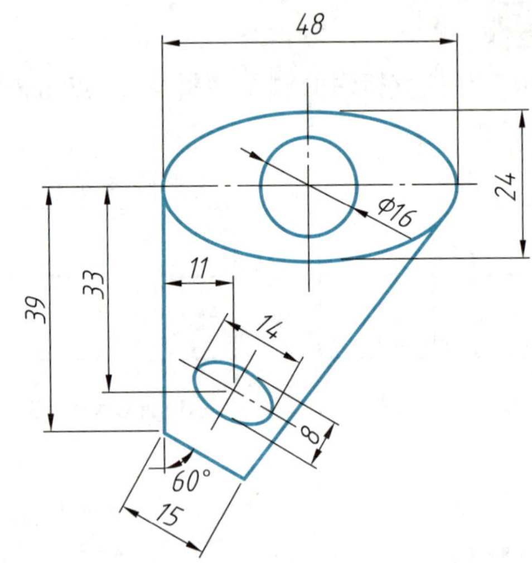

习题图 9-2

9-3　绘制如习题图 9-3 所示的图形，并进行标注。

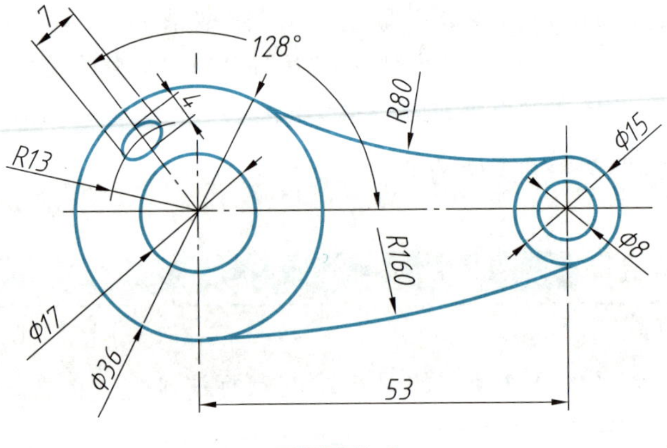

习题图 9-3

9-4 绘制如习题图 9-4 所示的图形,并进行标注。

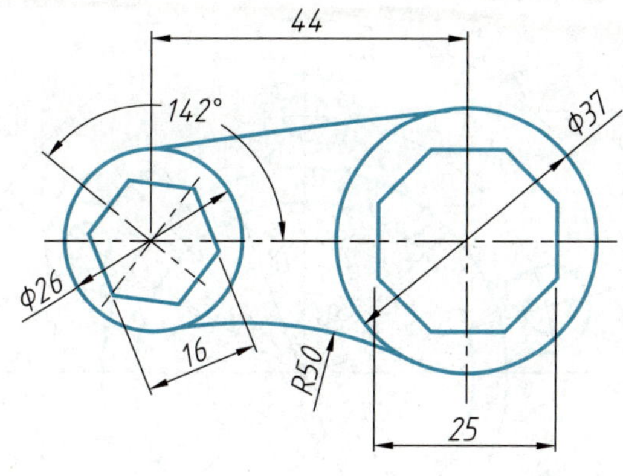

习题图 9-4

9-5 绘制如习题图 9-5 所示的图形,并进行标注。

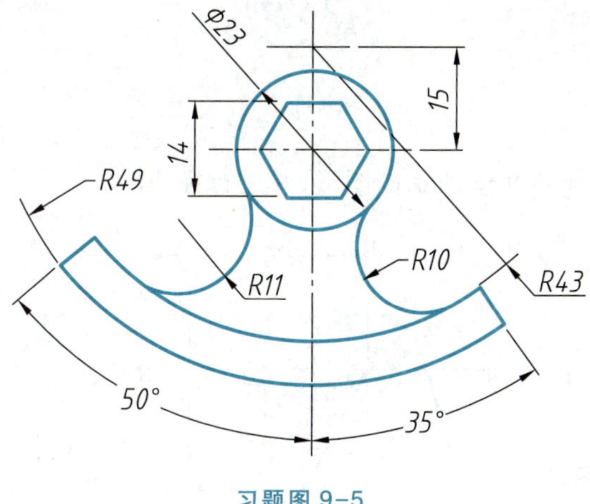

习题图 9-5

9-6 绘制如习题图 9-6 所示的图形,并进行标注。

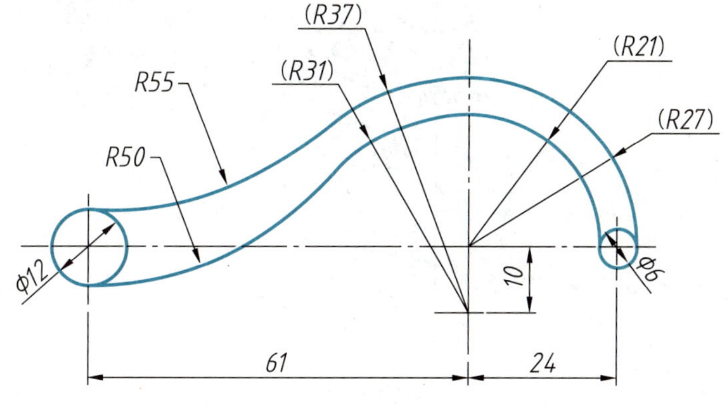

习题图 9-6

9-7 绘制如习题图 9-7 所示的图形，并进行标注。

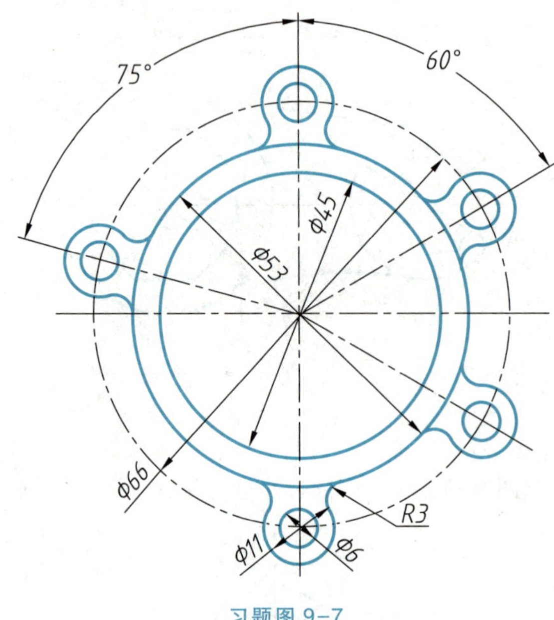

习题图 9-7

9-8 绘制如习题图 9-8 所示的图形，并进行标注。

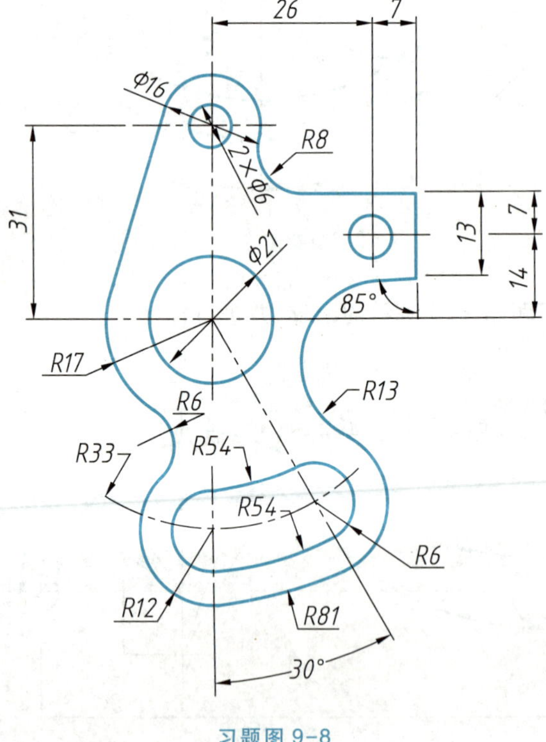

习题图 9-8

第 10 章 模型空间、图纸空间与图纸打印

知识目标：

- □ 了解模型空间和图纸空间的区别与用途
- □ 掌握模型空间视口的概念及设置
- □ 掌握图纸空间视口的概念及设置
- □ 掌握模型空间的图纸打印方法
- □ 掌握图纸空间的图纸打印方法

能力目标：

- □ 能在模型空间根据需要设置视口和视图
- □ 能在图纸空间根据需要设置视口并调整图形及比例
- □ 能打印出符合要求的图纸

AutoCAD 为用户提供了两种绘图空间:模型空间和布局空间(图纸空间),通常绘图工作都是在模型空间中进行的。当绘制的图形需要打印输出时,有两种打印方式。一种是在模型空间直接打印,该方式设置方便快捷,但存在一定的不足即只能单比例打印。第二种是在布局空间打印,布局空间也称图纸空间,是 AutoCAD 的打印空间,可以多比例打印,但设置烦琐,用户一般习惯使用模型空间打印。下面介绍模型空间和图纸空间及在这两种空间的打印方法。

10.1 模型空间

10.1.1 模型空间的概念

模型空间主要是绘图时使用的空间。

模型空间中的模型是指用绘图和编辑命令生成的图形对象,而模型空间是指建立模型时所处的 AutoCAD 工作环境。在该空间中,用户可以进行一系列的操作。如根据物体的实际尺寸绘制、编辑二维或三维图形,还可以对图形对象进行全方位的显示。

当启动 AutoCAD 后,系统默认处于模型空间,表现为绘图窗口下面的“模型”选项卡处于激活状态。

10.1.2 模型空间视口

“模型空间视口”就是将模型空间的绘图区域分割成一个或多个相邻的矩形视口,方便表达不同的绘图内容。所有分割的视口充满整个绘图区域并且相互之间不重叠。在一个视口中做出修改后,其他视口也会立即更新。在大型或复杂的图形中,显示不同的视口可以缩短在单一视口中缩放或平移的时间。如图 10-1 所示,绘图区分成了三个视口。

设置模型空间视口,可以通过打开“视图”选项卡中的“模型视口”工具条,如图 10-2 所示;或者用“视图”下拉菜单中“视口”(如图 10-3 所示)来设置空间视口;还可以通过输入命令等来设置空间视口。创建模型空间视口的操作方式如下:

命令:VPORTS

菜单:【视图】→视口→新建视口

工具栏:【视图】→模型视口→

当命令输入后,屏幕会弹出如图 10-4 所示“新建视口”选项卡。

“新建视口”选项卡内容包括:

(1)“新名称” 给新创建的视口命名。

(2)“标准视口” 给出一系列已经定义好的视口配置。

(3)“预览” 预览已经选择的视口配置,以及指定给每个视口的默认视图。

(4)“应用于” 指定将选定的视口配置用于全部的平铺视口或“当前视口”显示。

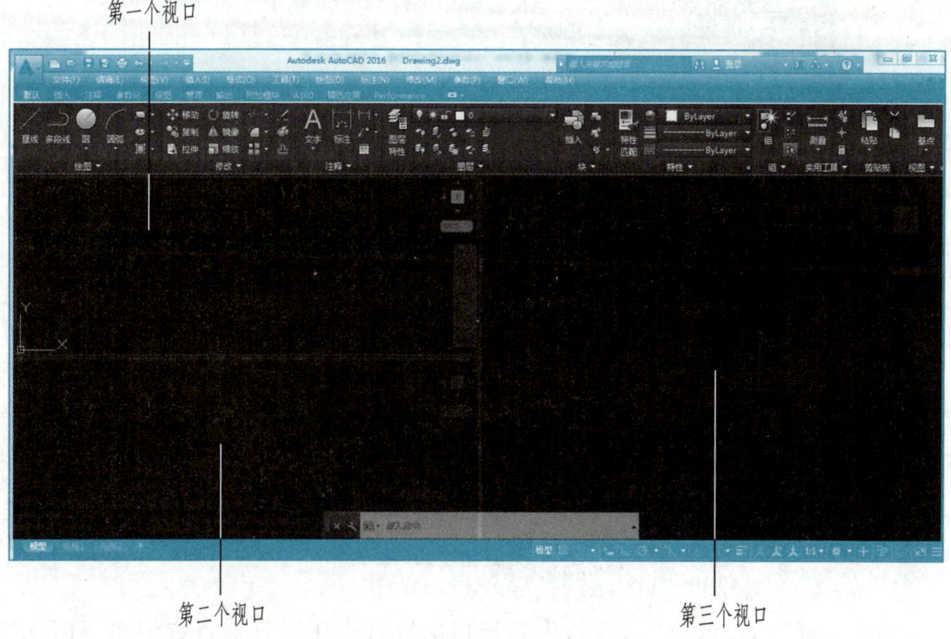

图 10-1 绘图区分为三个“空间视口”

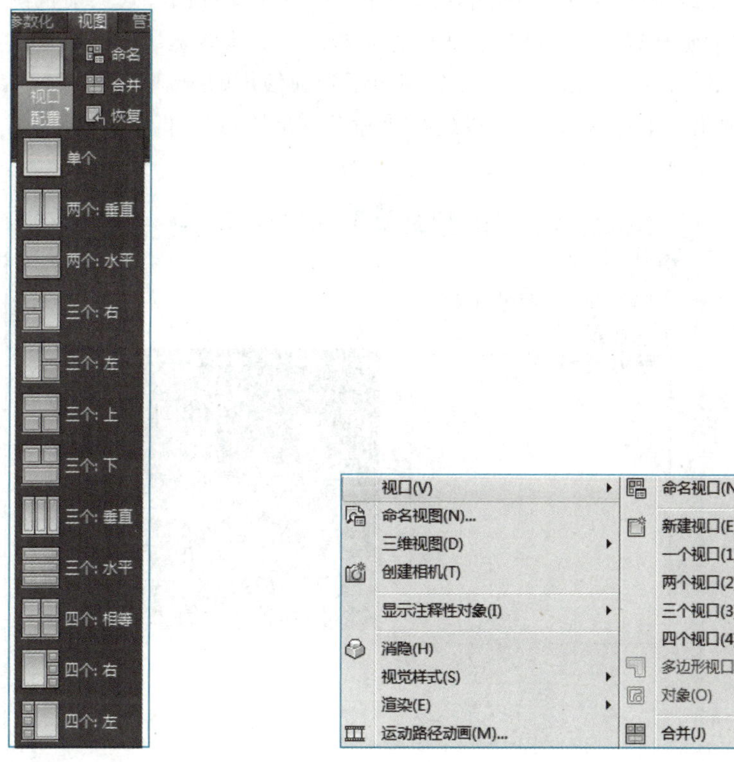

图 10-2 “模型视口”工具条

图 10-3 “视口”菜单

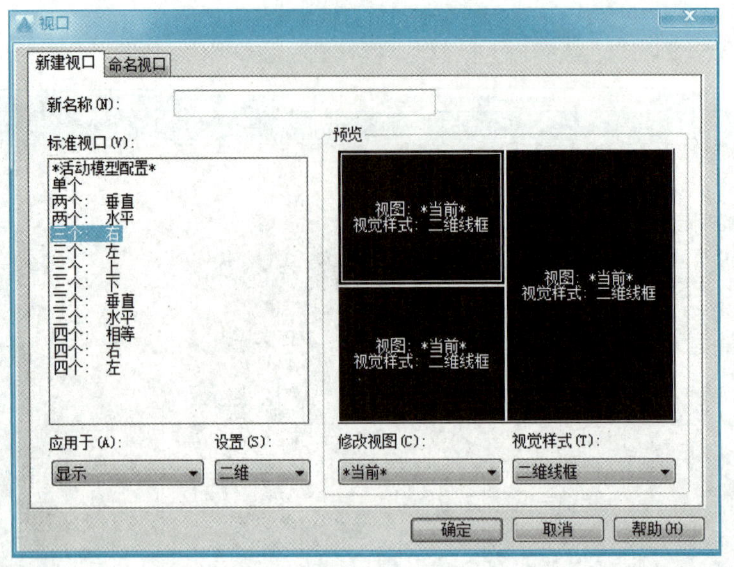

图 10-4 “新建视口”选项卡

(5)“设置” 若选择“二维”,则新视口配置首先在所有视口中创建当前视图。若选择“三维”,则视口配置应用于标准的正交三维视图设置。

(6)“修改视图” 从视图配置列表中选择一个新视图替代当前视图。

(7)“视觉样式” 控制图形显示的样式,是“二维线框”还是“着色”等。

图 10-5 是“命名视口”选项卡。列出了当前使用的视口设置,鼠标右键单击视口设置后会弹出菜单选项,用户可以进行重命名和删除等操作。

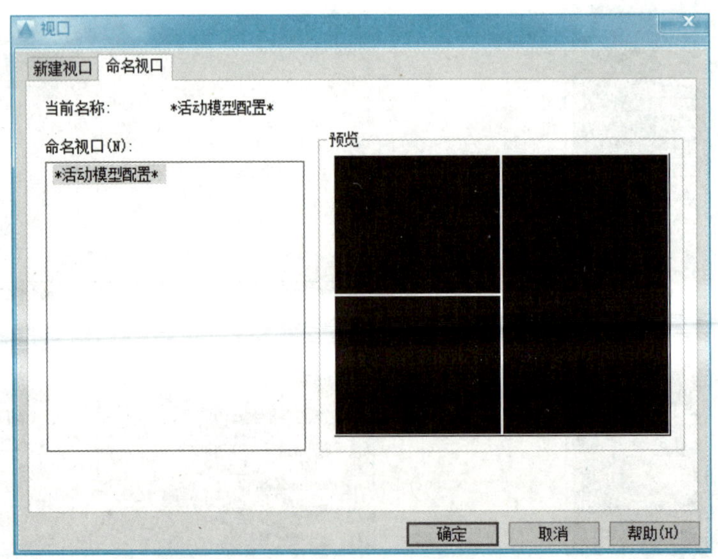

图 10-5 “命名视口”选项卡

视口的作用就是将图形在不同的视口呈现出来，以方便对图形进行修改，如图10-6所示，用户可用多个视口来表现图形的不同部位。

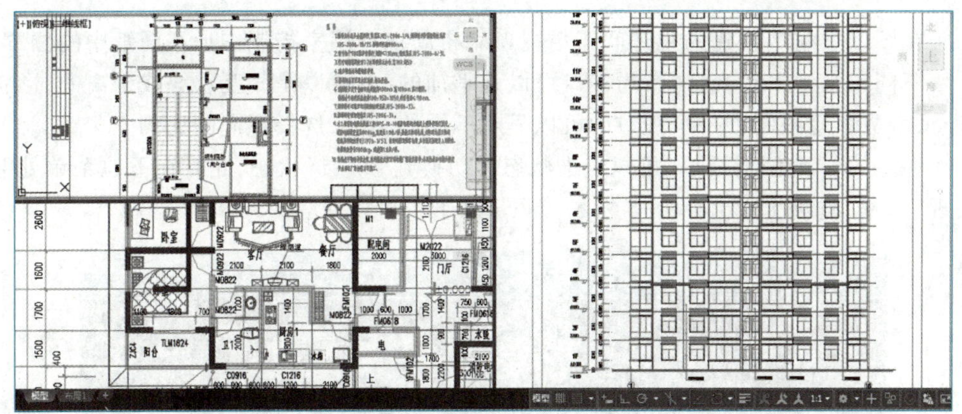

图 10-6 “模型视口”用途举例

10.2 图纸空间

10.2.1 图纸空间的概念

图纸空间主要用于打印图纸。

用户可以将图纸空间看作一张图纸，它是设置和管理图形输出的布局环境的。在图纸空间中，可以把模型对象不同方位的视图按一定比例显示出来，也可以定义图纸的大小、插入图纸的图幅、图框和标题栏等。

AutoCAD 启动后，系统为用户设置了两个默认“布局”选项卡。用户也可以自己创建、复制、删除布局，方法是在“布局”选项卡上单击鼠标右键，从激活的快捷菜单中来进行操作，如图10-7所示。每个“布局”选项卡提供一个图纸空间绘图环境，用户可在其中创建布局视口或指定打印的页面设置等操作。

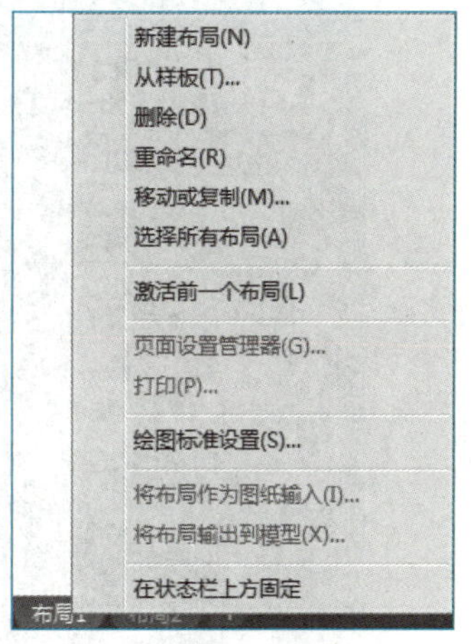

图 10-7 “布局”右键快捷菜单

模型空间与图纸空间的切换，可以通过单击绘图区左下角的“模型”和“布局”选项卡，或通过状态栏中的“模型/图纸”按钮来进行，使用图纸空间时绘图窗口下面的“布局”选项卡处于激活状态。

10.2.2 布局视口

在图纸空间中创建的视口叫布局视口。布局视口用来控制图形在图纸中的位置。不同于模型空间视口，布局视口可以是平铺的，也可以是相互重叠或分离的，形状任意，个数不受限制。每个视口中可以显示不同的图形，选择不同的比例。

在“布局”中创建视口，可以点击状态栏切换到“布局”状态，此时在下拉菜单处会出现“布局”选项卡，如图 10-8 所示。在选项卡中可以新建布局和新建视口等。

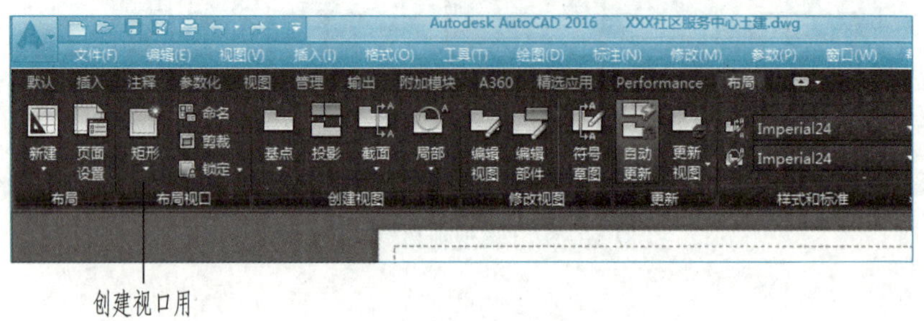

图 10-8 “布局”选项卡

点击图 10-8 中“布局视口”→“矩形”，可以在布局中创建矩形视口，点击“矩形”下的三角符号▾，还可以创建“多边形”视口，如图 10-9(a)所示，创建了三个视口，两个矩形视口，一个多边形视口。

在布局中的白色边界是图纸边界，虚线为打印边界。视口就是图形在图纸中所占的位置区域。双击视口的外侧可以选择视口框，调整视口的位置。双击视口内侧，视口框粗线显示，可以调整视口内的图形大小、位置及比例等。

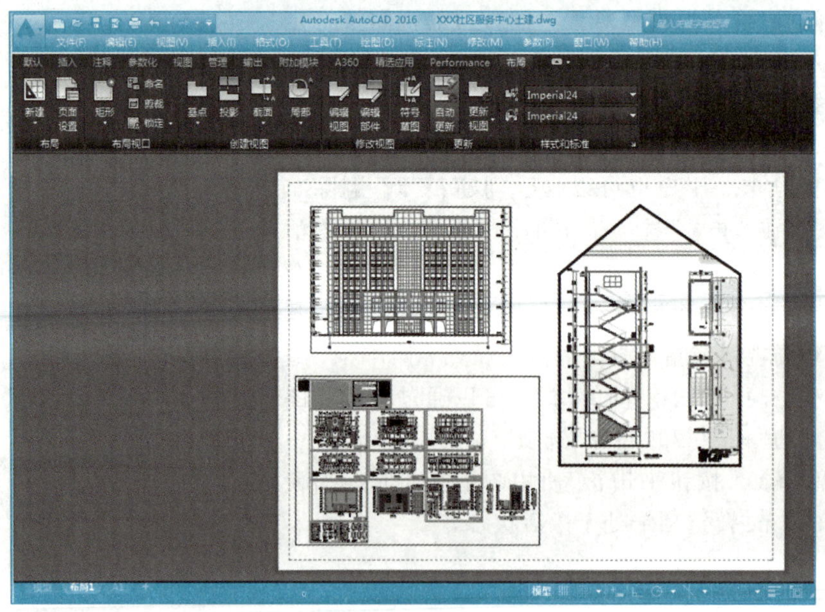

(a) 创建三个视口

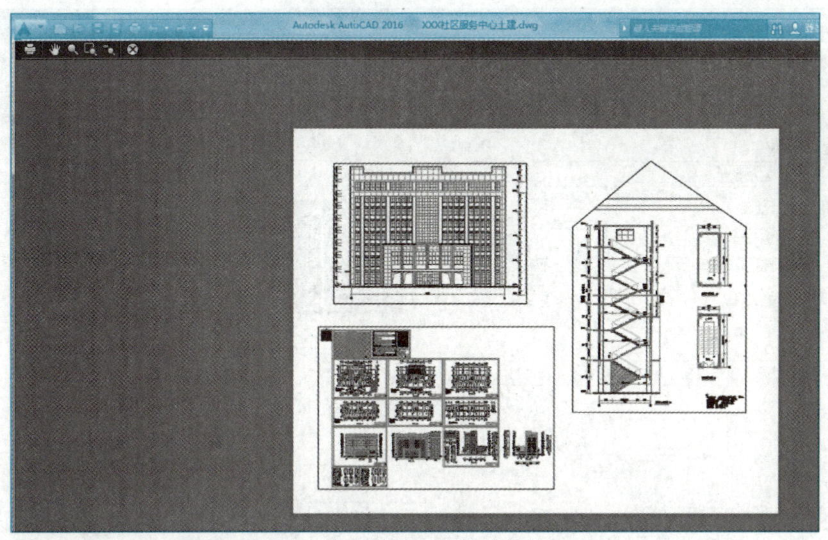

(b) 打印预览三个视口在图纸中的位置

图 10-9 新建视口与图纸的位置关系

图 10-9(b)为打印输出的预览,可以直观地看到视口与图纸的关系,视口位置就是图形在图纸中的位置。

10.3 模型空间打印图纸

打印图纸可以在模型空间打印,也可以在图纸空间打印。在模型空间打印,只能单比例打印但设置方便。在模型空间打印图纸,命令的输入方法如下:

模型空间打印

命令:PLOT

菜单:【文件】→打印

图标栏:→下拉菜单→打印

执行该命令后,系统将弹出如图 10-10 所示的“打印-模型”对话框。

10.3.1 配置打印设备

在打印图纸之前,首先需配置打印设备,因为不同的打印设备,对应有不同的图纸幅面,因此只有选择了打印设备,才能选择其对应的图纸尺寸。打印设备有普通的打印机,也可以配置绘图仪。本书以普通打印机为例,如图 10-11 所示,选择”DWF6 ePlot. pc3”打印机。

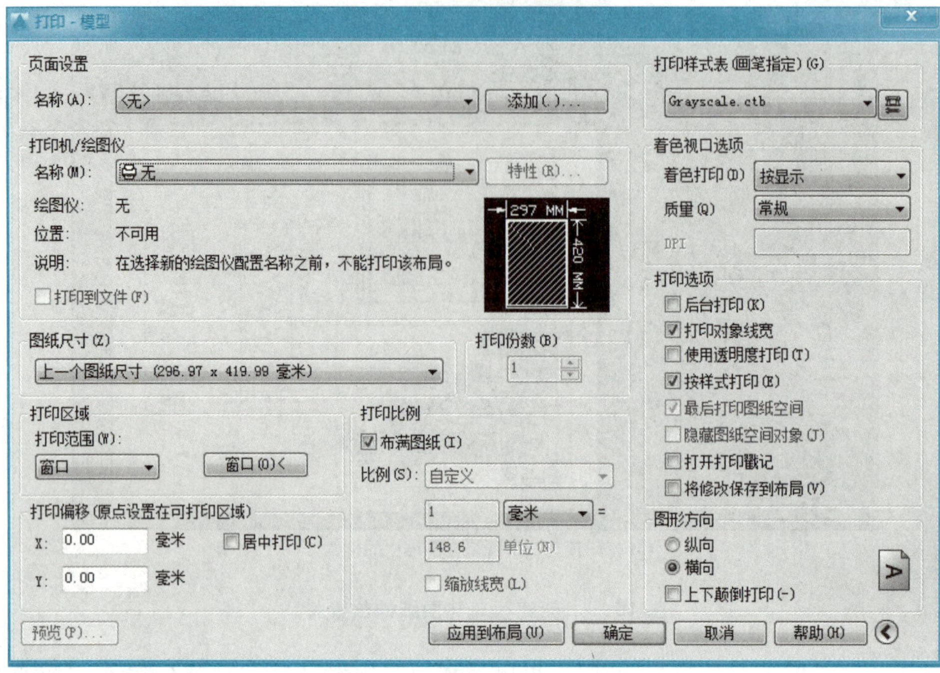

图 10-10 “打印-模型”对话框

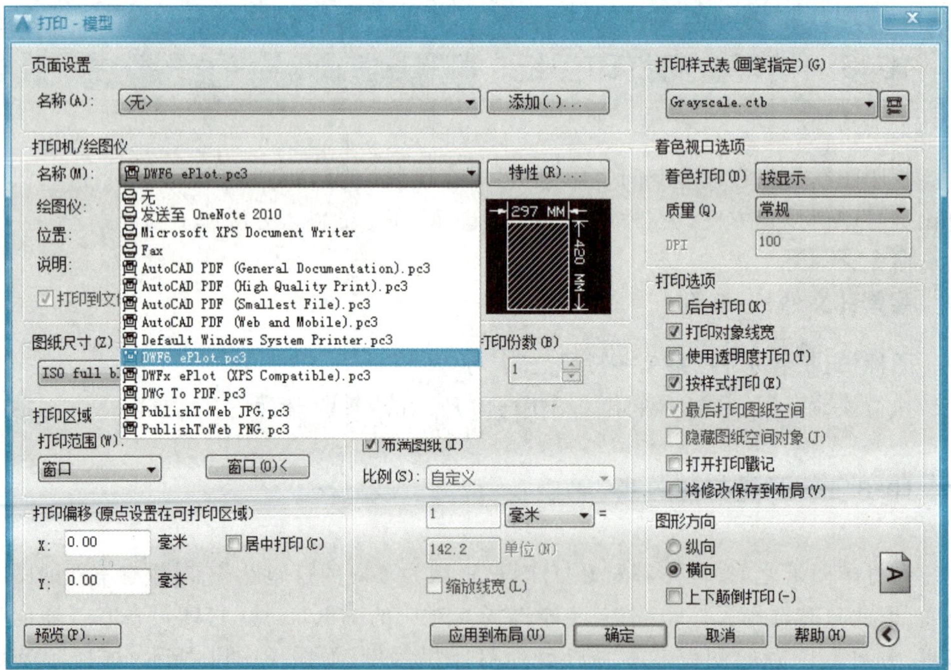

图 10-11 选择打印设备

10.3.2 选择图纸尺寸

图纸尺寸下拉列表框用于选择图纸幅面，如图 10-12 所示。

需要说明的是，在模型空间打印需为图样绘制好合适的图幅、图框和标题栏，如图 10-13 所示。

因为建筑图按 1∶1 绘制，图中建筑平面总长为 45 600 mm，而 A1 图幅为 841 mm×594 mm。如果想把图放入 A1 图幅中，那么有两种方法，第一种是将图形缩小至 1/100，放入 A1 图幅中，这样图形缩小，图形的标注尺寸也会关联缩小，不容易调整，容易造成尺寸标注的混乱。第二种是将图幅放大 100 倍，图幅的尺寸为 84 100 mm×59 400 mm，将图形框入图幅内。一般采用第二种方法。图 10-13 就是选择了第二种方法。

打印选择图纸可以选择“ISO full bleed A1”图纸，尺寸 841 mm×594 mm，打印在图纸上，相当于图形比例为 1∶100。

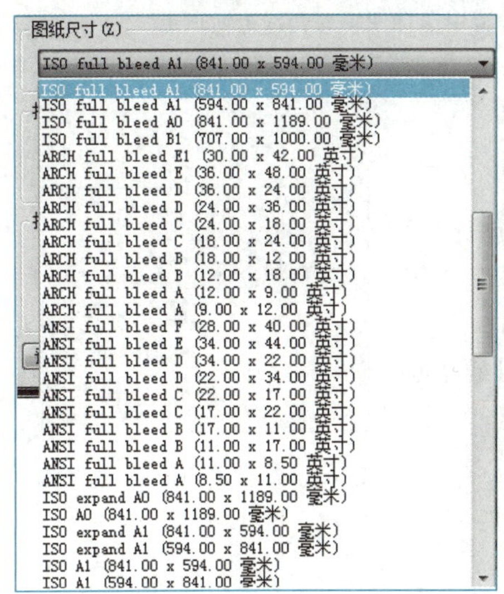

图 10-12 选择图纸幅面

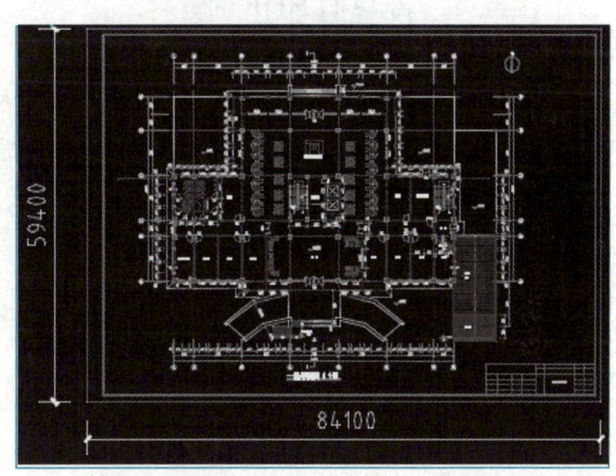

图 10-13 模型空间的图形与图幅

10.3.3 设置打印区域

“打印区域”选项组可以设置打印的图形范围，如图 10-14 所示，方式有窗口、范围、图形界限和显示。一般选用窗口方式，再点击右侧“窗口”（）按钮回到绘图区，选择需要打印的图形范围。

在本例中，打印范围窗口选择图 10-15 中图幅的对角线上两顶点，只打印这一张图纸。

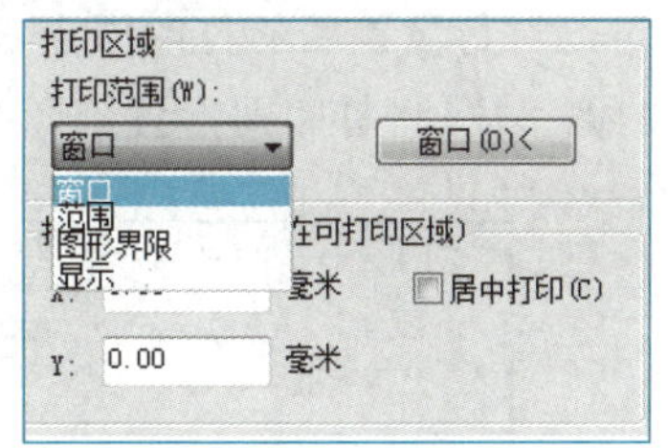

图 10-14 “打印区域”选项组

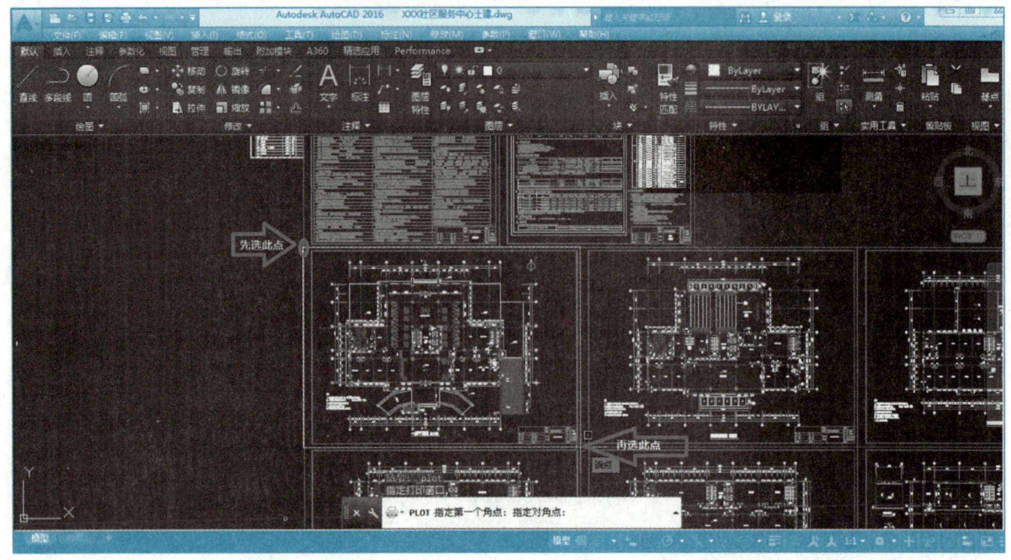

图 10-15　“打印区域”窗口选项——在屏幕中选择图幅对角线上两顶点

10.3.4　设置打印比例

“打印比例”选项组可以设置打印的图形的出图比例，如图 10-16 所示。其中“布满图纸”复选框仅适用于“模型空间”中的打印比例设置，当勾选该复选框时，AutoCAD 将自动缩放调整图形，使打印区域和图纸相匹配。若不勾选“布满图纸”，则可以自行设置比例。

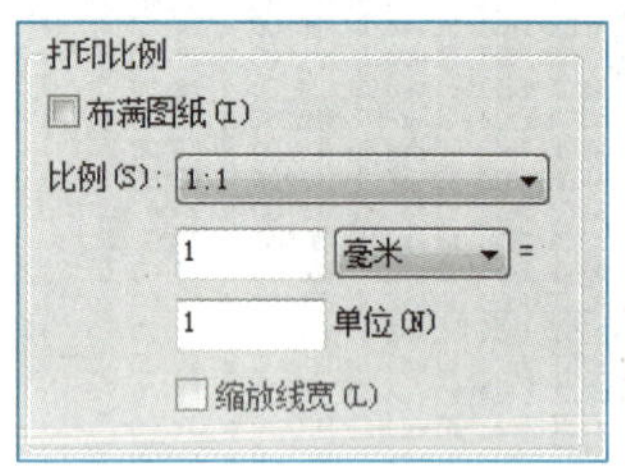

图 10-16　“打印比例”选项组

10.3.5　调整出图方向

“图形方向”选项组可以设置打印的图形在图纸上的方向，如图 10-17 所示。字母“A”在图纸中的方向代表了图形和图纸的位置，有“横向”“纵向”和“上下颠倒打印”方式。

“打印偏移”选项组可以设置打印的图形在图纸上的位置，如图 10-18 所示。默认状态下从图纸的左下角打印图形。打印原点处在图纸的左下角，坐标为(0,0)，用户可以自行设置新的打印原点；也可以在图纸中居中打印，AutoCAD 将自动计算 *X* 和 *Y* 的偏移值，将打印图形置于图纸正中间。

图 10-17　“图形方向”选项组

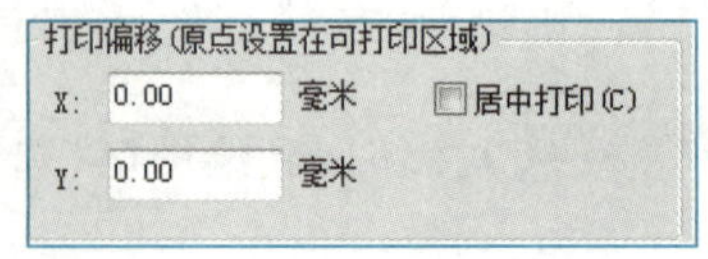

图 10-18　“打印偏移”选项组

10.3.6 打印预览与打印

点击“预览”按钮,可以提前预览图形的打印效果,如图 10-19 所示。在显示预览效果的界面点击右键,可以出现右键快捷菜单,在菜单中找到“打印”并点击,就可以打印图纸了。

“打印”也可以直接在打印对话框中点击“确定”按钮,即可以直接打印图纸。

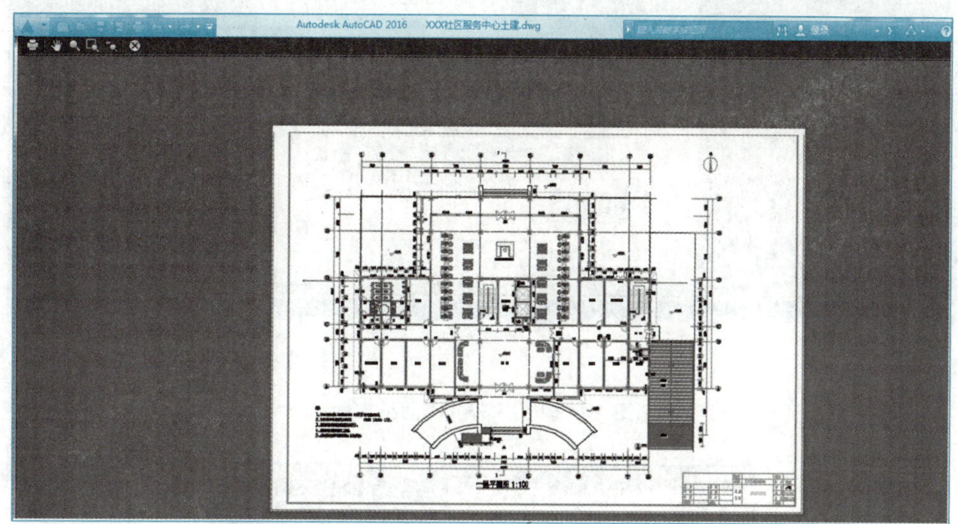

图 10-19 打印预览

10.4 图纸(布局)空间打印图纸

图纸(布局)空间主要用于出图。在模型空间绘制好的图形,除了可以在模型空间打印,也可以在图纸空间打印。使用图纸空间可以设置打印设备、纸张、比例和图样布局并预览布局效果。

图纸空间打印

下面将以图 10-15 中显示的建筑图为例,说明图纸空间打印图纸的步骤。

切换模型空间至“布局 1”图纸空间,如图 10-20 所示。可以看到在“布局 1”中的“视口”中显示出所有的图形,因为“视口”及“布局 1”并不是用户需要的图纸大小,因此,用户需要自己创建布局样式,即图纸的大小。

10.4.1 创建新布局

打开“插入”下拉菜单点击“布局”→“创建布局向导”,如图 10-21 所示,即可创建新布局。本例中新建一个 A1 图幅的布局。具体创建步骤如下:

(1) 创建新布局名称“A1”,如图 10-22(a)所示,然后点击“下一步”。

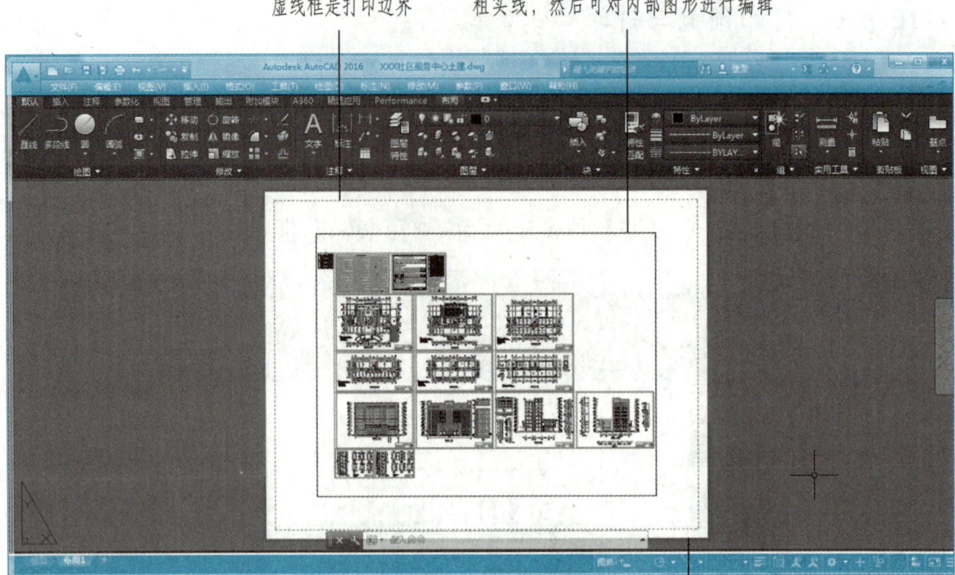

图 10-20　“布局 1”图纸空间

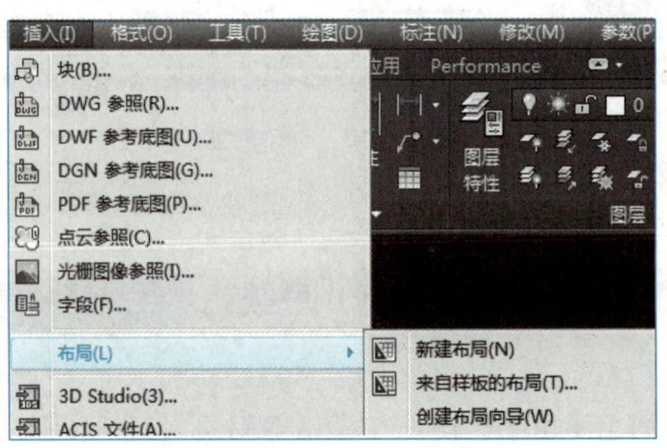

图 10-21　使用“创建布局向导”创建新布局

（2）选择打印机，可以选择模拟打印机 DWF6 ePlot. pc3，如图 10-22(b)所示，然后点击“下一步”。

（3）选择图纸尺寸，A1 图纸尺寸是 841 mm×594 mm，所以选择一个 A1 图幅的图纸即可。如图 10-22(c)所示，然后点击“下一步”。

（4）选择图纸使用方向，如图 10-22(d)所示，然后点击“下一步”。

（5）选择标题栏。因为对于标题栏格式，用户一般习惯用公司设计的样式，所以此处选择“无”，如图 10-22(e)所示，然后点击“下一步”。

（6）选择视口数量，可以选择“单个”。后续如果需要多视口，可以用“布局”→“创建视口”方式再添加。如图 10-22(f)所示，然后点击“下一步”。

（7）指定布局的具体位置，如图 10-22(g)所示。点击 选择位置(L) < 按钮，

打开布局窗口，在布局区域绘制一个视口框（视口框大小随意，因为后面还要删除此视口），则图形全部显示在视口内，即完成了 A1 布局的创建，A1 布局显示在左下角的状态栏处（模型 布局1 A1 +），如图 10-23 所示。

图 10-22 “创建布局”A1 的步骤

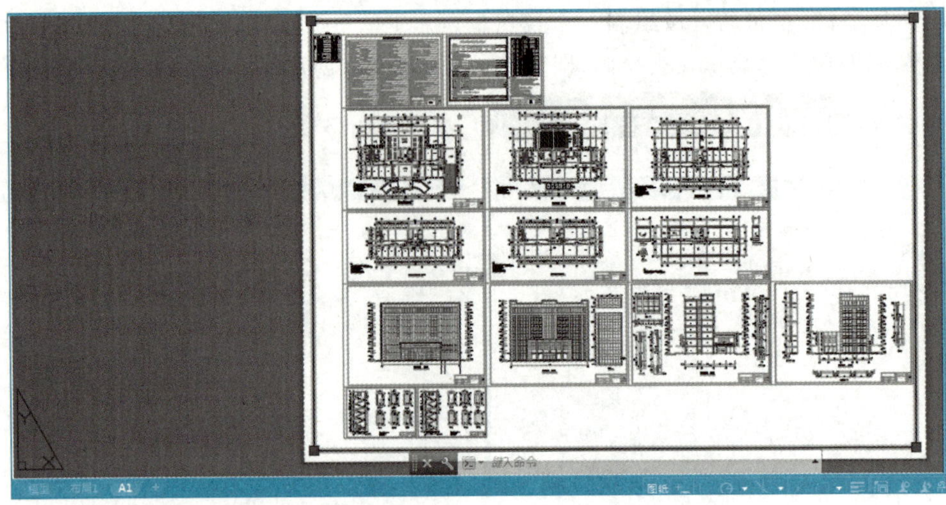

图 10-23 A1 布局创建完成

10.4.2 删除布局中的“视口”

选中 A1 布局中刚刚绘制的视口，如图 10-23 所示，会有蓝色夹点显示，点击“delete”键删除，注意是选择“视口”的矩形框删除，这样就可以删除矩形框和图形了，但是在“模型空间”的图形不受影响。删除视口后的 A1 布局只剩一个虚线框表示打印边界，其余一片空白，如图 10-24 所示。

图 10-24 A1 布局中视口删除后

10.4.3 设置“页面设置管理器”

打开“文件”下拉菜单找到“页面设置管理器”，对 A1 的页面进行设置。如图

10-25所示，具体设置步骤如下：

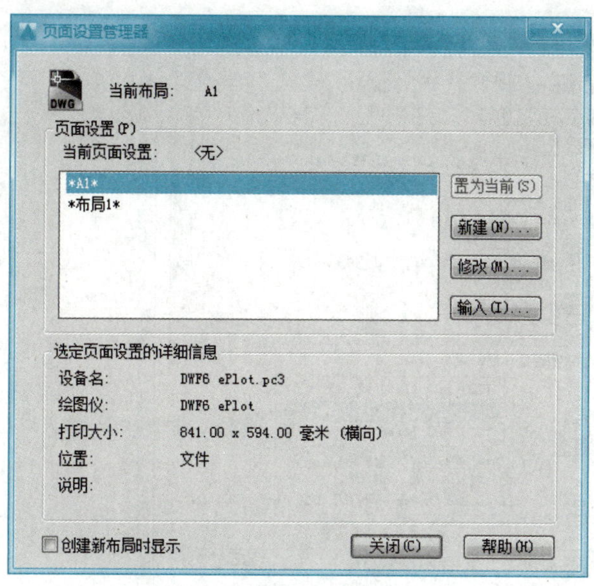

图 10-25 “页面设置管理器”对话框

（1）在“页面设置管理器”中选中 A1 布局，点击“修改”按钮，打开“页面设置”对话框，如图 10-26 所示。

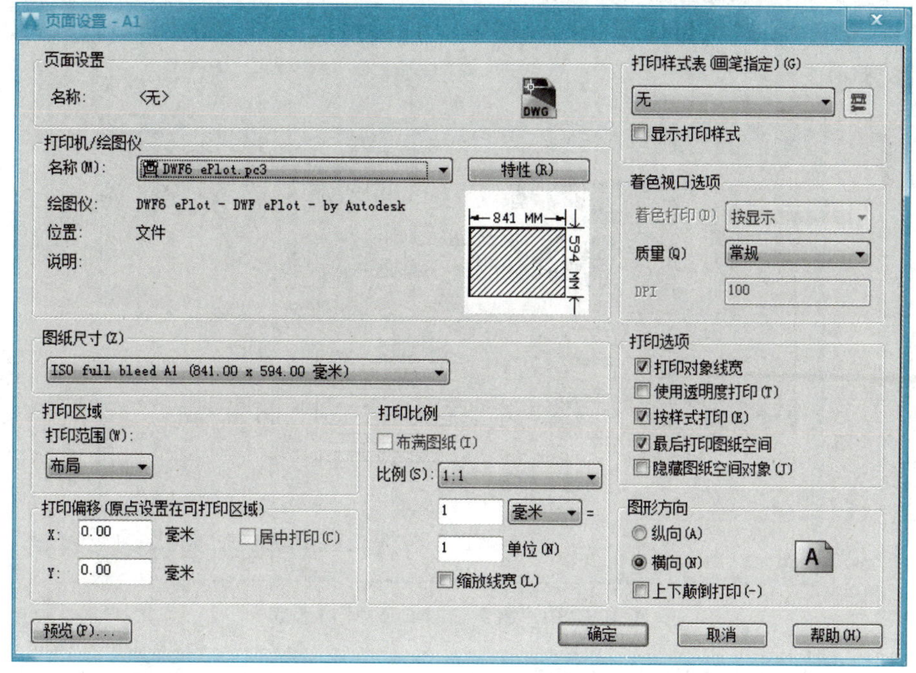

图 10-26 “页面设置”对话框

（2）在“页面设置”对话框中，点击打印机/绘图仪的“特性”按钮，打开“绘图仪配置编辑器”对话框，如图 10-27 所示。

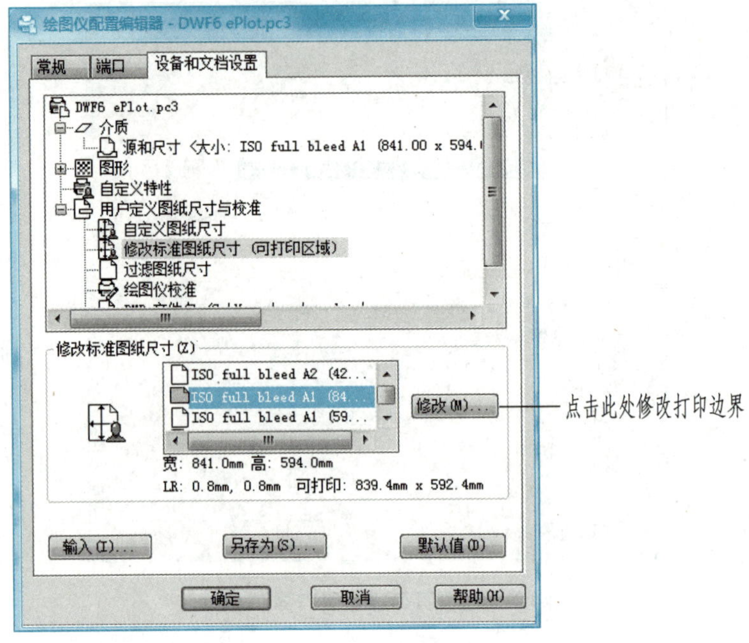

图 10-27 “绘图仪配置编辑器”对话框

（3）在“绘图仪配置编辑器”对话框中，点击“修改标准图纸尺寸”选项，选择 A1 图纸，并点击“修改”按钮打开“自定义图纸尺寸”，对打印区域的边界进行设置。如图 10-28 所示。

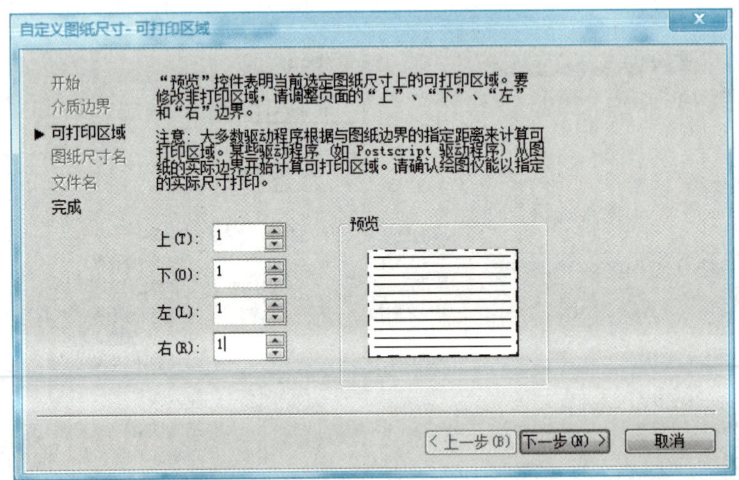

图 10-28 “自定义图纸尺寸”对话框

（4）点击“下一步”，对修改的内容确认后，完成页面设置。用户需要注意的是，布局中的虚线框表示打印区域，在调整了打印边界后，可以看到虚线框已经移动到了图纸的内侧 1 mm 处，放大后如图 10-29 所示。

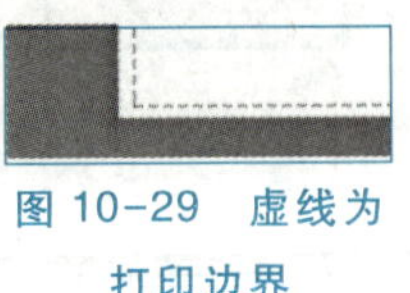

图 10-29 虚线为打印边界

提示:国家标准规定 A1 图幅尺寸为 841 mm×594 mm,图幅线为细实线矩形框。按照国家标准规定,图幅线和图纸的边界是同样大小的,所以图幅线是无法打印的。但是实际工程图纸上,用户都习惯打印图幅线,这样就要在插入图幅时进行缩小,图幅线才能打印出来,具体缩小的系数,用户自行设置。

10.4.4 插入图幅、图框和标题栏

1. 创建图幅块

在模型空间绘制 A1 图幅、图框和标题栏,如图 10-30 所示,删除尺寸标注,将图形创建为块,块名称为"A1 图幅"。

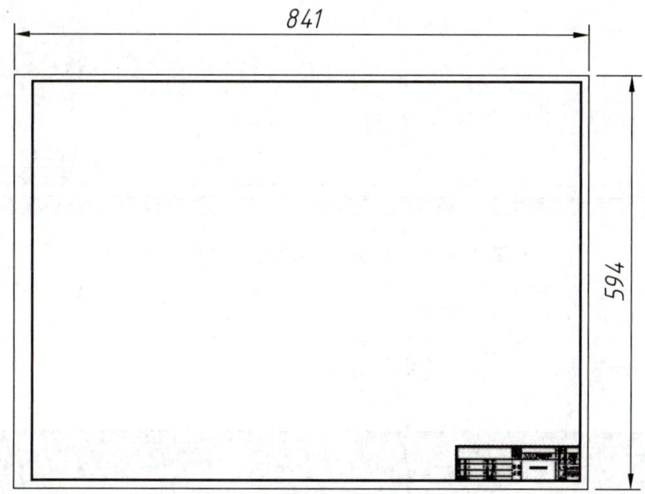

图 10-30 绘制 A1 图幅并创建为块

2. 在布局插入"图幅块"

打开 A1 布局,插入块"A1 图幅",如图 10-31 所示。在插入块时,若比例取值"1",则图幅线与图纸的边界重合,图幅线不能打印,如果需要打印图幅线,需要比例取小于"1"的值,如比例取值为"0.995"。

插入图幅块时,为了精确,可以用滚轮鼠标,缩放工作界面到比较大的状态时,插入块。

10.4.5 创建视口

点击"布局"→"布局视口"→"矩形",在布局中新建矩形"视口",如图 10-32 所示。选择图框左上角点为视口第一个角点,选取标题栏上方或者图框的右下角为矩形第二个角点,创建视口。

视口创建完成后,模型空间所有的图形都显示在当前的视口中,如图 10-33 所示。

图 10-31　插入图幅块后的 A1 布局

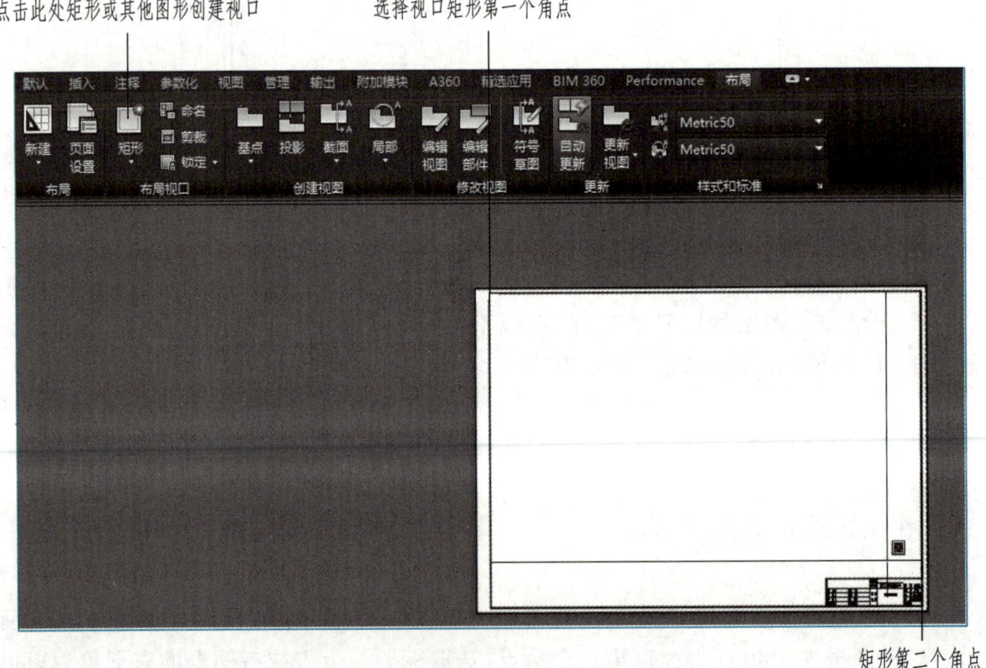

图 10-32　新建“视口”

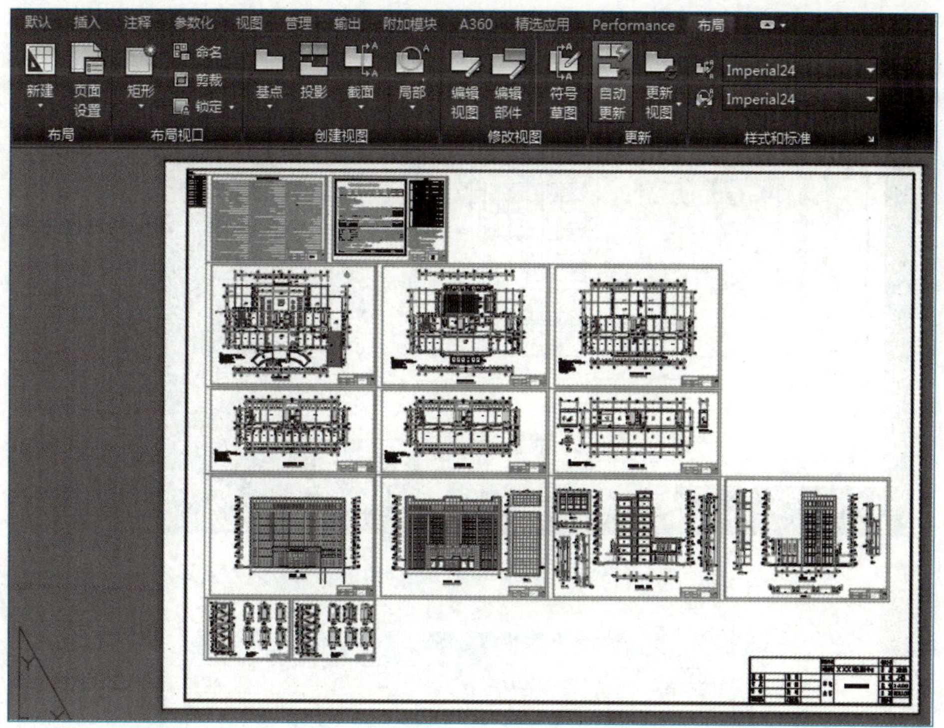

图 10-33 “视口”中显示全部的图形

> 提示:鼠标双击视口内部,视口矩形框显示为粗实线,这时可以对视口内的图形进行编辑、缩放、平移、复制、移动等。鼠标双击视口外部,视口矩形框变为细实线,这时可以对视口框进行选择,可对视口框进行移动、删除、剪切等。

10.4.6 调整视口内的图形内容和比例

1. 调整视口内的图形内容

双击视口框内部,视口框显示为粗实线,对视口框内的图形通过放大或缩小、平移等操作,将需要打印的部分显示到视口框内,如图 10-34 所示。

2. 调整视口内的图形比例

在视口框粗实线显示状态下,状态栏 0.000024 显示“选定视口的比例”状态,点击▾,显示全部的比例,如图 10-34 中右侧所示。点击“自定义”,打开“编辑图形比例”对话框,如图 10-35 所示。

在对话框中点击“添加”按钮,创建一个新的比例 1∶100,如图 10-36 所示。在状态栏中的“视口比例”中选择新创建的比例 1∶100,则布局中的图形显示为图 10-34 中的大小。

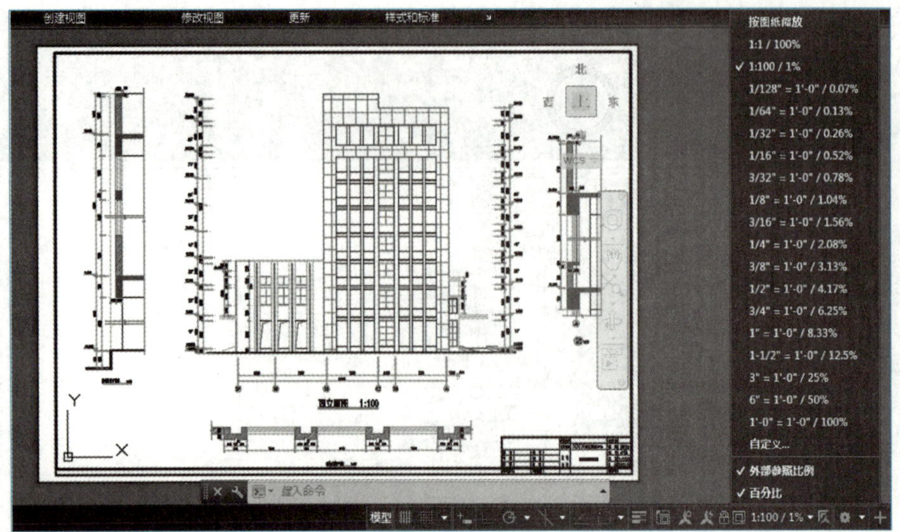

图 10-34 "视口"中显示需要打印的图形

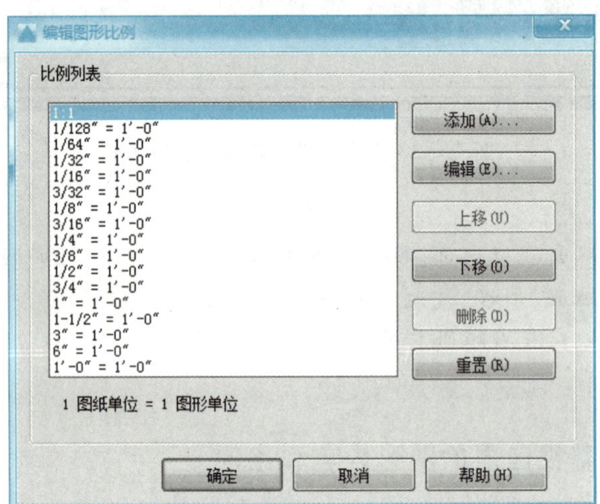

图 10-35 "编辑图形比例"对话框

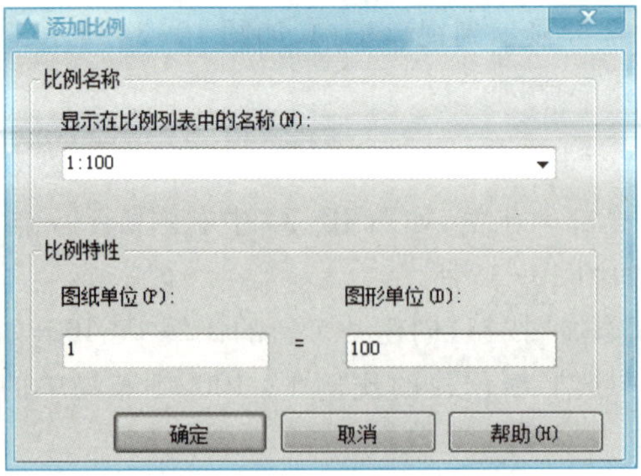

添加比例

比例名称

显示在比例列表中的名称(N):

1:100

比例特性

图纸单位(P): 图形单位(D):

1 = 100

确定 取消 帮助(H)

图 10-36 "添加比例"对话框

10.4.7 打印出图

1. 模型空间整理图形

在本例中,需要将工作界面从“布局”调回“模型状态”,将模型空间绘制的图幅图框删除,否则会与布局中的图幅重复。

2. 视口不打印设置

在 A1 布局中创建的“视口”,应放在视口图层上。点击“新建图层”,建立一个视口图层,然后选中视口框调到“视口”图层,并在“图层特性管理器”中将“视口”图层设置为“不打印”状态,如图 10-37 所示。

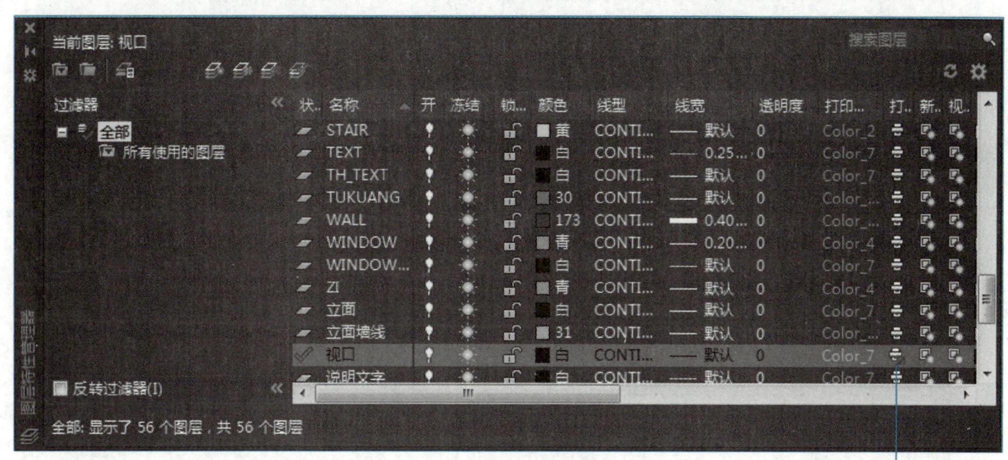

图 10-37 “视口”图层不打印设置

3. 打印预览

点击“文件”→“打印”,打开“打印”对话框,如图 10-38 所示。与模型空间打印不同的是,在这个对话框中打印机、图纸尺寸等已经设置完成,无须再设置;打印范围也已经显示的是“布局”,其他选项也不用设置。点击“预览”按钮,可以看到打印输出的图纸情况,如图 10-39 所示。

4. 打印

若“预览”后没有问题,则在鼠标右键快捷菜单中,选择“打印”,即可打印输出。

综上所述,绘图一般在模型空间进行,为每个图形绘制合适的图幅图框、标题栏,可以在模型空间打印,方便快捷。图纸空间仅适用于打印图纸,其优点是可精确设置不同的比例,设置布局样式,尤其是在模型空间绘制的图形,不需要绘制图幅图框,通过布局中插入图幅就可以给每个图形套上一个图幅,一次设置,永久受益。所以,图纸空间打印适用于环境、道路、地形图等大图需要打印局部时的打印输出。

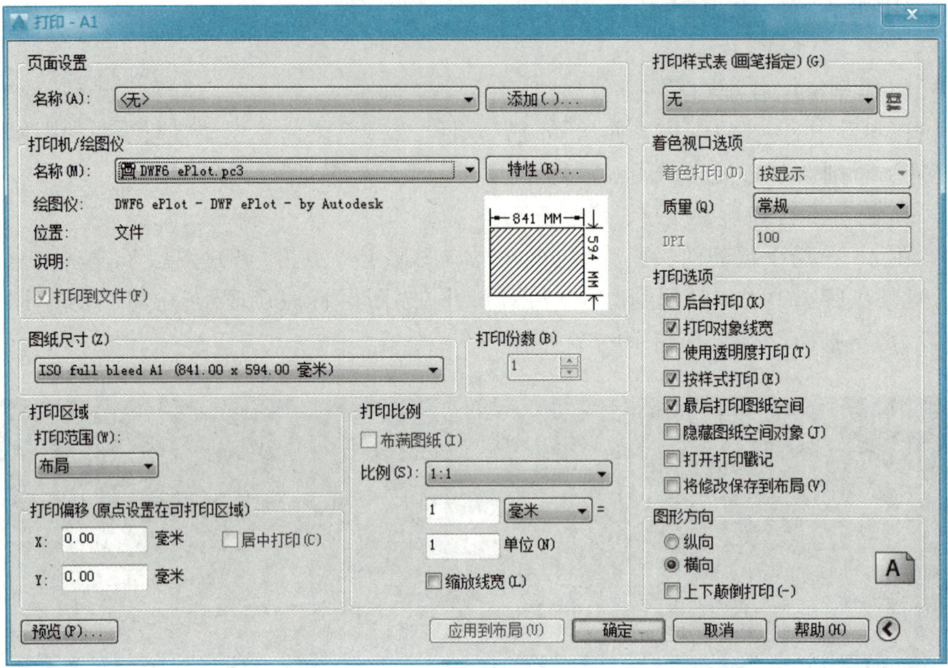

图 10-38　“打印”对话框

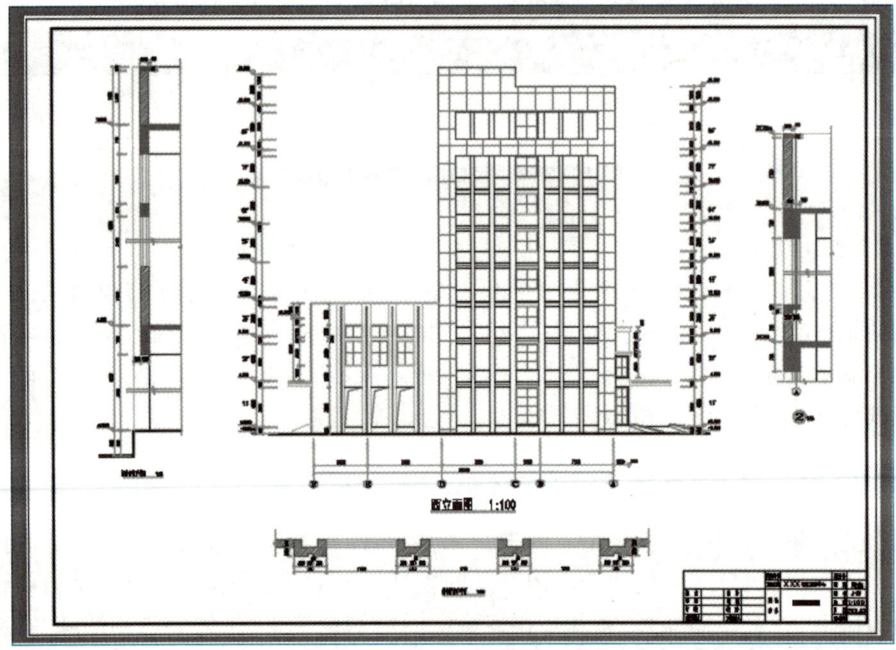

图 10-39　打印预览

思考与练习

10-1 打开某一图形文件,在模型空间打印预览。

10-2 打开某一图形文件,建立一个 A2 布局,并在布局中创建两个视口、调整视口位置。

10-3 在 10-2 的视口中调整图形内容,设置比例,打印预览。

10-4 将系统自带的“布局 1”通过页面设置成 A3 图纸尺寸(420 mm×297 mm)。

第 11 章 三维基础

知识目标：

- □ 清楚三维视点的概念和转换方法
- □ 掌握用户坐标系的概念和转换方法
- □ 熟悉三维空间中点的三种坐标表达方式
- □ 了解三维线框模型的创建
- □ 掌握三维曲面和三维网格模型的创建

能力目标：

- □ 能根据需要转换视点、用户坐标系
- □ 能输入正确的三维点坐标
- □ 能创建三维的线框模型、曲面模型、网格模型利用 AutoCAD 2016，用户可以创建三维线框模型、曲面模型和实体模型。线框模型由直线和曲线构成，各边之间没有任何内容，即没有面和体的特征。曲面模型具有面的特征，即在各边之间有由计算机确定的非常薄的面。实体模型不仅有线和面的特征，还具有体的特征，即还有质量。本章先介绍创建三维线框模型、曲面模型。

点击状态栏中的图标，在如图 11-1 所示的菜单中选择“三维基础”，进入三维绘图工作空间。

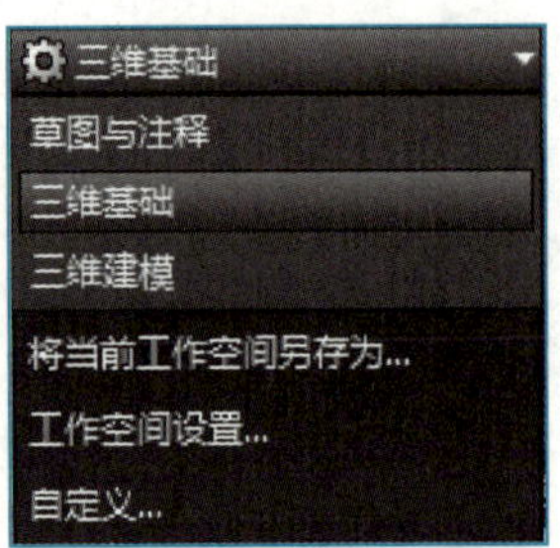

图 11-1　切换到“三维基础”工作空间

功能区由二维的“草图与注释”模式下的“默认、插入、注释、参数化、视图、管理、输出、附加模块、A360、BIM360、Performance”等，变成“三维基础”模式下的“默认、可视化、插入、视图、管理、输出、附加模块、A360、BIM360、Performance”等，如图 11-2 所示。

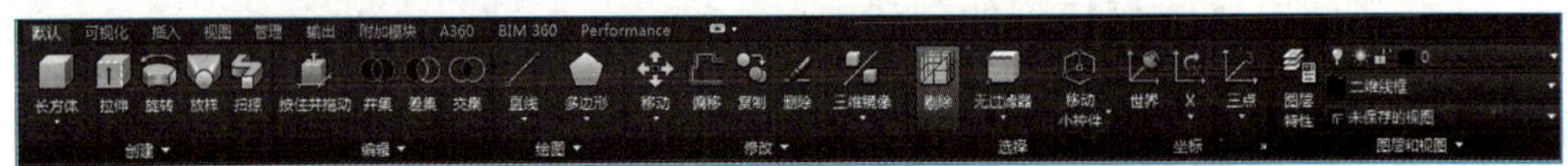

图 11-2　“三维基础”功能区

建议显示菜单栏和工具栏。显示菜单栏的方法见第 2 章第 2 节中的 2.2.4 菜单栏与功能区，显示工具栏的方法见第 2 章第 2 节中的 2.2.5 工具栏。以下很多操作仍以从菜单栏和工具栏输入命令为主，以从功能区输入命令为辅。

11.1　三维视点

三维绘图的准备工作

绘制三维图形时，往往需要从不同的角度观察图形，以便了解图形的实际形状或进行绘图、编辑等操作。AutoCAD 2016 提供的视点功能，用于确定观察图形的方向。

11.1.1 快速设置特殊视图

命令:VIEW

菜单:【视图】→三维视图→

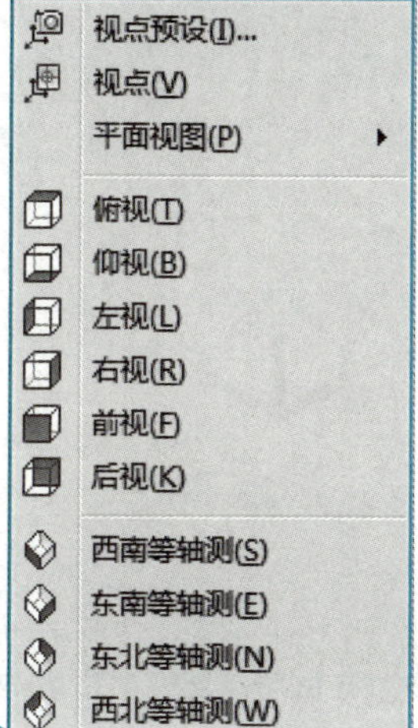

工具栏:【视图】→

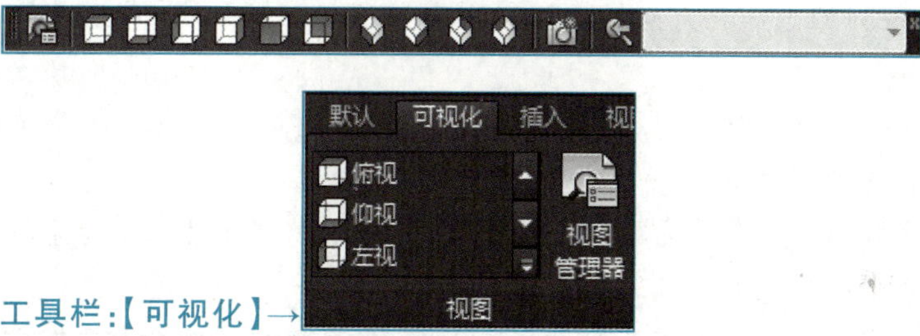

功能区工具栏:【可视化】→

11.1.2 动态观察

通过动态观察可以动态设置视点,从而得到一个最佳的观察点。

命令:3DORBIT(或 3DO)

菜单:【视图】→动态观察→

工具栏:【动态观察】→

1. 受约束的动态观察

在三维空间中旋转视图,但仅限于在水平和垂直方向上进行动态观察。

2. 自由动态观察

在三维空间中不受滚动约束地旋转视图。此模式下会出现如图 11-3 所示图形,坐标轴也发生变化,软件中红色为 X 轴正向,绿色为 Y 轴正向,蓝色为 Z 轴正向。大圆的各象限点处有一个小圆。光标在不同位置会以不同的形状出现,功能分别如下:

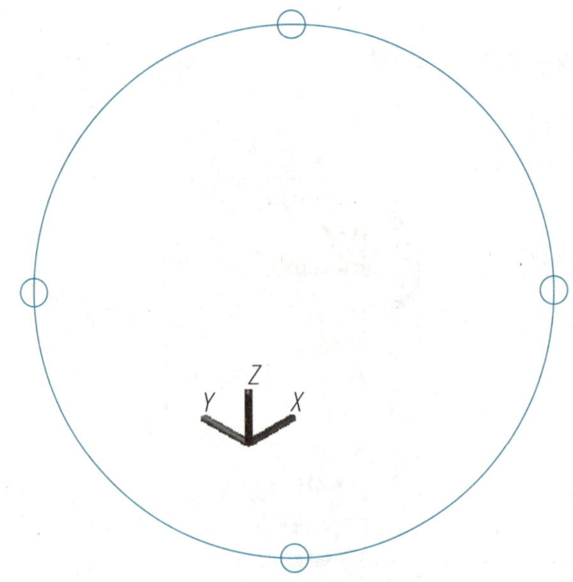

图 11-3 自由动态观察时出现的控制圆

（1）当光标位于大圆内时，光标以“”方式显示：此时按下左键并拖动鼠标移动，视点就会绕对象做任意方向的旋转。用户可以水平拖动、垂直拖动或沿任意方向拖动。

（2）当光标位于大圆外时，光标以“”显示：此时可以拖动视图绕垂直于屏幕且通过轨道中心的轴移动。

（3）当光标位于大圆左右两侧的小圆内时，光标将显示为“”：此时可以拖动视图绕通过轨道中心竖直方向的轴旋转。

（4）当光标位于大圆上下两侧的小圆内时，光标将显示为“”：此时可以拖动视图绕通过轨道中心水平方向的轴旋转。

3. 连续动态观察

以连续运动方式在三维空间中旋转视图。

命令处于激活状态时，单击鼠标右键可以显示快捷菜单，如图 11-4 所示。快捷菜单中的“其他导航模式”选项，如图 11-5 所示。

各选项功能分别介绍如下：

（1）退出　关闭动态观察，返回到绘图状态。

（2）当前模式　提示当前模式。

（3）其他导航模式　切换其他导航模式，见图 11-5。

（4）动画设置。

（5）缩放　包括窗口缩放、范围缩放、缩放上一个三种模式。

（6）平行模式　平行投影模式。

（7）透视模式　透视投影模式。

（8）重置视图　将视图置为执行“3DORBIT”命令后的视图效果。

（9）预设视图　将视图置为预定义的十种特殊显示方位之一。

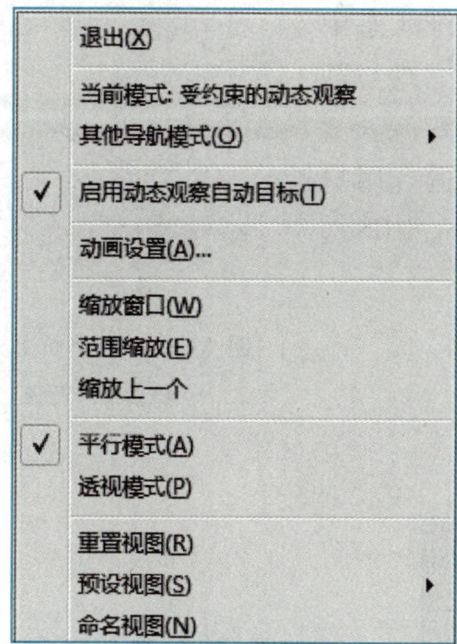

图 11-4 “动态观察”快捷菜单

受约束的动态观察(C) 1
自由动态观察(F) 2
连续动态观察(O) 3
调整视距(D) 4
回旋(S) 5
漫游(W) 6
飞行(L) 7
缩放(Z) 8
平移(P) 9

图 11-5 “其他导航模式”子菜单

(10) 命名视图。

(11) 视觉样式　设置对象的视觉样式。用户可通过下一级子菜单在线框、消隐、真实、概念、着色、带边缘着色、灰度、勾画、X 射线之间选择,如图 11-6 所示。

(12) 视觉辅助工具　提供观察视图的辅助工具,包括指南针、栅格、UCS 图标,如图 11-7 所示。

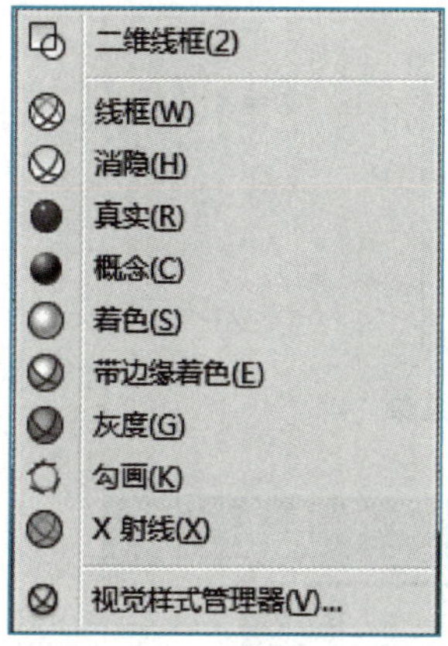

图 11-6 “视觉样式”子菜单

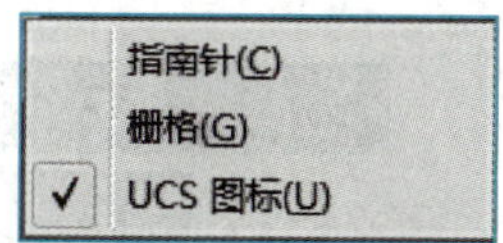

图 11-7 “视觉辅助工具”子菜单

11.2 用户坐标系

前面介绍的二维操作中,利用 AutoCAD 提供的默认坐标系即世界坐标系(world coordinate system,WCS),即可满足绘图要求。但对于三维图形,若仍用原点和各坐标轴方向固定不变的世界坐标系,则会给用户绘制三维图形带来很大的不便。如图 11-8所示,要在长方体的任意一个面上绘制一个圆,如果不改变坐标系的方位,那

么是得不到所需结果的。因为在 AutoCAD 三维状态中绘出的平面图形，总是在当前坐标系 *XY* 平面上或与其平行的平面上。

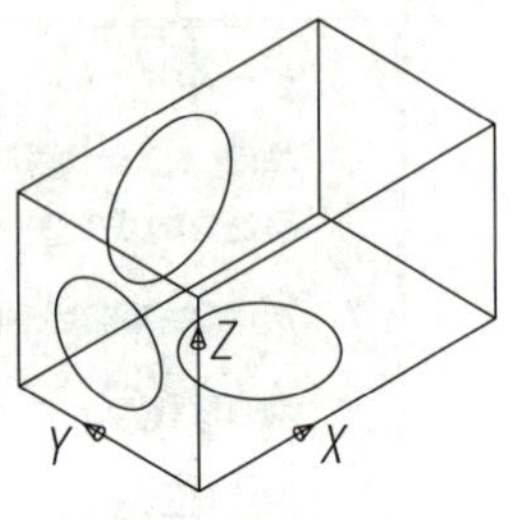

图 11-8 三个面上分别有圆的长方体

因此，在绘制三维图形时，经常需要建立适合用户的坐标系即用户坐标系（user coordinate system，UCS），可以方便绘图。

建立用户坐标系有如下方式：

命令：UCS

菜单：【工具】→新建 UCS

工具栏："UCS" 及"UCS Ⅱ"相应按钮

功能区工具栏：【可视化】→

菜单、UCS 工具栏及 UCS Ⅱ 工具栏见图 11-9、图 11-10。

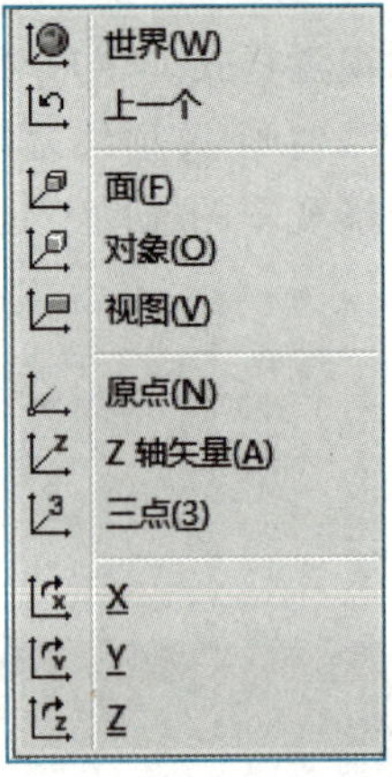

图 11-9 新建 UCS 菜单

图 11-10 UCS 工具栏及 UCS Ⅱ 工具栏

这些图标的含义和作用如下：

（1）原点（ ） 通过选取或输入当前 UCS 的原点，保持其 *X*、*Y* 和 *Z* 轴方向不变，从而定义新的 UCS，如图 11-11 所示。若不指定原点的 *Z* 坐标值，则此选项将使用当前标高。

（2）*Z* 轴（ ） 选择后出现提示：

指定新原点<0,0,0>：（和前面"指定新 UCS 的原点"操作一样）

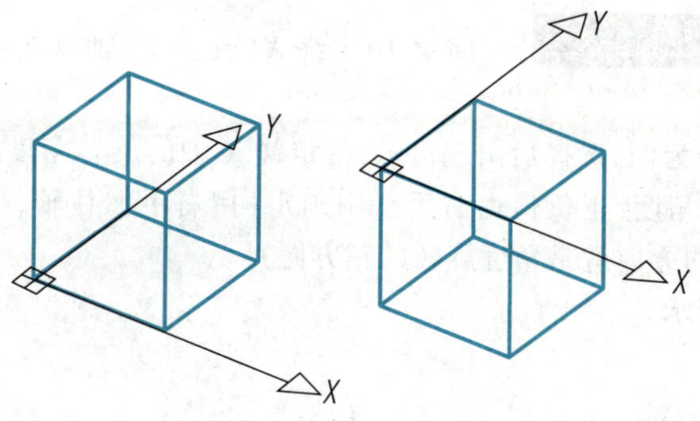

图 11-11 新原点确定 UCS

在正 *Z* 轴范围上指定点<当前点坐标>:(输入或指定某一点,新原点和此点的连线方向为 *Z* 轴的正方向。直接按回车键则新坐标系统的 *Z* 轴通过新原点且和原坐标系统的 *Z* 轴平行同向)

如图 11-12 所示。

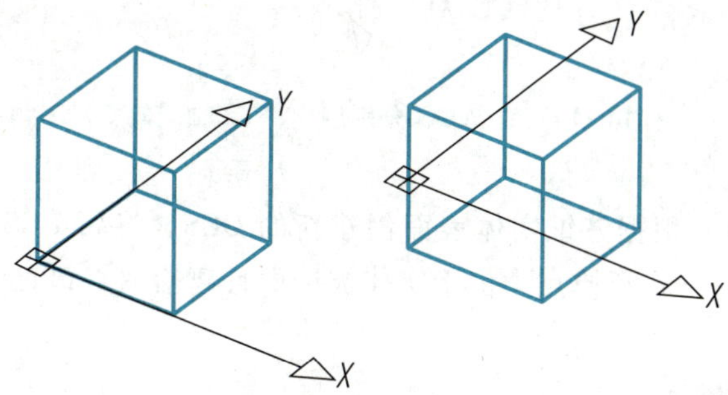

图 11-12 新 *Z* 轴确定 UCS

(3)三点( ) 选择后提示:

指定新原点<0,0,0>:

在正 *X* 轴范围上指定点<当前点坐标>:(确定新 UCS 的 *X* 轴正方向上的任一点)

在 UCS *XY* 平面的正 *Y* 轴范围上指定点(当前点坐标):(确定新 UCS 上 *Y* 坐标值为正且在 *XOY* 平面上的一点)

如图 11-13 所示。

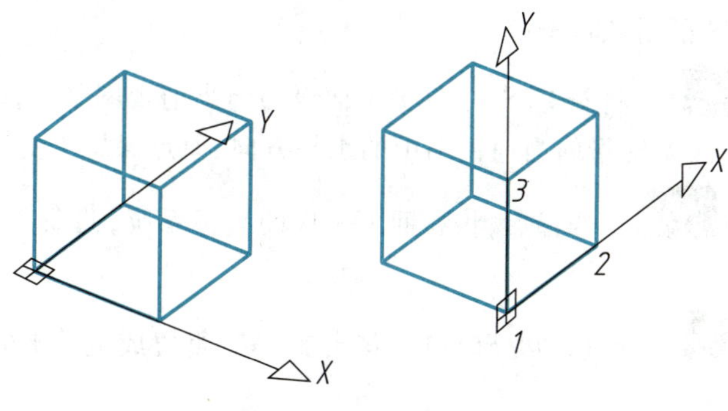

图 11-13 三点确定 UCS

(4) *X*/*Y*/*Z*( ) 将原 UCS 绕 *X*(或 *Y*、*Z*)轴旋转指定的角度生成新的 UCS。

以绕 *X* 轴旋转为例，选择后出现提示：指定绕 *X* 轴的旋转角度<90>：用户可在此提示符下输入旋转角度，正负值由右手法则确定(用右手握住轴，拇指朝向轴的正方向，其余四指弯曲的方向就是角度旋转的正方向)。

如图 11-14 所示。

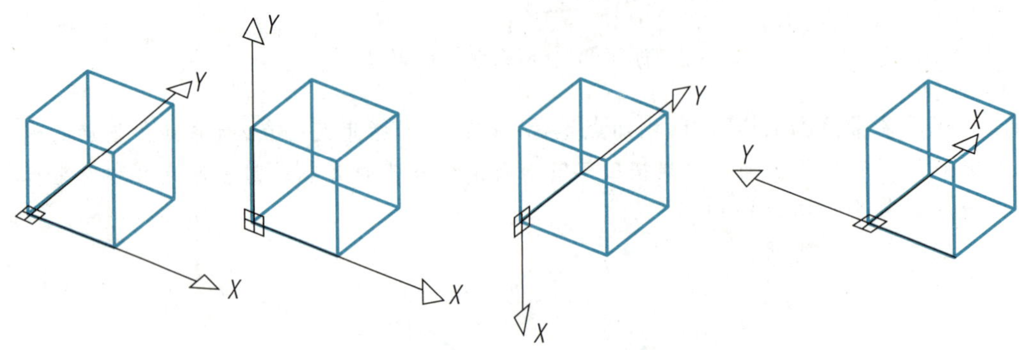

图 11-14　将 WCS 分别绕 *X*、*Y*、*Z* 轴旋转 90°

(5) 面( ) 根据三维实体表面创建新的 UCS。将新 UCS 的 *XOY* 平面对齐在所选三维实体的一面，新原点为位于实体被选面且离拾取点最近的一个角点。选择后提示：

选择实体对象的面：

输入选项[下一个(N)/*X* 轴反向(*X*)/*Y* 轴反向(*Y*)]<接受>：

接受：表示接受当前所创建的 UCS。

下一个：表示将 UCS 移动到下一个相邻的表面或移动到所选面的后面。

X 轴反向：表示新的 UCS 绕 *X* 轴旋转 180°。

Y 轴反向：表示新的 UCS 绕 *Y* 轴旋转 180°。

(6) 对象( ) 根据用户指定的对象来创建新的 UCS。新 UCS 与所选对象具有相同的 *Z* 轴方向，原点和 *X* 轴正方向由表 11-1 的规则确定，*Y* 轴方向则由右手法则确定。选择后提示：

选择对齐 UCS 的对象：(选择用来确定新 UCS 的对象)

(7) 视图( ) 将新 UCS 的 *XOY* 平面设为与当前视图平行，即使新的 UCS 平行于计算机屏幕，且 *X* 轴指向当前视图中的水平方向，原点保持不变。

(8) 上一个( ) 选择后，将返回上一次的坐标系统，此命令最多可重复使用 10 次。

(9) 世界( ) 此选项是默认项，将当前 UCS 重置成世界坐标系(WCS)。

表 11-1 根据对象确定 UCS

对象	确定 UCS 的方法
圆弧	圆弧的圆心成为新 UCS 的原点。*X* 轴通过距离选择点最近的圆弧端点
圆	圆的圆心成为新 UCS 的原点。*X* 轴通过选择点
标注	标注文字的中点成为新 UCS 的原点。新 *X* 轴的方向平行于当绘制该标注时生效的 UCS 的 *X* 轴
直线	离选择点最近的端点成为新 UCS 的原点。将设置新的 *X* 轴,使该直线位于新 UCS 的 *XZ* 平面上。在新 UCS 中,该直线的第二个端点的 *Y* 坐标为零
点	该点成为新 UCS 的原点
二维多段线	多段线的起点成为新 UCS 的原点。*X* 轴沿从起点到下一顶点的线段延伸
实体	二维实体的第一点确定新 UCS 的原点。新 *X* 轴沿前两点之间的连线方向
宽线	宽线的"起点"成为新 UCS 的原点。*X* 轴沿宽线的中心线方向
三维面	取第一点作为新 UCS 的原点,*X* 轴沿前两点的连线方向,*Y* 轴的正方向取自第一点和第四点。*Z* 轴由右手法则确定
形、文字、块参照、属性定义	该对象的插入点成为新 UCS 的原点,新 *X* 轴由对象绕其拉伸方向旋转定义。用于建立新 UCS 的对象在新 UCS 中的旋转角度为零

11.3 三维空间中的点坐标

绘制三维图形时,需要在三维空间确定点的位置。三维空间中,点的坐标有直角坐标、柱坐标和球坐标之分。

11.3.1 直角坐标

直角坐标就是输入点的 *X*、*Y*、*Z* 坐标值,坐标间要用逗号隔开,如图 11-15 所示。

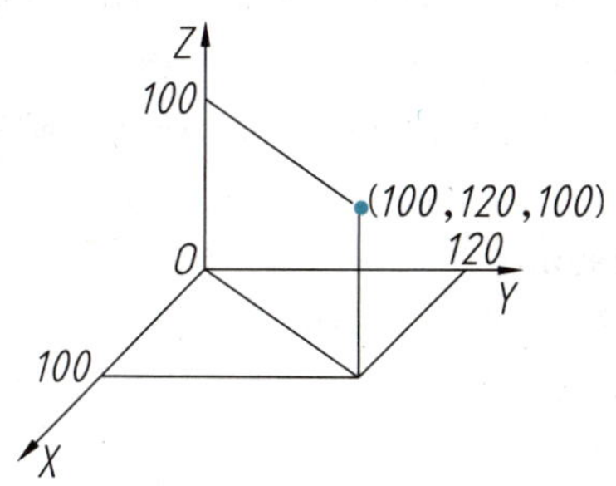

图 11-15 某点的直角坐标

11.3.2 柱坐标

柱坐标是极坐标在三维空间的推广，它通过三个参数描述空间某点：该点在 *XY* 面上的投影与当前坐标系原点的距离；坐标系原点与该投影点的连线同 *X* 轴正方向的夹角；该点的 *Z* 坐标值。距离与角度之间用“∠”隔开，角度与 *Z* 坐标值之间用逗号隔开，如图 11-16 所示。

11.3.3 球坐标

球坐标也用三个参数描述空间某点的位置：该点距当前坐标系原点的距离；坐标系原点与该点的连线在 *XY* 面上的投影同 *X* 轴正方向的夹角；坐标系原点与该点的连线同 *XY* 面的夹角。三者之间要用“∠”隔开，如图 11-17 所示。

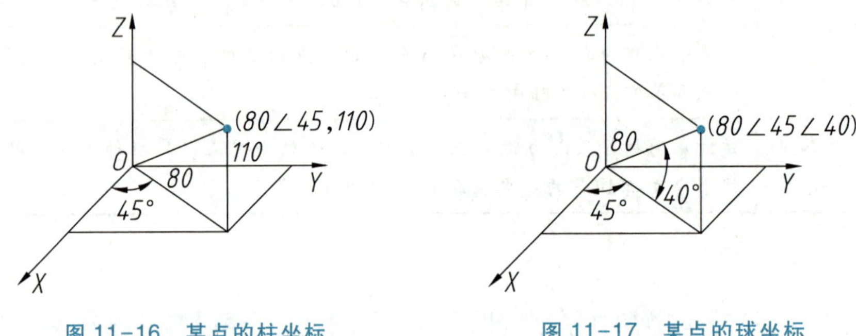

图 11-16 某点的柱坐标　　图 11-17 某点的球坐标

11.4 创建三维线框模型

11.4.1 绘三维直线

在“LINE”命令下输入三维空间的端点位置可绘出三维直线段。

【例 11-1】 用“LINE”命令绘长、宽、高分别为 100 mm、50 mm、70 mm 的长方体线框模型。

操作步骤如下：

执行“LINE”命令，AutoCAD 提示：

指定第一点：(在绘图区域适当位置拾取一点)

指定下一点或[放弃(U)]：@ 100,0 ↙

指定下一点或[放弃(U)]：@ 0,50 ↙

指定下一点或[闭合(C)/放弃(U)]：@ -100,0 ↙

指定下一点或[闭合(C)/放弃(U)]：C ↙

此时绘出一个长、高分别为 100 mm、50 mm 的长方形。再执行复制命令，AutoCAD 提示：

选择对象：(选择刚刚绘出的长方形)

指定基点或位移：(选择长方形任一端点)

指定位移的第二点或<用第一点作位移>:@ 0,0,70 ↙

指定位移的第二点:↙

单击下拉菜单【视图】→三维视图→东北等轴测，即改变视点，如图 11-18 所示。

再执行 4 次"LINE"命令，在两个长方形的对应角点处绘直线，即可得到长方体线框模型。

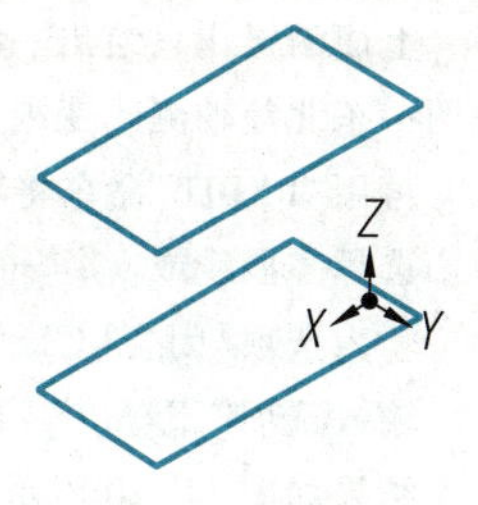

图 11-18 两个长方形

11.4.2 绘制与编辑三维多段线

1. 绘制三维多段线

命令:3DPOLY

菜单:【绘图】→三维多段线

执行命令后，AutoCAD 提示：

指定多段线的起点：

指定直线的端点或[放弃(U)]:

指定直线的端点或[放弃(U)]:

指定直线的端点或[闭合(C)/放弃(U)]:

可以看出，与二维多段线相比，三维多段线只能绘直线段，不能绘圆弧。

2. 编辑三维多段线

命令:PEDIT

菜单:【修改】→对象→多段线

执行命令后，AutoCAD 提示：

选择多段线或[多条(M)]:

输入选项[闭合(C)/编辑顶点(E)/样条曲线(S)/非曲线化(D)/放弃(U)]:

上面各选项的含义与编辑二维多段线的选项含义相同，这里就不再赘述。可以看出，三维多段线只能进行样条曲线拟合，也不能改变线的宽度。

【例 11-2】 绘螺旋线。

操作步骤如下。

执行"3DPOLY"命令，AutoCAD 提示：

指定多段线的起点:100,0,0 ↙

指定直线的端点或[放弃(U)]:100∠45,10 ↙

指定直线的端点或[放弃(U)]:100∠90,20 ↙

指定直线的端点或[闭合(C)/放弃(U)]:100∠135,30 ↙

指定直线的端点或[闭合(C)/放弃(U)]:100∠180,40 ↙

指定直线的端点或[闭合(C)/放弃(U)]:100∠225,50 ↙

指定直线的端点或[闭合(C)/放弃(U)]:100∠270,60 ↙

指定直线的端点或[闭合(C)/放弃(U)]:100∠315,70↙

指定直线的端点或[闭合(C)/放弃(U)]:100∠360,80↙

上面的操作只绘出一圈螺旋线,可以继续给出端点坐标绘出多圈,通过下拉菜单【视图】→三维视图→东北等轴测改变视点,结果如图 11-19 所示。

再用"PEDIT"命令将其转换成样条曲线。

选择多段线或[多条(M)]:选择上面的多段线 S

输入选项[闭合(C)/编辑顶点(E)/样条曲线(S)/非曲线化(D)/放弃(U)]:S↙

输入选项[闭合(C)/编辑顶点(E)/样条曲线(S)/非曲线化(D)/放弃(U)]:↙

结果如图 11-20 所示。

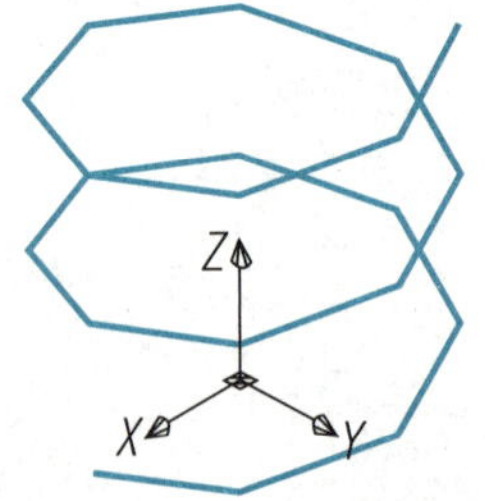

图 11-19 多段线构成的螺旋线

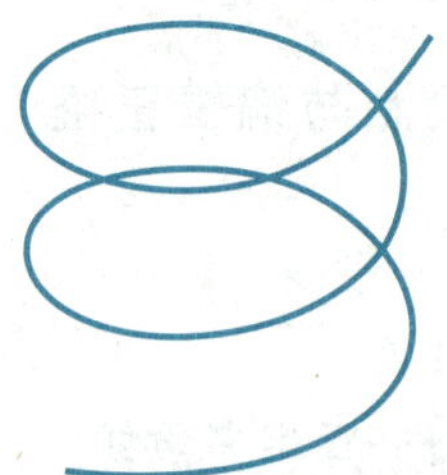

图 11-20 样条化的螺旋线

11.5 创建基本的三维网格模型

平滑网格模型

菜单:【绘图】→建模→网格(MESH)

工具栏:"平滑网格图元""平滑网格"相应按钮

功能区工具栏:【创建】→

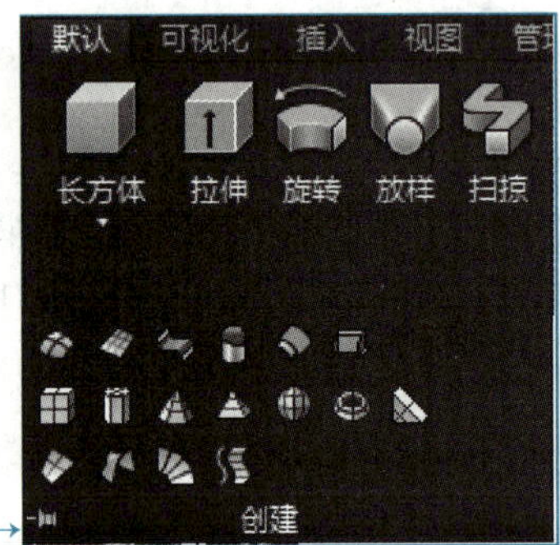

"网格"菜单如图 11-21(a)所示,其中"图元"下的子菜单如图 11-21(b)所示。

"平滑网格图元"工具栏如图 11-22(a)所示,其中的命令和"图元"子菜单一样。"平滑网格"工具栏见图 11-22(b)。

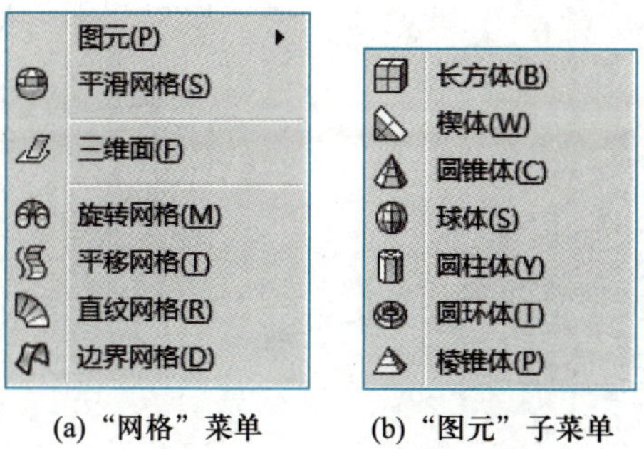

(a)“网格”菜单　(b)“图元”子菜单

图 11-21 “网格”菜单和“图元”子菜单

(a)“平滑网格图元”工具栏　(b)“平滑网格”工具栏

图 11-22 “平滑网格图元”和“平滑网格”工具栏

11.5.1 “图元”子菜单、“平滑网格图元”工具栏内的命令

1. 长方体表面

指定第一个角点或[中心(C)]:

指定其他角点或[立方体(C)/长度(L)]: * * * * * (键入“C”则绘制正方体)

指定高度或[两点(2P)]:

注意:长方体的长是指 X 方向,宽是指 Y 方向,高是指 Z 方向,并且都不能为负数。

长方体表面和正方体表面如图 11-23 所示。

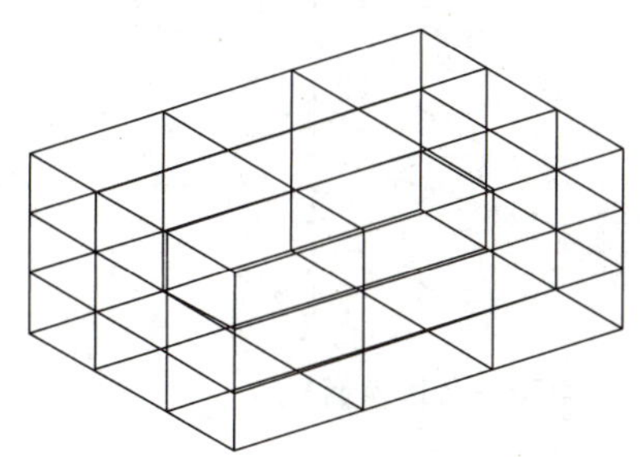

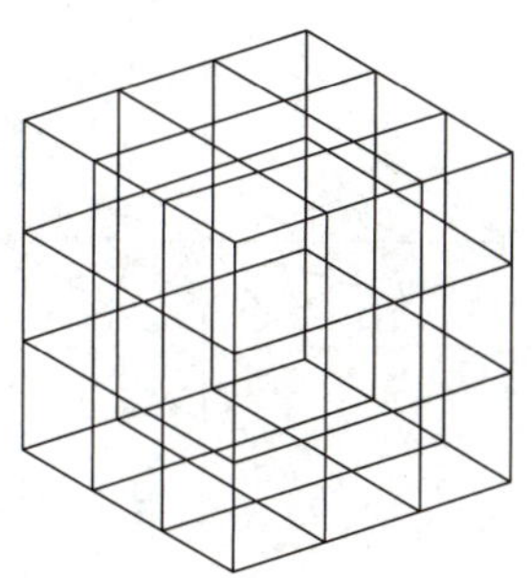

图 11-23 长方体表面和正方体表面

2. 楔体表面

指定第一个角点或[中心(C)]:

指定其他角点或[立方体(C)/长度(L)]: * * * * * (键入“C”则绘制正方楔体)

指定高度或[两点(2P)]:

注意:楔体的长、宽、高分别沿着当前“UCS”的 X、Y、Z 轴的正方向,且不能为负值。

楔体表面如图 11-24 所示。

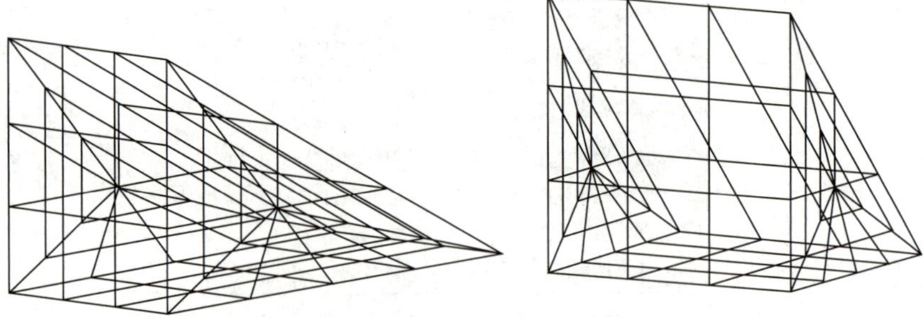

图 11-24 长方楔体表面和正方楔体表面

3. 棱锥体表面

指定底面的中心点或[边(E)/侧面(S)]:

指定底面半径或[内接(I)]:

指定高度或 [两点(2P)/轴端点(A)/顶面半径(T)]:

可以生成棱锥体表面,也可以指定顶面半径生成棱台体表面,如图 11-25 所示。

4. 圆锥体表面

指定底面的中心点或[三点(3P)/两点(2P)/切点、切点、半径(T)/椭圆(E)]:

指定底面半径或 [直径(D)]:

指定高度或[两点(2P)/轴端点(A)/顶面半径(T)]:

可以生成圆锥体表面(图 11-26),也可以生成椭圆锥体表面,还可以指定顶面半径生成圆台体表面或椭圆台体表面,如图 11-27 所示。

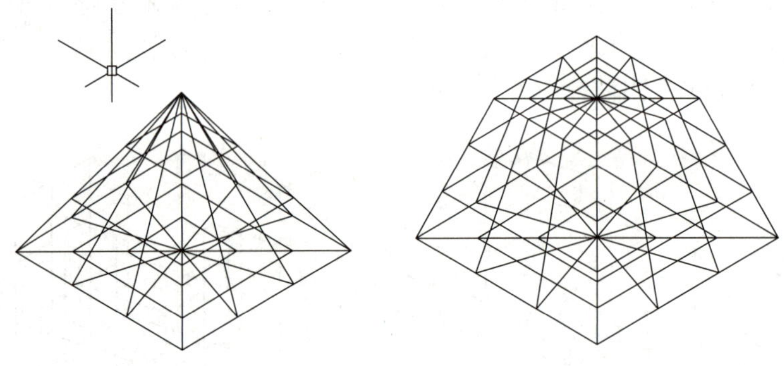

图 11-25 棱锥体表面和棱台体表面

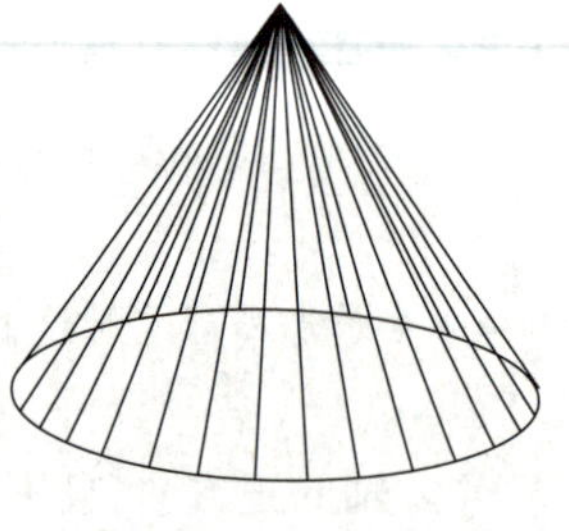

图 11-26 圆锥体

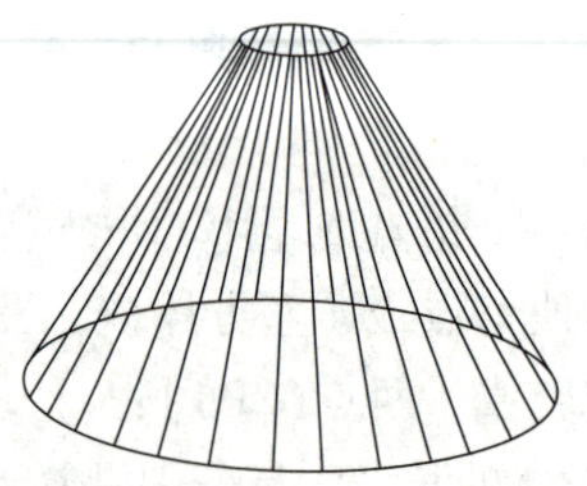

图 11-27 圆台体表面

5. 圆柱体表面

指定底面的中心点或[三点(3P)/两点(2P)/切点、切点、半径(T)/椭圆(E)]:

指定底面半径或[直径(D)]:

指定高度或[两点(2P)/轴端点(A)]:

可以生成圆柱体表面,也可以生成椭圆柱体表面,如图 11-28 所示。

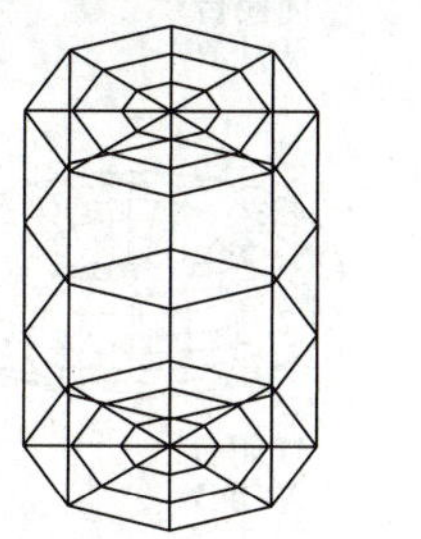
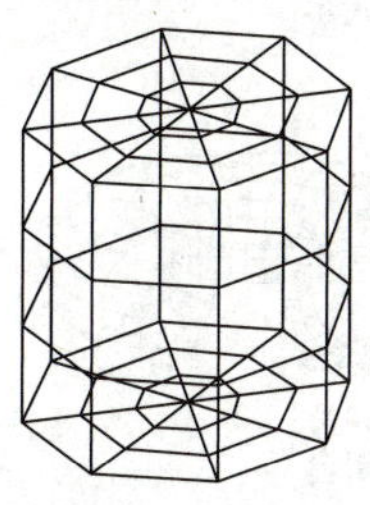

图 11-28 圆柱体表面和椭圆柱体表面

6. 球体表面

指定中心点或[三点(3P)/两点(2P)/切点、切点、半径(T)]:

指定半径或[直径(D)]:

球体表面如图 11-29 所示。

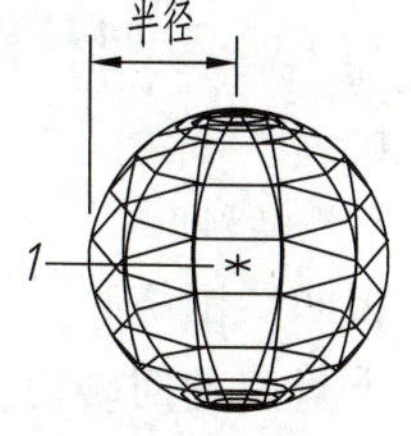

1—球体的中心

图 11-29 球体表面

7. 圆环体表面

指定中心点或[三点(3P)/两点(2P)/切点、切点、半径(T)]:

指定半径或[直径(D)]:

指定圆管半径或[两点(2P)/直径(D)]:

圆环体表面如图 11-30 所示。

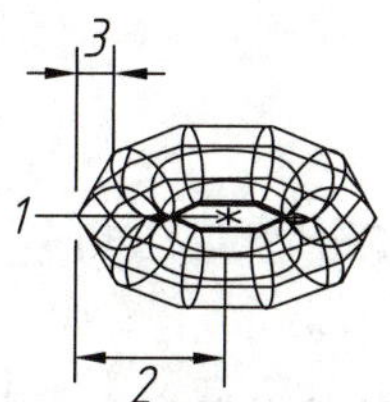

1—圆环体的中心;2—圆环体的半径;3—圆管的半径

图 11-30 圆环体表面

8. 了解网格构造

网格密度控制曲面上镶嵌面的数目,它由包含 $M×N$ 个顶点的矩阵定义,类似于由行和列组成的栅格。

AutoCAD 通常将曲线的旋转方向称为 M 向,旋转所围绕的轴线方向称为 N 向,M 向的网格密度由系统变量“Surftab1”确定,N 向的网格密度由“Surftab2”确定。其初始缺省值均为 6,值越大,曲面显示便越光滑。

网格可以是开放的也可以是闭合的。若在某个方向上网格的起始边和终止边没有接触，则网格就是开放的，如图 11-31 所示。

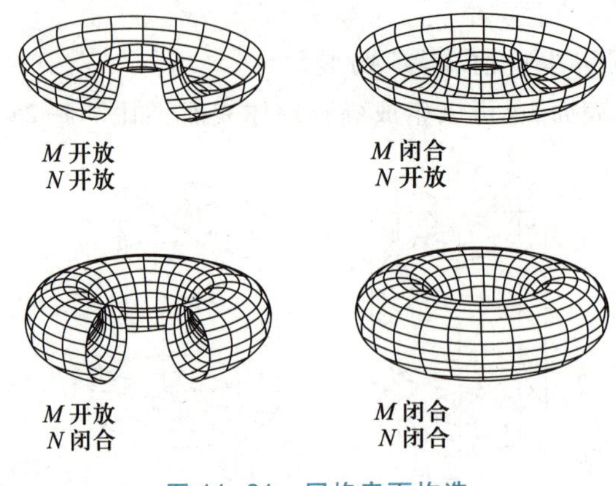

图 11-31 网格表面构造

11.5.2 四种网格曲面

四种网格曲面

1. 旋转曲面

将曲线围绕某一个轴旋转一定角度，可以产生一个旋转曲面，若旋转一周，则可生成一个封闭的回转面。旋转对象可以是直线段、圆弧、圆、样条曲线、二维多段线、三维多段线等。旋转轴可以是直线段、二维多段线、三维多段线等对象，但如果将多段线作为旋转轴，它的首尾端点连线为旋转轴。

命令：REVSURF

菜单：【绘图】→曲面→旋转曲面

工具栏：【曲面】→

选择要旋转的对象：

选择定义旋转轴的对象：

指定起点角度<0>：

指定包含角(+=逆时针，-=顺时针)<360>：＊＊＊＊＊（逆时针为正，顺时针为负，缺省角度为 360°）

旋转的方向在旋转轴选定后依赖于选择点，用右手法则来决定方向。右手握着旋转轴，拇指指向离选择点最远的点，其他手指的方向指定了正向旋转角的方向，如图 11-32 所示。

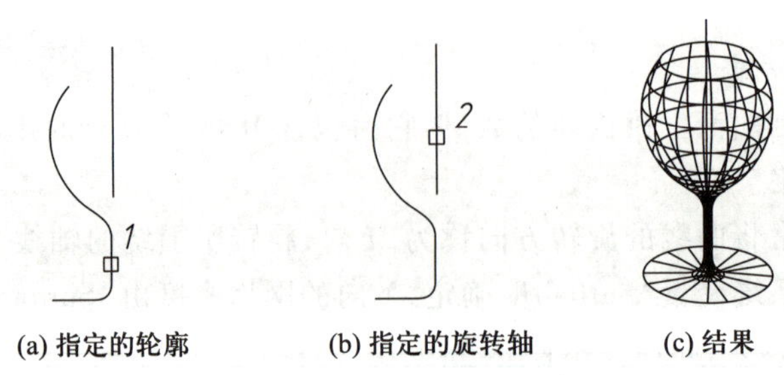

图 11-32 旋转曲面

2. 平移曲面

平移曲面是指由一条初始轨迹线沿指定的矢量方向平移而成的曲面。作为初始轨迹线的对象可以是直线段、圆弧、圆、样条曲线、二维多段线、三维多段线等。作为方向矢量的对象可以是直线段或非闭合的二维多段线、三维多段线等对象,但如果将多段线作为方向矢量,它的拉伸方向就是指首尾端点的连线。

命令:TABSURF

菜单:【绘图】→曲面→平移曲面

工具栏:【曲面】→

选择用作轮廓曲线的对象:

选择用作方向矢量的对象:

曲面平移的方向是从矢量对象上靠近拾取点的端点指向远离拾取点端点的方向,如图 11-33 所示。

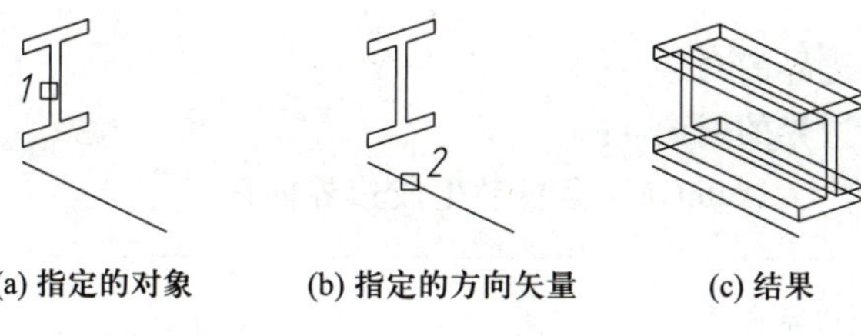

(a) 指定的对象　(b) 指定的方向矢量　(c) 结果

图 11-33 平移曲面

3. 直纹曲面

用直线连接两个指定的对象而形成的曲面,叫直纹曲面。对象可以是直线、点、弧、圆、二维多段线和三维多段线。

命令:RULESURF

菜单:【绘图】→曲面→直纹曲面

工具栏:【曲面】→

选择第一条定义曲线:

选择第二条定义曲线:

用户分别选择了两个对象后,AutoCAD 会自动在两个对象间生成一个直纹曲面。

若一个对象是封闭的,则另一个对象也必须是封闭的或为一个点。如果曲线是非闭合的,直纹曲面总是从曲线上离拾取点近的一端画出,因此用同两个对象创建直纹曲面时,拾取点位置不同,得到的直纹曲面也不同,如图 11-34 所示。

4. 边界曲面

边界曲面是用四条首尾连接的边创建三维多边形网格。用于创建边界的对象可以是直线段、圆弧、圆、样条曲线、二维多段线、三维多段线等。

命令:EDGESURF

菜单:【绘图】→曲面→边界曲面

工具栏:【曲面】→

选择用作曲面边界的对象 1:

选择用作曲面边界的对象 2:

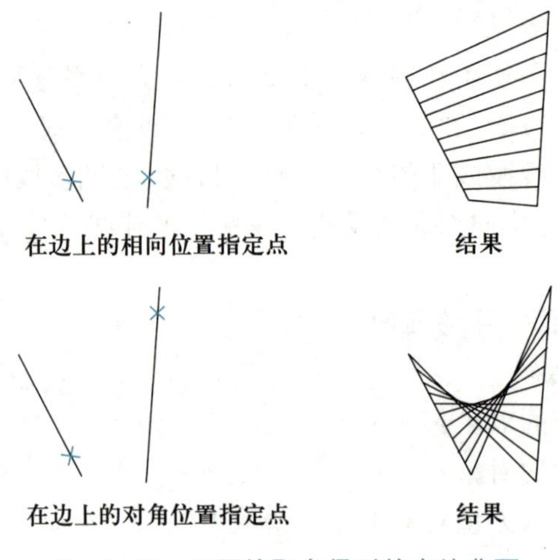

图 11-34 不同拾取点得到的直纹曲面

选择用作曲面边界的对象 3:

选择用作曲面边界的对象 4:

4 条边选择完毕后,AutoCAD 会自动生成边界曲面。

【例 11-3】 绘制边界曲面。

先绘制一个长为 100 mm、宽为 30 mm、高为 50 mm 的长方体表面,并转换到西南等轴测视图。

输入样条曲线命令,绘制四条首尾相连的样条曲线,它们分别通过该长方体表面的某些顶点和中点,拟合公差可以自由控制,如图 11-35 所示。这四条样条曲线作为边界曲面的边界。

输入"边界曲面"命令,依次选择这四条边,生成如图 11-36 所示的边界曲面。

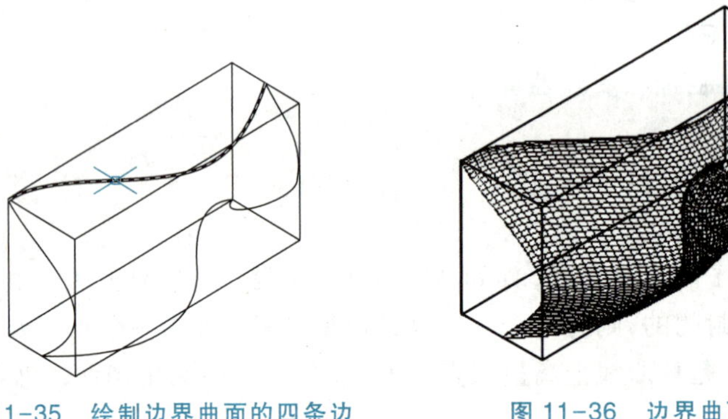

图 11-35 绘制边界曲面的四条边　　图 11-36 边界曲面

11.5.3 "平滑网格"工具栏

平滑网格工具栏见图 11-37。

图 11-37 "平滑网格"工具栏

平滑网格工具栏中的各图标的含义与作用如下：

(1) 网格长方体 创建三维网格图元长方体。

(2) 平滑对象 将三维对象转换为网格对象。

(3) 提高网格平滑度 将网格对象的平滑度提高一个级别。

(4) 降低网格平滑度 将网格对象的平滑度降低一个级别。

(5) 优化网格 成倍增加选定网格对象或网格面中的面数。

(6) 锐化网格 锐化选定的网格面、边或顶点。

(7) 取消锐化网格 从选定的网格面、边或顶点删除锐化。

11.6 创建基本的三维曲面模型

菜单:【绘图】→建模→曲面

工具栏:"曲面创建""曲面创建Ⅱ"及"曲面编辑"相应按钮

功能区工具栏:【默认】→

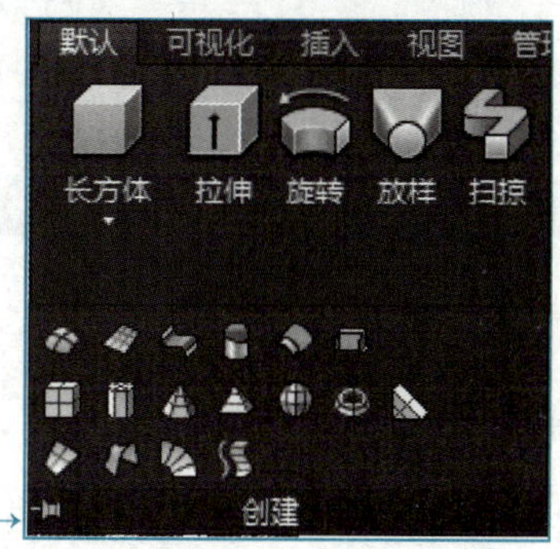

11.6.1 曲面菜单

曲面菜单见图 11-38。

曲面菜单中各选项的含义和作用如下：

图 11-38 "曲面"菜单

(1) 平面 单击两个点以指定曲面的对角点。可以从多个闭合对象和曲面或实体对象的边创建平面曲面。创建期间,用户可指定切点和凸度幅值。

(2) 网络 沿第一个方向("U" 或" V")选择横截面曲线,然后按回车键。沿第二个方向选择横截面,然后按回车键。

(3) 过渡 将两个曲面融合在一起时,可以指定曲面连续性和凸度幅值。

(4) 修补  通过修补闭合曲面或闭合曲线来创建曲面。

(5) 偏移  创建与原始曲面相距指定距离的平行曲面。

(6) 圆角  在两个曲面或面域之间创建相切曲面。

11.6.2 曲面创建工具栏

曲面创建工具栏中共有七个图标(图11-39),第一个图标按住不放会弹出曲面创建Ⅱ工具栏,后面六个图标与“曲面”菜单中六个选项相同,不再赘述。

图11-39 “曲面创建”工具栏

11.6.3 曲面创建Ⅱ工具栏

曲面创建Ⅱ工具栏见图11-40。

曲面创建Ⅱ工具栏中共有四个图标,对应的命令分别是放样、拉伸、旋转、扫掠。

图11-40 “曲面创建Ⅱ”工具栏

11.6.4 曲面编辑工具栏

曲面编辑工具栏见图11-41。

图11-41 “曲面编辑”工具栏

曲面编辑工具栏中的图标的含义与作用如下:

(1) 曲面修剪  修剪与其他曲面或其他类型的几何图形相交的曲面部分。

(2) 曲面取消修剪  替换命令删除的曲面区域。

(3) 曲面延伸  延长曲面以便与其他对象相交。

(4) 曲面造型  修剪和合并构成面域的多个曲面,以创建无间隙实体。

(5) 转换为“NURBS”曲面  将曲面、实体或网格转换为“NURBS”曲面。

(6) 转换为网格  将三维对象转换为网格对象。

(7) 提取边  通过三维实体、曲面、网格、面域或子对象的边创建线框几何图形。

(8) 提取素线  以“U”或“V”方向从曲面、实体或实体对象的面创建素线

曲线。

(9) 曲面控制点-显示  显示"NURBS"曲面或样条曲线的控制点。

(10) 曲面控制点-隐藏  隐藏"NURBS"曲面或样条曲线的控制点。

(11) 曲面控制点-添加  将控制点添加到"NURBS"曲面或样条曲线。

(12) 曲面控制点-删除  从"NURBS"曲面或样条曲线中删除控制点。

(13) 曲面控制点-重新生成  允许重新生成"NURBS"曲面或样条曲线的控制点。

思考与练习

11-1 试分别用"LINE"命令、"MESH"命令和"BOX"命令绘制长、宽、高为100 mm、50 mm、60 mm的长方体线框模型、表面模型、实体模型,对它们执行"HIDE"命令消隐观察结果,并分析它们的不同之处。

11-2 改变表面模型和实体模型的表面网格密度的命令分别是什么?练习它们的使用。

第 12 章
三维建模

知识目标：

- □ 掌握三维实体模型的创建
- □ 掌握布尔运算的定义和使用方法
- □ 掌握剖切、截面、三维镜像、三维旋转、三维阵列、对齐、三维倒角、三维圆角等实体编辑命令
- □ 熟悉实体的表面、边界、本身的编辑命令，其中重点掌握实体的表面编辑和实体的抽壳命令
- □ 掌握表面和实体的消隐和视觉样式命令

能力目标：

- □ 掌握三维实体模型的创建
- □ 掌握对实体模型的并、交、差运算操作
- □ 掌握常用的实体编辑命令

点击状态栏中的图标，进入“三维建模”工作空间。

功能区由的“三维基础”模式下的“默认、插入、注释、参数化、视图、管理、输出、附加模块、A360、BIM360、Performance”等，变成“三维建模”模式下的“常用、实体、曲面、网格、可视化、参数化、插入、注释、视图、管理、输出、附加模块、A360、精选应用、BIM360、Performance”等，如图 12-1 所示。其中曲面、网格、可视化的主要命令在第 11 章已经介绍，本章主要介绍实体模块中的实体和实体编辑命令，主要出现在如图 12-2 中所示的“实体”功能区。

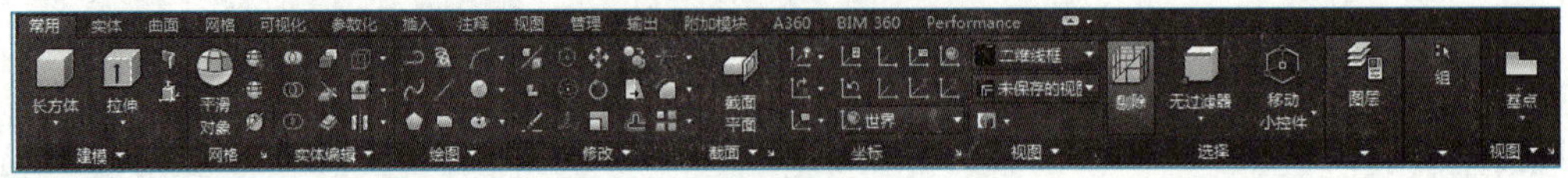

图 12-1　“三维建模”功能区

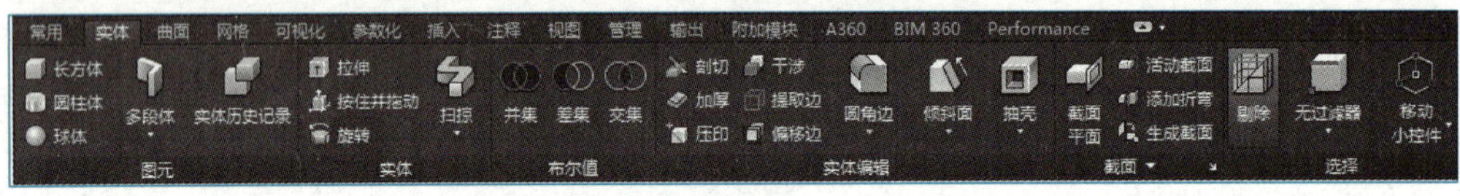

图 12-2　“实体”功能区

12.1　创建基本的三维实体模型

三维基本实体的创建

菜单:【绘图】→【建模】→

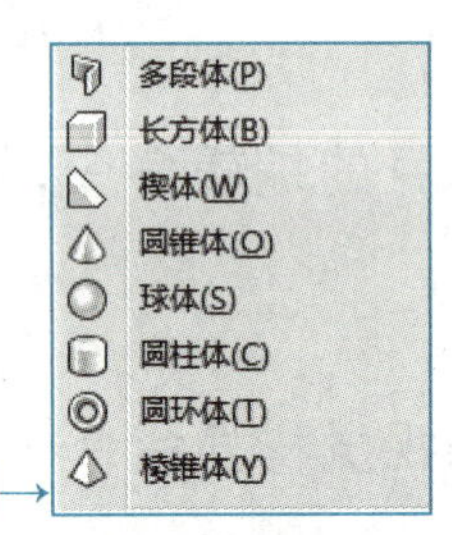

工具栏:【建模】→

功能区工具栏:【图元】→

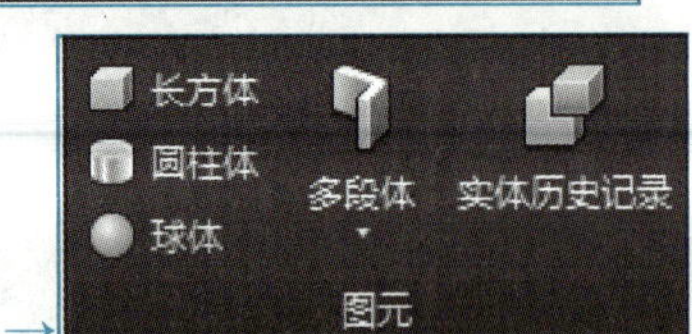

12.1.1　多段体（POLYSOLID）

指定起点或［对象(O)/高度(H)/宽度(W)/对正(J)］:

指定下一个点或［圆弧(A)/放弃(U)］:

若选择圆弧(A),则选项为:

指定圆弧的端点或[闭合(C)/方向(D)/直线(L)/第二个点(S)/放弃(U)]:

既可以画直多段体,也可以画弧形的多段体(图 12-3),选项的含义和二维多段线命令中的含义相同:

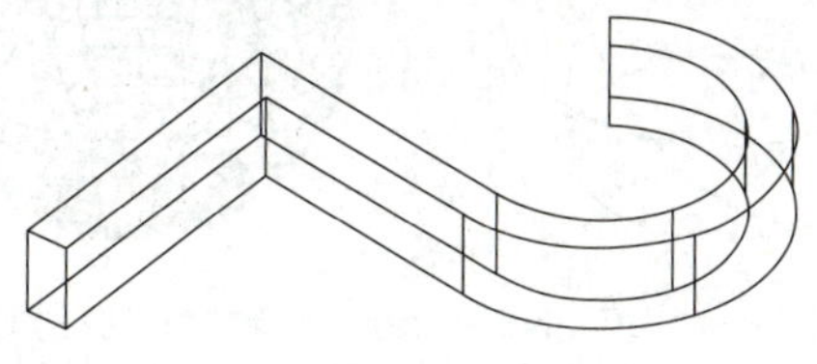

图 12-3 多段体

12.1.2 长方体(BOX)

指定第一个角点或[中心(C)]:

指定其他角点或[立方体(C)/长度(L)]: * * * * * (键入“C”则绘制正方体)

指定高度或[两点(2P)]:

(1) 长方体(图 12-4)的长、宽、高是分别平行于当前 UCS 的 *X*、*Y*、*Z* 轴的。

(2) 长方体的长、宽、高可正可负,正值表示方向与坐标轴正方向相同,负值则表示方向与坐标轴负方向相同。

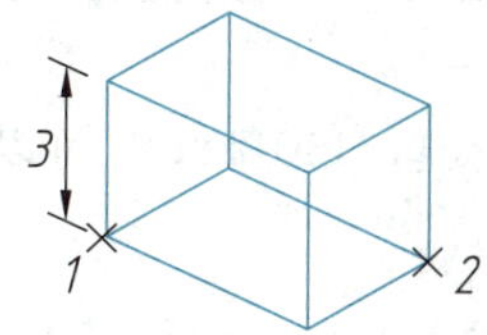

图 12-4 长方体

12.1.3 楔体(WEDGE)

指定第一个角点或[中心(C)]:

指定其他角点或[立方体(C)/长度(L)]: * * * * * (键入“C”则绘制正方楔体)

指定高度或[两点(2P)]:

(1) 楔体(图 12-5)的长、宽、高分别与当前 UCS 的 *X*、*Y*、*Z* 轴方向平行。

(2) 楔体的长、宽、高既可以是正值,也可以是负值。输入正值时,沿相应坐标轴的正方向创建楔体,负值则沿坐标轴的负方向创建楔体。

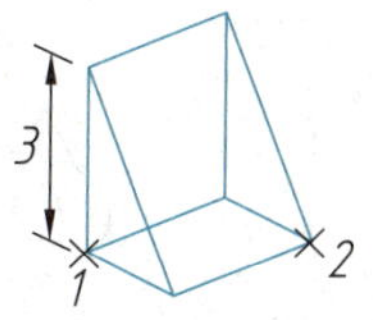

图 12-5 楔体

12.1.4 球体(SPHERE)

指定球体球心 <0,0,0>:

指定球体半径或[直径(D)]:

变量“ISOLINES”是控制球体线框密度的,初始设置值为“4”,其值越大,线框越密,如图 12-6 所示。

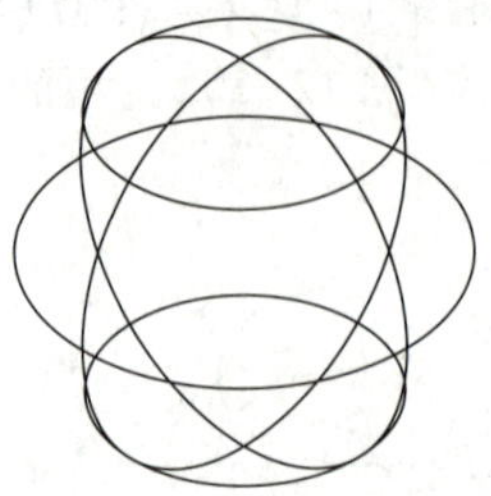
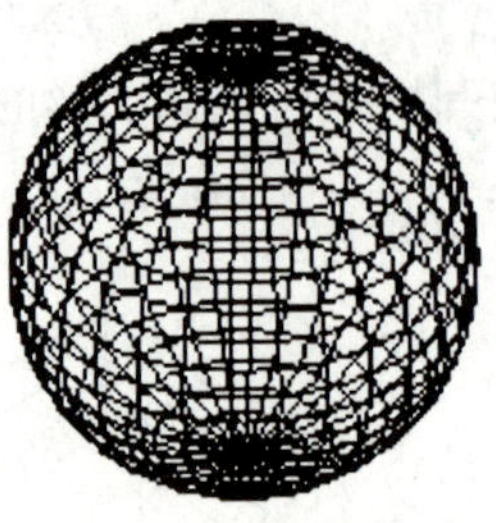

图 12-6 "ISOLINES"值为"4"和"30"时的球体

12.1.5 圆柱体(CYLINDER) 

指定底面的中心点或[三点(3P)/两点(2P)/切点、切点、半径(T)/椭圆(E)]:
指定底面半径或[直径(D)]:
指定高度或[两点(2P)/轴端点(A)]:

可以生成圆柱体,也可以生成椭圆柱体,见图 12-7。

变量"ISOLINES"可以控制圆柱体线框密度。

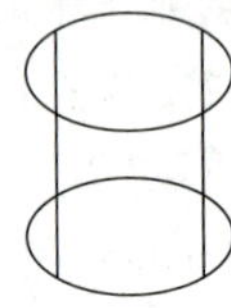
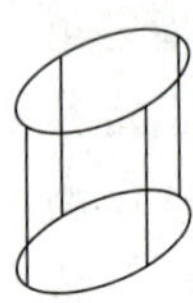

图 12-7 圆柱体和椭圆柱体

12.1.6 圆锥体(CONE) 

指定底面的中心点或[三点(3P)/两点(2P)/切点、切点、半径(T)/椭圆(E)]:
指定底面半径或[直径(D)]:
指定高度或[两点(2P)/轴端点(A)/顶面半径(T)]:

可以生成圆锥体,也可以生成椭圆锥体,还可以指定顶面半径生成圆台体或椭圆台体,见图 12-8。如果顶面半径和底面半径相等,那么也可以生成圆柱体或椭圆柱体。

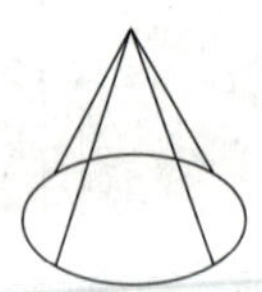
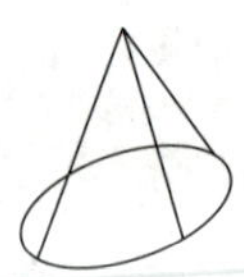

图 12-8 圆锥体、椭圆锥体、圆台体、椭圆台体

变量"ISOLINES"可以控制圆锥体线框密度。

12.1.7 棱锥体(PYRAMID) 

指定底面的中心点或[边(E)/侧面(S)]:
指定底面半径或[内接(I)]:

指定高度或［两点(2P)/轴端点(A)/顶面半径(T)］:

可以生成棱锥体,也可以指定顶面半径生成棱台体,见图 12-9。

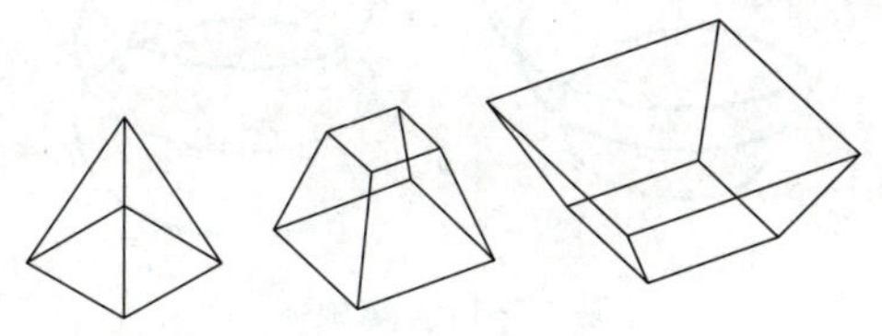

图 12-9 棱锥体和棱台体

12.1.8 圆环体(TORUS) 

指定中心点或[三点(3P)/两点(2P)/切点、切点、半径(T)]:

指定半径或［直径(D)］:

指定圆管半径或［两点(2P)/直径(D)］:

若圆环半径比圆管半径大,则得到如图 12-10(a)所示的圆环体;

若圆环半径比圆管半径小,则得到如图 12-10(b)所示的圆环体;

若圆环半径是负值,且其绝对值小于圆管半径,则得到如图 12-10(c)所示的圆环体(纺锤体)。

变量"ISOLINES"可以控制圆环体线框密度。

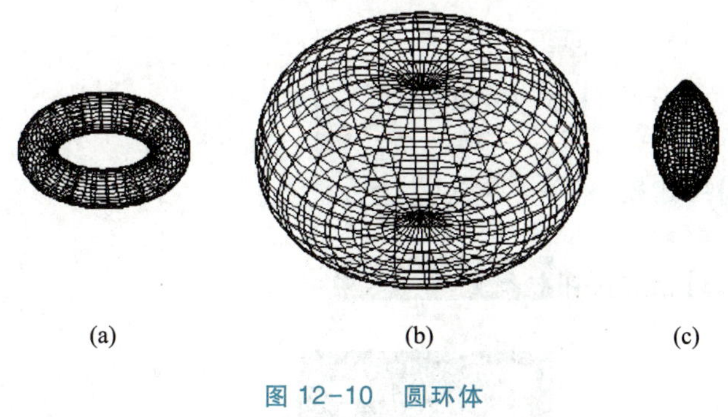

(a) (b) (c)

图 12-10 圆环体

12.1.9 螺旋体(HELIX)

指定底面中心点:

指定底面半径或[直径(D)]:

指定顶面半径或[直径(D)]:

指定螺旋高度或［轴端点(A)/圈数(T)/圈高(H)/扭曲(W)<1.0000>]:

可以生成各种螺旋体,见图 12-11。

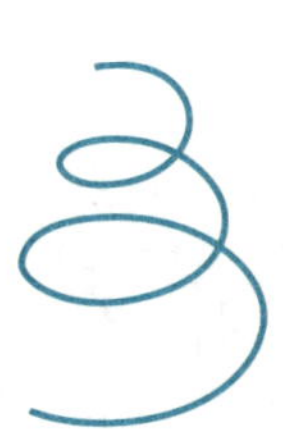 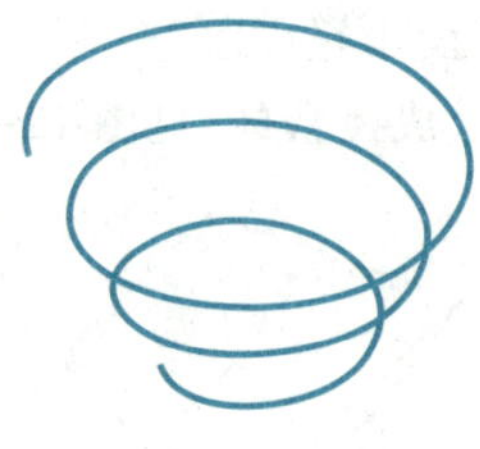 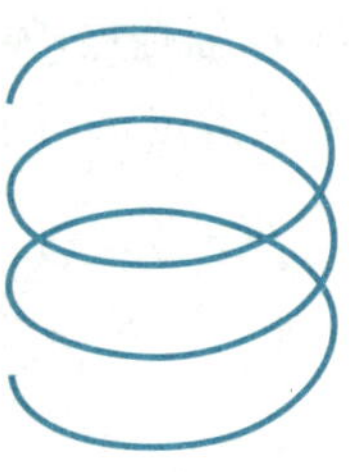 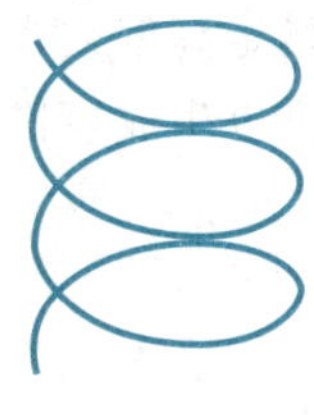

图 12-11 螺旋体

12.1.10 面域（REGION）

菜单：【绘图】→面域

工具栏：【绘图】→

选择对象：用二维绘图命令完成的封闭对象，如圆、椭圆、矩形、正多边形等。

已提取一个环，已生成一个面域

面域命令非常重要，后续的拉伸、旋转等命令都需要先生成面域。

12.2 由曲面生成三维实体模型

菜单：【绘图】→建模→ 拉伸(X) 旋转(R) 扫掠(P) 放样(L)

工具栏：【建模】相应按钮

功能区工具栏：【实体】→

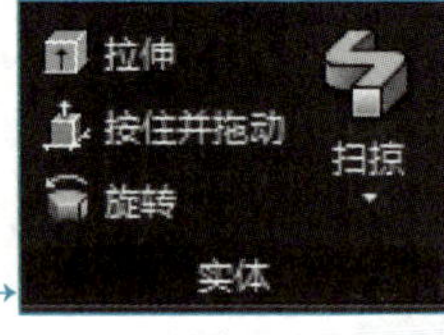

12.2.1 拉伸

拉伸生成实体

拉伸（EXTRUDE）是指通过将二维封闭对象按指定的高度或路径进行拉伸而创建的三维实体。用于拉伸的对象可以是圆、椭圆、二维多段线、样条曲线、面域等对象，必须是封闭的。

【例 12-1】

(1) 根据拉伸高度和倾斜角度生成实体。

先绘制一个边长为 100 mm 的正六边形。再启动拉伸命令:

选择对象:(选取绘制的正六边形)

选择对象:↙(结束选择)

指定拉伸高度或[路径(P)]:120↙

指定拉伸的倾斜角度 <0>:↙[得到图 12-12(a);15↙得到图 12-12(b);-15↙得到图 12-12(c)]

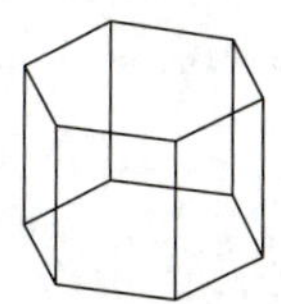

(a) 垂直拉伸生成的实体

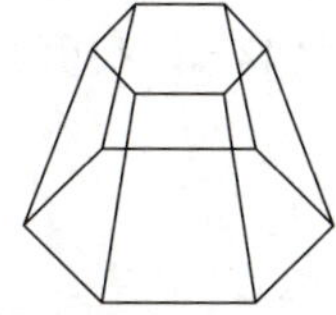

(b) 向内倾斜拉伸的实体

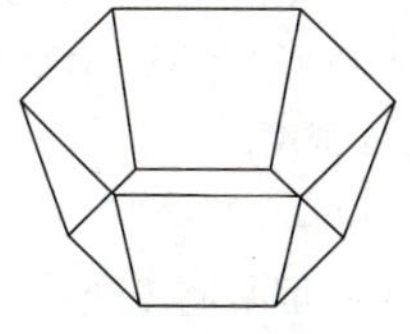

(c) 向外倾斜拉伸的实体

图 12-12 根据拉伸高度和倾斜角度生成的实体

当拉伸高度为正时,拉伸方向与 Z 轴的正方向相同;当拉伸高度为负时,则拉伸方向与 Z 轴的负方向相同。

倾斜角度允许的范围是-90°~+90°,为正值时是向内倾斜,为负值时是向外倾斜。要拉伸的对象必须至少有 3 个顶点,但少于 500 个顶点,对象也不能自交叉或重叠。

(2) 根据指定路径生成实体。

先绘制一个边长为 100 mm 的正六边形,再绘制一条直线,起点为正六边形某一端点,终点为"@0,0,100"。

再启动拉伸命令:

选择对象:(选择绘制的正六边形)

选择对象:↙(回车结束选择)

指定拉伸高度或[路径(P)]:P↙

选择拉伸路径或[倾斜角]:(选择直线)

选择合适的视点,得到如图 12-13 所示的实体。

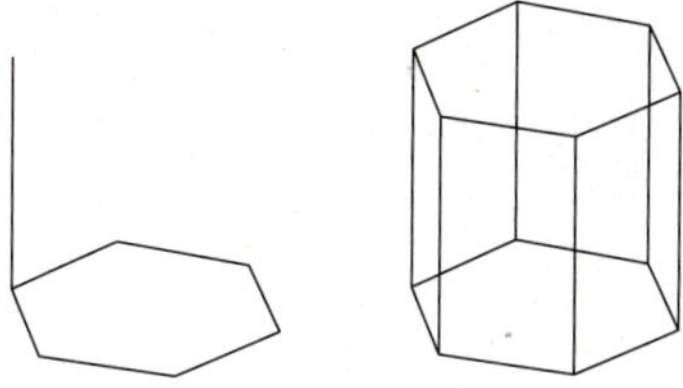

图 12-13 沿路径拉伸生成的实体

12.2.2 旋转

旋转生成实体及剖切命令

旋转(REVOLVE)是指通过将二维封闭对象绕指定的轴旋转而创建的三维实体。用于旋转的对象可以是圆、椭圆、二维多段线、面域等对象,且必须是封闭的。旋转对象必须至少有 3 个顶点,但要少于 500 个顶点,不能旋转一个块。

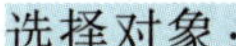

选择对象:

指定旋转轴的起点或定义轴依照[对象(O)/X 轴(X)/Y 轴(Y)]:

(1) 指定旋转轴的起点 缺省项,指通过两个端点来确定旋转轴,确定旋转轴的起点后,指定轴端点。

指定轴端点 *****(确定旋转轴的另一个端点)

(2) O 对象 用户指定一个对象作为旋转轴。作为旋转轴的对象只能选择用“LINE”命令绘制的直线或用“PLINE”命令绘制的多线段。用多线段作为旋转轴时，若选取的多线段是直线，则对象将绕该线段旋转，若选择的是圆弧，则以该圆弧两端点的连线作为旋转轴。

(3) *X* 轴/*Y* 轴 以 *X* 轴或 *Y* 轴作为旋转轴。

确定了旋转轴后，出现如下提示：

指定旋转角度 <360>:

【例 12-2】 将如图 12-14 所示的多段线绕直线旋转成如图 12-15 所示的三维实体。

(1) 先用“PLINE”“LINE”命令绘制如图 12-14 所示的多段线和直线。

(2) 设置线框密度。

命令：ISOLINES ↙

输入 ISOLINES 的新值 <4>:30 ↙

(3) 启动旋转命令。

选择对象：* * * * *（选取多段线）

选择对象：↙ * * * * *（结束选择）

指定旋转轴的起点或定义轴依照［对象(O)/X 轴(X)/Y 轴(Y)］：* * * * *（选取左边直线的一个端点）

指定轴端点：* * * * *（选取另一个端点）

指定旋转角度 <360>:↙

选择合适的视点并消隐后，得到三维实体。

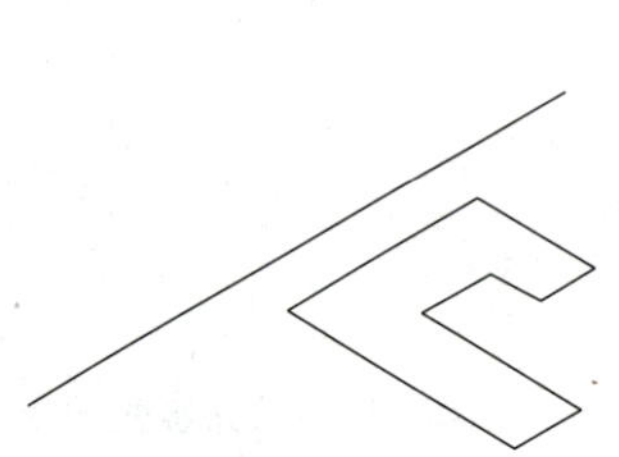

图 12-14 用于旋转的二维多段线及旋转轴

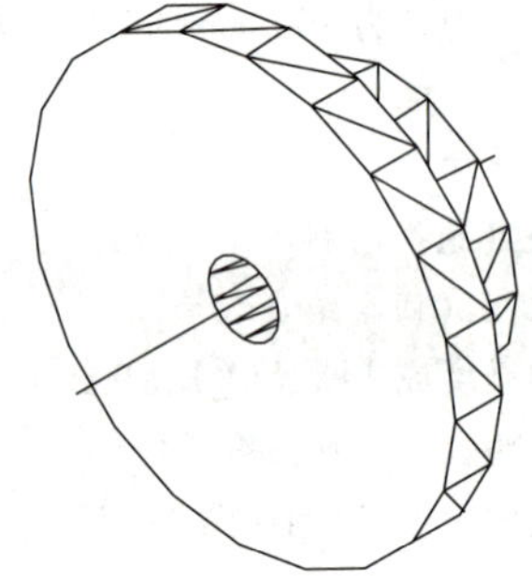

图 12-15 旋转生成的三维实体

12.2.3 扫掠

扫掠(SWEEP)是指将二维封闭对象沿指定路径创建三维实体。

【例 12-3】 绘制如图 12-16 所示的矩形和样条曲线，这两个图形所在的面相互垂直，不在同一平面上。

选择要扫掠的对象： * * * * *（选取矩形）

选择要扫掠的对象：↙ * * * * *（结束选择）

选择要扫掠的路径： * * * * *（选取样条曲线）

生成如图 12-17 所示的图形。

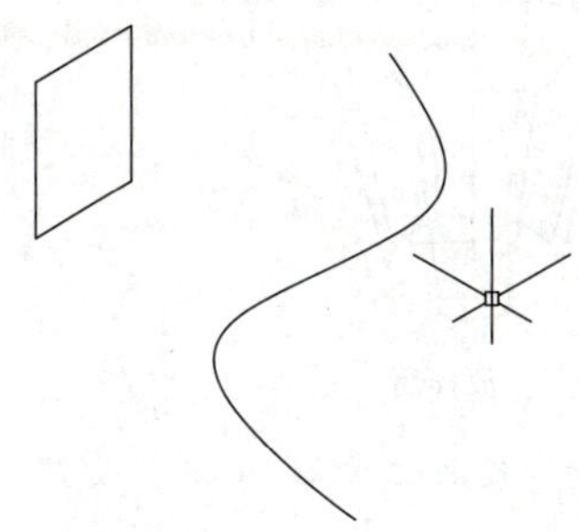

图 12-16 用于旋转的二维多段线及旋转轴

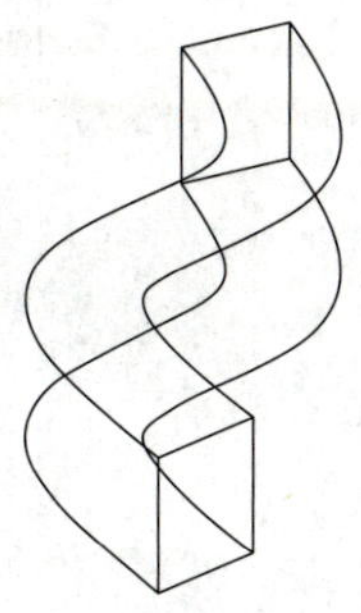

图 12-17 旋转生成的三维实体

其他选项的含义如下：

(1) 模式 设定扫掠是创建曲面还是实体。

(2) 对齐 若轮廓与扫掠路径不在同一平面上，则指定轮廓与扫掠路径对齐的方式。

(3) 基点 在轮廓上指定基点，以便沿轮廓进行扫掠。

(4) 比例 指定从开始扫掠到结束扫掠将更改对象大小的值。输入数学表达式可以约束对象缩放。

(5) 扭曲 通过输入扭曲角度，对象可以沿轮廓长度进行旋转。输入数学表达式可以约束对象的扭曲角度。

12.2.4 放样

在数个横截面之间的空间中创建三维曲面。放样(LOFT)轮廓可以是开放或闭合的平面或非平面，也可以是边对象。使用模式选项可选择是创建曲面还是创建实体。

【例 12-4】 在绘图区中创建一个半径为 45 mm 的圆形，然后以圆形的圆心创建一个半径为 80 mm的八边形，并调整其与圆形之间的距离，如图 12-18(a)所示。再执行放样命令：

按放样次序选择横截面或[点(PO)/合并多条边(J)/模式(MO)]：(选取圆形和多边形)

生成放样对象，如图 12-18(b)所示。

其他选项的含义如下：

(1) 导向(G) 指定控制放样实体或曲面形状的导向曲线。导向曲线是直线或曲线，可以通过将其他线框信息添加至对象来进一步定义实体或曲面的形状。可以使用导向曲线来控制点如何匹配相应的横截面。

(2) 路径(P) 指定放样实体或曲面形状的单一路径。

(3) 设置(S) 弹出“放样设置”对话框。

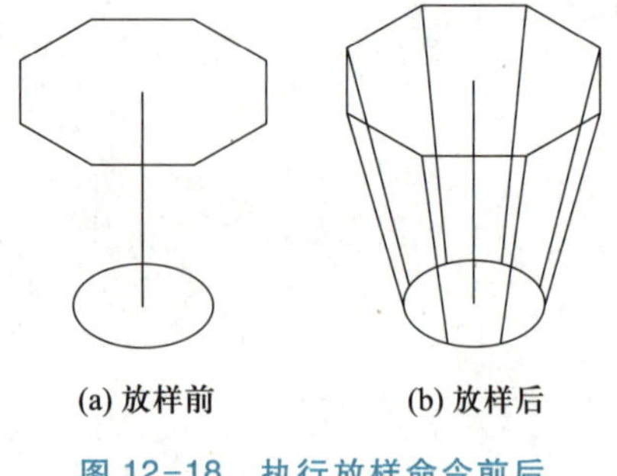

(a) 放样前　　(b) 放样后

图 12-18 执行放样命令前后

12.3 三维操作

菜单:【修改】→三维操作→

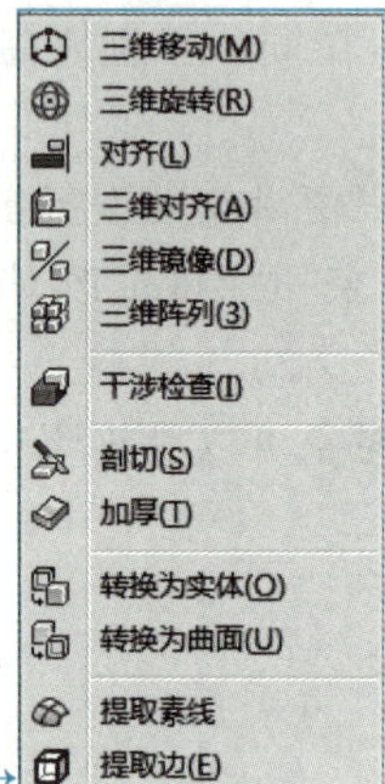

工具栏:【实体】→

功能区工具栏:【实体编辑】→

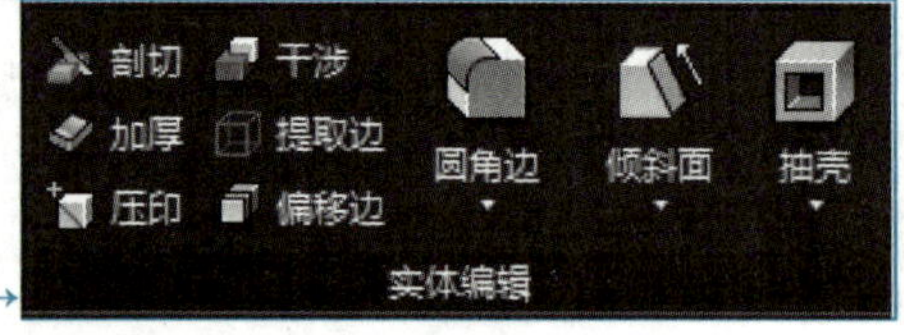

三维移动、三维旋转和三维镜像

12.3.1 三维移动

三维移动(3DMOVE)是显示三维移动小控件以帮助在指定方向上按指定距离移动三维对象。

选择对象: ＊＊＊＊＊(选择需要移动的实体)

选择对象:(选择完毕后按回车键)

指定基点或[位移(D)]:

指定第二个点或<使用第一个点作为位移>:

12.3.2 三维旋转

三维旋转(ROTATE3D)是指在三维视图中,显示三维旋转小控件以协助绕基点旋转三维对象。

选择对象:*****(选择需要移动的实体)

选择对象:(选择完毕后按回车键)

拾取旋转轴:

指定角的起点或键入角度:

12.3.3 对齐

对齐(ALIGN)是指通过移动和缩放,使指定对象与另一对象基于一些特殊点对齐位置。启动对齐命令的方式:

选择对象:*****(选择要改变位置的实体,即源实体)

指定第一个源点:*****(指定源实体上的第一个对齐点)

指定第一个目标点:*****(指定目标实体上和第一个源点相对应的第一个目标点)

指定第二个源点:

指定第二个目标点:

指定第三个源点或 <继续>

指定第三个目标点:

是否基于对齐点缩放对象?[是(Y)/否(N)] <否>:*****(确定是否要根据源点和目标点的对应位置来对源实体进行缩放)

若选择一对对应点,则相当于移动;若选择两对对应点,则相当于移动和缩放命令的结合;若选择三对对应点,则相当于移动、缩放和旋转命令的结合。

12.3.4 三维对齐

三维对齐(3DALIGN)是指通过移动和缩放,使指定对象与另一对象基于一些特殊点对齐位置。启动对齐命令的方式如下:

选择对象:*****(选择要改变位置的实体,即源实体)

指定第一个点:*****(指定源实体上的第一个对齐点)

指定第二个点:*****(指定源实体上的第二个对齐点)

指定第三个点:*****(指定源实体上的第三个对齐点)

指定目标平面和方向… *****

指定第一个目标点:*****(指定目标实体上和第一个源点相对应的第一个目标点)

指定第二个目标点或[退出(X)]:*****(指定目标实体上和第二个源点相对

应的第二个目标点)

指定第三个目标点或[退出(X)]：*****(指定目标实体上和第三个源点相对应的第三个目标点)

若选择一对对应点,则相当于移动;若选择两对对应点,则相当于移动和缩放命令的结合;若选择三对对应点,则相当于移动、缩放和旋转命令的结合。

12.3.5 三维镜像

三维镜像(MIRROR3D)是让三维实体在三维空间相对于某一平面产生一个镜像。启动三维镜像命令的方式如下:

选择对象:

指定镜像平面(三点)的第一个点或[对象(O)/最近的(L)/*Z* 轴(Z)/视图(V)/*XY* 平面(XY)/*YZ* 平面(YZ)/*ZX* 平面(ZX)/三点(3)] <三点>: *****(用户可以选择不同的方式来确定镜像平面)

是否删除源对象?[是(Y)/否(N)] <否>:

(1) 三点 缺省项,通过输入或指定三点来确定镜像平面。

(2) O 对象 指定一个二维图形作为镜像平面。

选择圆、圆弧或二维多段线:

(3) 最近的(L) 把本图形文件中最后一次指定的镜像平面作为本次命令的镜像平面。

(4) *Z* 轴 通过指定镜像平面上一点和该平面法线上的一点来定义镜像平面。

在镜像平面上指定点: *****(确定法线与镜像平面的交点)

在镜像平面的 *Z* 轴(法向)上指定点: *****(输入或指定法线的另外一点以确定法线)

(5) V 视图 以和当前视图平行的平面作为镜像平面。

在视图平面上指定点 <0,0,0>: *****(输入或指定镜像平面上的任一点,通过该点且和视图平行的平面即为镜像面)

(6) *XY* 平面/*YZ* 平面/*ZX* 平面 此 3 项分别表示用和当前 UCS 的 *XY*、*YZ*、*ZX* 平面平行的平面作为镜像平面。

12.3.6 三维阵列

三维阵列

三维阵列(3DARRAY)是将指定的对象不但在 *X*、*Y* 方向上实现阵列,而且在 *Z* 方向也有相应的阵列数。启动三维阵列命令的方式如下:

选择对象:

输入阵列类型 [矩形(R)/环形(P)] <矩形>:

(1) 选择矩形阵列 出现如下提示:

输入行数(---)<1>:

输入列数(|||)<1>:

输入层数(...)<1>:
指定行间距(---):
指定列间距(|||):
指定层间距(...):

矩形阵列中的行、列、层是分别沿着当前 UCS 的 *X*、*Y*、*Z* 轴方向。当提示输入某方向的间距值时,用户可以输入正值,也可以输入负值,正值是沿相应坐标轴的正方向阵列,负值则沿负方向阵列。

【例 12-5】 矩形阵列

(1) 绘制一个半径为 20 mm 的球体。

(2) 对球体进行矩形阵列,行数、列数、层数分别为 3 行、4 列、2 层,行间距、列间距、层间距均为 100 mm,选择合适的视点,得到如图 12-19 所示的有 3 行、4 列、2 层的阵列球体。

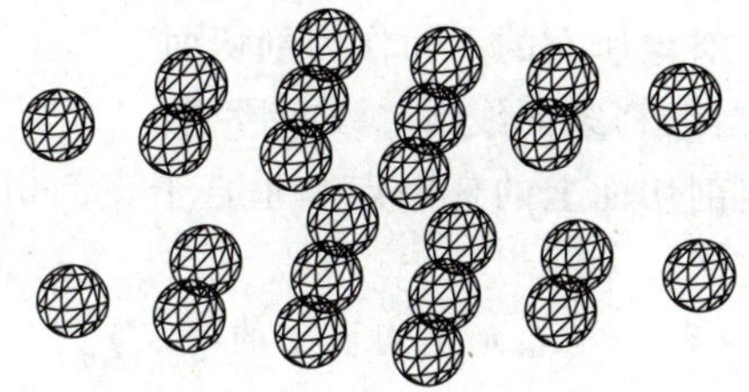

图 12-19 矩形阵列图形

(2) 选择环形阵列 出现如下提示:
输入阵列中的项目数目:
指定要填充的角度(+=逆时针,-=顺时针)<360>:
旋转阵列对象?[是(Y)/否(N)] <是>:
指定阵列的中心点:
指定旋转轴上的第二点:

【例 12-6】 环形阵列

(1) 将图 12-15 中的实体旋转到如图 12-20 所示的位置,并在底座中绘制一个与底座等高的小圆柱体。

(2) 对小圆柱体进行环形阵列,个数为 8,旋转轴为实体圆孔的中心线,得到如图 12-21 所示的图形。

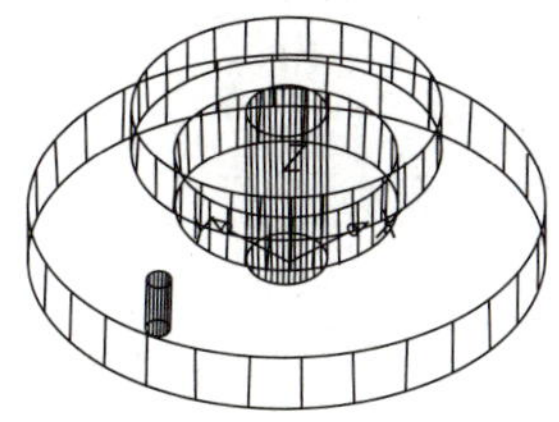

图 12-20 环形阵列前

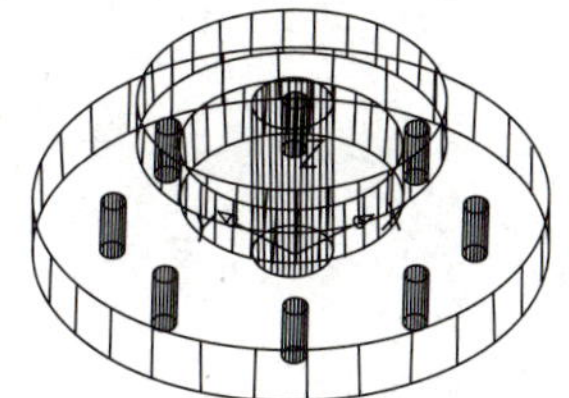

图 12-21 环形阵列后

12.3.7 剖切实体 SLICE（或 SL）

选择对象：

选择对象：*****（继续选择或回车结束选择）

指定切面上的第一个点，依照［对象(O)/*Z* 轴(Z)/视图(V)/*XY* 平面(XY)/*YZ* 平面(YZ)/*ZX* 平面(ZX)/三点(3)］<三点>：*****（可以用多种方式来确定剖切平面）

在要保留的一侧指定点或［保留两侧(B)］：*****（在剖切平面的一侧选取一点，则位于该侧的那部分被保留，另一部分被删除；选择“保留两侧(B)”则保留被切开的两部分实体）

(1) 三点 缺省项，表示通过指定三点来确定剖切面。

(2) O 对象 将指定对象所在的平面作为剖切面。

选择圆、椭圆、圆弧、二维样条曲线或二维多段线：

(3) *Z* 轴 通过确定剖切面上的任一点和垂直于该剖切面的直线上的任一点来确定剖切面。

指定剖面上的点：*****（指定剖切面上的一点）

指定平面 *Z* 轴(法向)上的点：*****（指定一点，该点和剖切面上指定的点的连线垂直于剖切面）

(4) V 视图 将与当前视图平面平行的平面作为剖切面。

指定当前视图平面上的点 <0,0,0>：*****（输入或在屏幕上指定一点以确定剖切面的位置）

(5) *XY* 平面(XY)/*YZ* 平面(YZ)/*ZX* 平面(ZX) 这三个选项分别将于当前 UCS 下的 *XOY* 平面、*YOZ* 平面、*ZOX* 平面平行的平面作为剖切面。如选择“*XY* 平面”会出现提示：

指定 *XY* 平面上的点 <0,0,0>：*****（输入或指定一点以确定剖切面的位置）

【例 12-7】 将如图 12-15 所示的实体沿过孔心的 *YZ* 平面剖切后，得到如图 12-22 所示的只保留左半部分的实体。

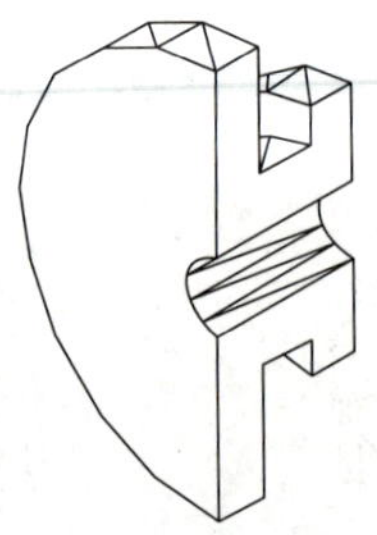

图 12-22 剖切后的实体

12.3.8 实体截面(SECTION)

选择对象:

指定截面上的第一个点,依照[对象(O)/Z 轴(Z)/视图(V)/XY 平面(XY)/YZ 平面(YZ)/ZX 平面(ZX)/三点(3)]<三点>: * * * * *(这些选项的含义和剖切实体所介绍的含义相同,这里不再重复)

【例 12-8】 将如图 12-15 所示的实体沿过孔心的 *YZ* 平面截面后,得到如图 12-23 所示的截面图,此截面图仍在实体被剖处,用户可对其单独编辑。

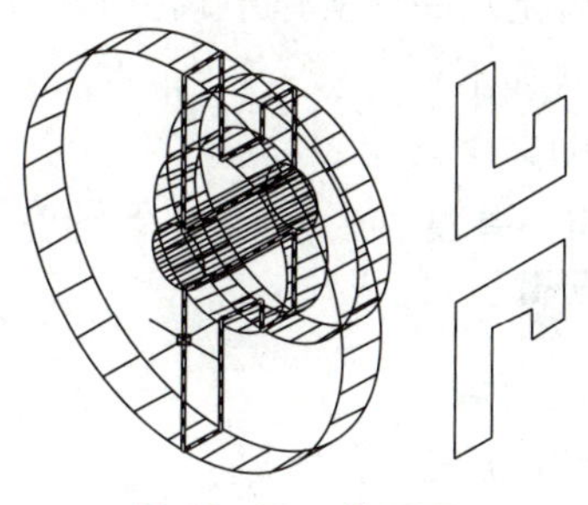

图 12-23 截面图

12.4 三维实体的布尔运算

布尔运算是对多个三维实体进行并集、差集或交集的运算,使它们进行组合,最终形成用户需要的实体,布尔运算对面域也能进行。

菜单:【修改】→实体编辑→ 并集(U) 差集(S) 交集(I)

工具栏:【实体】→或实体编辑→

功能区工具栏:【布尔值】→

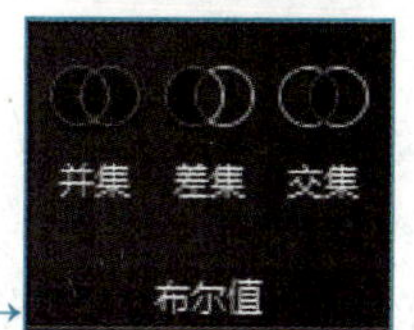

布尔运算

12.4.1 并集运算

并集运算(UNION)是将多个实体组合成一个实体。启动并集运算命令的方式如下:

命令:UNION(或 UNI)

菜单:【修改】→实体编辑→并集

工具栏:【实体编辑】→

选择对象:

选择对象:*****(继续选择或回车结束选择)

对于不接触或不重叠的实体也可以进行并集运算。

12.4.2 差集运算

差集运算(SUBTRACT)就是从一些实体中减去另一些实体,从而得到一个新的实体。启动差集运算命令的方式如下:

命令:SUBTRACT(或 SU)

菜单:【修改】→实体编辑→差集

工具栏:【实体编辑】→

选择要从中减去的实体或面域:

选择对象:*****(选择被减的实体)

选择对象: *****(继续选择或回车结束选择)

选择要减去的实体或面域 :

选择对象:*****(选择要减去的实体)

选择对象:*****(继续选择或回车结束选择)

在差集运算中,作为被减的实体和要减去的实体必须有公共部分,否则被减的实体不变,要减去的实体消失。

12.4.3 交集运算

交集运算(INTERSECT)就是得到参与运算的多个实体的公共部分而形成一个新实体,而每个实体的非公共部分将会被删除。启动交集运算命令的方式如下:

命令:INTERSECT(或 IN)

菜单:【修改】→实体编辑→交集

工具栏:【实体编辑】→

选择对象:*****(选择要交集运算的实体)

选择对象:*****(继续选择或回车结束选择)

进行交集运算的各个实体必须有公共部分,否则提示运算错误。

【例 12-9】

(1) 绘制两个圆,并将它们变为面域,如图 12-24 所示,复制两次。

(2) 分别进行并集、差集、交集运算,得到不同的结果,如图 12-25 所示。注意:此差集是大圆减去小圆,若是小圆减去大圆,则结果会不一样。

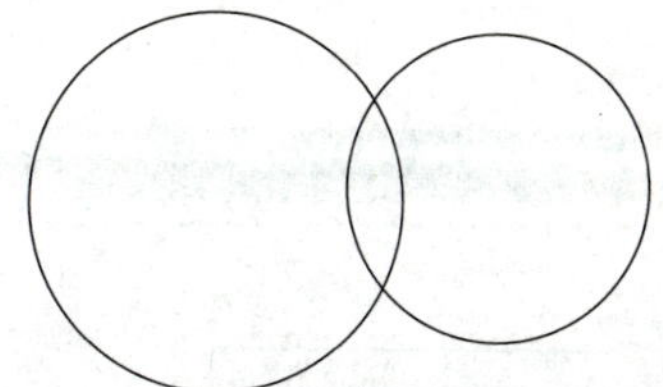

图 12-24 两个相交的面域

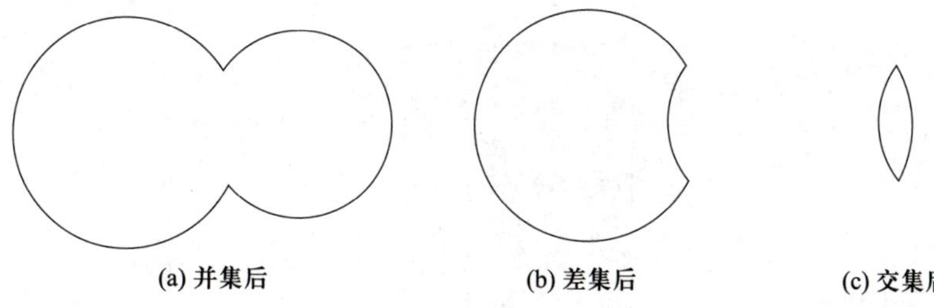

(a) 并集后 (b) 差集后 (c) 交集后

图 12-25 并集后、差集后、交集后

【例 12-10】

(1) 绘制一个半径为 50 mm 的球体,再绘制一个半径为 50 mm、高度为 120 mm 的圆锥体,其底面中心与球心重合,如图 12-26 所示。复制两次。

(2) 分别进行并集、差集、交集运算,得到不同的结果,如图12-27所示。注意:此差集是球体减去圆锥体,若是圆锥体减去球体,则结果会不一样。

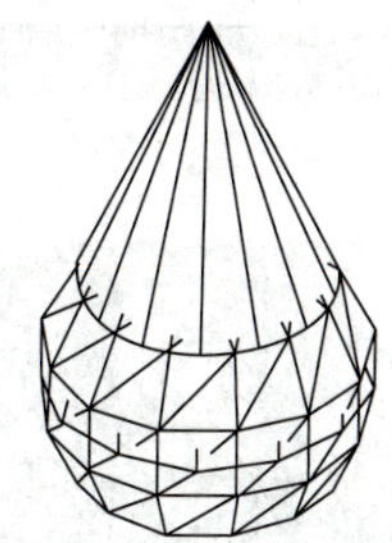

图 12-26 相交的球体和圆锥体

(a) 并集后

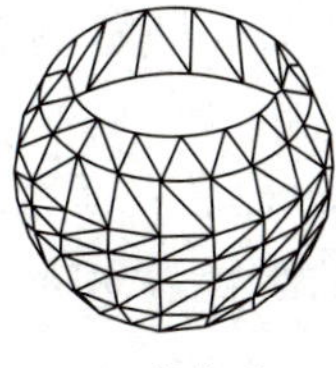

(b) 差集后

(c) 交集后

图 12-27 并集后、差集后、交集后

12.5　实体编辑

菜单:【修改】→实体编辑→

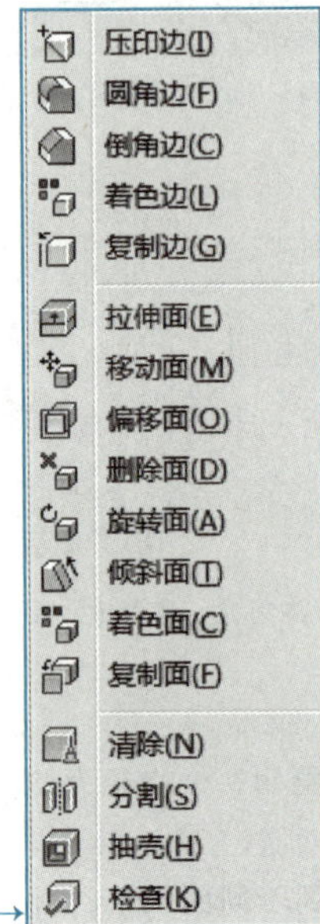

工具栏:【实体编辑】→

功能区工具栏:【实体编辑】→

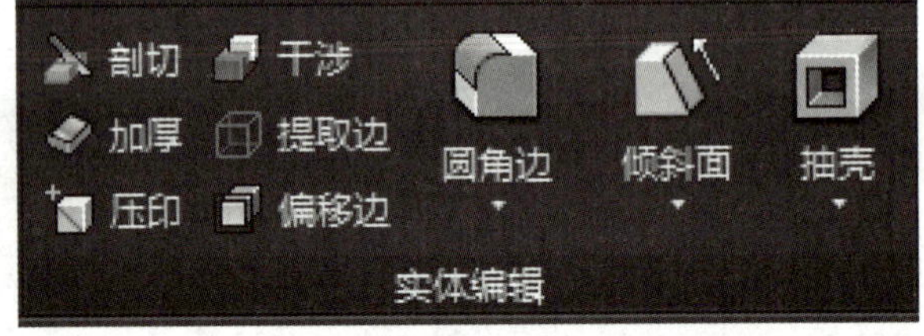

12.5.1　编辑实体的表面

编辑面的命令

下面以如图 12-28 所示的一个空心圆台为基础,分别介绍 8 种实体表面编辑命令。

空心圆台的上表面半径为 60 mm,下表面半径为 100 mm,高度为 120 mm,中间圆孔的半径为 30 mm,具体画法读者自己思考。

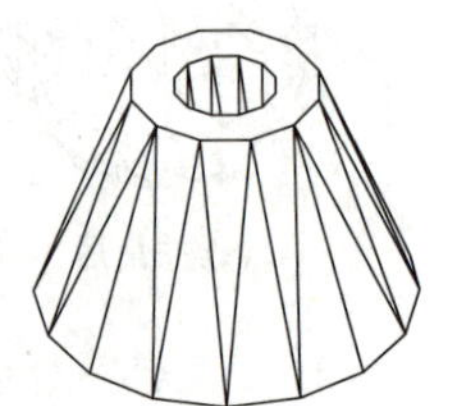
图 12-28　一个空心圆台

1. 拉伸面

拉伸面是按指定的长度和角度或沿指定的路径拉伸实体上的指定平面。选择该选项后,出现如下提示:

选择面或［放弃(U)/删除(R)］:(选择上顶面)

选择面或［放弃(U)/删除(R)/全部(ALL)］:(回车结束选择)

指定拉伸高度或［路径(P)］: 50

指定拉伸的倾斜角度 <0>:(回车)

得到如图 12-29(a)所示的图形。若角度输入“15”,则得到如图 12-29(b)所示的图形,若角度输入“-15”,则得到如图 12-29(c)所示的图形,即拉伸的倾斜角度大于“0”表示向内倾斜,小于“0”表示向外倾斜,倾斜角度取值范围为-2°~+2°。

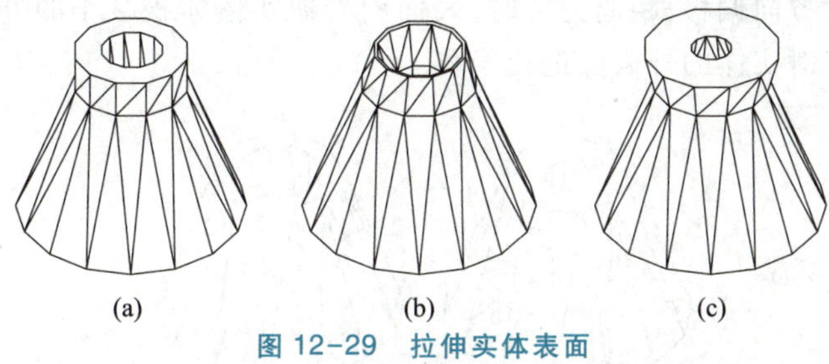

图 12-29 拉伸实体表面

若在输入拉伸高度或路径时选择路径,如图 12-30(a)所示的一小段圆弧,则得到如图 12-30(b)所示的图形,注意:拉伸不能得到一个空的实体。

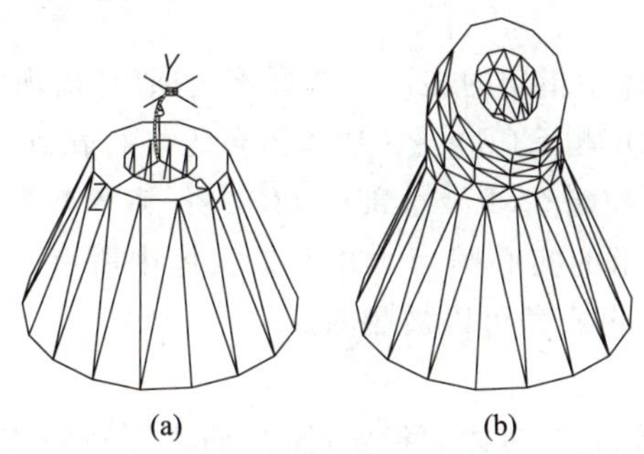

图 12-30 拉伸实体表面

2. 移动面

移动面是指将实体表面移动指定的距离。选择该选项后,出现如下提示:

选择面或［放弃(U)/删除(R)］:(选择上顶面)

选择面或［放弃(U)/删除(R)/全部(ALL)］:(回车结束选择)

指定基点或位移:(上顶面的中心点)

指定位移的第二点:@ 0,0,100(或@ 0,0,-80)

分别得到如图 12-31 所示的图形。

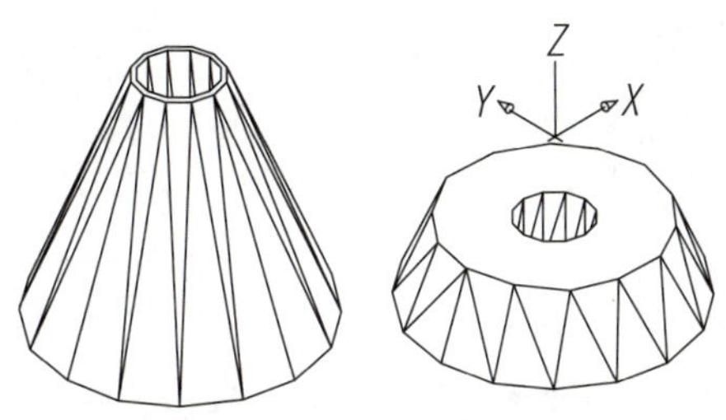

图 12-31 移动实体表面

3. 偏移面

偏移面是指对实体表面进行等距离偏移。选择该选项后,出现如下提示:

选择面或[放弃(U)/删除(R)]:(选择圆台的内孔表面)

选择面或[放弃(U)/删除(R)/全部(ALL)]:(回车结束选择)

指定偏移距离:10(或-10)

得到如图 12-32 所示的图形,可见,偏移距离可正可负,距离为正时,表面向着使实体体积增大的方向偏移;距离为负时,表面向着使实体体积减小的方向偏移。偏移表面命令也可以对实体的外表面进行偏移。

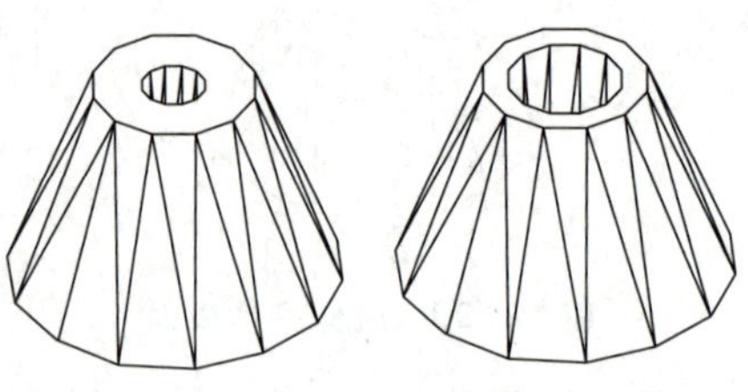

图 12-32 偏移实体表面

4. 删除面

删除面是指删除实体中指定的表面。选择该选项后,出现如下提示:

选择面或[放弃(U)/删除(R)]:(选择圆台的内孔表面)

选择面或[放弃(U)/删除(R)/全部(ALL)]:(回车删除所选择的表面)

得到如图 12-33 所示的实心圆台。并不是实体中所有的表面都被删除的,只有实体的内表面、倒圆角和倒直角可以被删除。

5. 旋转面

旋转面是指绕指定轴旋转实体的指定面,从而生成新的实体。选择该选项后,出现如下提示:

选择面或[放弃(U)/删除(R)]:(选择上顶面)

选择面或[放弃(U)/删除(R)/全部(ALL)]:(回车结束选择)

指定轴点或[经过对象的轴(A)/视图(V)/X 轴(X)/Y 轴(Y)/Z 轴(Z)] <两点>:(以 Y 轴为旋转轴,Y 轴通过上顶面圆心)

指定旋转角度或[参照(R)]:30

得到如图 12-34 所示的图形。

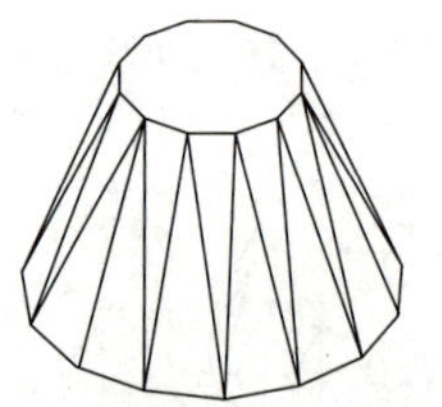

图 12-33 删除实体表面

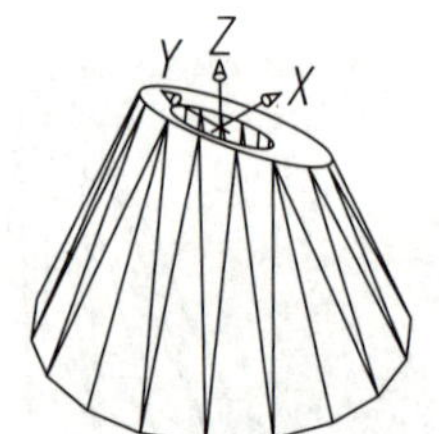

图 12-34 旋转实体表面

6. 倾斜面

倾斜面是指将实体表面按照指定方向和一定角度进行倾斜。选择该选项后，出现如下提示：

选择面或［放弃(U)/删除(R)]：(选择圆台的内孔表面)

选择面或［放弃(U)/删除(R)/全部(ALL)]：(回车结束选择)

指定基点：(下底面圆心)

指定沿倾斜轴的另一个点：(上底面圆心)

指定倾斜角度：15(或-15)

得到如图 12-35 所示的图形。

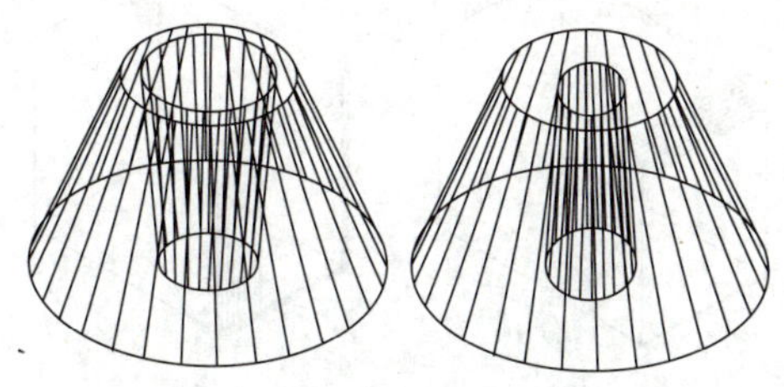

图 12-35 倾斜实体表面

角度倾斜的方向是由基点指向倾斜轴的另一点。倾斜角度取值范围为-2°~+2°。实体的内表面和外表面都可以进行倾斜。

7. 复制面

复制面是指复制实体的指定表面。选择该选项后，出现如下提示：

选择面或［放弃(U)/删除(R)]：(选择上顶面)

选择面或［放弃(U)/删除(R)/全部(ALL)]：* * * * *(继续选择或回车结束选择)

指定基点或位移：

指定位移的第二点：

复制面得到的是表面(如图 12-36 所示)，而不是实体。

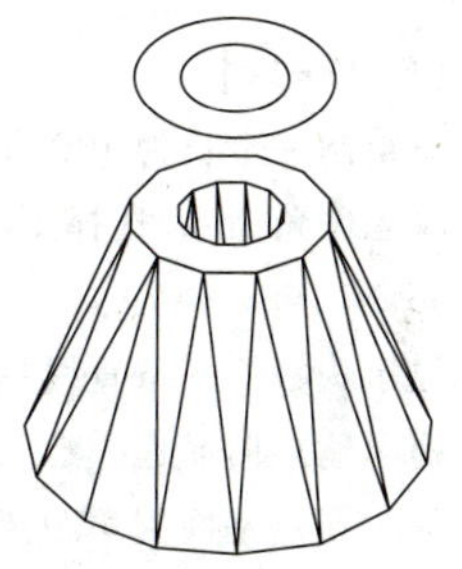

图 12-36 复制实体表面

8. 着色面

着色面是指修改实体表面的颜色。选择该选项后，出现如下提示：

选择面或［放弃(U)/删除(R)]：

选择面或［放弃(U)/删除(R)/全部(ALL)]：* * * * *(继续选择或回车结束选择)

回车确定后弹出一个“选择颜色”对话框，选择合适的颜色后单击“确定”按钮。

三维倒角、三维圆角和三维对齐

12.5.2 编辑实体的边

1. 圆角边(FILLETEDGE)

二维中的圆角命令也可以用于三维实体，具体操作见例 12-11。

【例 12-11】

先绘制一个长为 100 mm、宽为 60 mm、高为 80 mm 的长方体，切换到西南等轴测视图；

输入圆角命令，选择半径(R)选项，输入半径为“10”；

提示选择第一个对象：(假设选择上顶面和左侧面相交的一条直线)

提示输入曲面选择选项[下一个(N)/(OK)]<当前>：(系统自动选中左侧面，直接回车)

提示输入圆角半径<10. 0000>：(直接回车)

提示选择边或[链(C)]：仍然选择该直线，则生成如图 12-37(a)所示的图形；若先输入“C”，再选择该直线，则生成如图 12-37(b)所示的图形，读者可以从其他角度观察其变化。

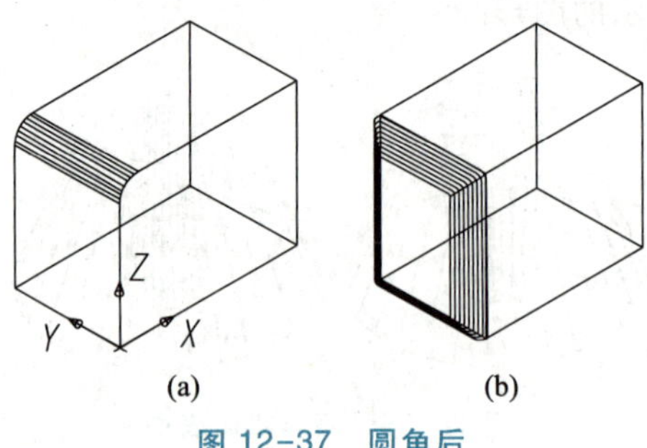

(a) (b)

图 12-37 圆角后

2. 倒角边(CHAMFEREDGE)

二维中的倒角命令也可以用于三维实体，具体操作见例 12-12。

【例 12-12】

先绘制一个长为 100 mm、宽为 60 mm、高为 80 mm 的长方体，切换到西南等轴测视图。

输入倒角命令，选择距离(D)选项，输入第一倒角距离为 10 mm，第二倒角距离为 10 mm(也可以不等)。

提示选择第一条直线：假设选择上顶面和左侧面相交的一条直线。

提示输入曲面选择选项[下一个(N)/(OK)]<当前>：系统自动选中左侧面，直接回车。

提示指定基面倒角距离<10. 0000>：直接回车。

提示指定其他基面倒角距离<10. 0000>：直接回车。

提示选择边或[环(L)]：仍然选择该直线，则生成如图 12-38(a)所示的图形；如果先输入“L”，再选择该直线，则生成如图 12-38(b)所示的图形，大家可以从其他角度观察其变化。

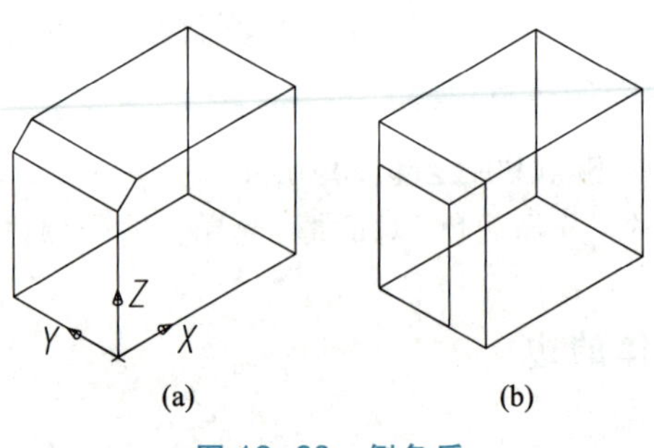

(a) (b)

图 12-38 倒角后

3. 复制边

选择边或[放弃(U)/删除(R)]:

指定基点或位移:

指定位移的第二点:

4. 着色边

选择边或[放弃(U)/删除(R)]:

进入"选择颜色"对话框

12.5.3 编辑实体的体(SOLIDEDIT)

1. 压印边(IMPRINT)

压印是将几何图形压印在实体的表面上。选择该选项后,出现如下提示:

选择三维实体:*****(选择被压印的三维实体)

选择要压印的对象:*****(选取作为印记的几何图形)

是否删除源对象[是(Y)/否(N)]<N>:*****(确定是否删除作为印记的几何图形)

要压印的几何图形必须与实体相交。用于压印的几何图形可以是直线、圆、圆弧、椭圆、二维多段线、三维多段线、面域、样条曲线、三维实体等。如图 12-39 所示是将云线压印在长方体的上表面。

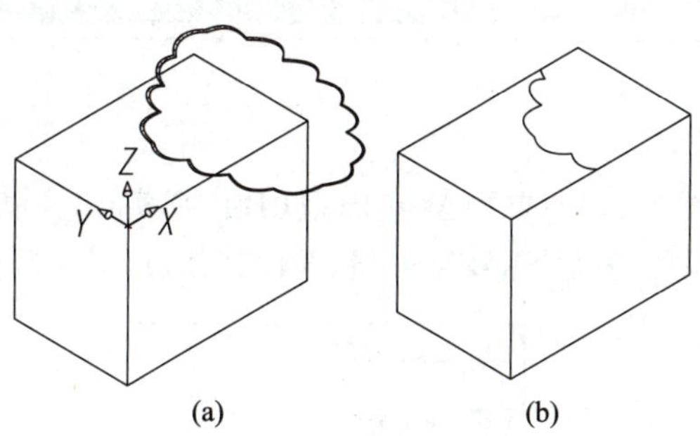

图 12-39 压印边

2. 清除(▣)

清除是指删除实体表面的多余边界线条和顶点。由压印边得到的图形将会被删除掉。

3. 分割(▣)

分割实体是将并集以后但之间没有连接的三维实体分割成各自独立的对象。

编辑边和编辑体的命令

4. 抽壳(▣)

抽壳是指将三维实体按指定的壳体厚度创建成中空的薄壁实体。选择该选项后,出现如下提示:

选择三维实体:

删除面或[放弃(U)/添加(A)/全部(ALL)]:*****(指定要删除的面,即抽

壳后开口的方向）

删除面或［放弃(U)/添加(A)/全部(ALL)］：*****（继续选择删除面或回车结束选择）

输入抽壳偏移距离：*****（输入抽壳后的壳体厚度）

抽壳偏移距离可正可负，当偏移距离为正时，实体表面向内偏移形成壳体；当偏移距离为负时，实体表面向外偏移形成壳体。如图 12-40 所示。

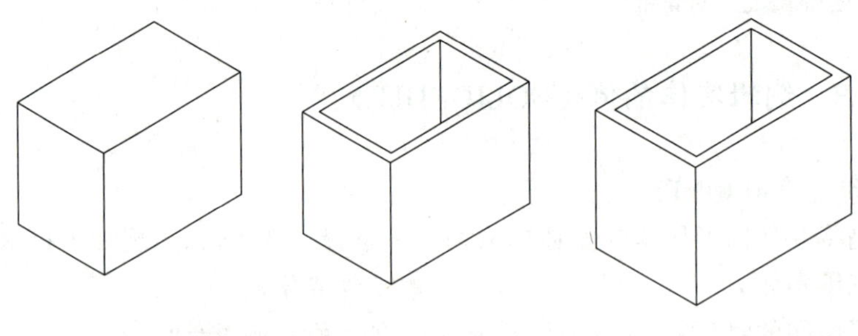

图 12-40 抽壳

5. 检查

检查是核对该三维实体是否为有效的 ACIS 实体。

12.6 视觉样式

命令：VSCURRENT

输入选项［二维线框(2)/线框(W)/隐藏(H)/真实(R)/概念(C)/着色(S)/带边缘着色(E)/灰度(G)/勾画(SK)/X 射线(X)/其他(O)］<概念>：

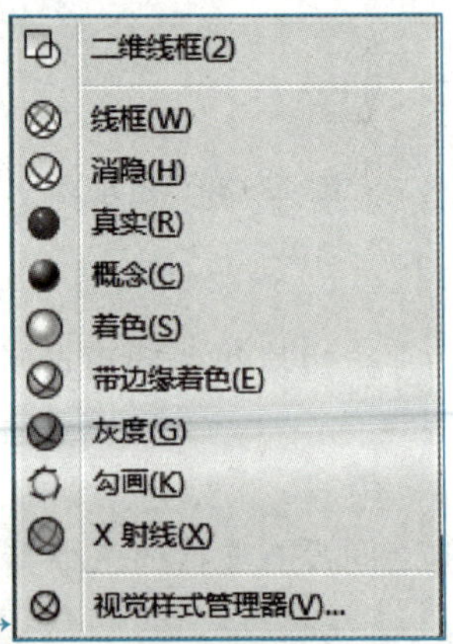

菜单：【视图】→视觉样式→

工具栏：【视觉样式】→

(1) 二维线框　显示用直线和曲线表示边界的对象。当前 UCS 图标以二维方式显示。

(2) 线框　显示用直线和曲线表示边界的对象。显示着色三维 UCS 图标。

（3）消隐　显示用三维线框表示的对象并隐藏表示后向面的直线。

（4）真实　着色多边形平面间的对象，并使对象的边平滑化。将显示已附着到对象的材质。

（5）概念　着色多边形平面间的对象，并使对象的边平滑化。着色使用冷色和暖色之间的过渡。效果缺乏真实感，但是可以更方便地查看模型的细节。

（6）着色　产生平滑的着色模型。

（7）带边缘着色　产生平滑、带有可见边的着色模型。

（8）灰度　使用单色面颜色模式可以产生灰色效果。

（9）勾画　使用外伸和抖动产生手绘效果。

（10）X 射线　更改面的不透明度使整个场景变成部分透明。

（11）其他　按名称指定视觉样式。

图 12-41 和图 12-42 分别是“真实”和“概念”的视觉样式效果。

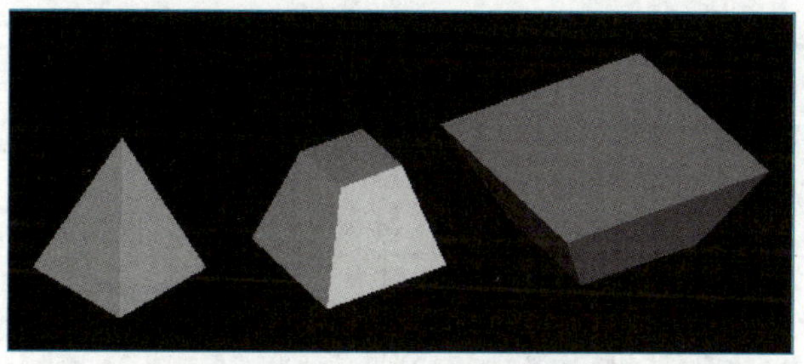

图 12-41　“真实”视觉样式

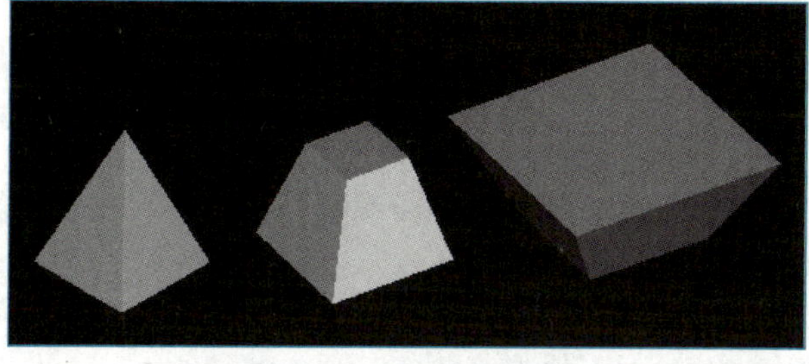

图 12-42　“概念”视觉样式

思考与练习

12-1　绘制如习题图 12-1 所示的图形（关键命令：拉伸）。

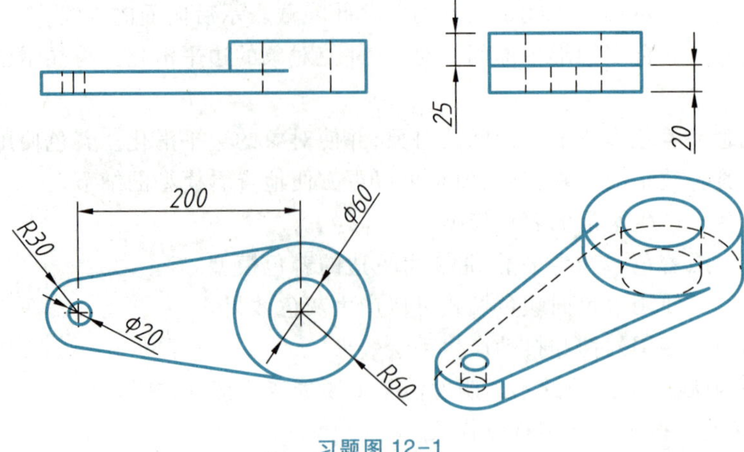

习题图 12-1

12-2 绘制如习题图 12-2 所示的图形(关键命令:旋转、剖切)。

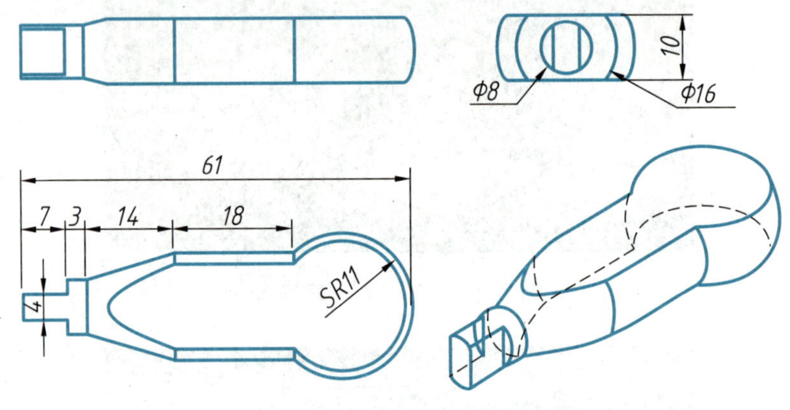

习题图 12-2

12-3 绘制如习题图 12-3 所示的六角螺母(关键命令:三维镜像)。

解题要点:

可绘制两个内接圆半径为 40 mm 的正六边形,然后将六边形 A 拉伸 8 个单位,六边形 B 拉伸 14 个单位。以 A 底面中心为中心点,绘制一个底面半径为 40 mm,高度为 80 mm 的圆锥体。对 A 和圆锥体进行交集生成 C,对 C 以 *XY* 平面为镜像平面产生一个三维镜像实体 D。把 C、D 分别移到 B 的上底面和下底面并进行并集 E,以 C、D 圆面的圆心为上、下底面的圆心绘制半径为 20 mm 的圆柱体 F。最后用 E 减去 F 得到六角螺母。

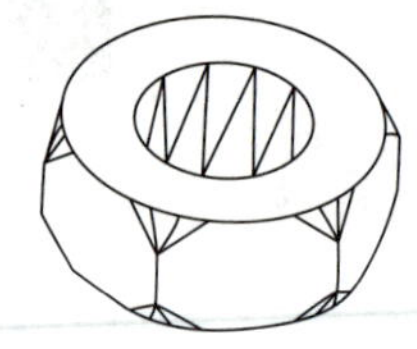

习题图 12-3

12-4 绘制如习题图 12-4 所示的图形(关键命令:三维旋转)。

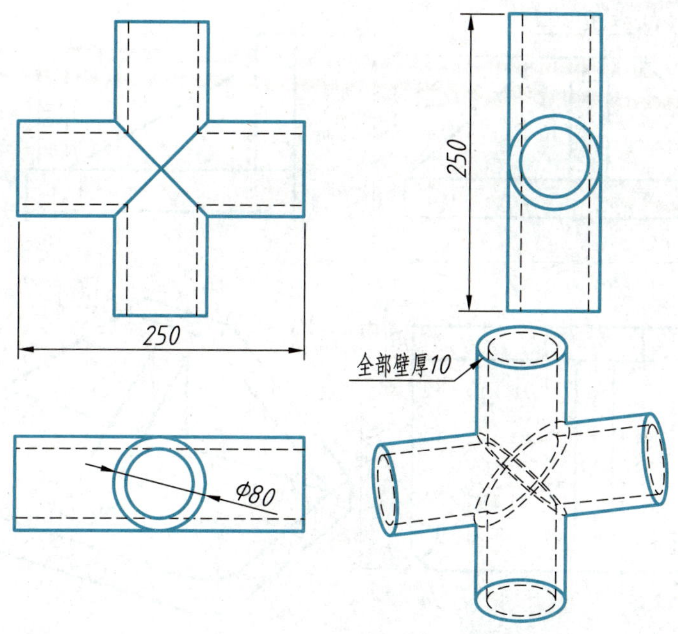

习题图 12-4

12-5 绘制如习题图 12-5 所示的图形(关键命令:三维阵列)。

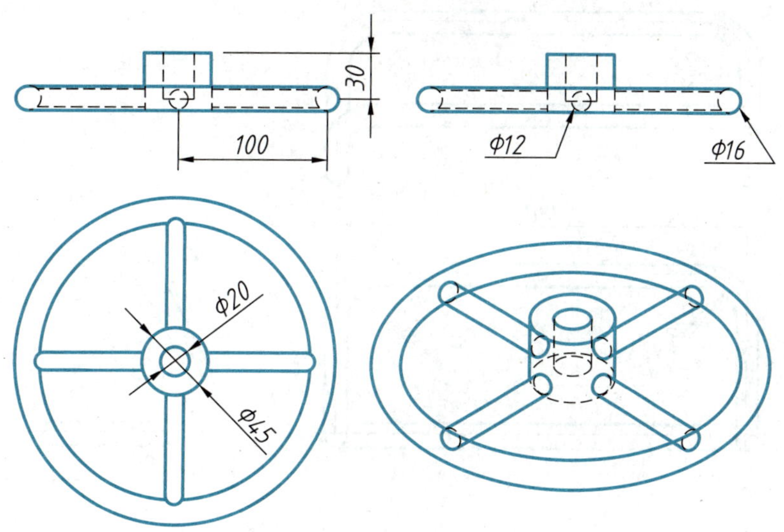

习题图 12-5

12-6 绘制如习题图 12-6 所示的图形(关键命令:三维倒角、三维圆角、对齐)。

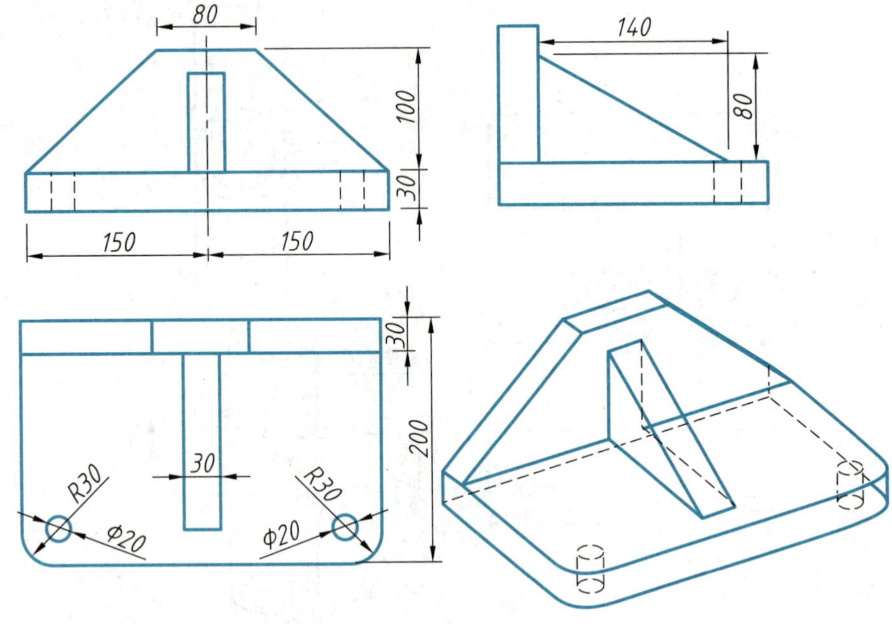

习题图 12-6

12-7 绘制如习题图 12-7 所示的图形(关键命令:拉伸面)。

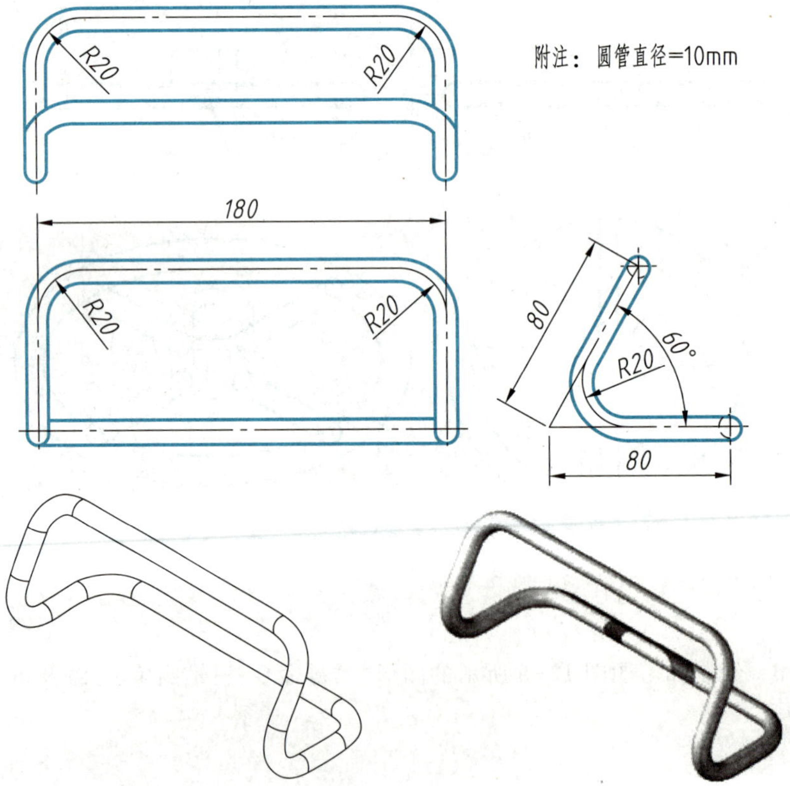

习题图 12-7

12-8 绘制如习题图 12-8 所示的图形(关键命令:倾斜面)。

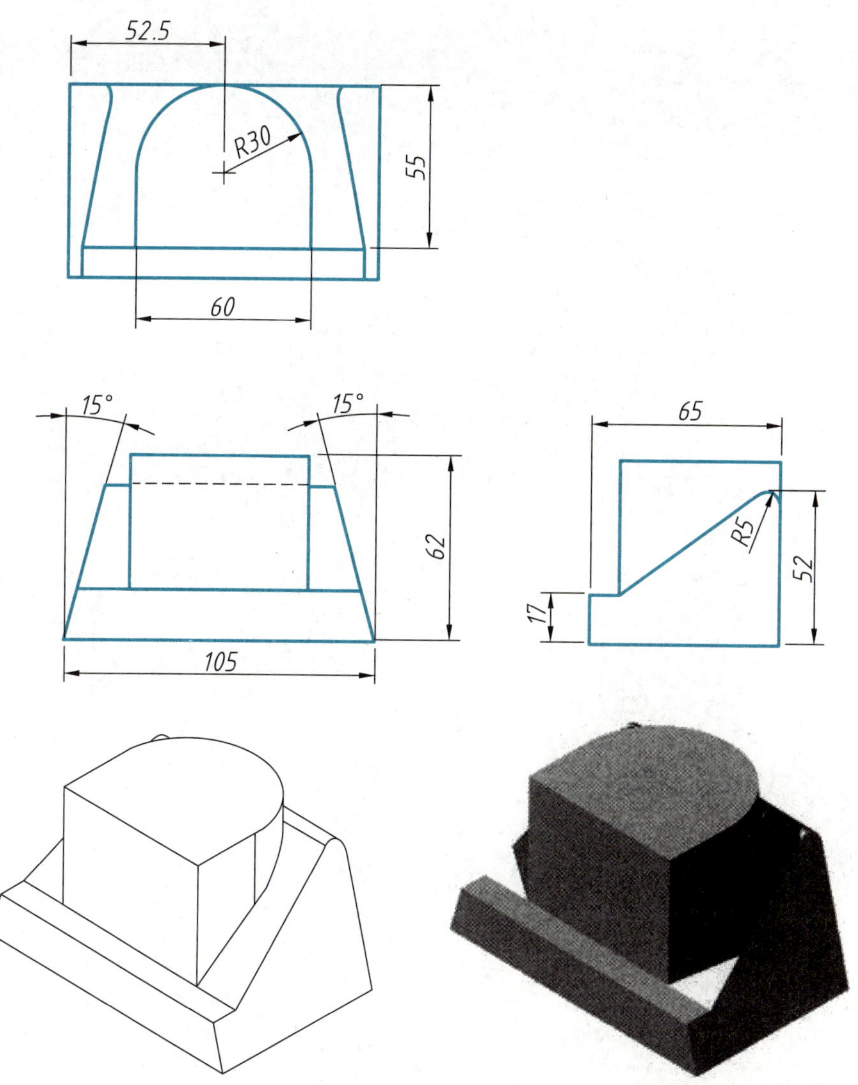

习题图 12-8

第 13 章

环境工程专业绘图实训

知识目标：

- □ 掌握建筑平面图的绘制方法
- □ 掌握室内给水排水工程图的绘制方法
- □ 掌握室外给水排水工程图的绘制方法
- □ 掌握水处理流程图的绘制方法
- □ 掌握水处理构筑物的一般绘图步骤
- □ 掌握除尘系统三视图和轴测图的绘图方法
- □ 掌握除尘器三视图的绘制方法
- □ 掌握创建三维环保设备模型的方法

能力目标：

- □ 能绘制环境工程专业的二维工程图
- □ 能创建三维环保设备模型

13.1 建筑平面图

设置绘图环境、绘制墙体

建筑施工图包括施工说明、总平面图、建筑平面图、建筑立面图、建筑剖面图和建筑详图。其中建筑平面图与室内给水排水施工图密切相关，下面介绍建筑平面图的画法。

图 13-1 为某别墅的一层建筑平面图。

绘图的基本步骤如下：

1. 设置图形界限

选择【格式】→“图形界限”，命令行提示：

命令：'LIMITS

重新设置模型空间界限：

指定左下角点或［开(ON)/关(OFF)］<0.0000,0.0000>:↙(直接回车)

指定右上角点 <420.0000,297.0000>:42000,29700(将原图形界限放大了100 倍)

命令：'_zoom

指定窗口的角点，输入比例因子(nX 或 nXP)，或者

［全部(A)/中心(C)/动态(D)/范围(E)/上一个(P)/比例(S)/窗口(W)/对象(O)］<实时>:_all 正在重生成模型

从上面的命令提示中可以看出，默认的图形界限是一张 A3 图幅，即 420 mm×297 mm。建筑图的尺寸都比较大，动辄几千上万毫米，用 AutoCAD 绘图时为了避免输入错误都采用数值 1∶1 的输入方法，因此可以将图形界限放大 100 倍，先按 1∶1 绘制图形，出图时再打印在一张 A3 图纸上，打印出图比例 1∶100 即可。

> 提示：图形界限也可以不用设置。先画一条较长的直线，然后双击鼠标中间的滚轴，或者输入“ZOOM”→“ALL”将直线全部显示到当前的屏幕中来，在旁边绘制图形就可以了。绘制完成或绘制过程中将这条辅助直线删除即可。

2. 设置图层、颜色、线型和线宽

创建新图层时，图层名称要有提示作用，比如可以给图层命名为“墙”“定位轴线”“尺寸”“文字”等，也可以用“wall”“axis”“text”等命名。这样对某些图线进行修改时，只要改变图层就可以对这一层的图线进行修改。

3. 设置文本样式

用户可以先设置好文本样式，这样需要文字输入时就可以直接调用，而不必每次都从字体下拉列表框中去选择字体。注意不要在“文字样式”对话框中设置字的高度，因为若设置了高度，则整张图纸中的字体包括尺寸标注的字高就只有这一种高度了，而一张图中的字高通常并不是完全相同的。

4. 尺寸标注样式

用户可以先设置好尺寸标注样式，这样就可以随时调用。打开“尺寸标注样式”对话框，选择“新建”按钮，创建尺寸标注样式“C100”。

餐厅
厨房
洗衣房
工人库
车库
平台
客厅
卧室
一层平面图 1:100
说明：
1. 车库入口斜坡作法详见苏J9508-B-3/41；
台阶作法详见苏J9508-2/40，挡墙详见苏J9508-A-3/45；
次入口台阶作法详见苏J9508-6/40。
2. 框架柱及混凝土墙均详见结构图，未注明的墙厚均为200mm，
未注明的门把均为150mm。
3. 卫生间详图见建施11卫生间大样。
(图 名)
班级
学号
图号 01
比例 1:100
制图
审核
(设计单位名称)

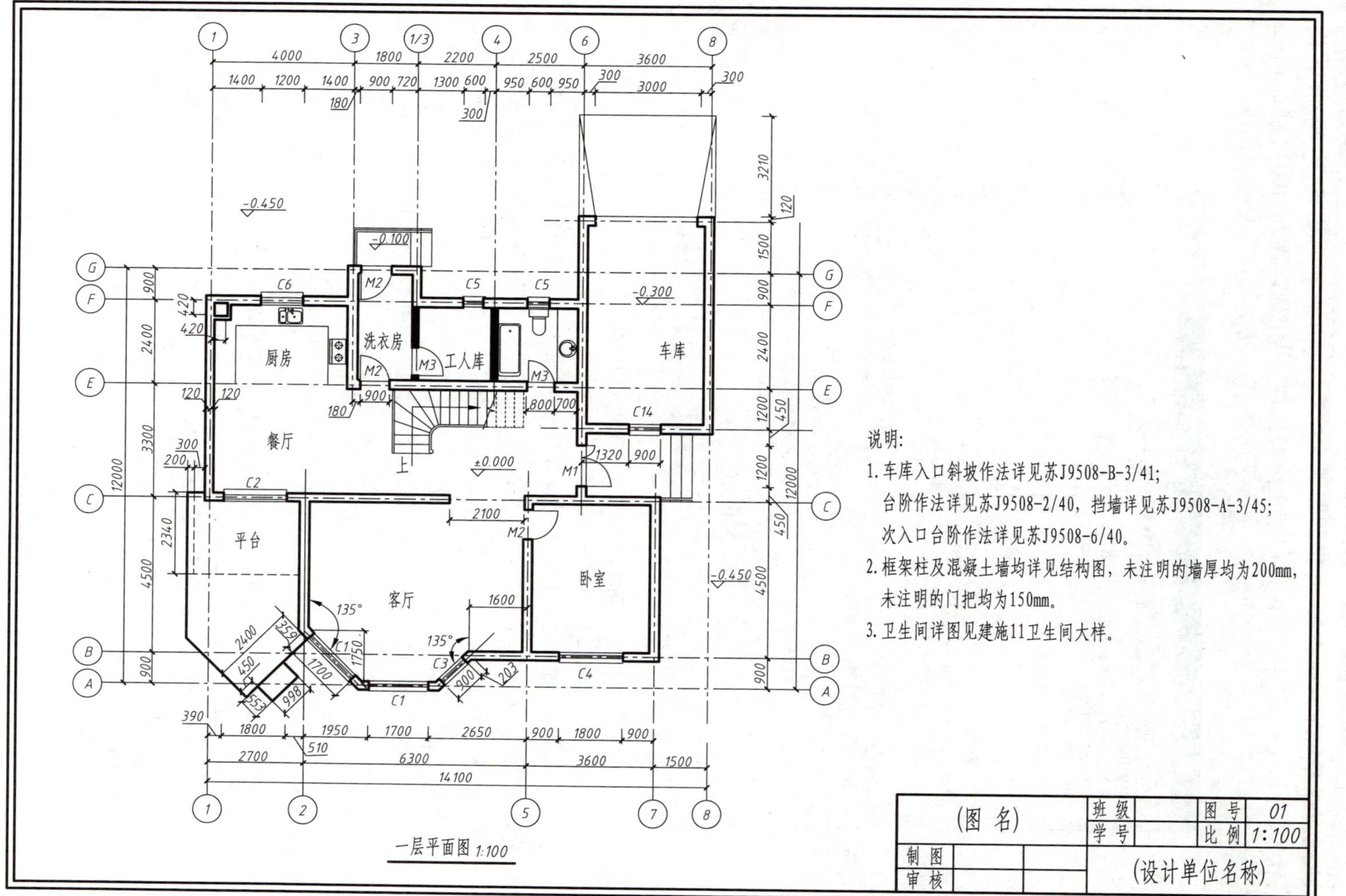

图 13-1 建筑平面图

注意：因为图形界限放大了 100 倍，而建筑图是采用 1 : 1 绘制的，若直接标注尺寸，尺寸元素相对于建筑图极小，字体等则难以看清。因此对新建的“C100”标注样式，在“尺寸标注样式”→“调整”→“使用全局比例”中比例设置为“100”，如图 13-2 所示。

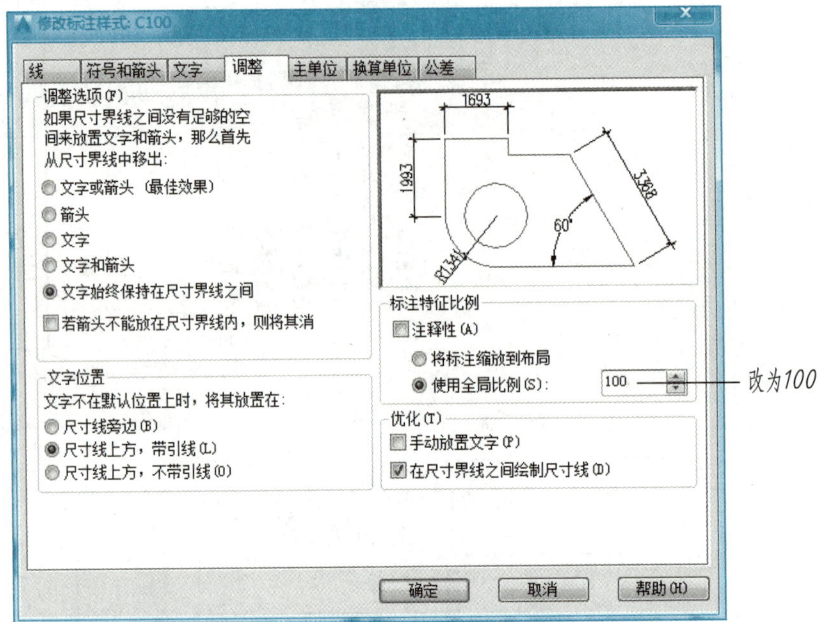

图 13-2 尺寸标注样式的修改

有些用户因为习惯问题，在尺寸元素如字体等极小看不清的情况下，不修改“全局比例因子”值，而是逐一修改“超出尺寸线”“箭头大小”“文字高度”等输入数值的地方，逐一放大 100 倍左右，全局比例因子始终为“1”，也是可以的，只是这种方法需要修改的数值较多，比较烦琐。

至此，绘图环境的设置基本完成。需要说明的是，这些设置也不是缺一不可的，绘图中一边画图一边设置也是可以的。

5. 绘制定位轴线

（1）将“AXIS”图层设置为当前层。

（2）打开“极轴”，在屏幕中合适位置绘制一条水平线、一条垂直线。

> 提示：这个图层的图线设置的是“CENTER”，可是这时绘制的两条线显示的不是点画线而是实线，是因为图线尺寸太大的缘故。这时可以通过键盘输入“LTS（或 LTSCALE）”来修改线型比例因子，默认线型比例因子值为 1，如果修改为 20~30，或者更大的值，屏幕中的图线就显示为点画线了。

（3）用“偏移”命令，根据定位轴线间距离，偏移出定位轴线网，并用“修改”→“打断”命令修剪掉多余的图线，如图 13-3 所示。

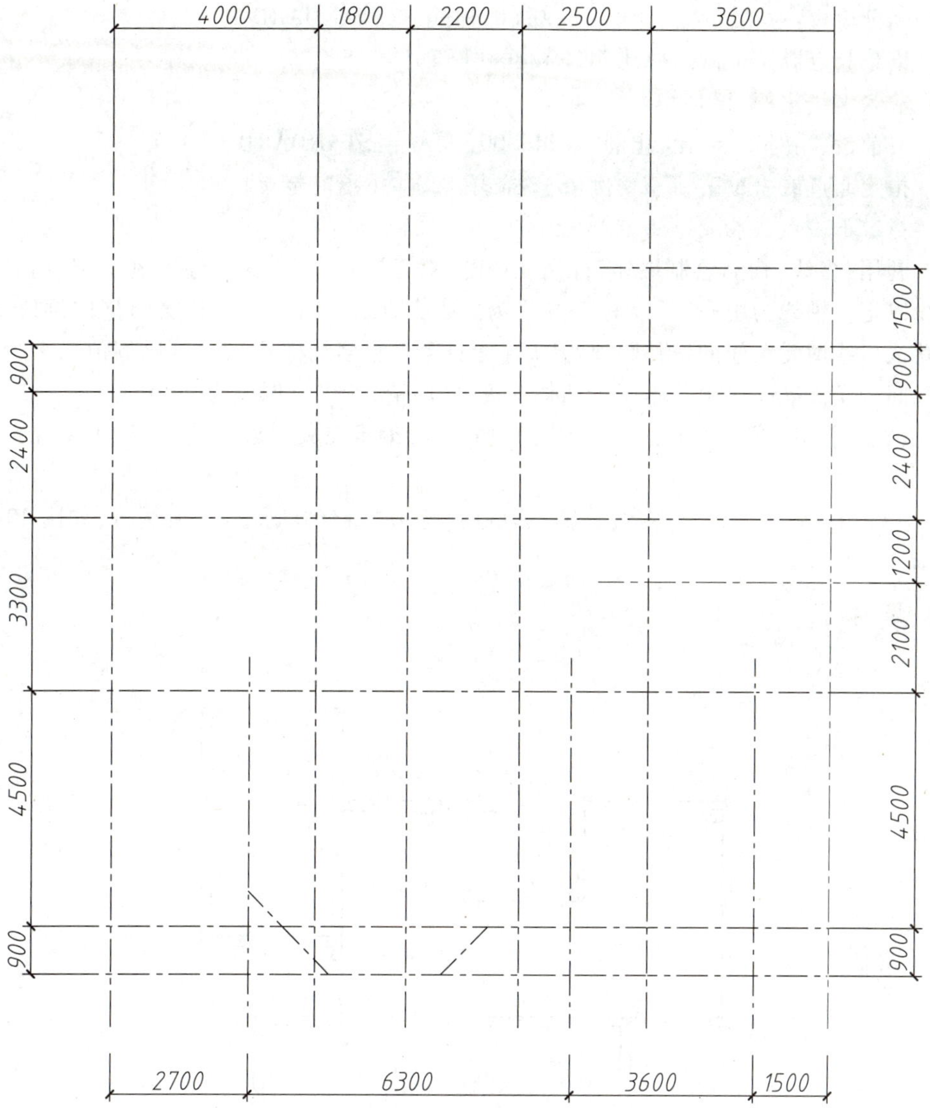

图 13-3 绘制定位轴线

6. 绘制墙体和门、窗洞口

绘制墙体有两种方法：一种是将定位轴线向两边各偏移半个墙厚度，再用“特性匹配”刷到墙体的图层。另一种方法就是用“多线”命令绘制墙体。下面介绍后一种方法。

(1) 设置“WALL”图层为当前层；

(2) 启用“多线”命令，提示如下：

命令：_mline

当前设置：对正 = 上，比例 = 20.00，样式 = STANDARD

指定起点或［对正(J)/比例(S)/样式(ST)］： J

输入对正类型［上(T)/无(Z)/下(B)］<上>： Z

当前设置:对正 = 无,比例 = 20.00,样式 = STANDARD

指定起点或[对正(J)/比例(S)/样式(ST)]: S

输入多线比例 <20.00>: 240

当前设置:对正 = 无,比例 = 240.00,样式 = STANDARD

指定起点或[对正(J)/比例(S)/样式(ST)]:(指定起点)

指定下一点:(指定下一点)

利用“多线”命名绘制墙体,首先要调整“对正”方式。因为已经绘制了定位轴线,多线以定位轴线为中心,所以对正方式为“无”,即以中间对正。其次调整比例值,因为默认多线两元素间的偏移距离为“1”(参见第5章多线样式),所以比例值为多少两条线间的距离就是多少。本图中墙体厚度240 mm,所以比例值为“240”。

(3) 用“修改”→“对象”→“多线”中的多线编辑工具对墙体的T形、十字和角点等处进行修改。

(4) 用“分解”命令对多线分解,然后用“修剪”命令修剪出门、窗洞口,如图13-4所示。

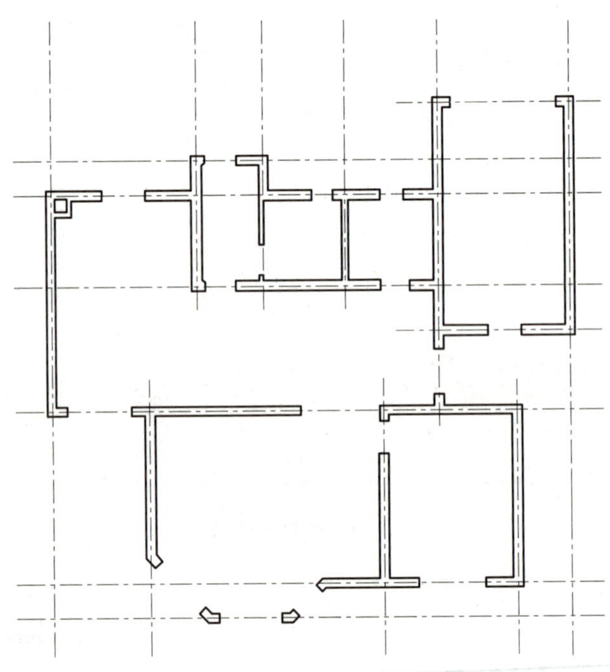

图13-4 绘制墙体和门、窗洞口

7. 绘制窗

将“WINDOW”图层设置为当前层。

窗可以做成块插入,也可以绘制出一个后用“复制”命令复制到需要窗的各处,然后用“拉伸”命令拉伸到正确的大小。图13-5为窗复制后的拉伸,注意拉伸时选择对象必须用“crossing”方式。

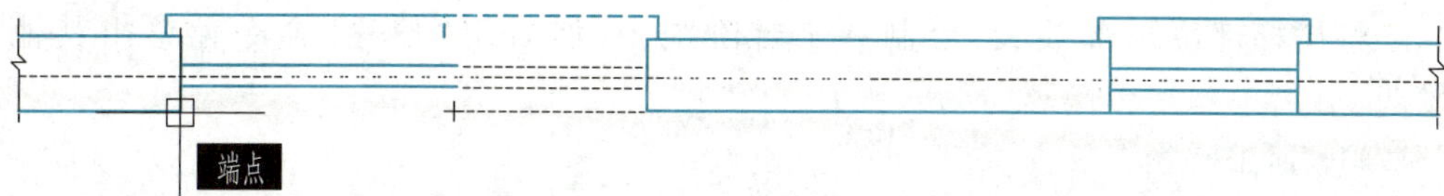

图 13-5 窗的复制与拉伸

8. 绘制门

将“DOOR”图层设置为当前层。

门可以做成块插入，也可以绘制出一个后用“复制”命令复制到需要门的各处，然后门用“缩放”命令中的“参照”方式缩放到正确的大小。

9. 绘制卫生间洁具等附属设施

将“FU”图层设置为当前层（“FU”即“附属设施”的意思）。

卫生间洁具在建筑图中是经常使用的，应将它们做成图块保存在相关的文件中，每次使用时调出来插入图块即可。也可以从“设计中心”调用 AutoCAD 2016 样本中提供的卫生间图块。调用的方法是同时按下“CTRL”+“2”打开“设计中心”对话框，在对话框的左侧的树状图中打开“DesignCenter”文件夹，在“DesignCenter”文件夹中选中“House Designer. dwg”的图形文件，在右侧的内容区域就显示了此文件的“标注样式”“块”“图层”等内容。在内容区域双击“块”图标，则在内容区域出现了一些“块”的图形，如图 13-6 所示。

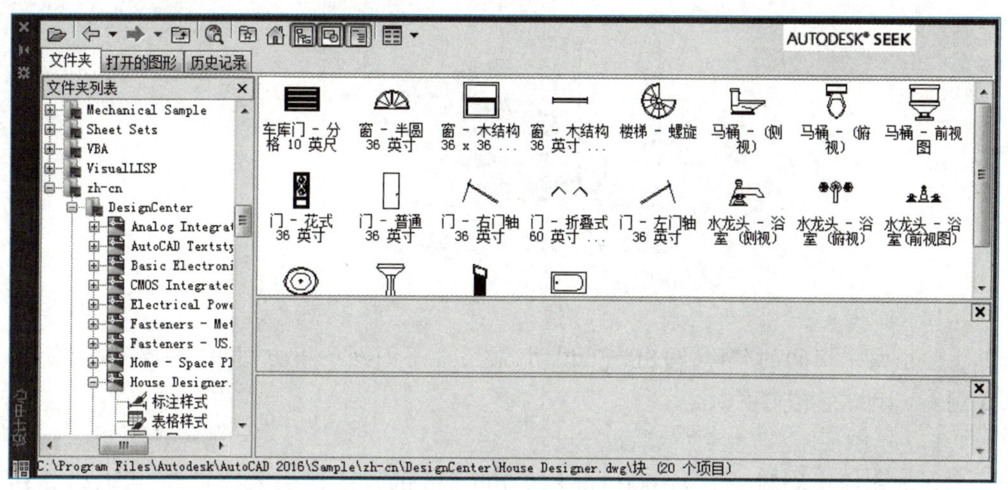

图 13-6 从“设计中心”调用图块

点击“浴缸”图块，在对话框的下面就出现了“浴缸”的图形效果和文字说明。用鼠标拖动这个“浴缸”图块到绘图的屏幕区松开，在绘图区就出现了一个浴缸的图形，再用“移动”命令移动到合适的位置即可。

用这样的方法可以将其他洁具拖到绘图区并移动到相应位置。

10. 绘制楼梯、室外台阶

楼梯的踏步和室外台阶等均用细实线绘制，将“细实线层”作为当前层，绘制台阶和楼梯。

绘制楼梯、台阶及室内设施等

将楼梯部位局部放大，绘制一个台阶踏步，然后用“偏移”命令偏移出其他踏步。

11. 标注尺寸

将鼠标放在任意一个工具栏上点击右键，会出现工具栏右键菜单，从中选择“标注”打开“标注”工具栏，将新建的名称为“C100”的标注样式设置为当前样式，就可以进行尺寸标注了。

12. 绘制轴线编号

定位轴线编号的圆为直径 8~10 mm 的细实线圆，可以将其做成属性块插入图中。也可以用复制的方法。做属性块的方法参见第 8 章，下面介绍复制的方法。

（1）绘制定位轴线的圆。因为图形界限放大了 100 倍，所以圆的直径也放大 100 倍，取 800 mm。

（2）在圆内写出轴线编号，字高取 500 mm。

（3）复制这个定位轴线及其编号到其他定位轴线的位置。

（4）选中轴线编号中的文字，点击右键出现右键菜单，选择“编辑多行文字”，就可以改成需要的编号了。如图 13-7 所示。

输入文字和尺寸标注

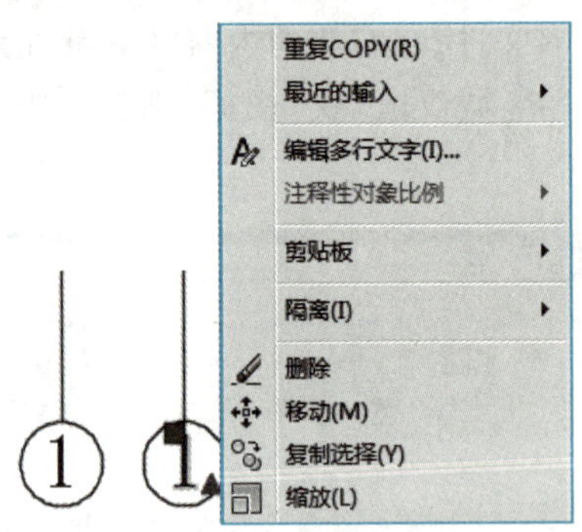

图 13-7　改写轴线编号里的文字

标注定位轴线、标高及打印输出

13. 标注文字

注出每个房间的名称，写出施工说明，最后在平面图的下方写出“一层平面图”和比例 1∶100，完成文字标注。

14. 绘制图幅、图框和标题栏

在细实线层绘制一个 42 000 mm×29 700 mm 的矩形作为图幅线，然后向内偏移 500 mm 再产生一个矩形，将内部矩形“分解”，再将内部矩形左边的线右移 2 000 mm 成为图框，然后把图框调整到粗实线层。在右下角绘出标题栏。

将绘制的平面图放进图框中，调整到合适的位置，建筑平面图的绘制就完成了。

15. 打印出图

从“文件”下拉菜单选择“打印”，打开“打印-模型”对话框，从中选择打印设备和图纸尺寸等，打印设备选用虚拟打印设备“DWF6. ePlot. pc3”；图纸尺寸选择 A3（即 420 mm×297 mm）的图纸；打印范围用“窗口”方式从屏幕上选择图幅的左上角到右下角为打印范围，打印偏移均为“0”或居中打印；打印样式表选择“单色打印”（即“monochrome.ctb”),并点击旁边的图标，将打印颜色调整为黑色;图形方向选择“横向”。如图 13-8 所示。然后点击“预览”按钮就可以看到打印预览的效果。

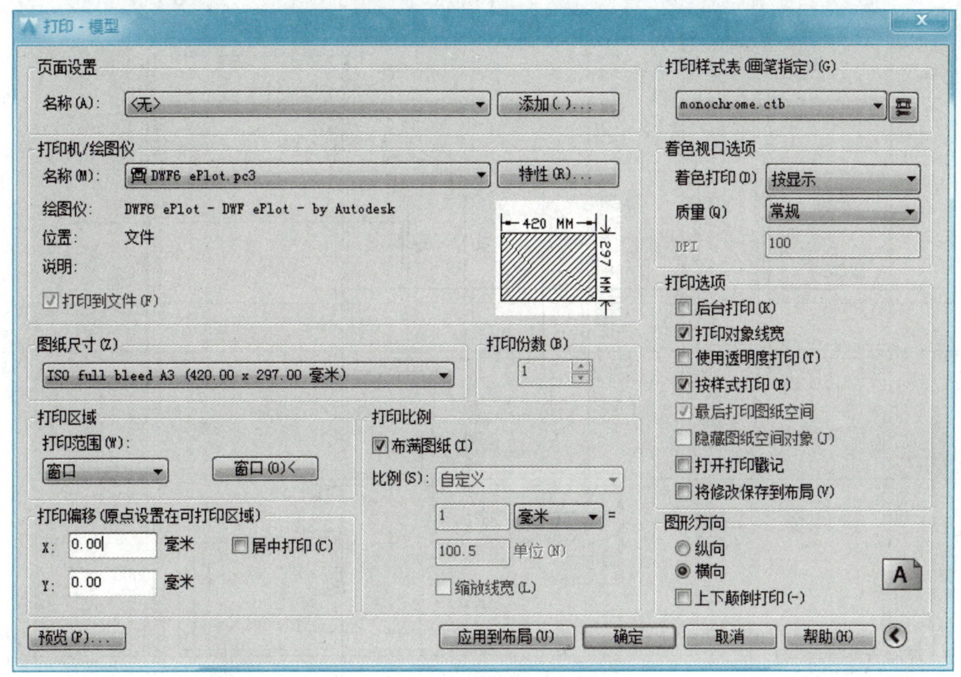

图 13-8 打印设置

> 提示:如果没有在“打印样式表(画笔指定)”中选择“monochrome.ctb”即“单色打印”,打印出的图形可能是彩色或者颜色深浅不一。

在本节详细介绍了一些绘图环境的设置、线型比例因子的调整、图幅图框线绘制和打印出图等内容,在以下各节中对这部分内容将不再赘述,仅介绍绘制图形的步骤。

13.2 室内给水排水工程图

室内给水排水工程图属于设备施工图的一种,内容包括室内给水排水平面布置图、系统轴测图和详图。图 13-9 为某别墅的室内给水排水工程图。

砖砌水表井
800×400
-0.450
-0.100
-0.300
±0.000
-0.450
-0.300
厨房
洗衣房
工人房
车库
餐厅
平台
客厅
卧室
装修包裹
JL-4
DN15
JL-3
DN20
WL-2
DN100
JL-2
DN20
JL-1
DN20
WL-1
DN100
上
4000
1800
2200
2500
3600
2700
6300
3600
1500
14100
12000

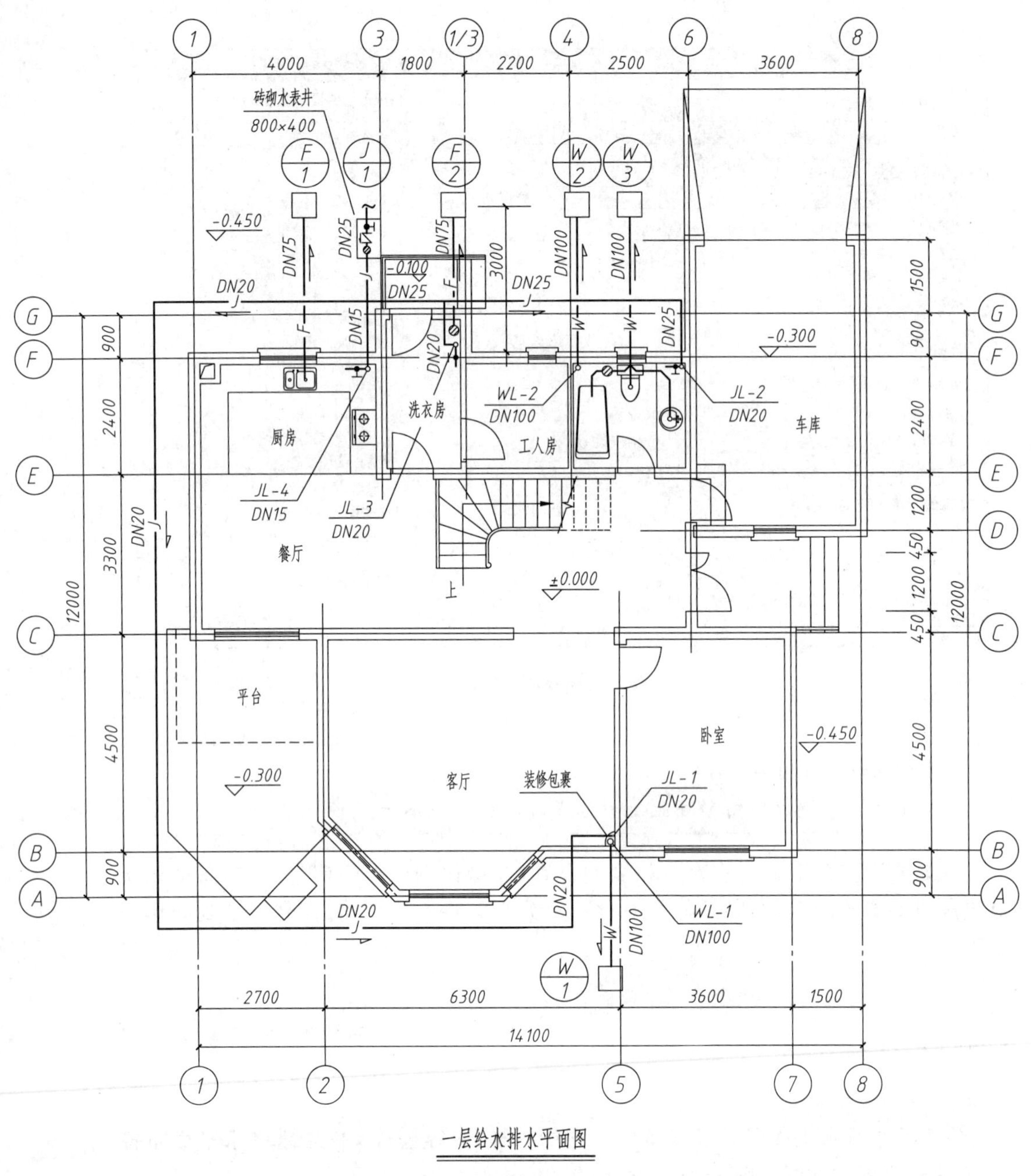

一层给水排水平面图

(a)

1
3
1/3
4
6
8
14100
450
4000
1800
2200
2500
3600
侧壁透气花板
DN100
WL-2
DN100
JL-2
DN20
卧室
卧室
3.100
上
阳台
阳台
主卧室
JL-1
DN20
卧室
WL-1
DN100
侧壁透气花板
DN100
1500
900
2400
1200
2100
12000
4500
900
G
F
E
D
C
B
A
2700
6300
3600
1500
14100
1
2
5
7
8

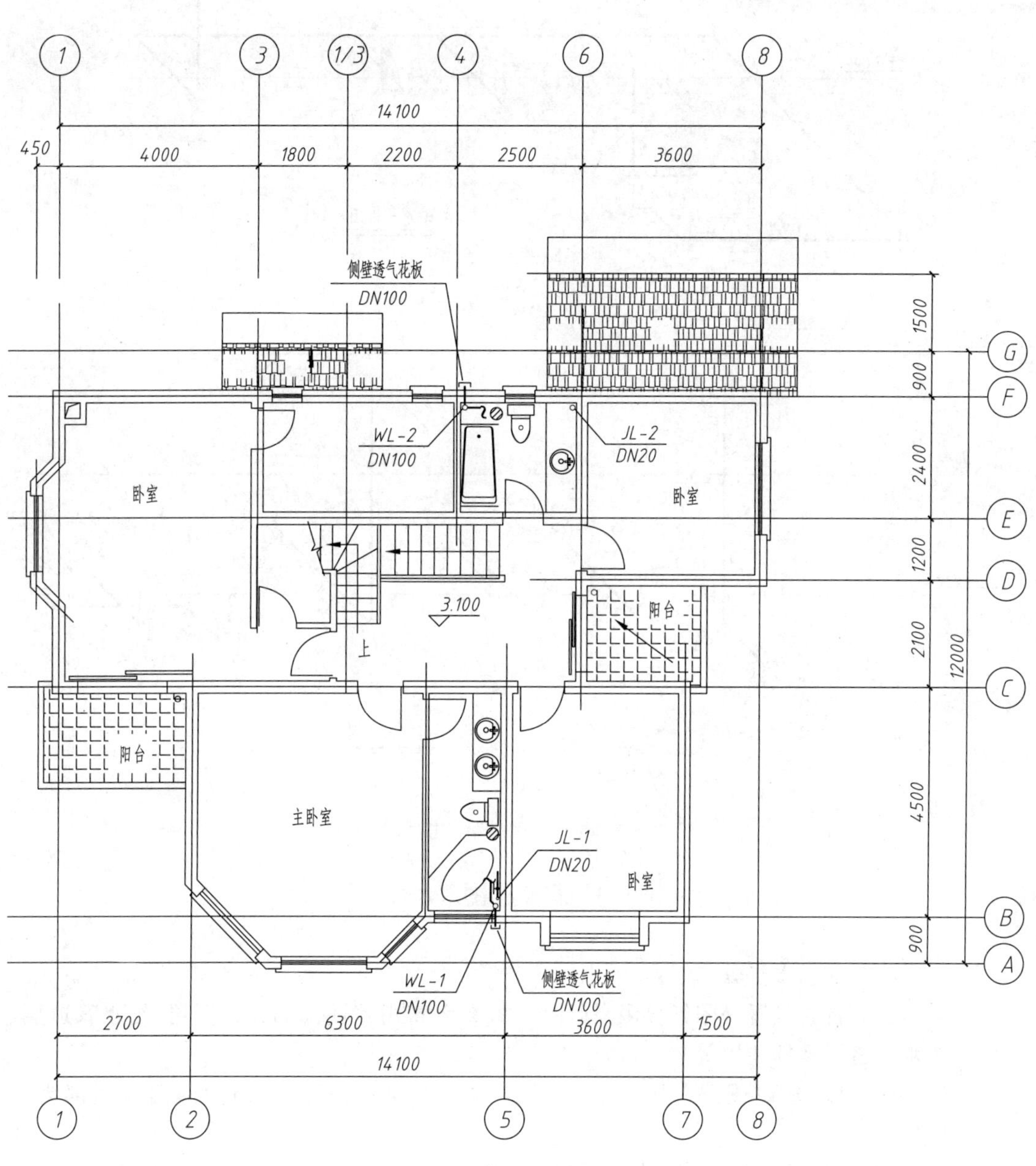

二层给水排水平面图

(b)

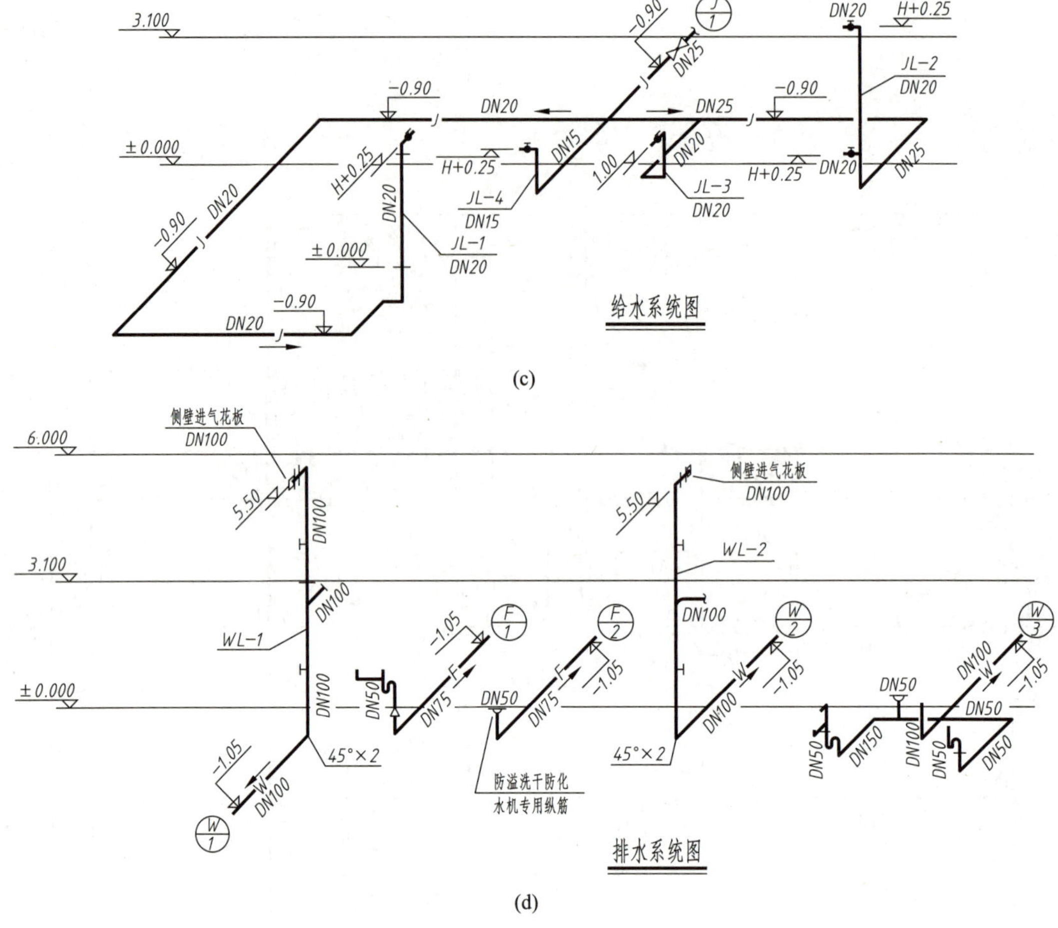

图 13-9 室内给水排水工程图

13.2.1 室内给水排水平面布置图

绘制的基本步骤如下：

（1）首先设置好图纸界限、标注样式、文字样式、图层（如建筑图层、给水管道层、排水管道层及标注层等）。

（2）以“建筑图层”为当前层，抄绘建筑平面图，建筑平面图的图线全部为细实线。

（3）以“给水管道层”为当前层，绘制给水管道，绘制顺序为给水引入管、干管、支管。

（4）以“排水管道层”为当前层，绘制排水管道，绘制顺序为支管、干管、排出管。

（5）以“标注层”为当前层，标注管径、注出管道类别和有关说明。

（6）用同样的步骤绘制二层给水排水平面布置图。

因为给水排水管道集中在卫生间、厨房等处，所以绘制时应该局部放大后再绘图，管路不清晰处参考图 13-10。

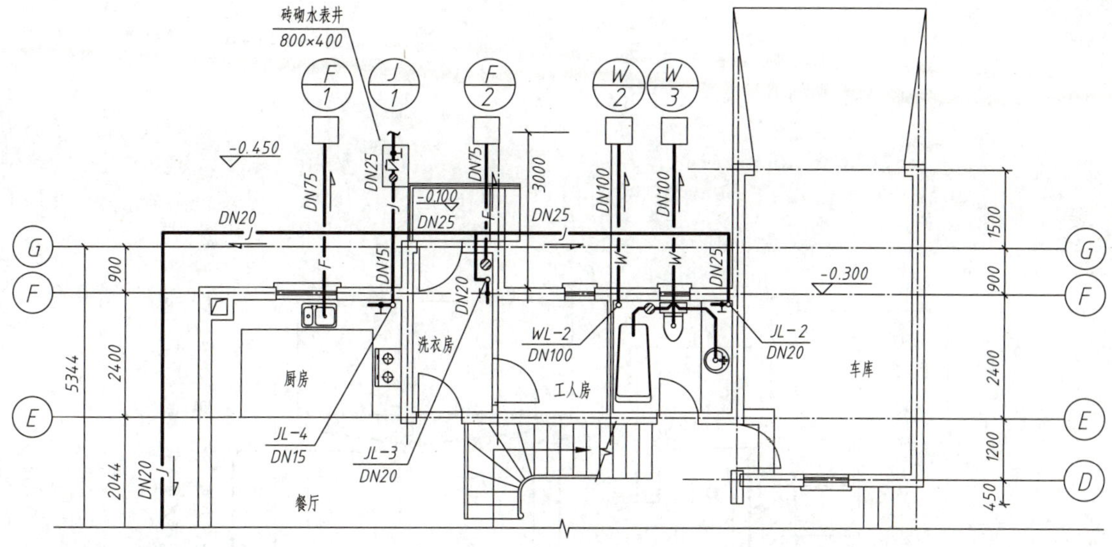

图 13-10 局部放大图

13.2.2 给水排水系统轴测图

给水排水系统轴测图采用斜等测图绘制,斜等测图的轴向伸缩系数为 $X:Y:Z=1:1:1$,X 轴与 Z 轴的夹角是 90°。X 轴与 Y 轴的夹角是 45°(或 135°),Z 轴与 Y 轴的夹角是 225°(或 135°)。

绘图基本步骤如下:

(1) 以“给水管道层”为当前层,绘制给水管道,绘制顺序为给水引入管、干管、立管、支管。

(2) 以“排水管道层”为当前层,绘制排水管道,绘制顺序为立管、支管、干管、排出管。

(3) 以“标注层”为当前层,标注管径、注出管道类别和有关说明。

绘制完成后,绘制 A2 图幅、图框,将所有的图形放进图框中,如图 13-9 所示,打印出图。

13.3 室外给水排水工程图

室外给水与排水施工图主要表示一个小区范围内的各种室外给水排水管道的布置,与室内管道的连接,以及管道敷设的坡度、埋深和交接等情况。室外给水排水工程图包括给水排水总平面布置图、管道纵断面图和附属设备的施工图等。下面介绍给水排水总平面布置图和管道纵断面图。

13.3.1 给水排水总平面布置图

图 13-11 为某校区管网总平面布置图。

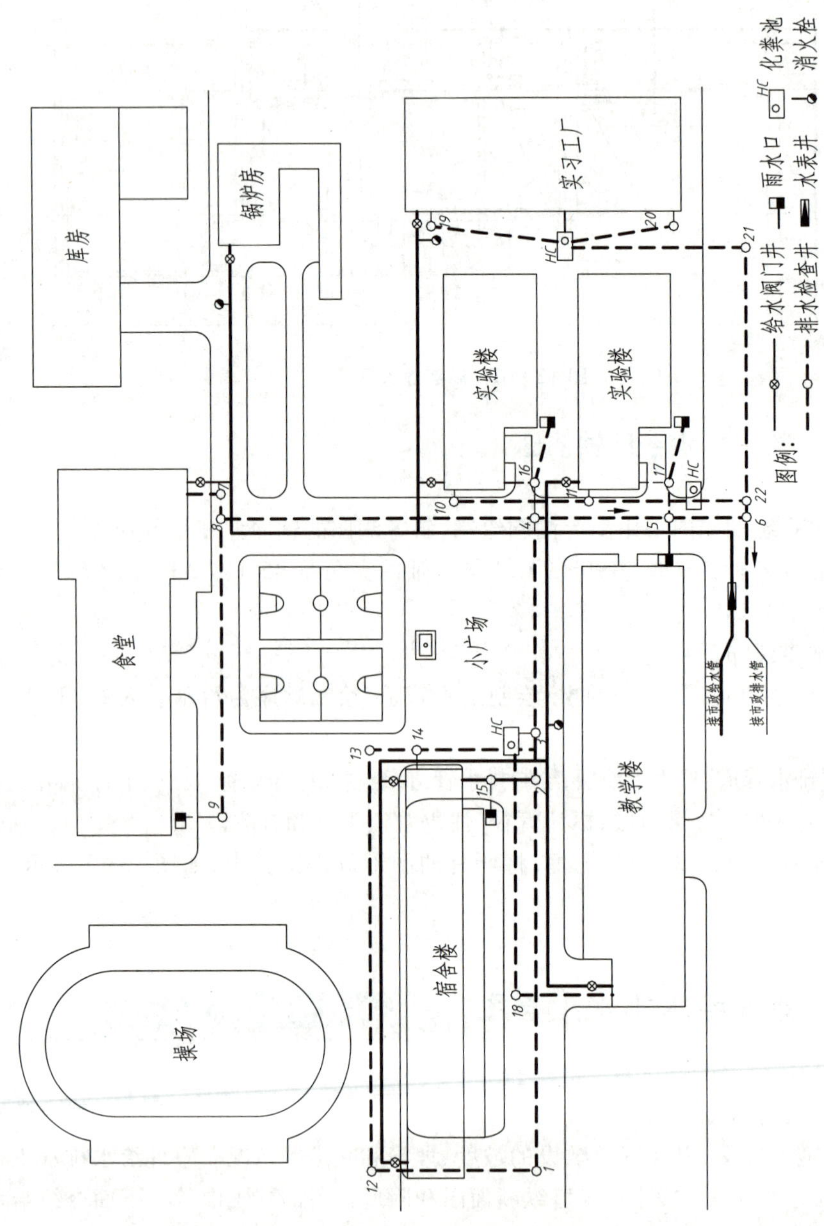

图 13-11 某校区管网总平面布置图

绘图基本步骤如下：

（1）首先设置好图纸界限、标注样式、文字样式、图层（如建筑图层、给水管网层、排水管网层及标注层等）。

（2）以“建筑图层”为当前层，绘制各建筑物，图线全部为细实线。

（3）以“给水管网层”为当前层，绘制给水管网。

（4）以“排水管网层”为当前层，绘制排水管网。

（5）以“标注层”为当前层，标注管径、注出管道类别和有关说明。

绘制图 13-11 之前，可以先练习绘制局部小图，如图 13-12 所示。

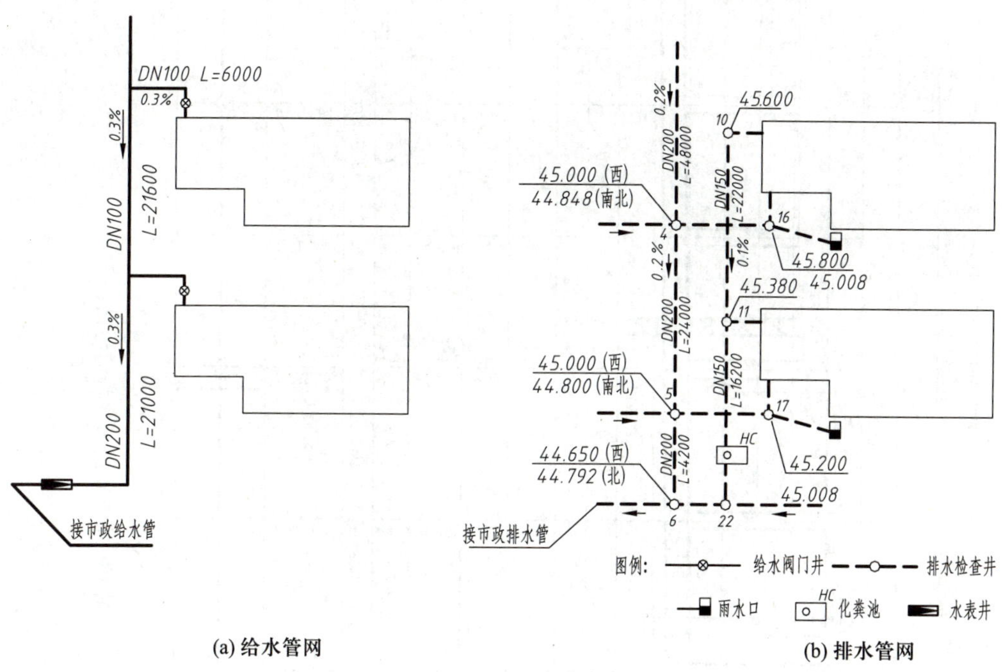

(a) 给水管网　　(b) 排水管网

图 13-12　室外管网平面布置图

13.3.2 管道纵断面图

图 13-13 为一张管道纵断面图。

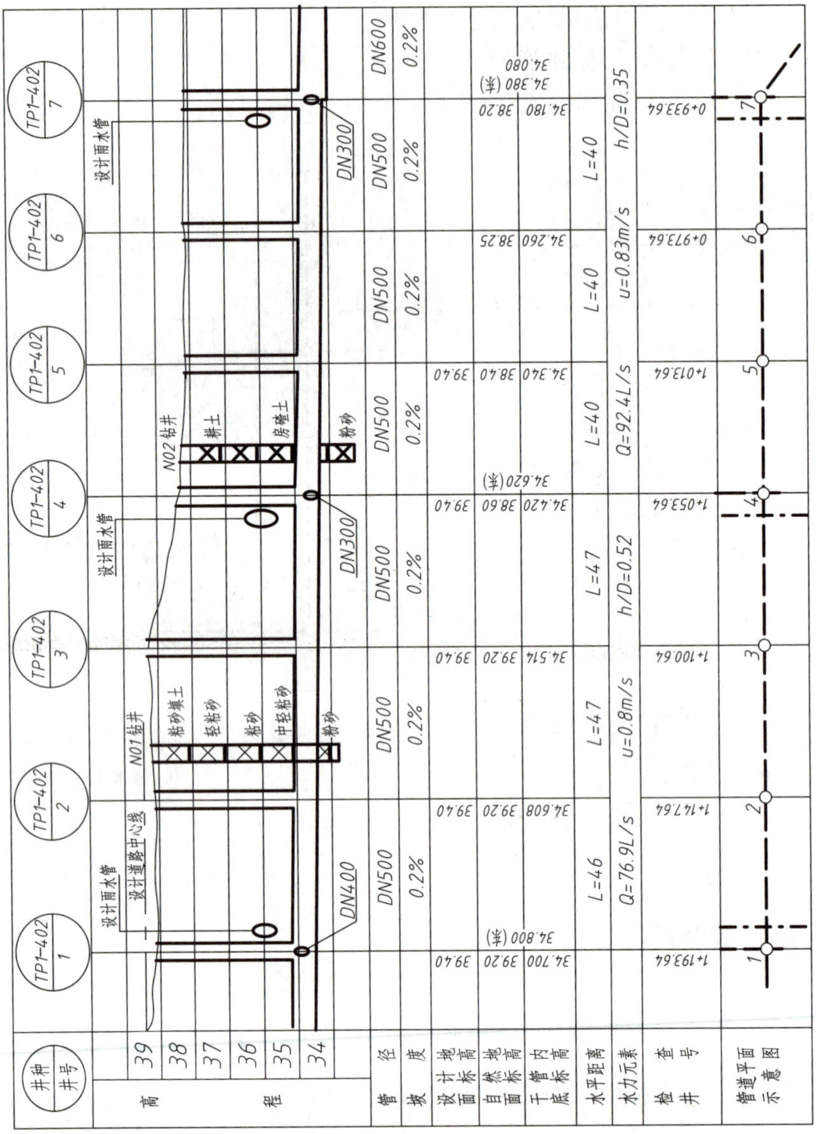

井种/井号	TP1-402 1	TP1-402 2	TP1-402 3	TP1-402 4	TP1-402 5	TP1-402 6	TP1-402 7
设计地面标高	39.40	39.40	39.40	39.40	39.40		
自然地面标高	39.20	39.20	39.20	38.60	38.40	38.25	38.20
干管内底标高	34.700 34.800(东)	34.608	34.514	34.420 34.620(东)	34.340	34.260	34.180 34.380(东) 34.080
检查井号	1+193.64	1+147.64	1+100.64	1+053.64	1+013.64	0+973.64	0+933.64

管段	1–2	2–3	3–4	4–5	5–6	6–7	7 以后
管径	DN500	DN500	DN500	DN500	DN500	DN500	DN600
坡度	0.2%	0.2%	0.2%	0.2%	0.2%	0.2%	0.2%
水平距离	L=46	L=47	L=47	L=40	L=40	L=40	
水力元素	Q=76.9L/s	u=0.8m/s	h/D=0.52	Q=92.4L/s	u=0.83m/s	h/D=0.35	

高程：39、38、37、36、35、34

设计雨水管　设计道路中心线　N01 钻井：粘砂填土、轻粘砂、粘砂、中轻粘砂、粉砂　DN400

设计雨水管　N02 钻井：耕土、房碴土、粉砂　DN300

设计雨水管　DN300

管道平面示意图：1、2、3、4、5、6、7

图 13-13　街道污水管道纵断面图

绘图基本步骤如下：

(1) 首先设置好图纸界限、标注样式、文字样式、图层。

(2) 插入表格。

(3) 绘制污水管道。

(4) 对应污水管道的各检查井，在表格中填写数据。

(5) 检查井编号做成图块插入，完成图形绘制。

13.4 水处理工艺流程图

13.4.1 总平面布置图

图 13-14 为某造纸厂污水处理站总平面布置图。

绘图基本步骤如下：

(1) 首先设置好图纸界限、标注样式、文字样式、图层。

(2) 以“建筑图层”为当前层，绘制各建筑物和构筑物，图线全部为细实线。

(3) 以“标注层”为当前层，标注工艺流程中各构筑物的编号，标注平面尺寸。

(4) 以“文字层”为当前层，书写说明，第 4 条说明中的“工艺流程”是用绘图完成的：可以先画矩形然后在矩形中书写文字。

(5) 插入表格，用“文字”和“复制”命令逐步填写和编辑表格中的文字。

(6) 绘制图幅、图框，完成图形绘制。

13.4.2 高程布置图

图 13-15 为某造纸厂污水处理站高程布置图。

绘图基本步骤如下：

(1) 首先设置好图纸界限、标注样式、文字样式、图层。

(2) 以“建筑图层”为当前层，绘制各建筑物和构筑物。

(3) 以“文字层”为当前层，书写各构筑物的指印线说明。

(4) 以“标注层”为当前层，标注各构筑物的标高，标注平面尺寸。标高应做成属性块插入，也可参照做定位轴线的方法，复制完成。

(5) 标注图名、比例。

(6) 绘制图幅、图框，完成图形绘制。

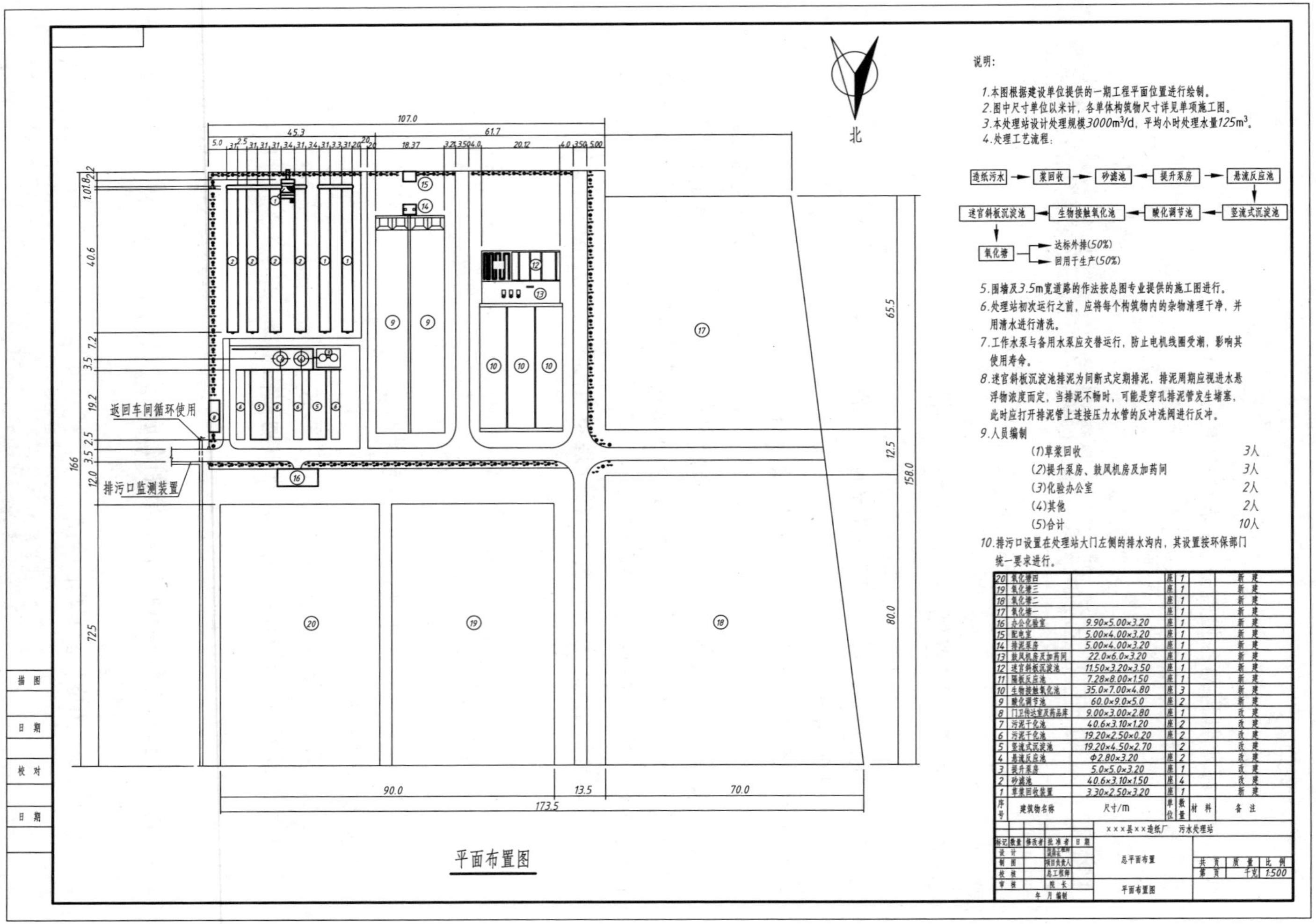

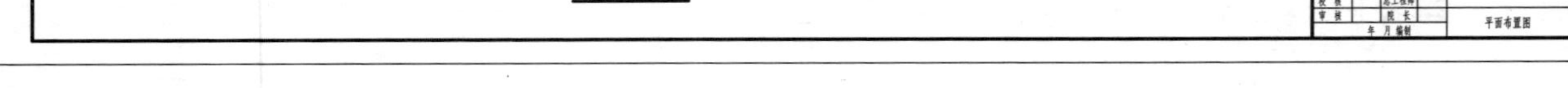

说明：
1.本图根据建设单位提供的一期工程平面位置进行绘制。
2.图中尺寸单位以米计，各单体构筑物尺寸详见单项施工图。
3.本处理站设计处理规模3000m³/d，平均小时处理水量125m³。
4.处理工艺流程：
造纸污水 → 浆回收 → 砂滤池 → 提升泵房 → 悬流反应池
竖流式沉淀池 → 酸化调节池 → 生物接触氧化池 → 迷宫斜板沉淀池
氧化塘 → 达标外排(50%) 回用于生产(50%)
5.围墙及3.5m宽道路的作法按总图专业提供的施工图进行。
6.处理站初次运行之前，应将每个构筑物内的杂物清理干净，并用清水进行清洗。
7.工作水泵与备用水泵应交替运行，防止电机线圈受潮，影响其使用寿命。
8.迷宫斜板沉淀池排泥为间断式定期排泥，排泥周期应视进水悬浮物浓度而定，当排泥不畅时，可能是穿孔排泥管发生堵塞，此时应打开排泥管上连接压力水管的反冲洗阀进行反冲。
9.人员编制
(1)草浆回收 3人
(2)提升泵房、鼓风机房及加药间 3人
(3)化验办公室 2人
(4)其他 2人
(5)合计 10人
10.排污口设置在处理站大门左侧的排水沟内，其设置按环保部门统一要求进行。
20 氧化塘四 座 1 新建
19 氧化塘三 座 1 新建
18 氧化塘二 座 1 新建
17 氧化塘一 座 1 新建
16 办公化验室 9.90×5.00×3.20 座 1 新建
15 配电室 5.00×4.00×3.20 座 1 新建
14 排泥泵房 5.00×4.00×3.20 座 1 新建
13 鼓风机房及加药间 22.0×6.0×3.20 座 1 新建
12 迷宫斜板沉淀池 11.50×3.20×3.50 座 1 新建
11 隔板反应池 7.28×8.00×1.50 座 1 新建
10 生物接触氧化池 35.0×7.00×4.80 座 3 新建
9 酸化调节池 60.0×9.0×5.0 座 2 新建
8 门卫传达室及药品库 9.00×3.00×2.80 座 1 改建
7 污泥干化池 40.6×3.10×1.20 座 2 改建
6 污泥干化池 19.20×2.50×0.20 座 2 改建
5 竖流式沉淀池 19.20×4.50×2.70 2 改建
4 悬流反应池 Φ2.80×3.20 座 2 改建
3 提升泵房 5.0×5.0×3.20 座 1 改建
2 砂滤池 40.6×3.10×1.50 座 4 改建
1 草浆回收装置 3.30×2.50×3.20 座 1 新建
序号 建筑物名称 尺寸/m 单位 数量 材料 备注
×××县××造纸厂 污水处理站
总平面布置
平面布置图
比例 1:500
北
返回车间循环使用
排污口监测装置
平面布置图
描图
日期
校对
日期

图 13-14 污水处理站总平面布置图

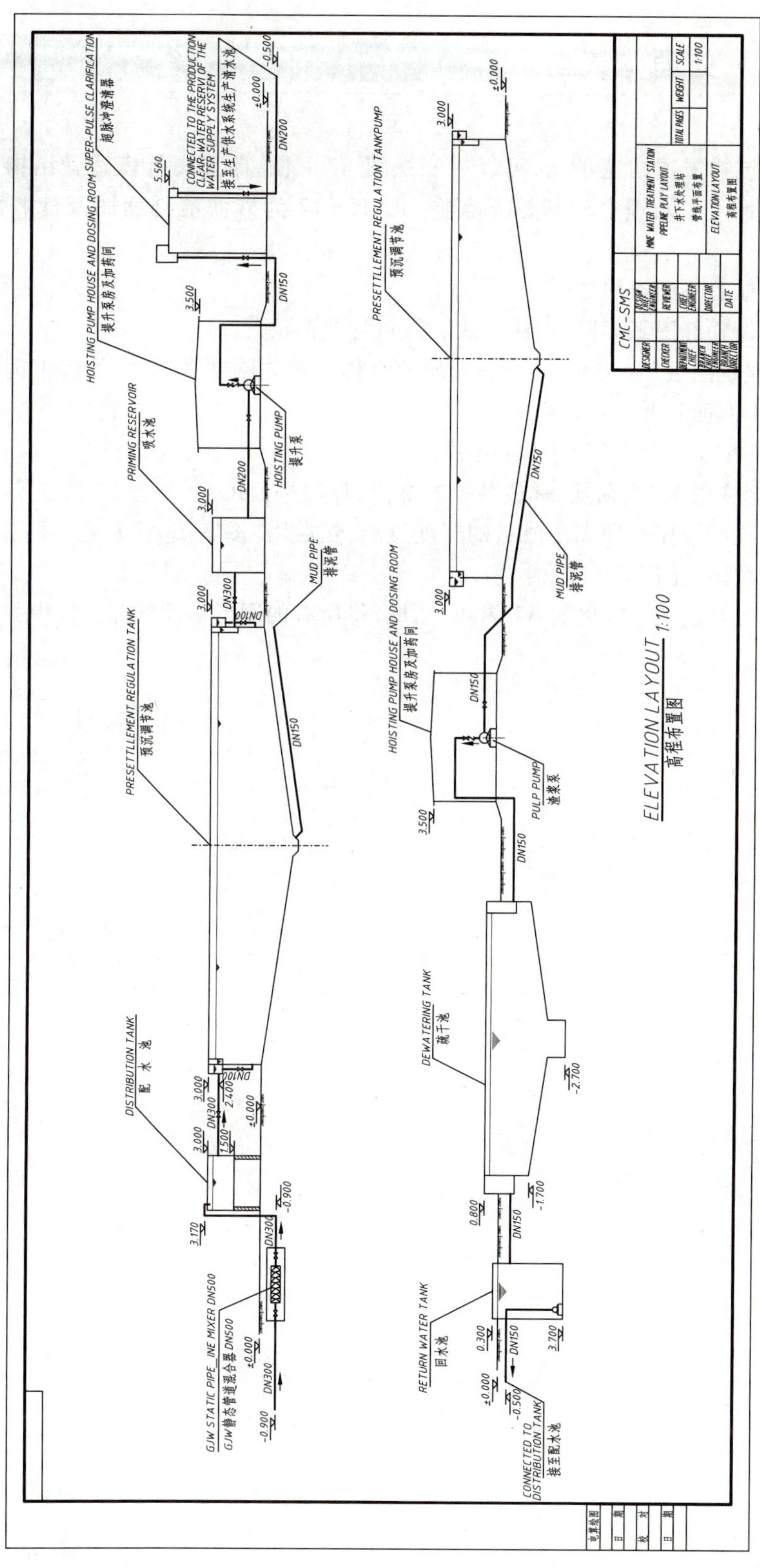

图 13-15 污水处理站高程布置图

13.5 水处理构筑物

水处理构筑物根据构造不同，可以用三视图、剖面图、断面图等表达其结构。图13-16为某造纸厂水处理中砂滤池平面图，图13-17为砂滤池剖面图及滤料级配详图。

绘制砂滤池的作图步骤如下：

(1) 首先设置好图纸界限、标注样式、文字样式、图层。

(2) 以“建筑图层”为当前层，绘制砂滤池池体。首先绘制平面图，然后根据剖切位置绘制Ⅰ-Ⅰ剖面和Ⅱ-Ⅱ剖面。

(3) 以“文字层”为当前层，书写说明。

(4) 以“标注层”为当前层，标注各处的标高，标注平面尺寸。

(5) 滤料级配详图按照图中滤料的厚度绘制，然后用“图案填充”示意不同滤料。

(6) 标注图名、比例。

(7) 绘制一张放大100倍的A2图幅、图框，将所有的图形移动到此图框中并调整到合适的位置。

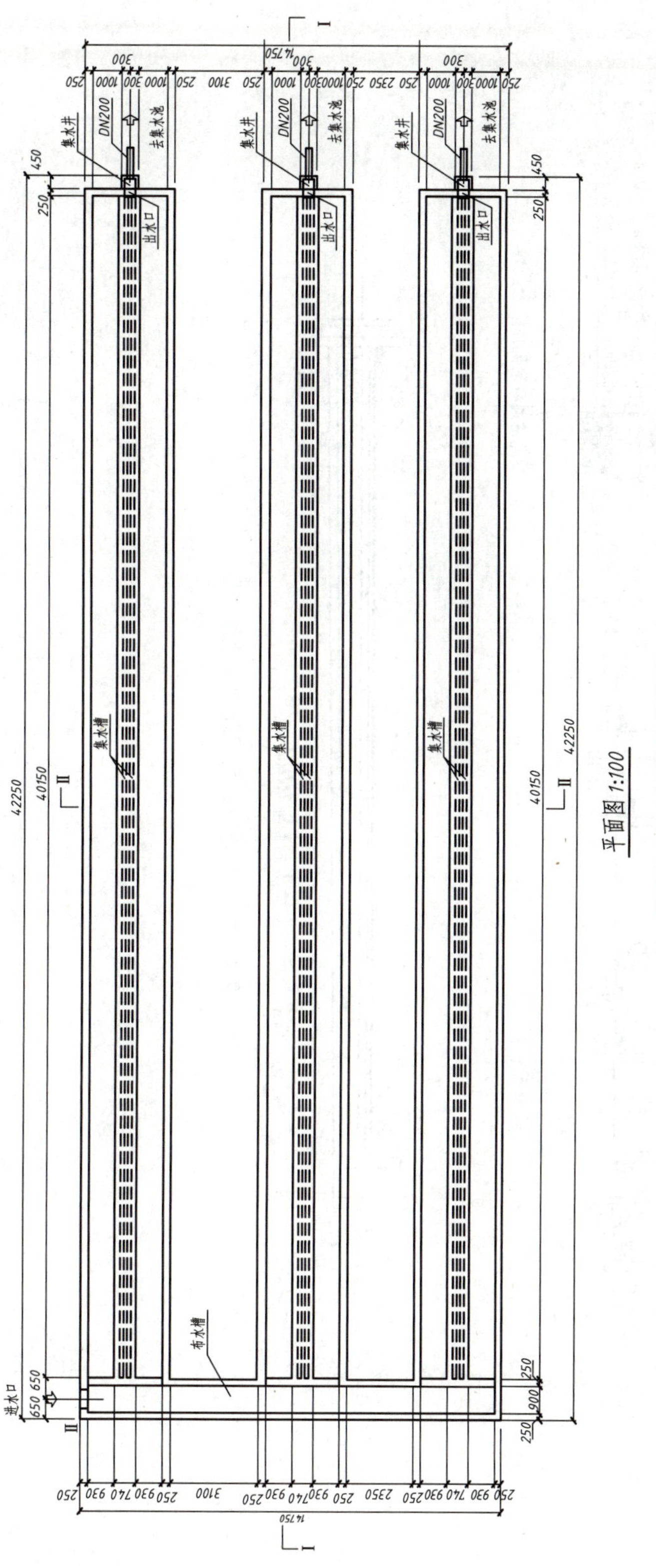

图 13-16 砂滤池平面图

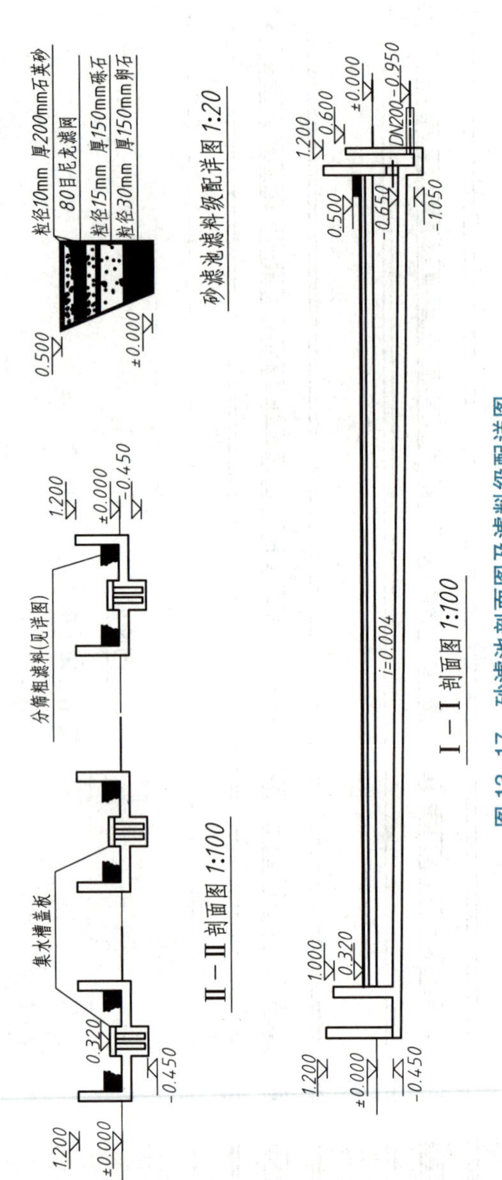

图 13-17 砂滤池剖面图及滤料级配详图

13.6 除尘系统各视图

13.6.1 三视图

图 13-18 为某除尘系统三视图,左下为平面图,左上为立面图,右上为右视图。

绘制的基本步骤如下:

(1) 首先设置好图纸界限、图形单位、标注样式、图层(如中心线层、管道层、设备层及标注层等)。

(2) 以“中心线层”为当前层,根据事先设计计算后的尺寸,用构造线命令,绘制总体的水平或垂直的辅助线,用于定位。

(3) 再以“设备层”为当前层,先绘制平面图中的设备,然后根据辅助线,分别绘制立面图、右视图中的设备。

(4) 再以“管道层”为当前层,先绘制平面图中的管道,然后根据辅助线,分别绘制立面图、右视图中的管道。

(5) 最后以“标注层”为当前层,进行尺寸标注、表格绘制。

13.6.2 等轴测图

图 13-19 为一除尘脱硫系统的等轴测图。绘制前的设置步骤如下:

(1) 右键单击“栅格”,菜单中选择“设置”,将“矩形捕捉”改成“等轴测捕捉”。这一改动会使椭圆命令中多出一个选项“等轴测圆 I ”,该选项专门用于绘制等轴测图中的圆。等轴测图中的圆不再是一个垂直视角下的圆,而是一个椭圆,该椭圆不能随意绘制。

(2) 在画圆或圆弧时,均要用椭圆命令中的“等轴测圆 I ”来画,可以按“F5”来切换不同朝向(上、左、右)。

(3) 等轴测图中的长、宽、高角度分别为 30°、150°、90°,可以设置极轴增量角为 30°,方便画图。

(4) 等轴测图中的标注只能用“对齐”方式,标注出来以后一般不与所标对象在一个平面上,可以使用“标注”菜单中的“倾斜”命令,使尺寸与所标对象在一个平面上。“倾斜”的角度是指尺寸最终所在的角度,一般为 30°、150°、90°,即长、宽、高所处的方向,并不是尺寸要旋转的角度。

另外,大气处理系统的等轴测图也可以通过创建三维模型的方法来获得,可参考 13.8.3 中内容。

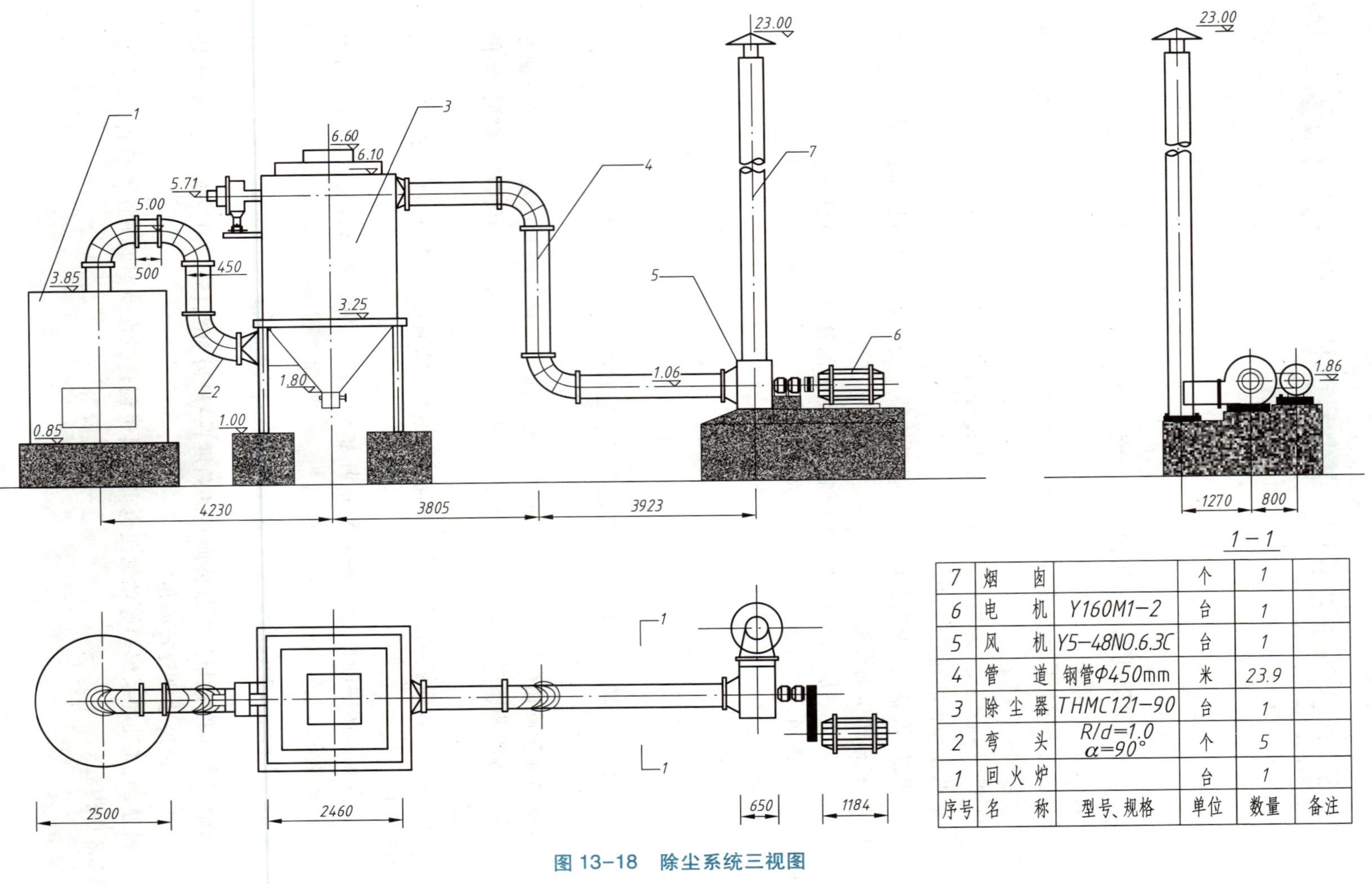

序号	名称	型号、规格	单位	数量	备注
7	烟囱		个	1	
6	电机	Y160M1–2	台	1	
5	风机	Y5–48NO.6.3C	台	1	
4	管道	钢管Φ450mm	米	23.9	
3	除尘器	THMC121–90	台	1	
2	弯头	$R/d=1.0$ $\alpha=90°$	个	5	
1	回火炉		台	1	

图 13–18 除尘系统三视图

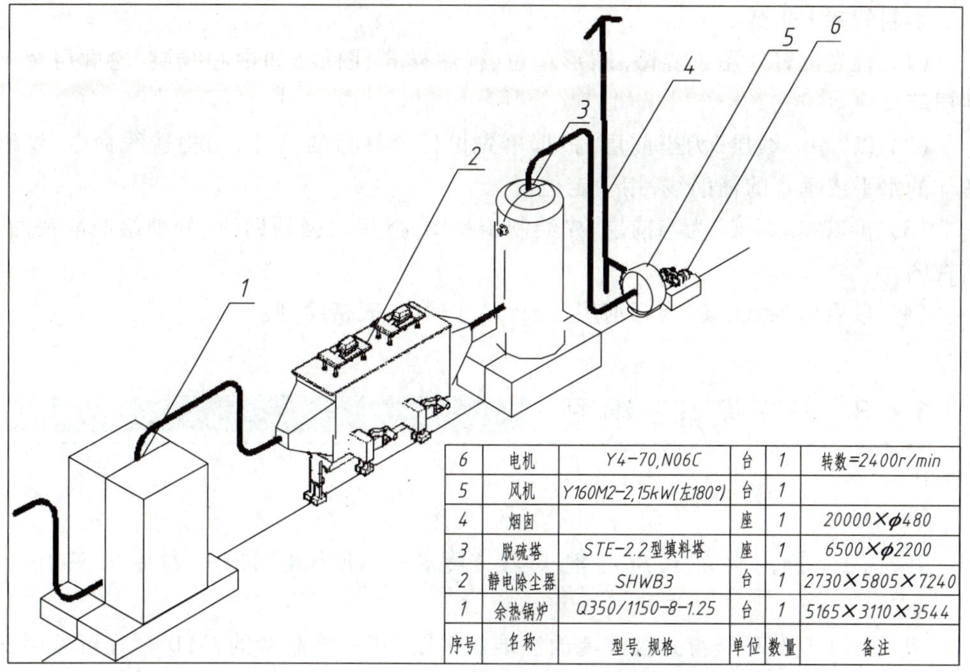

序号	名称	型号、规格	单位	数量	备注
6	电机	Y4-70,N06C	台	1	转数=2400r/min
5	风机	Y160M2-2,15kW(左180°)	台	1	
4	烟囱		座	1	20000×φ480
3	脱硫塔	STE-2.2型填料塔	座	1	6500×φ2200
2	静电除尘器	SHWB3	台	1	2730×5805×7240
1	余热锅炉	Q350/1150-8-1.25	台	1	5165×3110×3544

图 13-19 除尘脱硫系统的等轴测图

13.7 除尘器三视图

图 13-20 为某袋式除尘器三视图，左下为俯视图，左上为前视图，右上为右视图。

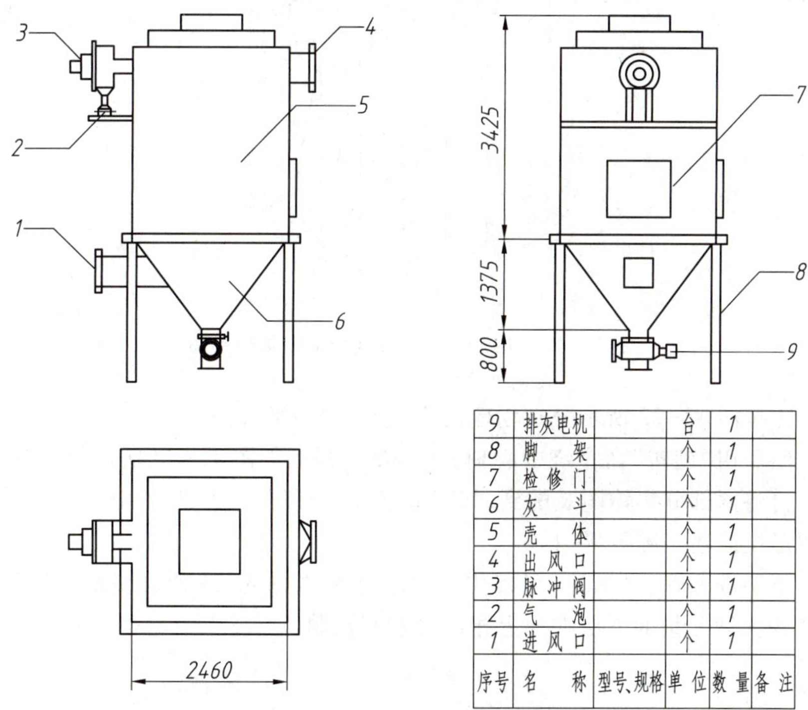

序号	名称	型号、规格	单位	数量	备注
9	排灰电机		台	1	
8	脚　架		个	1	
7	检修门		个	1	
6	灰　斗		个	1	
5	壳　体		个	1	
4	出风口		个	1	
3	脉冲阀		个	1	
2	气　泡		个	1	
1	进风口		个	1	

图 13-20 袋式除尘器三视图

绘制的基本步骤如下：

(1) 首先设置好图纸界限、图形单位、标注样式、图层(如中心线层、轮廓层及标注层等)。

(2) 以“中心线层”为当前层,根据事先设计计算后的尺寸,用构造线命令,绘制总体的水平或垂直的辅助线,用于定位。

(3) 再以“轮廓层”为当前层,先绘制俯视图,然后根据辅助线,分别绘制前视图、右视图。

(4) 最后以“标注层”为当前层,进行尺寸标注、表格绘制。

13.8 环保设备三维图

13.8.1 圆形竖流式沉淀池(以“旋转(REVOLVE)”命令为主)

图13-21是圆形竖流式沉淀池的三维效果图,其三维造型的CAD过程可参照下面步骤进行：

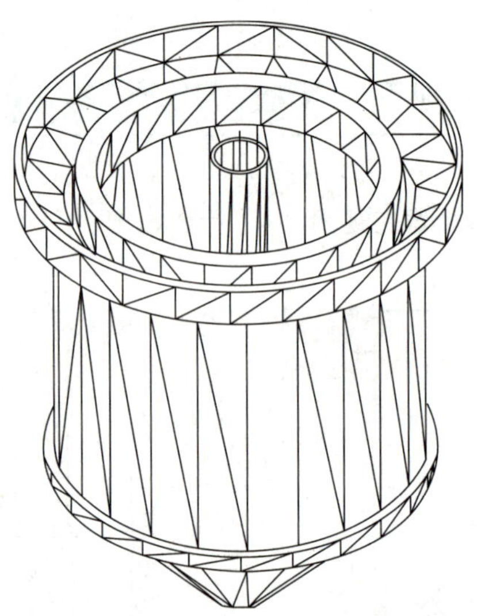

图13-21 圆形竖流式沉淀池的三维效果图

(1) 先按图13-22所示分别创建池边、中心管的半边面域。

(2) 然后用“旋转”命令绕中心轴旋转360°,得到如图13-23所示的三维实体图。

(3) 再将两部分实体图装配到一起(直接用“移动”命令即可)就得到如图13-21所示的圆形沉淀池三维效果图。

(4) 绘制进水管、出水管(可以先绘制圆柱体再抽壳,或者绘制两个同轴圆柱体求差集),用实体差集的方法在池上相应位置开孔洞。

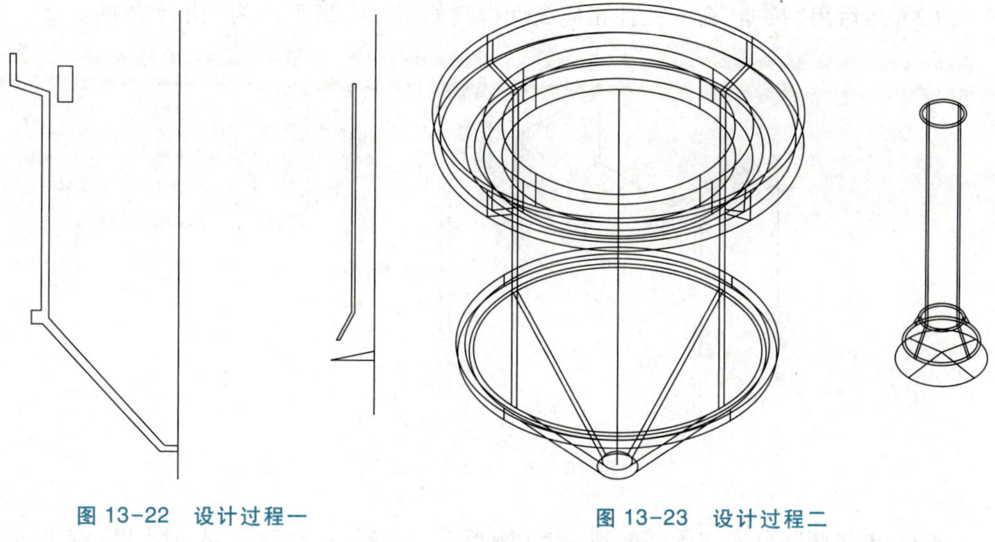

图 13-22 设计过程一

图 13-23 设计过程二

13.8.2 斜管沉淀池（以“拉伸（EXTRUDE）”命令为主）

图 13-24 是斜管沉淀池三维效果图，其三维造型的 CAD 过程可参照下面步骤进行：

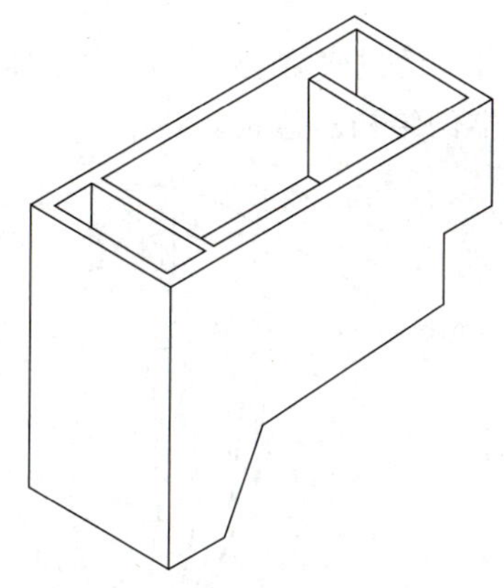

图 13-24 斜管沉淀池三维效果图

（1）先按图 13-25 所示分别创建池两侧隔板及中间隔板的面域。

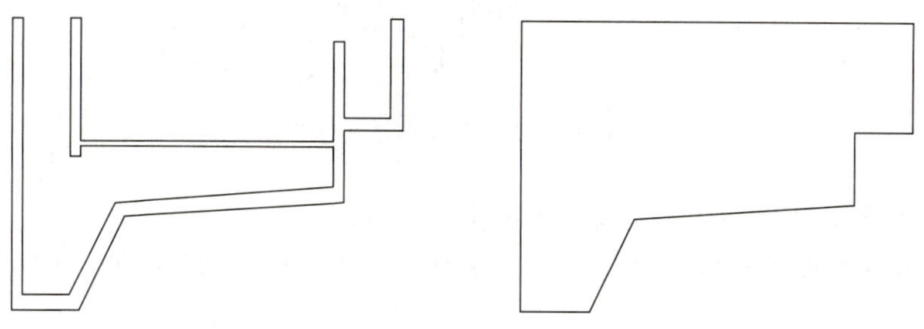

图 13-25 设计过程一

(2) 然后用“拉伸”命令拉伸相应高度得到如图 13-26 所示的三维实体图。

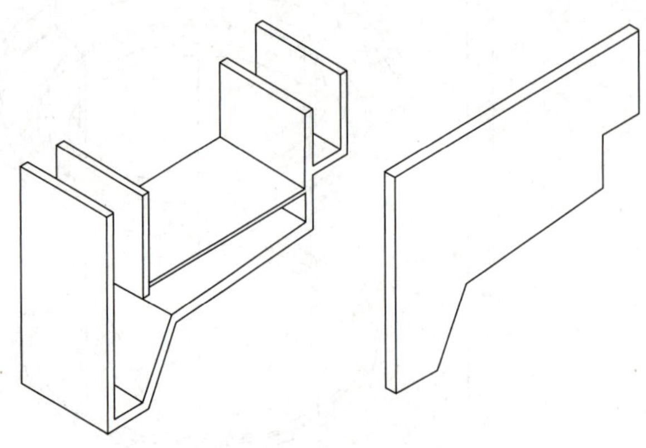

图 13-26 设计过程二

(3) 再将两部分实体图装配到一起(侧板需要复制一个)就得到如图 13-24 所示的斜管沉淀池三维效果图。

(4) 绘制进水管、出水管(可以绘制圆柱体再抽壳,或者绘制两个同轴圆柱体求差集),用实体差集的方法在池上相应位置开孔洞。

13.8.3 旋风除尘器

旋风除尘器主要由矩形进口的进气管、圆筒体、圆锥体、圆形排气管和圆形灰斗等组成。图 13-27 是旋风除尘器的结构示意图。

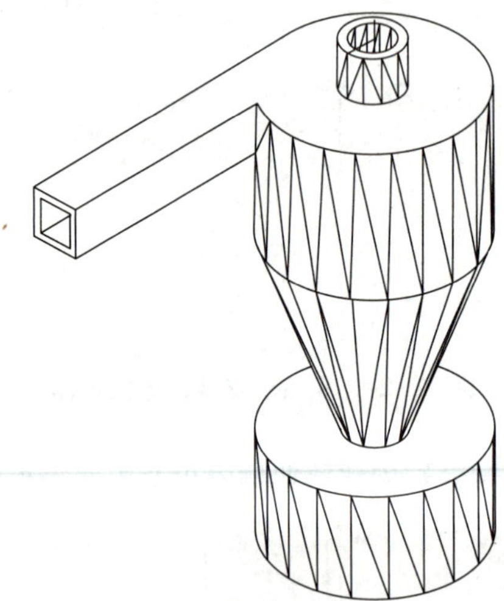

图 13-27 旋风除尘器结构示意图

其三维造型的 CAD 过程可参照下面步骤进行:

(1) 绘制如图 13-28(a)所示图形,注意它是由图 13-28(b)和(c)两个面域组成的。

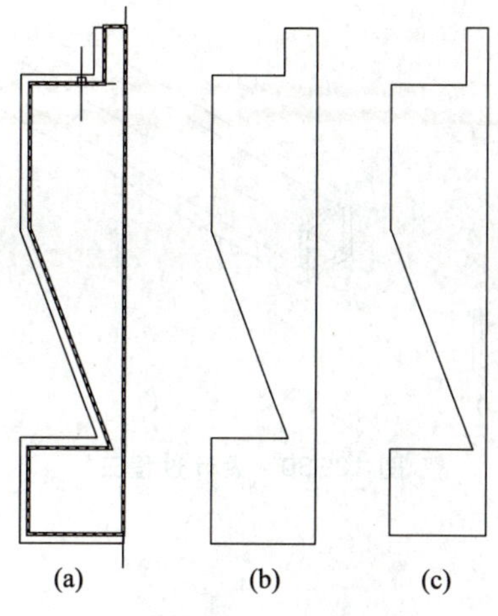

图 13-28 设计过程一

(2) 将这两个面域绕中心轴旋转 360°,得到大套小的排气管、圆筒体、圆锥体和灰斗。(注意:现在先不要进行布尔运算。)如图 13-29 所示。

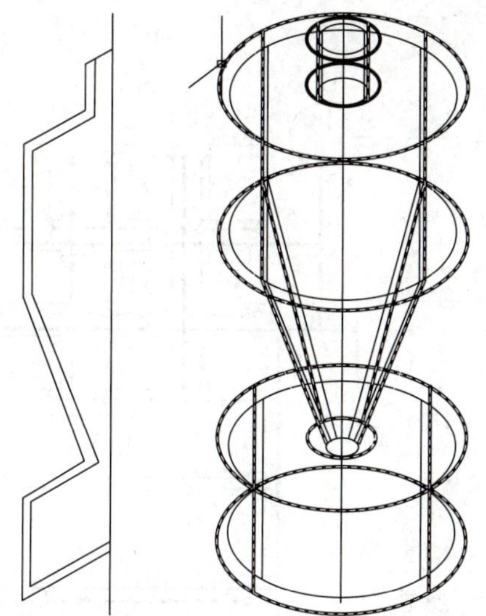

图 13-29 设计过程二

(3) 绘制如图 13-30(a)所示的两个大小不同但对称放置的矩形,然后拉伸适当高度,得到如图 13-30(b)所示大套小的长方体进气管(注意:现在先不要进行布尔运算)。

(4) 将步骤(2)中的实体图与步骤 3 中的实体图用“移动”命令放在一起(可捕捉大长方体的一个角点到外圆筒体的一个切点)。

(5) 把外排气管、外圆筒体、外圆锥体、灰斗外部、大长方体并集,得到实体图 1,再把内排气管、内圆筒体、内圆锥体、灰斗内部、小长方体并集,得到实体图 2,将实体图 1 差集实体图 2,就得到了如图 13-27 所示的旋风除尘器结构示意图。可以尝试用剖切命令来观察它的内部构造。

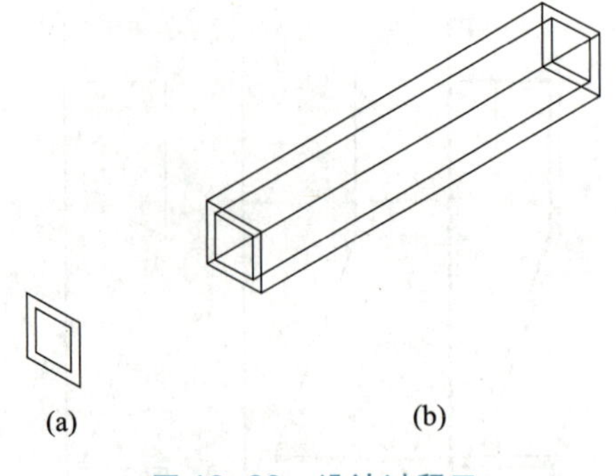

图 13-30 设计过程三

思考与练习

13-1 绘制如习题图 13-1 所示的室外给水排水管道流程示意图。

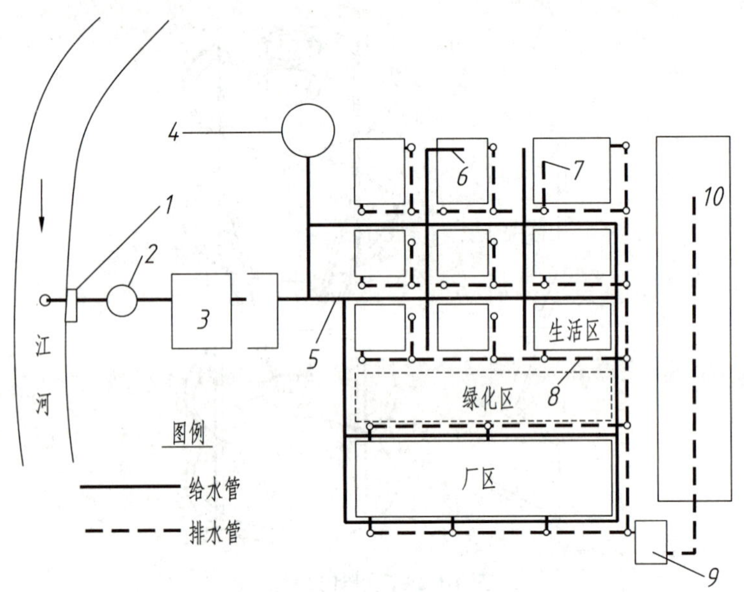

室外给水排水管道流程示意图

1—水源取水；2—取水泵房；3—给水处理厂；4—水塔；5—输配水管网；6—室内给水管；7—室内排水管；8—城市排水管网；9—污水处理厂；10—污水灌溉区

习题图 13-1

13-2 绘制如习题图 13-2 所示的加氯消毒系统图。

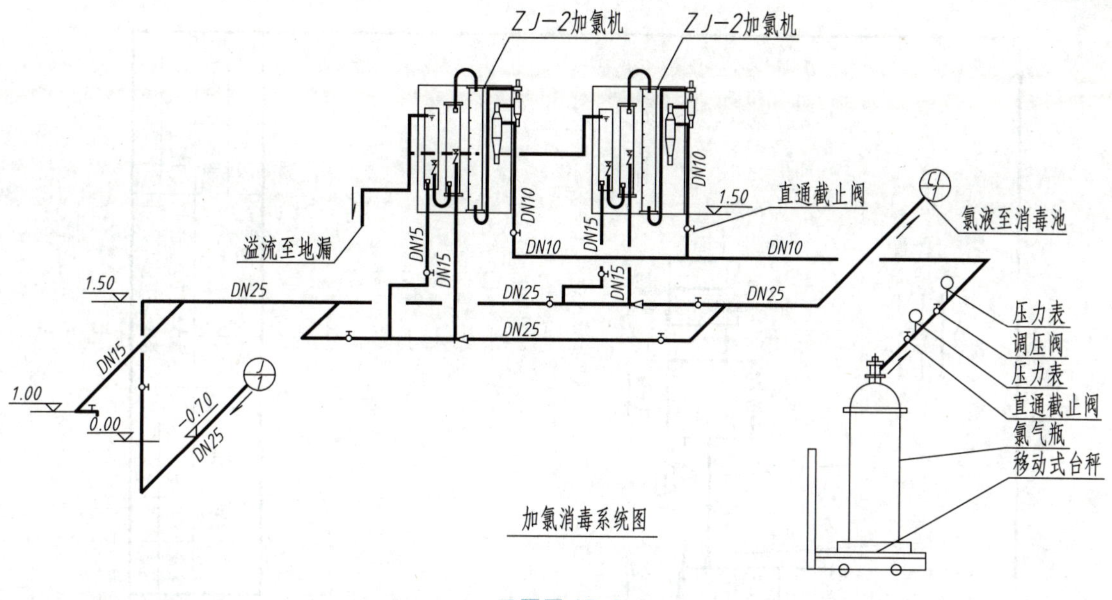

习题图 13-2

13-3 绘制如习题图 13-3 所示的制革工业废水处理流程图。

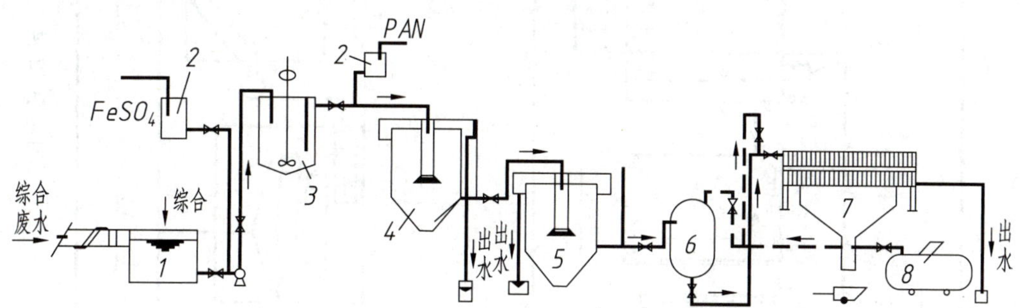

1—均质池；2—药箱；3—反应池；4—沉淀池；5—浓缩池；6—贮气罐；7—板框压滤机；8—风压机

习题图 13-3

13-4 绘制如习题图 13-4 所示的某污水处理工艺流程及高程图。

13-5 绘制如习题图 13-5 所示的某电厂烟气治理立面图。

—— 污水管
—X— 污泥管
—Y— 加药管
出水
0.50
量水堰
0.60
清水池
5
4
2.70
砂滤池
3
3.00
沉淀池
2
3.30
循环式氧化沟
9
3.60
接触氧化池
水解池
1
3.80
气浮池
混凝反应池
酸
碱
药
药
N
P
0.20
格栅井
进水
-0.80
-1.00
-5.10
调节池
6
7
8
2.50
污泥浓缩池
P
混合槽
沥水
出泥
带式压滤机
说明：
1—刮泥机；
2—转刷曝气机；
3—吸泥机；
4—过滤出水管；
5—反冲泵；
6—循环泵；
7—污水泵；
8—污泥泵；
9—鼓风机。
××大学
工程设计研究院
工程 名称
经济开发区 污水处理工程
污水处理工艺 流程及高程图
设计号
图号
DCG-0-2
日期
批准
审核
设计
工艺

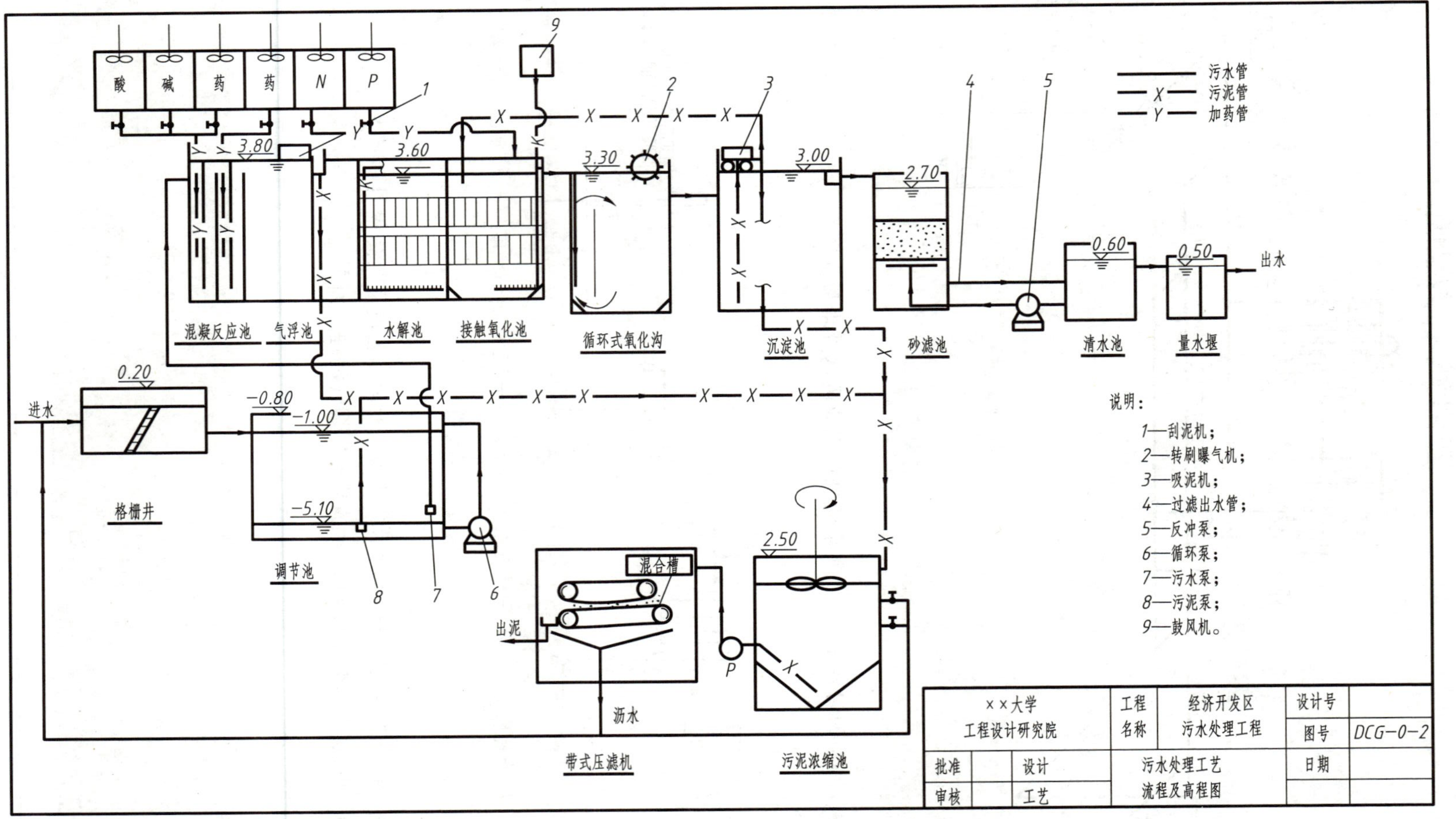

习题图 13-4

说明：
1.地面标高以室外地坪为零点。
2.各种设备尺寸详见设计说明书。
3.高程以米(m)计，其余均以毫米(mm)计。
11 检修孔 1
10 气力输送设备 1
9 进水管 1
8 加料仓 1
7 螺旋输送机 1 LS100
6 回转阀 1 Φ150
5 电除尘器 1
4 预除尘器 1
3 循环流化床 1 Φ5×18
2 旁通管 1
1 烟气管道
序号 名称 数量 尺寸 备注
21396131 ×××
电厂烟气治理立面图
××大学
比例
图号 6号
I－I 剖面图
排灰
Φ150×9

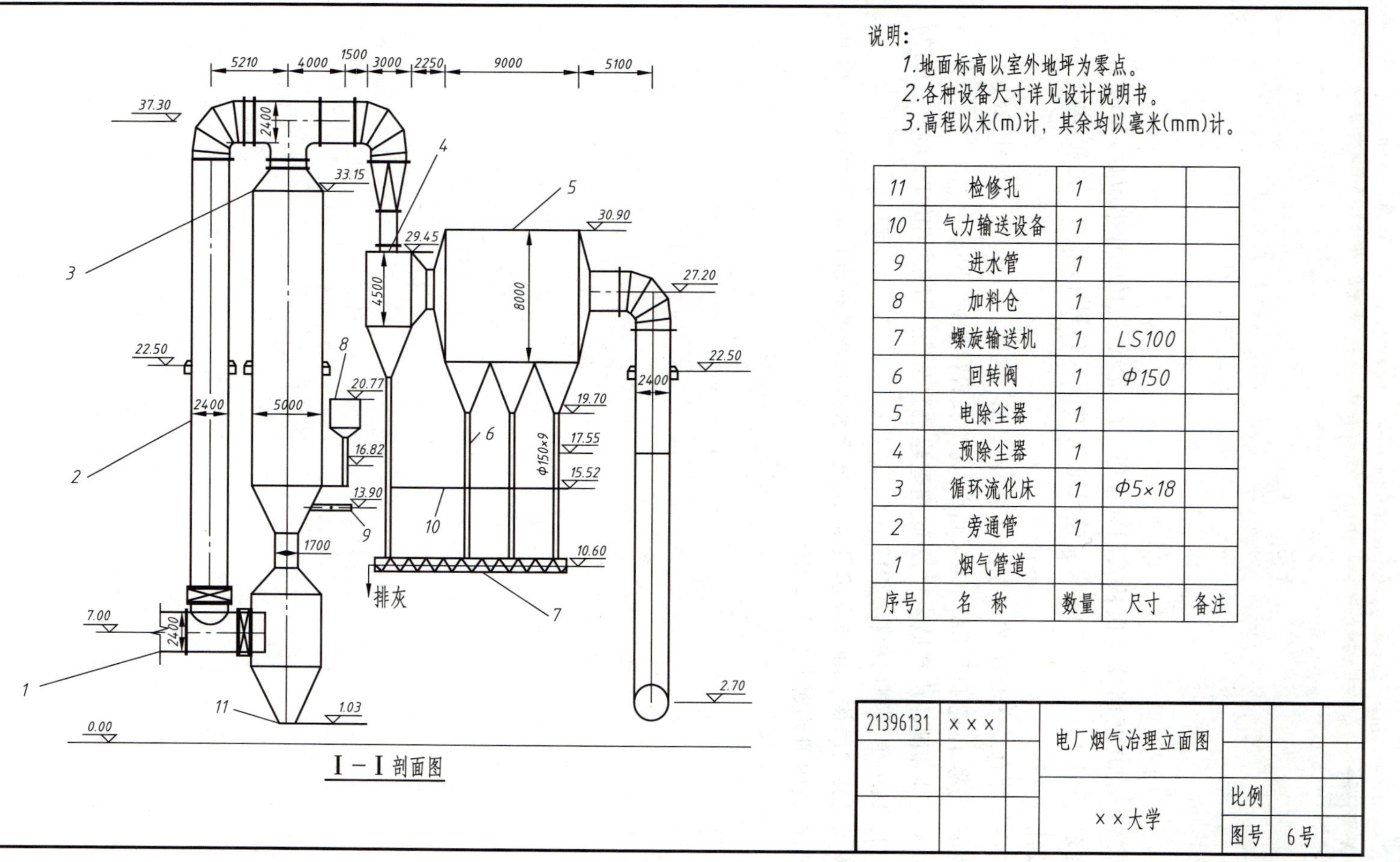

习题图 13-5

参考文献

[1] 冯涛.AutoCAD 2016 中文版从入门到精通[M].北京:机械工业出版社,2016.

[2] 陈晓东,矫健.AutoCAD 2016 全套建筑施工图设计案例详解[M].北京:电子工业出版社,2017.

[3] 龙马高新教育.AutoCAD2016 从新手到高手[M].北京:人民邮电出版社,2016.

[4] 王晓燕,杨静.环境工程 CAD[M].北京:高等教育出版社,2008.

[5] 中华人民共和国住房和城乡建设部.房屋建筑制图统一标准(GB/T 50001—2017)[S].北京:中国计划出版社,2017.

[6] 中华人民共和国住房和城乡建设部.建筑给水排水制图标准(GB/T 50106—2010)[S].北京:中国计划出版社,2010.

教师使用教材意见反馈表

高等教育出版社 高等职业教育出版事业部 综合分社以“铸传世精品、育天下英才”为目标。为不断锤炼精品,我们期待您使用教材的宝贵意见和建议。您可以填写本教材使用意见反馈表,并发送至本书责任编辑邮箱(dongshj@ hep. com. cn)。

一、您的基本情况

您现正使用的教材:______________________/__________(书名/作者)

姓名:________,职称:______,授课年限:____年,班级:____个,学生数:____人

您的电话(手机):____________________E-mail:________________

地址:____邮编:__________

二、问题反馈(请举例说明,如不够可以另附页)

1. 教材中是否有格式、文字、科学等方面的错误?(□是/□否____________________________________)

2. 教材的编排设计是否科学合理?(□是/□否____________________________________)

3. 教材的内容与课程的理念及要求是否相符合?(□是/□否____________________________________)

4. 教材内容是否体现产教融合,贴近最新的应用实际?(□是/□否____________________________________)

5. 教材配套的教学和学习资源制作水平和质量如何?是否够用?(□是/□否____________________________________)

6. 教材的表达方式和呈现方式等是否有不合适的地方?(□是/□否____________________________________)

7. 您在使用教材时遇到的最大问题是什么?您是怎样解决的?

____

8. 与同类教材相比,您有何建议与意见?您觉得在哪些方面还可以有所创新?

____

____